Richard Schöne | Ronald Schmäschke

Lebensraum Federkleid

Haupt
NATUR

Richard Schöne
Ronald Schmäschke

Lebensraum Federkleid

Federn und Federbewohner heimischer Vögel

Haupt Verlag

Dr. Richard Schöne ist Fachtierarzt für Lebensmittelhygiene und Öffentliches Veterinärwesen und seit über fünfzig Jahren Halter und Züchter von Vögeln. Während des Studiums der Veterinärmedizin Beschäftigung mit Fragen der Vogelmedizin. Über 100 wissenschaftliche und populärwissenschaftliche Veröffentlichungen auf den Gebieten Feldornithologie, Vogelhaltungshygiene, Vogelzucht und Vogelkrankheiten.

Dr. Ronald Schmäschke ist Fachtierarzt für Parasitologie und Fachparasitologe der Deutschen Gesellschaft für Parasitologie sowie Mitglied der European Association of Zoo and Wildlife Veterinarians und der Deutschen Gesellschaft für Medizinische Entomologie und Arachnologie. Über 120 wissenschaftliche Publikationen auf dem Gebiet der Parasitologie.

Prof. Dr. Klaus Eulenberger ist Fachtierarzt für Zoo-, Wild- und Gehegetiere sowie für Rinder und Gründungspräsident der European Association of Zoo and Wildlife Veterinarians, Mitglied der American Association of Zoo Veterinarians und des Vereins Sächsischer Ornithologen e. V. 1990–2009 Cheftierarzt im Zoo Leipzig. Über 300 wissenschaftliche Veröffentlichungen und Buchbeiträge.

Umschlag, Gestaltung und Satz: Doris Wiese, D-Bollschweil

1. Auflage: 2015

Bibliografische Information der Deutschen Nationalbibliothek
Die Deutsche Nationalbibliothek verzeichnet diese Publikation in der Deutschen Nationalbibliografie; detaillierte bibliografische Angaben sind im Internet über http://dnb.dnb.de abrufbar.

ISBN 978-3-258-07906-6

Printed in Germany

www.haupt.ch

Frontispiz: Buntspechtmännchen.

Inhaltsverzeichnis

▼ Haussperlingsmännchen füttert Nachwuchs.

Geleitwort

Das Federkleid ist eine sehr alte «Erfindung der Evolution», was zahlreiche fossile Funde von befiederten Dinosauriern belegen. In Brasilien fanden Paläontologen auf einer 120 Millionen Jahre alten versteinerten Feder kleine rundliche Strukturen, die sie als Eier von Federmilben interpretierten. Eine sehr lange gemeinsame Entwicklung zwischen Parasiten und Kommensalen einerseits und ihrer Wirte andererseits ermöglichte die Entstehung einer großen Artenvielfalt und intensiver Wechselbeziehungen untereinander. Diese lange gemeinsame Koevolution ermöglicht es auch, aus den Verwandtschaftsverhältnissen der Ektoparasiten, die auf verschiedenen Vogelarten gefunden werden, Rückschlüsse zur Systematik der durch sie befallenen Wirtsvogelarten zu ziehen.

Die Mitbewohner unserer heutigen Vögel sind oft sehr klein und leben im Verborgenen, werden meist übersehen, nicht so recht wahrgenommen und kaum vermutet. Weil es nur wenige Spezialisten gibt, die dann oft auch nur einzelne Parasitengruppen überblicken, verwundert es nicht, dass noch ein erheblicher Forschungsbedarf zur Ektoparasitenfauna unserer einheimischen Wildvögel besteht. Es sind noch große Wissenslücken zu Biologie, Wirtswahl, Morphologie und Diagnostik der im Federkleid lebenden Zecken, Milben, Flöhe, Federlinge, Wanzen, Vogelblutfliegen, Gefiederfliegen und Lausfliegen zu schließen.

Die Autoren des «Lebensraumes Federkleid», beide Tierärzte, der eine, Dr. Richard Schöne, Hobby-Ornithologe und Vogelzüchter von Kindheitstagen an, der andere, Dr. Ronald Schmäschke, ein ausgewiesener Fachmann auf dem Gebiet der Parasitologie und langjähriger Konsultant auf dem Gebiet der Parasitologie im Leipziger Zoo, hatten sich einem Thema zugewandt, das – von scheinbar geringer klinischer Bedeutung – so noch nie bearbeitet worden ist.

Ihre wissenschaftlichen Untersuchungen an den mit bloßem Auge kaum wahrnehmbaren Lebewesen im Gefieder der Vögel schließen somit eine bedeutsame Wissenslücke. Sie veranlassten die Autoren aber auch, sich mit dem Kleinbiotop Federkleid zu beschäftigen. Eine eigene, enge Welt in unserem Universum.

Dabei faszinierte sie vor allem das Zusammenspiel zwischen lebender und weitgehend toter Materie. So gehen sie der Frage nach, welchen Nutzen der großzügige Gastgeber Vogel daraus zieht und welchen Schaden er hinnehmen muss. Auf das Gleichgewicht kommt es dabei an, aber welche Faktoren sind es, die da im

Gleichgewicht gehalten werden müssen? In diesem Kontext werden dem Leser auch die unterschiedlichen Ansprüche der Parasiten und Kommensalen und damit deren unterschiedliche Schadwirkungen für den Vogelwirt vermittelt.

Die zusammenfassende Darstellung des aufgrund akribischer wissenschaftlicher Untersuchungen über viele Jahre hinweg erreichten Wissensstandes zu einer Vielzahl von Federlings-, Federmilben- und Federspulmilbenarten und ihrer meist sehr spezifischen Wirtsvögel ist die eine Seite des Anliegens der Autoren, die andere ist die Veranschaulichung ebendieser biologischen Zusammenhänge. Damit wird das Buch nicht nur für Experten und die Diagnostik als fundiertes wie auch anschauliches Nachschlagewerk bedeutungsvoll, sondern es ist auch für jeden naturkundlich Interessierten lesenswert.

Prof. Dr. Klaus Eulenberger

▲ Beim männlichen Fasan erkennt man eindrucksvoll, zu welchen Farbvariationen die Vogelfeder in der Lage ist.

▲ Neuntötermännchen

Vorwort

Die wissenschaftliche Beschäftigung mit Feder- und Federspulmilben hat uns mit einem hochinteressanten Lebensraum bekannt gemacht. Dabei wurde deutlich, dass die ökologische Betrachtung dieses Themas in der ornithologischen Literatur kaum umfassende Beachtung fand. Bei unseren Bemühungen, diesen Lebensraum vielen naturinteressierten Menschen näherzubringen, haben wir vielfältige Hilfe und Unterstützung erfahren.

Wir danken ganz herzlich den Gefiederkundlern Dr. Jürgen Synnatzschke (Leipzig) und Erwin Tyll (Crimmitschau) für das überlassene Untersuchungsmaterial. Erwin Tyll stellte zudem alle Federbilder der behandelten Vogelarten als Fotovorlagen zur Verfügung. Professor Dr. H. Duelli (Dornbirn), Dr. R. Pospischil (Bergheim) und Marc Nafzger (Kallnach) danken wir für die zur Verfügung gestellten Fotos, Prof. Dr. habil Klaus Eulenberger (Schömbach), DVM Hartmut Labitzke (Volkstedt) und Dipl.-Ing. Jürgen Schönitz (Chemnitz) für fachliche Diskussionen und Durchsichten des Manuskriptes.

Dem Haupt Verlag gebührt Dank für das Interesse an diesem Thema, die schöne Gestaltung und Ausstattung, und Frau Regine Balmer und Frau Gabriela Bortot für die gute Zusammenarbeit bei der Realisierung dieses Buches.

Unseren Frauen, Dr. Evelyne Schöne und Ute Schmäschke, danken wir für ihr Verständnis und die immerwährende Unterstützung.

Leipzig, Frühjahr 2015
Richard Schöne
Ronald Schmäschke

Einleitung

Vögel faszinieren durch ihr farbenprächtiges Gefieder, ihren Gesang und ihre Fähigkeit zu fliegen. Ausgehend von dieser Faszination nimmt die Schar der Vogelbeobachter stetig zu. Die heutigen Ferngläser, Spektive und die hochauflösenden digitalen Fotoapparate mit langen Brennweiten lassen die Erlebnisse noch schöner und nachhaltiger werden. Die eigene Freude darüber kann durch die Fotodokumentation Interessierten weitergegeben werden. Es entwickeln sich sogar regelrechte Wettbewerbe zwischen den Beobachtern. Die Meldetätigkeit über die Beobachtungen in verschiedenen Internetportalen trägt zur schnelleren Verbreitung des Wissens über die aktuelle Präsenz besonders seltener Arten bei. Schließlich dienen diese Informationen in vielfältiger Weise auch der Wissenschaft. Da die moderne Vogelbeobachtung ihren Ursprung in England hat, werden für das Hobby auch im deutschsprachigen Raum englische Wörter benutzt. Begriffe wie «Birder», «Birdwatcher» oder «Birdwatching» dominieren Veranstaltungshinweise, Messen, Magazine und Werbeschriften. Birdwatching beinhaltet hauptsächlich das Beobachten und Bestimmen der Art, des Geschlechts sowie das Ermitteln der Häufigkeit am Beobachtungsplatz. Viele Vogelbeobachter und Vogelliebhaber interessieren sich zusätzlich für das Verhalten, die Biotopabhängigkeit, den Vogelzug, die Besiedlungsdynamik neuer Lebensräume wie Kiesabbauflächen, Renaturierungsflächen ehemaliger Tagebaue oder Industriebrachen und die Beziehung der Vögel zu ihrer Umwelt im engeren und weiteren Sinne. Zur weiteren Umwelt gehören unter anderem die Brut- und Fortpflanzungsbiologie, das Vorkommen der Vögel im Jahresverlauf oder das Leben in den unterschiedlichen Lebensgemeinschaften.

Über die Beziehungen zur engeren Umwelt wie die Lebensgemeinschaft der Vögel mit den Lebewesen ihrer Nester und Schlafstätten und über die Lebensgemeinschaften, mit der sich der Vogel auf und im eigenen Gefieder auseinandersetzen muss, besteht, wie wir bei unserer Vortragstätigkeit vor Ornithologen, Vogelliebhabern und -züchtern sowie Tierärzten feststellen konnten, großes Interesse und vor allem hoher Informationsbedarf.

Deshalb sollen mit diesem Buch die ökologischen Zusammenhänge dargestellt werden, die zwischen dem Lebensraum Federkleid und den direkt zusammenhängenden Lebensräumen Nist- und Schlafplätzen bestehen. Dabei wollen wir darauf hinweisen, dass der Vogel selbst wie jedes andere Lebewesen auch, gleichzeitig anderen,

▲ Der Mäusebussard imponiert mit seinen kreisförmigen Balzflügen im Frühjahr.

kleineren Lebewesen einen Lebensraum bietet. Es ist nicht allgemein bekannt, dass sich im Gefieder einer Stockente oder eines Grünfinken zirka 18 verschiedene Ektoparasiten oder bei einem Fasan durchaus 700 bis 800 Federlinge aufhalten können. Sie bleiben dem Vogelbeobachter genauso verborgen wie die im Inneren der Vögel lebenden Endoparasiten. So können bei einer Stockente in den inneren Organen, wie Magen, Darm, Gallengänge, Gefäße, Luftröhre und Nasenhöhlen, um nur einige zu nennen, bis zu 67 verschiedene Arten Saugwürmer, 43 Arten Bandwürmer, 29 Arten Fadenwürmer, zwei Kratzerarten und drei verschiedene Egelarten leben. Dazu kommen noch kleinere Parasiten, die in den Blutgefäßen parasitieren, sowie die in Milliarden zu zählenden Bakterien. Auch wenn wegen des Konkurrenzausschlussprinzips nicht alle aufgezählten Parasitenarten immer zur gleichen Zeit vorhanden sind, kann die Parasitenbürde doch erheblich sein. Denn Arten mit gleichen oder sehr ähnlichen ökologischen Bedürfnissen können nicht nebeneinander existieren, sie schließen sich gegeneinander aus.

Da die Mitbewohner der Vögel stets im Verborgenen leben und meist sehr klein und deshalb äußerlich am Gefieder nicht ohne Weiteres erkennbar sind, werden sie selten wahrgenommen und sind nur wenigen Spezialisten bekannt. Es besteht noch ein erheblicher Forschungsbedarf zur Ektoparasitenfauna unserer heimischen Wildvögel. So fehlen bislang von 58 Vogelarten Angaben über Federlingsnachweise. Lausfliegen wurden erst bei etwa 20 Prozent der Brutvögel (von zirka 250) Deutschlands gefunden. Die Drossellausfliege *Ornithoica turdi* konnte erstmals 1990 in Deutschland nachgewiesen werden. Ähnliche Kenntnislücken bestehen über das Artenspektrum, die Wirtswahl und die Biologie anderer Bewohner des Federkleides wie Zecken, Flöhe, Vogelblutfliegen, Federmilben und Federspulmilben.

▼ Sperber im Jugendkleid.

Außerdem bildet das Federkleid für den eigenen Nachwuchs vom Tag des Brutbeginns bis zur vollen Funktionstüchtigkeit des Temperaturregulationszentrums der Küken einen Lebensraum. Gleichzeitig trägt es dazu bei, dass die Entwicklungskreisläufe der Gefiederbewohner und deren Verbreitung sichergestellt werden.

Wir wollen deshalb den interessierten Leser mit den heutigen Kenntnissen über den Lebensraum Federkleid und seiner Bewohner in ihren wechselhaften Beziehungen zueinander bekannt machen.

▼ Wacholderdrossel an Sanddorn.

Das Federkleid

Federaufbau und Entwicklung

Die Feder ist, wie auch Schnabel, Krallen, Schuppen, Sporen oder die Bürzeldrüse, ein kompliziertes Hautgebilde. Ihr Wachstum beginnt in einer Hautvertiefung, der Federpapille. Am Grund der Papille befindet sich die Wachstumszone, die Pulpa, mit einem verzweigten Gefäßsystem, welches die erforderlichen Nährstoffe und Farbstoffe bereitstellt. Die wachsende Feder zeigt sich anfänglich als blutgefülltes Röhrchen, in dem sich das Zellmaterial differenziert. Je weiter dieses Röhrchen aus der Haut herauswächst, desto mehr bilden sich der Schaft und die Federäste mit den Strahlen und Bögen aus. Die Federspitze sprengt zu gewisser Zeit die röhrenförmige Hornscheide und entfaltet sich zunehmend. Am unteren Ende besitzt die Spule eine runde Öffnung, den Nabel *(Umbilicus inferior)*, der mit der Papille verbunden ist. Wenn die Feder ihre vorgegebene Größe erreicht hat, sistiert das Wachstum und die Blutversorgung wird eingestellt. Die Feder ist ab jetzt ein unbelebtes Gebilde und kann «von innen heraus» durch den Vogel nicht mehr verändert oder beeinflusst werden. Die Spule wird nahezu hohl und durchscheinend, und im Inneren bleibt nur eine feine Membran zurück, die sogenannte Federseele. Der Schaft enthält mit Luft gefüllte, aus Hornsubstanz bestehende Markkämmerchen. Im Bereich der Spule ist jede Feder von Haut und vier bis fünf Federmuskeln umgeben, welche die Bewegungen der Federn ermöglichen.

Federtypen

Konturfedern

Das Erscheinungsbild des Vogels wird durch die Konturfedern bestimmt. Zu diesen gehören alle den Körper bedeckenden Kontur- oder Deckfedern, die zusammen das Kleingefieder ausmachen sowie das Großgefieder, welches die Flugfedern umfasst. Zu den Flugfedern werden die Schwungfedern der Flügel und die Steuerfedern des Schwanzes gerechnet. Die Deckfedern liefern den Hauptteil des Kleingefieders.

Eine nicht besonders spezialisierte Konturfeder besteht aus dem Kiel, der die Achse der Feder bildet, und den daran beidseitig befestigten Federfahnen. Am Kiel

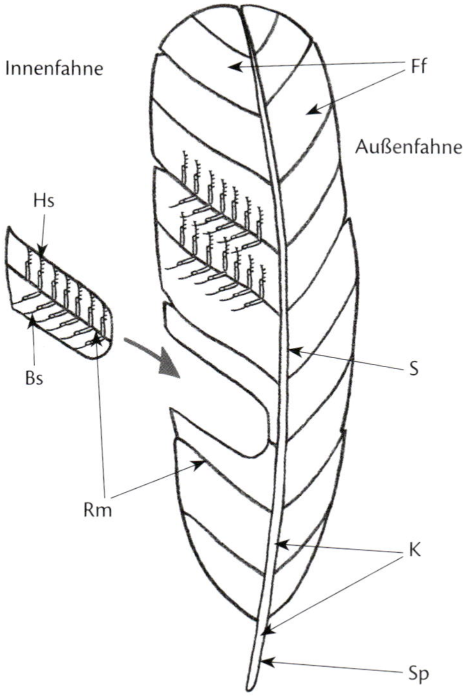

◀ Schema einer Konturfeder (Armschwinge). Aus der Innenfahne ist ein Ramus mit seinen Fahnen herausgeschnitten.
Sp = Spule
K = Kiel
S = Schaft
Ff = Federfahne
Rm = Ramus (= Federast)
Hs = Hakenstrahlen
Bs = Bogenstrahlen
(Zeichnung nach Sick, 1937)

▼ Wegen seiner Farbenpracht wird der Eisvogel auch als «fliegender Edelstein» bezeichnet.

unterscheidet man einen kurzen unbefiederten Abschnitt, die Spule, von dem langen Haupt- und Endstück des Kieles, dem Schaft.

Vom Federschaft zweigen beidseitig unzählige hauchfeine Äste (die Fahne) und Nebenäste (die Strahlen) ab. Die Nebenäste sind zweizeilig angeordnet. Es wechseln sich Strahlen mit hakenartigen und bogenförmig gekrümmten Fortsätzen ab, wobei die Haken in die Bögen greifen und die Seitenäste wie einen Reiß- oder Klettverschluss zusammenhalten. Größere Schwungfedern haben bis zu 600 000 entsprechende Häkchen pro Feder.

Von den beiden Federfahnen wird die eine als Innenfahne, die andere als Außenfahne bezeichnet. Sie besitzen eine gemeinsame Peripherie, den Federumriss oder Federrand, der die gesamte Fläche der Feder umschließt. Die Federfahnen werden von den Federästen mit ihren Strahlen, die dem Ast in der Ebene der Federfläche beidseitig ansitzen, gebildet.

Am Schaft werden eine dorsale (obere) und eine ventrale (untere) Leiste unterschieden. Die dorsale Leiste zeigt vom Vogel weg, die ventrale zum Vogelkörper hin. Beidseitig setzen die Äste in einer Linie, die nahe der dorsalen Leiste liegt, am Schaft an. Die ventrale Leiste weist eine mittig liegende Rinne auf, die sich über den gesamten Schaft zieht. Die Rinne endet in einem kleinen Grübchen (Nabel) am Ende des Fahnenansatzes und dem Übergang zur Spule. In diesem Bereich befindet sich je nach Federtyp eine Nebenfeder, die jedoch beim Großgefieder in der Regel nicht vorhanden ist oder nur vereinzelte Dunen aufweist.

Dunen

Unter den Konturfedern, besonders im Rumpfbereich, befindet sich eine zweite Federgruppe, die Dunen, auch Daunen, Flaumfedern oder Pelzdunen genannt. Sie weisen einen völlig anderen Bau auf. Der Schaft ist weich und die Federfahne locker, da ihr die Häkchen und Bogenstrahlen fehlen. Sie laden sich durch Bewegung und Reibung elektrostatisch negativ auf und stoßen sich dadurch gegenseitig ab, wodurch sie sich dabei dreidimensional ausbreiten und einen idealen Kälteschutz bilden. Polare Schwimmvogelarten besitzen die meisten Pelzdunen. Bei Vögeln warmer Gegenden sind sie kaum vorhanden.

Als **Nestdunen** werden die ersten federartigen Gebilde bezeichnet, die bereits beim Schlupf vorhanden sind oder sich als besondere Form der sprießenden Federn des ersten Federkleides darstellen. Junge Nestflüchter kommen mit einem außerordentlich dichten Dunenkleid zur Welt, was sie allumfassend schützt. Bei Enten ist es so gut entwickelt, dass die Küken kaum gehudert werden müssen. Nesthocker dagegen sind fast nackt, wobei es viele Zwischenstufen gibt. Das Dunenkleid ist der Umgebung farblich angepasst. Während beispielsweise das Dunenkleid der Stockente bräunlich ist, ist es bei den höhlenbrütenden Schellenten und Brandenten weiß.

Puderdunen zeigen ein fortlaufendes Wachstum und haben die Eigenschaft, sich an ihren Spitzen in feinen Puder aufzulösen, mit nur einem Tausendstel Millimeter Teilchengröße. Dieser Puder wird von vielen Vögeln zum Einpudern des Gefieders genutzt und soll dem Nässeschutz und der Gefiederpflege dienen. Vor allem bei Tauben, verschiedenen Papageien und Reihern sind Puderdunen in größerer Zahl vorhanden.

Fadenfedern

Fadenfedern haben fast keine Federfahne am Schaft und befinden sich in Gesellschaft der Konturfedern oder Pelzdunen oder haben sich zu Schmuckfedern entwickelt, wie zum Beispiel bei vielen Scharben (Kormorane).

▼ Weiße Fadenfedern, auch «Greisenhaare» genannt, schmücken den Kopfbereich des Kormorans im Prachtkleid.

Pinselfedern

Weitere spezialisierte Federtypen sind die Pinselfedern, die die Ausführungsgänge der Bürzeldrüse umgeben und den sogenannten Bürzeldocht bilden. Diese Pinselfedern sind nicht bei allen Vögeln mit Bürzeldrüse vorhanden, hier wird dann von nackten Bürzeldrüsenausgängen gesprochen.

▲ Die Bartborsten, wie hier beim Gelbspötter, dienen besonders Insektenfressern als Tastfedern.

Bart- oder Schnurrborsten

Borstenähnliche Gebilde am Schnabelwinkel, finden wir bei Insekten- und Fruchtfressern und ganz besonders bei Nachtvögeln, wie Eulen, bei denen sie als Tastfedern fungieren, indem sie den Berührungsdruck auf die Haut übertragen. Spezialisierte Federn gibt es in einer großen Vielzahl bei den unterschiedlichsten Vogelarten, besonders um Signalwirkungen zu erzielen. Unsere Spechte und Baumläufer haben die mittleren Schwanzfedern zu einem Stützorgan entwickelt, indem die Federn sehr hart und spitz umgestaltet wurden. Bei Spechten decken Federn die Nasenlöcher ab und dienen als Filter, wenn zum Beispiel der Buntspecht beim Trommeln mit bis zu 20 Schlägen pro Sekunde Staub und feine Späne aufwirbelt.

▲ Der Höckerschwan hat die meisten Konturfedern, wobei zirka achtzig Prozent den Schwanenhals zieren.

Die Federformen sind je nach Vogelart unterschiedlich und unterliegen, bis auf wenige Ausnahmen, den Gesetzen der Aerodynamik, denn die Federn müssen den Vogel in der Luft halten.

Federzahl und Federanordnung

Die Zahl der Konturfedern eines Vogels ist von vielen Faktoren abhängig. So besitzt ein Kolibri etwa 1000 Federn und ein Höckerschwan bis zu 25 000, wobei etwa 80 Prozent am langen Hals zu finden sind. Großvögel haben allgemein eine größere Federzahl. Auch klimatische Faktoren spielen eine Rolle. Beim selben Individuum kann die Federzahl im Winter höher als im Sommer sein. Wasservögel und Vögel aus polaren Lebensräumen haben eine größere Federzahl als Vögel aus Steppen- oder Wüstengebieten.

Auf die Flächeneinheit bezogen, haben jedoch kleinere Vögel eine größere Federzahl. Kanarienvögel weisen mit durchschnittlich 42 Rückenfedern pro Quadratzentimeter deutlich mehr Federn pro Fläche auf als Zwergpapageien (Agaporniden) mit 20 Rückenfedern pro Quadratzentimeter. Das hat auch Auswirkungen auf den Federanteil der Gesamtkörpermasse. Bei Kanarien beträgt er 13,9 Prozent, bei Zwergpapageien nur 7,38 Prozent, während der Wellensittich mit 9,98 Prozent eine Mittelposition einnimmt.

Konturfedern wachsen bei den meisten Vogelarten nur an bestimmten Hautbezirken, den Federfluren. Zwischen diesen Federfluren befinden sich konturfederlose Bezirke, die Federraine. Nur bei den Wehrvögeln, einer Familie südamerikanischer Gänsevögel, bei Straußen und Pinguinen sind die dem Vogel die arttypische Gestalt verleihenden Konturfedern über den ganzen Körper verteilt. Bei den Steißhühnern, einer straußenverwandten Vogelfamilie Mittel- und Südamerikas, sind die Raine völlig federlos, es finden sich auch keine Dunen.

Es werden folgende Fluren unterteilt: Vordere und hintere Rückenflur, Schwanzflur, die paarigen Oberschenkel-, Unterschenkel- und Schulterfluren, die Unter- und Seitenfluren, die Flügel- und Kopffluren. So wechseln die mit Federn bestandenen Federfluren mit konturfederlosen Rainen ab. Pelzdunen verteilen sich, im Vergleich zu den geordnet auf den Fluren wachsenden Konturfedern, ungeordnet über den ganzen Körper.

Golliez hat sich mit der Entwicklung des Gefieders beim Wellensittich vom Brutbeginn an beschäftigt. Demnach sind bereits am 7. Bebrütungstag beim Embryo an bestimmten Federfluren die Federanlagen zu erkennen, und am 9. Bebrütungstag ist an den Oberschenkel- und den Rückenfluren, Schulter- und Seitenfluren die volle Zahl der Konturfedern angelegt. Aus diesen Anlagen sprießen vorerst die Nestlingsdunen, die das Küken beim Schlupf bekleiden. Am 15. Bebrütungstag ist die

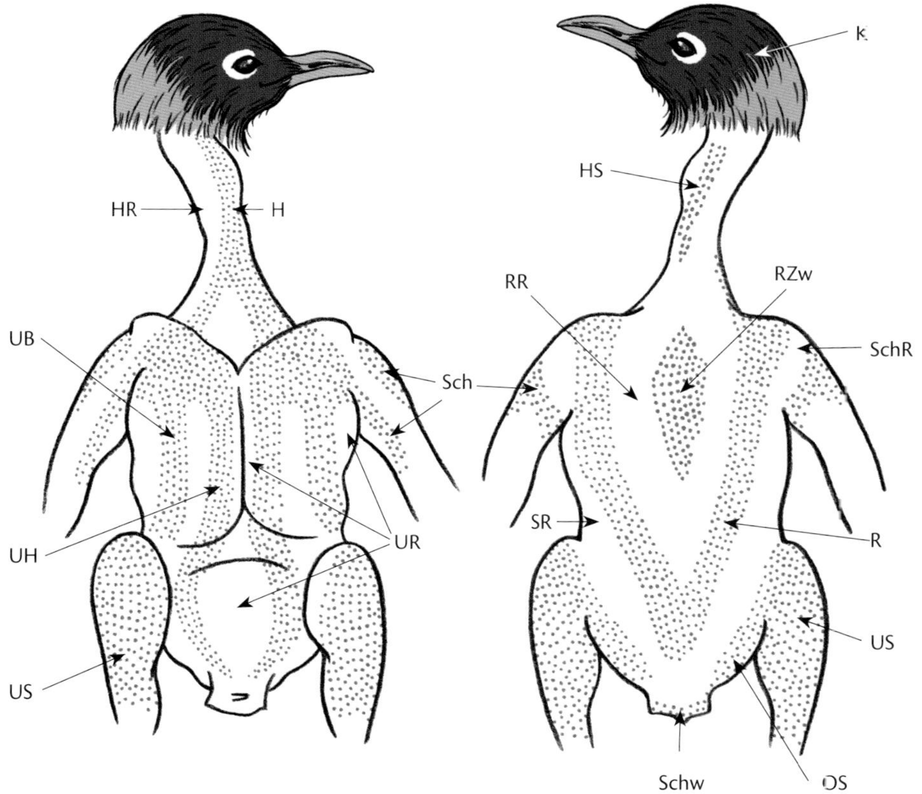

▲ Federfluren und Raine *(Pterylose)* der Lachmöwe. Links Unterseite, rechts Oberseite. H = Halsflur, HR = Halsseitenrain, HS = Halsseitenflur, K = Kopfflur, OS = Oberschenkelflur, R = Rückgratflur, RR = Rückgratrain, RZw = Rückgratzwischenflur, Sch = Schulterflur, SchR = Schulterrain, Schw = Schwanzflur, SR = Seitenrain, UB = Brustzweig der Unterflur, UH = Hauptzweig der Unterflur, UR = Unterrain, US = Unterschenkelflur (Zeichnung nach Frieling, 1936).

Gesamtzahl der Federanlagen erreicht. Einen Tag später sind alle Federanlagen in die Haut eingesenkt und nicht mehr sichtbar. Am dritten Tag nach dem Schlupf sind auf dem Rücken die Konturfedern in Form ihrer Follikel (Federbildungsanlage) als dunkle Erhebung ausgebildet. Am 8. Tag erscheinen die ersten Konturfedern am Flügel, und am 10. bis 11. Tag brechen die Federscheiden am Flügel auf. Mit dem 30. bis 32. Tag ist das Wachstum des Gefieders bei den meisten Vogelarten (außer Großvögeln) abgeschlossen. Bei Blaunackenmausvögeln finden wir mit elf bis zwölf Tagen die kürzeste Gefiederentwicklungszeit und mit zehn bis elf Tagen Bebrütungsdauer auch die kürzeste Nestlingsdauer außerhalb der Ordnung Sperlingsvögel.

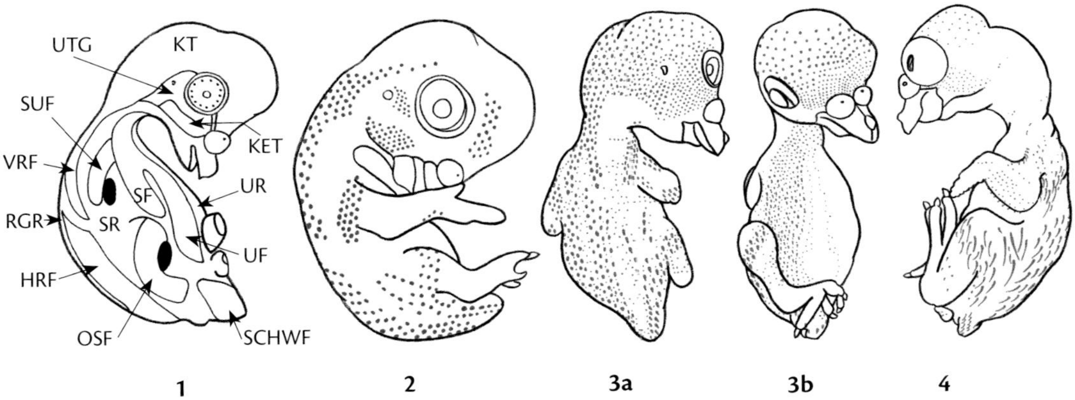

▲ **1)** Verteilung der Fluren und Raine beim Wellensittich, Schema. HRF = hintere Rückenflur, VRF = vordere Rückenflur, OSF = Oberschenkelflur, SCHWF = Schwanzflur, UF = Unterflur, SF = Seitenflur, SUF = Schulterflur, KT = Kopfteil, UTG = Unteraugenteil, KET = Kehlteil, RGR = Rückgratrain, UR = Unterrain, SR = Seitenrain. **(2)** 8- bis 9-tägiger Embryo. **(3 a+b)** 11-tägiger Embryo. **(4)** 16-tägiger Embryo. Außer den Nestlingsdunen sind alle Pennae eingesenkt (Zeichnung nach Golliez, 1966).

Gefieder

Alle Federtypen in ihrer Gesamtheit bilden das Gefieder oder das Federkleid. Es bedeckt bis auf wenige Ausnahmen, wie Füße und Ständer, die Körperoberfläche des Vogels. Bei Raufußhühnern (Birk-, Hasel- und Auerhühnern sowie beiden Schneehuhnarten), Eulen und dem Raufußbussard sind jedoch auch Ständer und Füße und bei den echten Adlern *(Aquila)*, wie beispielsweise dem Schreiadler, die Ständer bis zu den Zehen befiedert.

Die dachziegelartige Anordnung der Konturfedern schützt den Vogel optimal vor Witterungseinflüssen, sichert die wärmeisolierende Eigenschaft durch unterschiedlich starkes Aufstellen (Aufplustern) der Federn und ermöglicht eine uneingeschränkte Beweglichkeit. Besonders deutlich zeigt sich das an den Flügeln, wo auf der

Der Raufußbussard (oben) unterscheidet sich hauptsächlich durch seine bis an die Zehen befiederten Ständer vom Mäusebussard (unten).

Ober- und Unterseite die unterschiedlich großen Flügeldeckfederreihen wie Dachziegel angeordnet sind.

▲ Der Blick auf einen Kormoranflügel zeigt die dachziegelartige Anordnung der Konturfedern.

Die wesentlichen Aufgaben des Gefieders sind:

- Wärmeisolation zur Sicherung der relativ hohen Körpertemperatur des Vogelkörpers als wichtigste Lebensgrundlage
- Schutz gegen mechanische Einwirkungen und Witterungseinflüsse
- Sicherung der Fortbewegung durch Fliegen, insbesondere durch die volle Funktionstüchtigkeit der Schwung- und Steuerfedern
- Verleihung des typischen Aussehens zur Sicherung der Integrität der Art, bei vielen Arten auch zur Geschlechtsdifferenzierung
- Lebensraum für eigenen Nachwuchs

Thermoregulation

Die Körpertemperatur der Vögel von durchschnittlich 38 bis 42 Grad Celsius, die um zwei bis fünf Grad höher ist als bei Säugetieren, stellt die Voraussetzung für das

Die Geschlechter der Mönchsgrasmücke unterscheiden sich durch die verschieden gefärbten Kopfplatten.

◀ weiblich
▼ männlich

Leistungs- und Ausdauervermögen der Vögel dar. Sie wird durch das hervorragende Isolationsvermögen des Gefieders, die hohe Stoffwechselrate und durch verschiedene thermoregulatorische Mechanismen erreicht. Höhere Wärmeproduktion, Reduktion des Blutflusses zur Körperperipherie, Zittern (eine durch muskulöse Aktivität erzeugte Bewegungsenergie), bessere Isolation durch Sträuben des Gefieders oder nächtliches Absenken der Körpertemperatur gehören dazu. Winterangepasste Vögel haben eine höhere Federzahl und können so über viele Stunden eine andauernde Abkühlung der Umgebungstemperatur auf minus 70 Grad Celsius überstehen. Welche außergewöhnliche Isolationswirkung das Gefieder erbringt, belegt die Tatsache, dass unbefiederte Hühner bei einer Umgebungstemperatur von 20 Grad Celsius bereits eine thermoregulatorische Leistung erbringen müssen, die im voll befiederten Zustand erst bei Umgebungstemperaturen zwischen minus 50 und minus 70 Grad Celsius nötig werden.

▲ Die Rohrammer sträubt ihr Gefieder, um die wärmeisolierende Schutzhülle zu vergrößern.

Kolibris bedienen sich eines besonderen thermoregulatorischen Verhaltens, um die kühleren Nachttemperaturen schadlos zu überstehen. Sie senken ihre Körpertemperatur von 42,1 Grad Celsius zunächst auf 36,3 Grad Celsius (hypotherme Schlafphase) und im Torpor (einer körperlichen Starre mit minimalstem Stoffwechsel) bis auf 8,2 Grad Celsius (bei Nachttemperaturen von sechs bis acht Grad Celsius) ab. Erst unter diesem Wert setzt ein geringes, aber kontinuierliches Muskelzittern ein. Atemfrequenz und Sauerstoffverbrauch lassen sich nicht mehr messen. In den Morgenstunden, bei Anstieg der Umgebungstemperatur (auf 22 bis 24 Grad Celsius) geht der Vogel durch intensives Muskelzittern sowie starken Anstieg der Atemfrequenz und des Sauerstoffverbrauchs zunächst wieder in eine hypotherme Schlafphase über, bevor er endgültig aufwacht. Ohne dieses thermoregulatorische Verhalten könnten Kolibris wegen ihrer hohen Stoffwechselrate die Nacht nicht überleben. Andere Vogelarten reduzieren über Nacht ihre Körpertemperatur um bis zu fünf Grad Celsius und erreichen dabei eine Energieeinsparung bis etwa 25 Prozent.

Birk- und Schneehühner nutzen zusätzlich den Iglu-Effekt aus, indem sie sich über Nacht in Schneehöhlen eingraben.

Lebensraum für den eigenen Nachwuchs

Vögel pflanzen sich über Eier fort. Um ständig flugfähig zu sein, können sie sich eine Trächtigkeit nicht leisten. Die notwendige Wärme zur Entwicklung des Embryos muss deshalb dem sich entwickelnden Embryo von außen zugeführt werden. Dies geschieht bei unseren heimischen Vogelarten stets durch das Bebrüten. Dabei wird das Gelege von einem oder abwechselnd von beiden Elterntieren über längere Zeit von außen auf einer in der Regel über der Umgebungstemperatur liegenden konstanten Temperatur um 38 Grad Celsius gehalten. Dies ist nur möglich, indem die vom brütenden Vogel produzierte Körpertemperatur über den Brutfleck, also der äußeren Haut, in das Ei übertragen und vom umgebenden Gefieder gehalten wird. Embryonen sterben ab, wenn die Temperatur längere Zeit unter 35 Grad Celsius sinkt. Nur beim Schneesperling überleben die Embryonen noch bei 30,8 Grad Celsius. Brütende Vögel haben deshalb einen um 25 bis 30 Prozent höheren Energiebedarf. Hierbei gibt es aber auch Unterschiede. Amseln, die im gut isolierten Nest brüten, benötigen im Vergleich zu nicht brütenden Individuen etwa 20 Prozent weniger Energie. Besonders bei sehr zeitig im Jahr brütenden Arten wie Fichtenkreuzschnabel, Waldkauz, Kolkrabe oder bei arktischen Vögeln, wie Dickschnabellummen, die ihre Eier direkt auf gefrorenen Boden legen, hat das Gefieder eine besondere Aufgabe. Da hier die oben liegende Keimscheibe eine Temperatur von zirka 38 bis 39 Grad Celsius im Ei hat und der auf dem Boden liegende Teil des Eies nur null bis ein Grad Celsius, müssen die Eier ständig gewendet und warm gehalten werden. Andererseits schirmt das Gefieder auch bei direkter Sonnenbestrahlung des Nestes zum Beispiel bei Bodenbrütern, das Gelege vor Überhitzung ab. Nach dem Schlüpfen besitzen die meisten Küken der Nestflüchter in den ersten Tagen noch nicht die Fähigkeit, ihre Körpertemperatur alleine zu regulieren. Kiebitzküken sind beispielsweise erst mit zwei bis drei Wochen selbst in der Lage, sich warm zu halten. Sie müssen deshalb von den Altvögeln regelmäßig unter das Gefieder genommen werden, sie werden gehudert. Die Küken der Haubentaucher und anderer Lappentaucher suchen die ersten beiden Wochen Wärme und Schutz in den Flügeltaschen oder im Rückengefieder ihrer Eltern, obwohl sie kurz nach dem Schlupf bereits schwimmen und tauchen können. Nesthocker, die häufig nackt schlüpfen oder nur wenige Dunen besitzen, müssen ständig gehudert werden.

▲ **Rothalstaucher: Während der ersten 14 Tage bieten die Flügeltaschen und das Rückengefieder der Eltern für den Nachwuchs einen geschützten Lebensraum, besonders zum Aufwärmen und in Ruhephasen.**

Mauser

Nach ihrem abgeschlossenen Wachstum sind Federn nur noch «tote» Gebilde und können vom Vogel nicht mehr regeneriert werden. Bedingt durch klimatische, mechanische oder biologische Einflüsse, wie bakterielle Zersetzung sowie Pilz- und

Parasitenbefall, unterliegen sie einer ständigen Abnutzung. Die Federn können zunehmend ihre Aufgaben nicht mehr erfüllen. Wärmeabgabe, Energie- und damit Futterverbrauch sowie die Fortbewegung und die Fähigkeit zur Flucht werden negativ beeinflusst. Es wird also zunehmend erforderlich, das abgetragene Federkleid zu ersetzen. Das beginnt mit der durch vermehrte Hormonausschüttung der Schilddrüse initiierten Mauser. Dabei schiebt die neue Feder die alte nach und nach aus der Verankerung in der Haut und wirft sie ab. Bei Pinguinen, Kasuaren und Emus wächst die neue Feder durch den unteren Nabel ein stückweit in die alte Feder und diese wird so durch die Spitze der neuen Feder nach oben geschoben, bis sie abfällt. Pinguine helfen dabei durch Kratzen nach.

Die Mauser verläuft in unterschiedlichster Weise und ist, wie alles andere auch, den Lebensbedürfnissen der einzelnen Arten angepasst. Die meisten Vogelarten

▲ Rotkehlchen in Groß- und Kleingefiedermauser.

erneuern jährlich ihr Federkleid, andere aller zwei Jahre und wenige in noch größeren Abständen. Wasservögel können sich auf dem Wasser vor vielen Fressfeinden schützen und werfen daher in der Mauserzeit ihre gesamten Schwung- und Steuerfedern auf einmal ab. Andere Vogelarten dürfen dagegen ihre Flugfähigkeit auf gar keinen Fall verlieren und wechseln darum ihre Federn in einem geordneten System nacheinander und mausern länger. Manchmal ist die Flug- und / oder die Manövrierfähigkeit für kurze Zeit eingeschränkt, was durchaus ein Risiko für den Vogel bedeutet. Die Mauser stellt in jedem Fall eine außerordentliche körperliche Belastung für den Vogel dar. Die Stoffwechselleistung ist dabei erheblich. Der Nährstoffbedarf steigt an, deshalb mausern die meisten Vogelarten auch erst nach der kräftezehrenden Brut. Die weiblichen Hornvögel allerdings mausern während der Brut- und Nestlingszeit in der geschützten Bruthöhle, in der sie von dem Männchen quasi eingemauert und nur durch einen kleinen verbleibenden Schlitz mit Nahrung versorgt werden. Jede Vogelart unterliegt einer eigenen jahreszyklischen Bindung.

Bei einer Vollmauser kommt es zu einer Steigerung der Futteraufnahme um 25 bis 30 Prozent. Der Hauptbestandteil einer Feder besteht aus Proteinen. Das im Wesentlichen aus Keratin bestehende Protein ist reich an der schwefelhaltigen Aminosäure Cystin; andere essenzielle Aminosäuren sind weniger vertreten. Der Fettgehalt der Federn ist bei den Vogelarten verschieden hoch, der Mineralstoffgehalt in den Federn im Verhältnis zum Gesamtkörper gering, der an Spurenelementen dagegen vergleichsweise hoch. Allein 25 bis 35 Prozent des mit der Nahrung aufgenommenen Zink und Kupfers werden für den Federaufbau genutzt. Quecksilber und Blei kommen in Federn häufig in bedenklich hoher Konzentration vor. Außerdem wurden nachgewiesen: Antimon, Brom, Calcium, Cadmium, Chlor, Chrom, Eisen, Gold, Kalium, Kobalt, Lanthan, Mangan, Molybdän, Natrium, Rubidium, Ruthenium, Scandium, Selen, Silizium, Silber. Somit besitzen Federn, besonders im Hinblick auf das hochgiftige Quecksilber und Blei, auch eine Entgiftungs- und Indikatorfunktion. Der Wassergehalt liegt bei im Wachstum begriffenen Federn bei etwa 50 Prozent, bei ausgereiften Federn bei etwa zehn Prozent.

Für die permanent im Gefieder lebenden Bewohner bedeutet die Mauser ein verlustreiches Ereignis, da mit dem Federausfall immer auch darauf haftende Ektoparasiten und ihre Entwicklungsstadien abgeworfen werden können. Die Fortpflanzung der Gefiederbewohner verlangsamt sich, kopulierende Pärchen werden kaum beobachtet. Manche Federmilbenarten verspüren die sich lockernden Federn und verlassen diese rechtzeitig. Die Befallsintensität in der Hauptperiode der Mauser geht bei

▲ Frische und abgetragene Federn eines Rotmilans (links) und eines Seeadlers.

Federlingen von 100 Prozent auf 16 Prozent und bei den Federmilben auf 50 Prozent zurück. Die Befallsintensität der Federlinge *Philopterus* und *Degeeriella* beim Star verringert sich im Juli im Vergleich zum Juni um das 2- bis 2,5-Fache. Dasselbe gilt auch für die Federmilben. Im Juli (Mauserzeit des Stars) ist der Befall der Altvögel sechsmal geringer als im Mai.

Es wird zwischen Vollmauser und Teilmauser unterschieden.

Die Vollmauser

Vollmauser bezeichnet den vollständigen Wechsel des Gefieders. In der Regel findet sie nach der Brutzeit statt. Einige Zugvögel, wie zum Beispiel die Rauchschwalben und Neuntöter, erneuern ihr Gefieder erst im Winterquartier und mausern zwischen Dezember und März. Das Mauserverhalten des Fitislaubsängers ist eine Besonderheit unter den Zugvögeln. Er erneuert vor dem Wegzug komplett sein Gefieder und dann ein zweites Mal im Winterquartier. Andere Arten, wie der Zilpzalp und einige Grasmücken, mausern im Winterquartier nur die äußersten Schwungfedern, die am stärksten abgenutzt werden. Die Vollmauser dauert bei kleineren Vögeln, wie Amsel und Grünfink, etwa zwei Monate, bei Ringeltauben und Kolkraben bis zu sechs

Monaten. Kolkraben beginnen schon zeitig im Mai mit der Mauser, da sie auch als Erste, oft schon im Februar, brüten. Kraniche verlieren bei ihrer Hauptmauser nach der Brut Ende Juni innerhalb von wenigen Stunden bis maximal zwei Tagen alle Hand- und Armschwingen, die in zirka fünf Wochen nachwachsen. Die erneute Flugfähigkeit erlangen sie aber erst ein bis zwei Wochen später, da sie wieder trainiert werden muss. Kraniche mausern nicht jedes Jahr, manche aller zwei Jahre und andere auch im dreijährigen Rhythmus. Selten mausern beide Brutpartner gleichzeitig. Die meisten Vögel ersetzen die Flügelfedern nacheinander über mehrere Monate, und ihre Flugfähigkeit bleibt dabei erhalten oder wird nur unwesentlich eingeschränkt. Anders verhält es sich bei den Wasservögeln, wie Lappentauchern, Seetauchern, Schwänen, Gänsen, Enten, Rallen und Alken, die ihre Hand- und Armschwingen nach der Brutperiode synchron abwerfen (Simultanmauser) und damit mehrere Wochen (drei bis sechs Wochen je nach Größe des Vogels) fluguntüchtig sind. Die Flugtüchtigkeit

▲ Simultanmauser bei der Kolbenente.

beginnt erst wieder, wenn die Federn zirka 80 Prozent ihrer normalen Größe haben und die Flugmuskeln wieder trainiert sind. Nichtbrüter beginnen dabei früher mit der Schwingenmauser.

Beim Buntspecht beginnt nach Verlassen der Bruthöhle die Jugendmauser mit einer kompletten Handschwingenmauser. Die Armschwingen werden dagegen nicht gemausert und bleiben als Reste des Nestkleides erhalten. Junge Hohltauben werfen bereits ihr Gefieder zum ersten Mal (Vollmauser) ab, bevor die Flügel ausgewachsen sind. Adler, Geier oder Störche behalten ihr Großgefieder teilweise bis zu vier Jahren. Sie staffeln den Federwechsel.

Die neuen Federn erkennt man an einer dunkleren Farbe und deutlicherem Glanz.

▲ Mandarinentenerpel im Prachtkleid.

Teilmauser

Hierbei werden nur Teile des Gefieders ersetzt, häufig nur das Kleingefieder. Dabei wird der Vogel in seiner Flugfähigkeit nicht beeinträchtigt. Durch die Teilmauser wird die Umfärbung der Kleider erreicht. Die erste Teilmauser vollziehen die Singvögel, wenn sie vom Jugendkleid ins Alterskleid wechseln. Etwa ein Viertel unserer Vogelarten wechselt im Winterhalbjahr in ein Schlichtkleid. Im Sommerhalbjahr tragen diese Vögel ein Prachtkleid. So wechseln diese Vogelarten im sechsmonatigen Wechsel ihr Federkleid, in der Regel ab Februar / März ins Prachtkleid und nach der Brut im August / September wieder ins Schlichtkleid. Die Kleingefiedermauser machen beide Geschlechter durch, wobei fast nur Männchen in ein Prachtkleid umfärben. Eisenten wechseln ihr Kleingefieder sogar dreimal jährlich.

▼ Mandarinentenerpel in Mauser.

▲ Schwarzhalstaucher im Schlichtkleid.

▼ Schwarzhalstaucher im Prachtkleid.

Federkleider und Umfärbungen

Aus einer Federpapille können entweder gleiche Federn nachwachsen, oder sie unterscheiden sich in Form, Farbe und Zeichnung. Dies geschieht aufgrund hormoneller Zyklen. Die meisten Vögel unterliegen einem ständigen Wechsel zwischen fruchtbarer und unfruchtbarer Periode. Die Gonaden – Eierstöcke und Hoden – bilden sich nach der Brut zurück. So entstehen die unterschiedlichen Erscheinungsformen des Gefieders. Nach dem Dunenkleid entwickelt sich das in der Regel schlichtere, glanzlose Jugendkleid, welchem sich meist unmittelbar das Alterskleid anschließt. So bei unseren einjährig sich fortpflanzenden Arten, wie Amseln, Meisen, Rotkehlchen oder Sperlingen. Bei später geschlechtsreif werdenden Arten, wie Möwen, Greifvögeln oder Schwänen, werden zusätzlich noch ein oder mehrere unterschiedliche Übergangskleider dazwischengeschoben. Verbreitet ist der stetige Wechsel zwischen einem unauffälligen Ruhe- oder Schlichtkleid, welches nach der Brut getragen wird,

▼ **Silbermöwe, Übergangskleid zum Alterskleid.**

und einem auffälligen Brut- oder Prachtkleid. Das Prachtkleid wird meist von den männlichen Tieren getragen. Anders beispielsweise bei Wassertretern, bei denen die Männchen brüten. Hier trägt das Weibchen das Prachtkleid und das Männchen dauernd ein Schlichtkleid. Wenn die Geschlechter einer Vogelart unterschiedliche Kleider aufweisen, wird von Geschlechtsdimorphismus gesprochen. Einige Vogelarten tragen das Prachtkleid das ganze Jahr über. Oft ist die Ausprägung der ständig getragenen Prachtkleider altersabhängig. Bei bestimmten Individuen nehmen die Farbigkeit und die Ausbildung der Formen der Prachtkleider mit dem Alter zu.

Umfärben ohne Federwechsel

Eine Vielzahl unserer heimischen Vogelarten verändert ihre Gefiederfarbe ohne Federwechsel. Dies geschieht durch Abnutzung der äußeren grauen Federsäume, die die Federn nach der Mauser aufweisen. Nach der Vollmauser im Sommer legen

▼ Unterschiedlicher Abnutzungsgrad der grauen Federsäume an Kopf und Kehle der Rohrammer.

diese Vogelarten sofort ein Pracht- oder Brutkleid an, ohne dass es sichtbar wird. Die bräunlich grauen Federsäume verdecken noch das auffällige Prachtkleid. Erst wenn sich die Federsäume abgenutzt haben, tritt es hervor. Diese Abnutzung ist individuell verschieden stark ausgeprägt. So scheint es, dass die Prachtkleider von unterschiedlicher Qualität sind. Besonders bei Bluthänflingen, Gartenrotschwanz, Buch- und Bergfink, Gold- und Rohrammer ist dieser Effekt gut zu beobachten.

Eine gewisse Farbveränderung durch Lichteinwirkung kann beispielsweise bei Kohlmeisen beobachtet werden. Die Gelbfärbung der Unterseite und die Grünsättigung der Oberseite nehmen mit der Zeit ab. Im Wald, wo sie dem Licht weniger ausgesetzt sind, verlieren Kohlmeisen dagegen weniger an Gelb und Grün. Die schwarze Kopfplatte bleibt unverändert.

Dass sich die Farbe des Gefieders aufgrund von Abrieb, chemischen Veränderungen, durch Lichteinwirkung oder Verschmutzungen verändern kann, ist bekannt.

▼ **Während der Balzzeit tragen Rosaflamingos Farbstoffe auf das Gefieder auf.**

Allerdings modifizieren einige Vogelarten die Färbung ihres Gefieders auch zusätzlich, indem sie Substanzen aus ihrer Umgebung oder selbst produzierte Stoffe auf ihre Federn auftragen. Zu diesen vogeleigenen Substanzen gehören die Sekrete der Bürzeldrüse, die orange, rot oder gelb pigmentiert sein können.

Am Beispiel des Rosaflamingos, *Phoenicopterus roseus*, untersuchten Forscher den Zusammenhang zwischen jahreszeitlichen Veränderungen der Gefiederfarbe und dem Balzverhalten. Sie stellten fest, dass das Flamingogefieder während der Balz kräftiger gefärbt ist und in der übrigen Zeit wieder verblasst. Das Verblassen setzt unmittelbar nach Beginn der Brutzeit ein. Die Vögel bringen Carotinoide aus der Bürzeldrüse auf das Gefieder auf und verteilen sie, indem sie den Kopf an Hals-, Brust- und Rückenfedern reiben. Da das Reiben während der Balzphase viel häufiger zu beobachten ist und die Gefiederfarbe nach der Eiablage wieder verblasst, gehen die Forscher davon aus, dass die kosmetische Koloration primär mit der Partnerwahl zusammenhängt: «Unsere Untersuchungsergebnisse bei den Flamingos sind von eklatanter Bedeutung für die Theorien zur Wahl des Sexualpartners und zum Balzverhalten; es wird deutlich, dass die Vögel durch die Manipulation der Gefiederfarbe selbst erheblichen Einfluss auf ihre Paarungschancen nehmen.» (Amat et al., 2011)

Federfarbe und Federzeichnung

Farben und Strukturen lassen viele Vögel zu den prächtigsten gefärbten Wirbeltieren werden. Dabei ändert sich die Farbe des Gefieders, besonders der männlichen Tiere, fast bei jeder Mauser. Die auffällige Färbung und Musterung der Männchen dient hauptsächlich als optisches Signal beim Balzverhalten sowie bei den innerartlichen Rivalitätsauseinandersetzungen. Geschlechtspartner sollen aufmerksam gemacht und Konkurrenten abgewehrt werden. Weibchen suchen sich meist den farbigsten Bewerber aus. Bei weiblichen Tieren bewirken dagegen die unauffälligen Farben und Zeichnungsmuster eine Schutzfärbung. Dadurch wird die Umgebung der Vögel oft derart kopiert, dass sie optisch nicht oder nur schwer wahrgenommen werden können. Viele Bodenbrüter fallen somit auf dem Nest nicht auf, ihre Körperform löst sich optisch in der Umgebung auf.

Farben werden entweder durch Pigmentfarbstoffe oder durch Lichtbrechung in den Federstrukturen hervorgerufen.

◀ Der Waldkauz ist durch seine Federzeichnung perfekt getarnt.

Schwarze oder graue Farbtöne ergeben sich je nach Dichte der Melanine (Eumelanine). Braune Melanine oder Phäomelanine bewirken die bräunlichen Farbtöne. Beide Substanzen ergeben, wenn sie gemischt in den Federn vorkommen, einen graubraunen Farbton. Die Melanine können vom Vogel selbst gebildet werden. Melaninhaltige Federn sind widerstandsfähiger. Deshalb herrschen bei den am meisten belasteten Schwungfedern braune, schwarze oder graue Farbtöne vor. Durch Sonneneinstrahlung verblassen die Federn, wobei auch hier die melaninpigmentierten Federn am widerstandsfähigsten sind.

Rot- und Gelbtöne werden von fettlöslichen Farbstoffen, den Carotinoiden, gebildet und müssen über die Nahrung zugeführt werden. Über 600 verschiedene Carotinoide sind in Pflanzen nachgewiesen worden. Wenn bei der Federbildung nicht genügend Carotinoide zur Verfügung stehen, wird die Farbsättigung nicht erreicht, die Vögel fallen durch Blässe auf. An Kohl- und Blaumeisen sind häufig Farbsättigungsunterschiede zu beobachten.

Blautöne werden durch feinste Strukturen in der Feder und durch komplizierte Lichtbrechung und Reflexion erzeugt. Die unterschiedlichen Farbtöne entstehen durch vielgestaltige Strukturen und unterschiedliche Luftkammern; der Eisvogel ist dafür ein besonders gutes Modell. Weiß entsteht durch Lichtstreuung und Reflexion der eingeschlossenen winzigen Luftbläschen in pigmentfreien Federn oder Federteilen.

Alle farbbildenden Komponenten sind kombinierbar, Voraussetzung für das Entstehen der unterschiedlichsten Farbtöne und Farbnuancen. Tritt zum Beispiel zur

▲ Kohlmeise.

Struktur für blaue Färbung ein rotes Carotinoid hinzu, entsteht eine violette Färbung, tritt jedoch ein gelbes Carotinoid hinzu, ergibt sich eine Grünfärbung. Der grüne Rücken der Kohlmeise wird durch das Zusammenspiel von Melaninen und gelben Carotinoiden bewirkt.

Der Glanz der Federn entsteht durch rein physikalische Vorgänge. Hierbei sind die Federstrahlen sehr lang, dünn, hakenlos und mehr oder weniger parallel gelagert. Die spiegelglatte Oberfläche reflektiert stark. Dickere Federstrahlen erzeugen eine seidenmatte Wirkung. Eine Samtwirkung wird erreicht, wenn die Struktur so aufgebaut ist, dass kleinste Federchen senkrecht zum Betrachter gerichtet sind und das Licht nicht mehr reflektiert werden kann. Schillereffekte entstehen, wenn je nach Betrachtungs- oder Einfallswinkel, Licht unterschiedlicher Wellenlänge zur Interferenz gelangt, so entsteht das grünliche oder rötliche Schillern beim Star im Sonnenlicht.

Das Gefieder zeigt zudem Farbunterschiede, die wir Menschen, mit nur drei Farbzapfen im Auge ausgerüstet, nicht sehen können. Vögel haben durch einen vierten Farbzapfen die Möglichkeit, ultraviolettes Licht zu erkennen. So können Blaumeisenweibchen die Ausprägung der für sie attraktiven blauen Kopfplatte des

▲ Schillereffekte auf dem Federkleid einer Straßentaube durch einfallendes Sonnenlicht.

Männchens differenziert wahrnehmen, während für unser Auge beide Geschlechter gleich aussehen. Blaumeisen und Trauerschnäpperweibchen bevorzugen Männchen mit stärkerem UV-reflektierendem Gefieder.

▲ Graureiher im Brutkleid.

Die UV-Sehtüchtigkeit verhilft ihnen zudem dazu, Nahrung besser aufzuspüren, die ein besonderes Reflexions- oder Absorptionsverhalten im UV-Bereich zeigt. Manche Raupen heben sich im UV-Bereich vom Blattgrün anders ab und werden somit schnell erkannt. Turmfalken nutzen das UV-Sehen beim Mäusefang, da Mäuse UV-reflektierende Urinspuren im Feld hinterlassen. Es ist anzunehmen, dass außer nachtaktiven Arten wie Eulen alle Vögel ultraviolettes Licht wahrnehmen können.

Gefiederpflege

Das Gefieder ist direkt oder indirekt an verschiedenen Verhaltensweisen beteiligt, die wichtige Funktionen zur Individual- und Arterhaltung erfüllen, wie Kampf-, Droh-, Imponier- oder Sexualverhalten. Das Verhalten, das der Pflege des Gefieders dient, ist Teil des Komfortverhaltens. Es dient gleichzeitig dem Wohlbefinden des Vogels. Bewohner des Federkleides werden durch diese Aktivitäten mehr oder weniger gestört und dadurch auch dezimiert.

▼ **Turmfalkenweibchen beim Putzen.**

Putzen

Viel Zeit verbringen die Vögel mit der Gefiederpflege. Sie schütteln sich öfters, um Staub aus dem Gefieder zu entfernen. Sie ordnen ihr Gefieder, wenn sie sich ungestört fühlen. Dabei nehmen sie Federn in den Schnabel und ziehen sie hindurch. Lockere Federn werden entfernt, geöffnete Seitenäste wieder zusammengefügt und geordnet.

▲ Haussperlingsmännchen beim Sandbaden.

Sandbaden

Viele Hühnerartige, Sperlingsvögel, Tauben und auch Eulen baden in der heißen, trockenen Sommerzeit häufig im lockeren Sand oder Staub. Dabei sträuben sie das Gefieder, sodass der Sand überall hingelangen kann, und befreien sich dadurch von einem Teil ihrer Federkleidbewohner wie Federlinge und Federmilben, was durch Aussieben des Sandes bestätigt worden ist.

Sonnenbaden

Wahrscheinlich kommt Sonnenbaden bei allen Vögeln vor. Es wird diskutiert, dass es das Wohlbefinden erhöht, der Vitamin-D-Produktion, der Trocknung des Gefieders und der Bekämpfung von Ektoparasiten dient sowie Bedeutung für Mauser und Gefiederfärbung hat. Vögel setzen sich sehr spontan in die Sonne und breiten oder stellen ihr Gefieder auf. Die Wärmeaufnahme ist wohl als wichtigste Funktion anzusehen.

Einemsen

Besonders Eichelhäher wurden auf Ameisenhaufen mit ausgebreiteten Flügeln beobachtet. Sie lassen ihr Gefieder von den Ameisen mit Ameisensäure bespritzen. Zuweilen erfassen die Vögel sogar die Ameisen und legen sie auf den Unterflügeln ab. Dieses Verhalten, das Einemsen, ist bei mehreren Dutzend Vogelarten aus bisher über 13 Familien beschrieben worden. So wurde beim Brachpieper nachgewiesen, dass innerhalb von 24 Stunden nach der «Ameisenkur» die Anzahl der Milben um über 60 Prozent zurückging.

Wasserbaden

Bis auf wenige Vogelarten baden Vögel ausgiebig und mehrmals am Tag im Wasser oder lassen sich vom Regen benetzen. Andere kriechen durch tau- oder regennasse Vegetation, um sich einem Bad zu unterziehen. Es reinigt, kühlt ab und hält das Gefieder geschmeidig. Außerdem werden ein Teil der Milben und Federlinge sowie ihre Eier abgestoßen. Der Wohlfühleffekt muss außerordentlich hoch sein, denn Vögel baden zu jeder Jahreszeit, auch im Winter.

▲ Turmfalkenweibchen beim Baden.

Lebensraum Federkleid

Jedes Lebewesen stellt ganz bestimmte Anforderungen an seinen Lebensraum. In der Biologie und der Ökologie werden für Lebensraum die Begriffe «Habitat» für den räumlich verstandenen Lebensraum und «Biotop» für die funktionalen Vorgänge darin verwendet. Habitat bezeichnet eine charakteristische Lebensstätte für eine Art oder eine Artengemeinschaft. Das Biotop ist ein bestimmter Lebensraum einer Lebensgemeinschaft (Biozönose) in einem abgrenzbaren Gebiet. In einer solchen Gemeinschaft verschiedener Arten stehen die Lebewesen untereinander in zahlreichen Wechselbeziehungen und werden durch die unbelebten Umweltfaktoren beeinflusst und wirken auf diese wieder zurück. Ein Biotop kann auch mehrere kleine Habitate für besonders anspruchsvolle Arten beinhalten.

So ist das Federkleid Habitat und Biotop mit vielen unterschiedlichen Lebensräumen, auch Mikrohabitaten, für verschiedene Tierarten. Diese Lebensgemeinschaft bildet mit dem Biotop eine Biozönose und mit ihrer unbelebten Umwelt das Ökosystem Federkleid.

Äußere Haut und Gefieder

Die äußere Haut bildet mit dem Gefieder den Lebensraum Federkleid. Die äußerste Hautschicht, die Epidermis oder Oberhaut, ist in Aufbau und Struktur sehr differenziert und unterschiedlich dick. Sie erneuert sich ständig und stößt dabei die äußere verhornte Schicht in Form von kleinen Schüppchen ab. An befiederten Stellen besteht die gesamte Epidermis aus etwa drei bis fünf Zellschichten, an unbefiederten Stellen aus zirka zehn. Die Haut der Vögel ist viel dünner als die der Säugetiere, besonders unter den schwach befiederten Flügeln, was beim Lüften der Flügel zur Abkühlung der Körpertemperatur hilfreich ist. Das Federkleid schützt die Haut sicher vor mechanischen Einwirkungen. In der Unterhaut befinden sich mit der Skelettmuskulatur in Verbindung stehende Muskeln, welche die geschlossenen Bewegungen der Federn ermöglichen. Spezielle glatte Muskeln, die Federmuskeln, bewegen die einzelnen Federn. Diese Hautbereiche sind stark durchblutet und lassen die Haut rötlich erscheinen. Während der Brutzeit bilden sich auf der Bauchseite beziehungsweise der

Unterbrust bei den meisten Vogelarten, außer Pinguinen, Scharben, Tölpeln und Entenvögeln, federlose Hautstellen, die Brutflecken. Im Bereich dieser Brutflecke ist die Haut dicker und stark mit Gefäßen versehen, wodurch die mit zirka 38 Grad Celsius erforderliche Bruttemperatur gesichert wird.

Die relativ hohe Körpertemperatur der Vögel wird durch die hochwirksame Isolationswirkung des Gefieders erhalten und macht den Bereich zwischen äußerer Haut und Gefieder zu einer Warmzone. Mittels Wärmebilder durch Thermografie wird die isolierende Wirkung des Gefieders sehr deutlich vermittelt. Unbefiederte Körperflächen, wie die Füße, strahlen praktisch die Körpertemperatur ab, wogegen über dem Gefieder nur etwa die halbe Körpertemperatur gemessen wird.

Im Bürzelbereich finden wir, außer bei Trappen, Laufvögeln, dem Eulenschwalm, den schwanzlosen Kaulhühnern, einigen Papageien- und Taubenarten, die einzig vorkommende Hautdrüse, die Bürzeldrüse. Sie ist unterschiedlich ausgeprägt, und die chemische Zusammensetzung des Bürzeldrüsensekretes ist bei jeder Vogelart, sogar geschlechtsspezifisch sowie jahreszeitlich, verschieden.

▼ Eine Nachtigall nimmt ein Sonnenbad. Das dabei aufgestellte Rückengefieder entblößt die Bürzeldrüse.

Grundlagen des Lebensraumes

Voraussetzungen für Leben sind Nahrung, Schutz, Fortpflanzung, Wachstum und Möglichkeiten zur Bewegung, um auf vielfältige Reize reagieren zu können. Die Bewohner des Federkleides müssen Bedingungen vorfinden, die ihren Fähigkeiten gerecht werden, sich selbst zu erhalten und zu reproduzieren.

Das Federkleid bietet durch die Vielfalt der Federareale mit den unterschiedlichen Anordnungen der Federn zueinander ideale Schutzräume und günstige Voraussetzungen in erster Linie zum Überleben, für einige Arten auch für den gesamten Entwicklungszyklus. Im Federkleid gibt es für dessen Bewohner reichlich Nahrung in Form von Hautschüppchen, Absonderungen der Bürzeldrüse, Federsubstanz an sich, Federpuder der sich auflösenden Puderdunen. Einige Parasiten saugen Blut, besonders an gut zugänglichen Hautstellen. Eine eiweißreiche Nahrungsgrundlage bilden außerdem die zahlreichen, ständig auf Haut und Federn vorhandenen Mikroorganismen wie Bakterien, Hefen und Pilze.

Für Federlinge, Federmilben, Federspulmilben und die Nordische Vogelmilbe sind die Lebensvoraussetzungen im Federkleid ideal, sodass sie ihr ganzes Leben darin verbringen und nur zur Weiterverbreitung auf andere Wirte wechseln. Andere Parasiten leben nur zeitweilig im Federkleid. Flöhe, Zecken oder die Rote Vogelmilbe suchen es als Blutsauger nur zur Nahrungsaufnahme auf. Gefiederfliegen parasitieren ausschließlich auf Jungvögeln, bis zu deren 35. Lebenstag. Lausfliegen bleiben für länger Zeit im Gefieder, nicht nur zur Blutaufnahme. Sie suchen hier außerdem Schutz. Ihre Entwicklung vollzieht sich aber wie bei Flöhen, Zecken oder der Roten Vogelmilbe in den Nestern oder Aufenthaltsorten ihrer Wirte.

Lebensraum Vogelnester

Vogelnester sind ebenfalls ideale Lebensräume für eine Vielzahl von Arthropoden. Je umfangreicher das Nest, umso größer ist die dortige Lebensgemeinschaft. Bodenbrüter, die ihre Eier auf Kies ablegen, schaffen keine nennenswerten Lebensräume. Wird dagegen Laub oder Gras als Unterlage benutzt, ein napfförmiges Nest gebaut oder werden geschützte Höhlen ausgewählt, entstehen immer größere strukturelle Komplexe für vielfältigere Lebensgemeinschaften, die sich wiederum zum Teil selbst regulieren. Mit Haaren und Federn ausgepolsterte Nester (ein Zilpzalp verbaut bis zu

▲ Blaumeise: Das Moos wird in der Regel als Grundlage eines Nestbaus benutzt.

200 und Schwarzkehlchen bis zu 400 Federn) beherbergen andere Nestbewohner als einfache Unterlagen aus Reisig, wie bei unseren Taubenarten. Trockene Höhlen sind dichter besiedelt als feuchte Nester. Nach Denker (1990) können selbst im Winter noch über 120 kleine Tierarten gleichzeitig ein Kohlmeisennest in einem Nistkasten besiedeln.

Neben den gerade aufgezählten Bewohnern des Federkleides gibt es daher auch eine Vielzahl weiterer Insekten, die das Nest nutzen, ohne den Vogel zu schädigen. Sie leben von den Ausscheidungen der Tiere, dem Nistmaterial oder anderen anfallenden organischen Stoffen. Schlupfwespen und Raupenfliegen legen ihre Eier in Insektenlarven ab, in denen sie sich weiterentwickeln und die sie letztlich töten. Verendete Küken im Nest oder abgelegte Beute ernähren Aasfliegen und Aaskäfer. Andere Nestbewohner leben von den Mikroorganismen und Schimmelpilzen, die organische Substanzen abbauen. Räuberische Arten überwältigen ihre Beute im Nest und verzehren sie.

Artenvielfalt im Vogelnest

Eine kurze Aufzählung verdeutlicht die Artenvielfalt im Vogelnest: Raupenfliegen legen ihre Eier in Ohrwürmer, Erzwespen in Vogelblutfliegenlarven, die Kleistermotte und der Speckkäfer fressen Federn und Haare, Hornmilben ernähren sich von Pflanzenteilen, Staubläuse und Springschwänze von Pilzgewebe, Algen, Flechten. Trauermückenlarven zersetzen Laub und Totholz. Pseudoskorpione erbeuten kleinere Gliederfüßer wie zum Beispiel Springschwänze. Asseln oder Mehlkäferlarven ernähren sich von pflanzlichem Material.

So entstehen unendliche Lebenskreisläufe und Wechselbeziehungen, die nur funktionieren, wenn sich ein Gleichgewicht zwischen den Arten ausbildet.

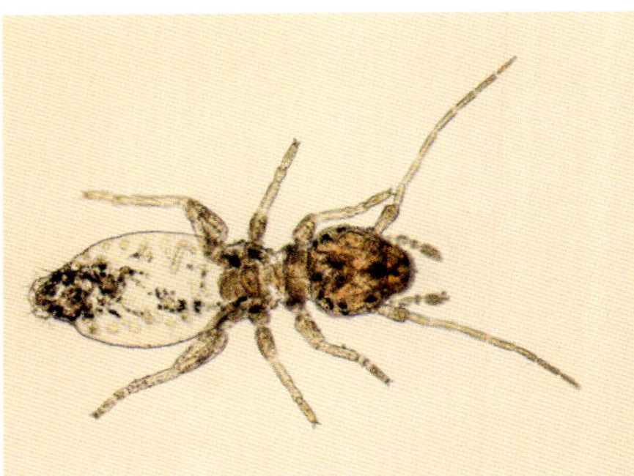

◀ Staublaus aus einem Hausrotschwanznest.

▲ Fitis mit Federn zum Nestbau.

▲ Halbiertes Nest einer Kohlmeise.

▲ Mit wenig Halmen ausgelegte Nestmulde mit Gelege vom Austernfischer.

▲ Nest einer Ringeltaube.

▲ Halbiertes Nest einer Singdrossel.

▲ Turmfalke im Rüttelflug.

Strukturen des Lebensraumes

Wie unterschiedlich die Federn gestaltet sein können, haben wir bereits im Kapitel «Das Federkleid» besprochen. Durch die Formenvielfalt der Federn und ihre Anordnung entfaltet sich eine Fülle unterschiedlicher Raumstrukturen, die bei jeder Vogelart anders sein können. Darin unterscheiden sich Zugvögel von Standvögeln, Wasservögel von Vögeln aus Wüsten- oder Steppengebieten. Bei Laufvögeln herrschen wieder andere Verhältnisse. Neben der Anordnung und Anzahl der Federn sind auch die Funktionen der einzelnen Federgruppen, unter anderem die mikro- und makroskopischen Strukturen, von Bedeutung. So werden Schwingen erster Ordnung von denen zweiter Ordnung unterschieden. Die verschiedenen aerodynamischen Formen der Federn sowie ihre Anordnungen am Flügel spielen als Lebensraumareal eine Rolle, denn Geschwindigkeit, Richtung und Stärke des Luftstromes beim Flug sind in den Gefiederbereichen unterschiedlich.

Dies trifft besonders für die Flügelfläche zu, die hauptsächlich aus Arm- und Handschwingen besteht. Die hintere Flughaut, die den Winkel zwischen Oberarm und Körper ausfüllt, verbindet die Flügelfläche mit dem Körper lückenlos. Das Flügelprofil ist bei allen Vogelarten auf der Oberseite nach oben gewölbt und auf der Unterseite hohl. Das ist eine Notwendigkeit für das Fliegen. Beim Fliegen wirken vielfältige Kräfte wie Vortrieb, Auftrieb, Luftwiderstand und Schwerkraft auf einzelne Federn oder Federpartien. So entstehen auf der Oberseite Sog- und auf der Unterseite Druckkräfte. Einen entscheidenden Einfluss auf die Wind- und Druckverhältnisse in den einzelnen Regionen der Hand- und Armschwingen hat die Art zu fliegen: Gleitflug, Segelflug oder der aktive Schlag-, Rüttel- oder Schwirrflug. Dabei sind die Kräfte, die aufgewendet werden müssen oder auf den Flügel einwirken, wiederum davon abhängig, ob der Vogel bei Windstille oder bei Wind fliegt. So ist jede einzelne Feder den auf sie einwirkenden Belastungen angepasst und bietet den Bewohnern des Federkleides manchmal nur nuanciert andere Lebensverhältnisse. Die Verteilung der Individuen und ganzer Populationen der permanent im Gefieder lebenden Federmilben und Federlinge auf dem Flügel steht in Korrelation nicht nur zu strukturellen Besonderheiten einzelner Federn und Befiederungsabschnitte, sondern auch zu ihren speziellen aerodynamischen Besonderheiten.

▼ **Einblick in die Federstrukturen unter dem Flügel einer weiblichen Stockente.**

Die Tatsache, dass der Flügel von beiden Seiten mit Federn bedeckt ist und angewinkelt der befiederten Körperseite des Vogels anliegt, macht ihn zu einem ganz besonderen Areal des Federkleides. Das hat zur Folge, dass beispielsweise innerhalb der Hand- und Armschwingen unterschiedliche Mikrohabitate existieren, die von unterschiedlichen Federmilben- und Federlingsarten besiedelt werden, das heißt, die bevorzugten Aufenthaltsorte der unterschiedlichen Arten verändern sich von Feder zu Feder. Die erste Handschwinge, die sich beim Flug den einwirkenden Kräften am stärksten zu widersetzen hat, ist gewöhnlich frei von Milben.

Die Verhältnisse bei Mauerseglern, Rauchschwalben und Kormoranen zeigen dies deutlich:

So bevorzugen beim Mauersegler die Federmilbenarten *Eustathia cultrifera* und *Chauliacia securigera* vor allem die zweite Handschwinge. Bei 30 untersuchten Seglern sitzen im Durchschnitt auf der ersten Handschwinge 3,4 Milben, auf der zweiten 194, auf der dritten 82, der vierten 37, der fünften 7,5 der sechsten drei und danach nur noch eine Milbe. Ähnliche Verteilungsmuster liegen bei der Rauchschwalbe vor. Bei den drei verschiedenen Federmilbenarten des Kormorans zeigt sich eine etwas andere Verteilung. So finden sich die Federmilben *Plicatalloptes subcrassipes* auf der 6. bis 20. Schwinge (mit Maximum auf der 10.), *Scutomegninia phalacrocoracis* auf der 4. bis 8. (Maximum auf der 5.) und *Michaelia heteropus* auf der 1. bis 7. (mit Maximum auf der 3. und 4.).

Strukturvielfalt gleich Artenvielfalt

Jede Arm- und Handschwinge variiert in Größe und Festigkeit. Zwischen den Federästen der stärkeren Federn bilden sich besonders an der Ansatzstelle des Federschaftes kleine Räume, die bevorzugt von Federmilben aufgesucht werden.

Die größeren Schwungfedern der Entenvögel formen sogenannte Luftkorridore. Diese entstehen, indem die Innenränder der Federäste sich verbreitern und umbiegen und somit den Raum zwischen den Federästen abdecken. Das hat zur Anpassung und zur Ausbildung einer neuen Federmilbenart geführt. Während *Freyana largifolia* auf den Schwingen außerhalb dieser Luftkorridore lebt, kommt *Freyana anatina* in den geschützten Luftkorridoren vor. Bei ihr ist der Befestigungsapparat am Hinterende ihres Körpers schwächer ausgebildet. So können durch diese Luftkorridore auf

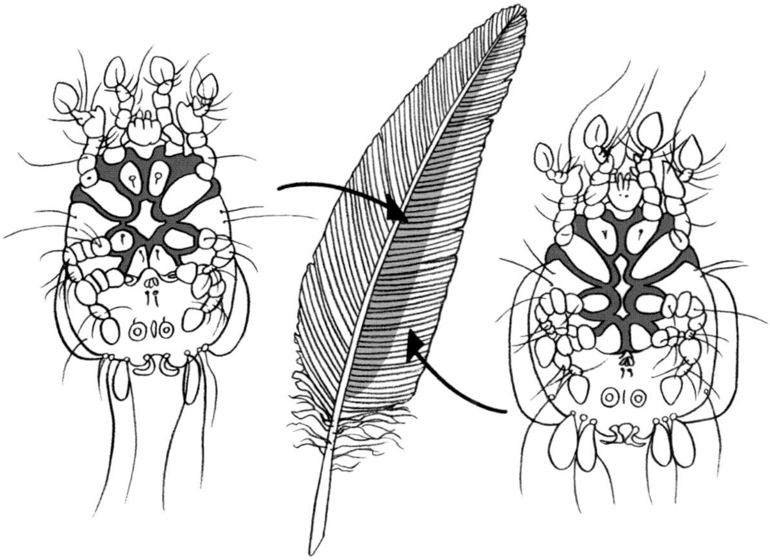

▲ Rechts die Ausgangsart *Freyana largifolia* mit ihren großen, blattförmigen Borstenpaaren am Körperende als Haftorgane und links die im Luftkorridor lebende *Freyana anatina* (Zeichnung nach Dubinin, 1953).

den Schwungfedern der Entenvögel zwei nah verwandte Federmilbenarten auf der gleichen Schwinge vorkommen.

Ein weiteres Mikrohabitat stellt die Federspule dar. Sie wird von Federspulmilben und einigen wenigen Federmilbenarten als Lebensraum genutzt. Die Spulmilben stechen mit ihren Mundwerkzeugen durch die Spule und saugen als Nahrung Gewebsflüssigkeit aus der Federpapille. Durch ihre geschützte Lebensweise in der Federspule benötigen sie kein so kräftiges Chitinskelett wie die auf den Federn lebenden Federmilben. Federbalgmilben nutzen den Raum des Follikels, der auch Federbalg genannt wird, als Mikrohabitat im Lebensraum Federkleid.

Während Federmilben hauptsächlich – außer bei Massenbefall – die Schwung- und Steuerfedern und eventuell die größeren Konturfedern im Flügelbereich besiedeln, verteilen sich Federlinge weitläufiger im Federkleid. So gibt es Arten, die sich dem Kopf-Hals-Bereich, dem Flügel, der Schulter und dem Bauch angepasst haben. Diese Strukturvielfalt ermöglicht es, dass verschiedene Parasitenarten gleichzeitig, ohne Konkurrenz auszuüben, auf einem Wirt vorkommen können.

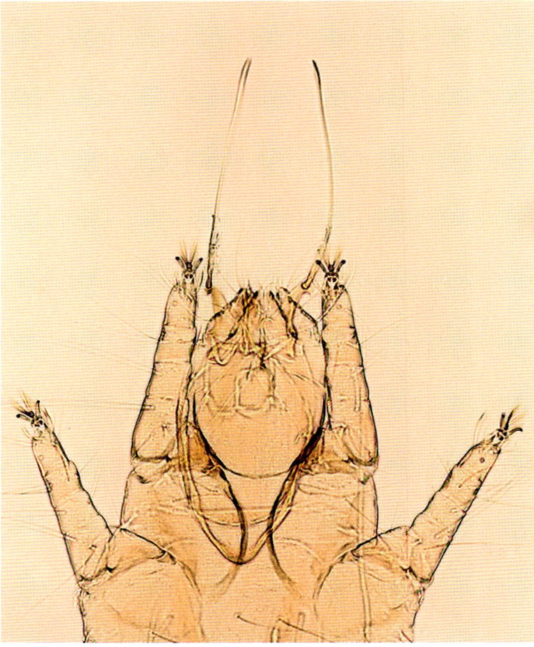

◀ Stilettförmige Mundwerkzeuge *(Chelizeren)* einer Federspulmilbe *Megasyringophilus* sp.

Auch die völlig ans Wasser gebundenen und häufig tauchenden Zwergtaucher ▶ beherbergen Bewohner in ihrem Federkleid, beispielsweise Federmilben und Federlinge.

Bewohner des Lebensraumes Federkleid

Jeder Organismus ist Mitglied einer durch vielfältige Wechselwirkungen verbundenen Gemeinschaft. Haben verschiedene Gemeinschaftsmitglieder enge Körperkontakte und leben in einem Abhängigkeitsverhältnis, wird dieses weitläufig als Symbiose bezeichnet. Dabei wird der größere Partner als Wirt und der kleinere als Gast oder Symbiont bezeichnet. Das Abhängigkeitsverhältnis der Partner ist unterschiedlich – gegenseitig oder einseitig. Auch die Gewinne und Verluste aus der Partnerschaft gestalten sich für die einzelnen Partner verschieden. Deshalb werden die Beziehungen der Wirte und Gäste auch unterschiedlich bezeichnet. Die Symbiose an sich umfasst das Zusammenleben artverschiedener Organismen. So wird im Einzelnen von einer Symbiose im engeren Sinne, von Mutualismus, von Kommensalismus und von Parasitismus gesprochen.

Innerhalb des Federkleides spielen die Symbiose im engeren Sinne, also die existenzabhängige Partnerschaft, sowie der Mutualismus, wo Wirt und Gast Vorteile haben, ohne dass ihr Zusammenleben lebensnotwendig ist, eigentlich keine Rolle. Die Bewohner des Lebensraumes Federkleid beschränken sich auf Kommensalen und Parasiten und sind ausschließlich Arthropoden, Gliederfüßer.

Kommensalen

Ein Kommensale wird als «Mitesser» bezeichnet, der für seine Ernährung auf einen Organismus einer anderen Art angewiesen ist, indem er an dessen Nahrung teilhat, diesen aber (im Gegensatz zu einem Parasiten) nicht schädigt. Bei einem engen räumlichen Zusammenleben wird der gebende Organismus Wirt und der sich Mit-ernährende Kommensale genannt. Dem Wirt entstehen dabei keine größeren Vor- oder Nachteile. Nur der Kommensale ist Nutznießer des Zusammenlebens und ist meist vom Wirt abhängig. Der Kommensale ernährt sich von Abfallstoffen oder dem Nahrungsüberschuss des Wirtes, entzieht diesem aber keine lebensnotwendigen

Substanzen. Beim Kommensalismus handelt es sich lediglich um eine besondere Ernährungsweise.

Zwei extreme Beispiele von Kommensalismus sollen die Bandbreite dieses Zusammenlebens verdeutlichen. Geier oder andere Aasfresser der Wüsten und Steppen folgen den größeren Jägern, wie zum Beispiel den Löwen, und ziehen Nutzen von deren erlegter Beute.

Viele Bakterien, die bei Mensch und Tier den Darm, alle Schleimhäute und die äußere Haut besiedeln, sind Nutznießer ihrer Wirte. Unter den Bewohnern des Lebensraums Federkleid werden die Federmilben nach unseren heutigen Erkenntnissen in Bezug auf ihre Ernährung als Kommensalen angesehen. Ob das für alle Federmilbenarten gleichlautend zutrifft und ob ein sehr starker Befall mit Federmilben nicht doch zu einer Belästigung oder Schädigung des Wirtes führt, kann aufgrund der fehlenden Kenntnisse darüber gegenwärtig nicht eindeutig eingeschätzt werden. Da sie permanent auf dem Wirt leben, auf ihn als Lebensraum angewiesen sind, handelt es sich aber um eine Lebensgemeinschaft, die sich in Richtung zum echten Parasitismus entwickeln kann.

Parasiten

Parasiten leben teilweise oder hauptsächlich auf Kosten ihres Wirtes. Es besteht eine einseitige funktionelle Abhängigkeit. Der Parasit ist auf seinen Wirt angewiesen und schädigt ihn. Der einzelne Parasit ist ein Organismus, dessen Lebensraum ein anderer lebender Organismus darstellt. 75 Prozent aller Lebewesen auf der Erde leben parasitisch. Dabei befinden sich Wirt und Parasit in der Regel im Gleichgewicht. Gestört werden kann dieses Gleichgewicht, wenn Vögel in Stresssituationen geraten. Das ist häufig bei Nahrungsmangel, hohem Infektionsdruck und anderen Belastungen der Fall. In dieser Situation vermögen sich die Parasiten explosionsartig zu vermehren und dem Wirt erheblich zu schaden. Der Parasitismus kann wie folgt definiert werden:

Das Wesen des Parasitismus besteht darin, dass der Parasit Nutznießer seines Wirtes ist, ihn krankmachend, aber in der Regel nicht tödlich schädigt, da der Tod des Wirtes meist auch den Tod des Parasiten zur Folge hat.

Es wird zwischen Parasiten unterschieden, die außen auf der Körperoberfläche leben, beispielsweise im Federkleid **(Ektoparasiten)**, und solchen, die im Inneren des Körpers leben **(Endoparasiten)** und im Blut, im Darm oder auch in der Muskulatur parasitieren.

Je nach ihrer Aufenthaltsdauer auf dem Wirt werden die Parasiten unterschieden in:

- **Temporäre Parasiten,** die ihren Wirt oft nur kurzfristig befallen, meist nur zur Nahrungsaufnahme, wie Zecken, Rote Vogelmilben, Flöhe, Vogelblutfliegen, Stechmücken, wobei zum Beispiel Flöhe schon einen engeren Kontakt haben können, indem sie sich nach dem Saugen längere Zeit auf dem Wirt aufhalten.
- **Stationäre Parasiten,** die ihr ganzes Leben oder über längere Zeit einer Entwicklungsphase auf dem Wirt leben, wie Lausfliegen.
- **Permanente Parasiten,** die immer parasitisch leben, bei ununterbrochenem Kontakt zum Wirt, wie Federlinge, Federspulmilben, Nordische Vogelmilbe.
- **Fakultative Parasiten,** die ihren Wirt nur unter gewissen Bedingungen befallen.

▲ Haussperlingsweibchen mit Zecke.

▲ Kuckucke sind Fehlwirte der Federlinge und Federmilben ihrer Zieheltern.

Im Lebenszyklus von Parasiten erfüllen Wirte verschiedene Funktionen. Erreicht der Parasit auf einem Wirt das geschlechtsreife Stadium, so wird von einem **End-** oder **Definitivwirt** gesprochen. Auf **Zwischenwirten** entwickeln sich die Larvenstadien. **Transportwirte** werden von Parasiten zur Verbreitung genutzt (zum Beispiel Federlinge auf Lausfliegen). Finden Parasiten in oder auf Wirten optimale Lebens- und Entwicklungsbedingungen, werden sie als **Hauptwirte** bezeichnet. Wirte mit weniger guten Bedingungen sind **Nebenwirte,** und dort, wo die Lebensbedingungen nicht zur vollständigen Entwicklung ausreichen, sprechen wir von **Fehlwirten**, wie zum Beispiel Federmilben und Federlinge der Zieheltern auf dem Kuckuck. Jungkuckucke verlieren diese kurze Zeit nach Erreichen der Selbstständigkeit.

Parasit-Wirt-Beziehung

Der Lebensraum Federkleid wird im Wesentlichen aus dem Gefieder und der äußeren Haut gebildet. Folglich haben wir es hier mit Ektoparasiten (Außenschmarotzern) zu tun. Die Art der Intensität der Beziehung des Parasiten zu seinem Wirt und die Möglichkeiten des Wirtes, dem Parasiten Abwehrmaßnahmen entgegenzusetzen, um Schadwirkungen einzudämmen oder abzumildern, entscheiden über die

Schädlichkeit des Parasiten. Dieses Zusammenleben bedingt oder erfordert eine vielfältige wechselseitige Beeinflussung, die nicht immer offensichtlich zutage tritt. Andererseits kann bei mangelnder Abwehrbereitschaft des Wirtes durch Krankheit oder Schwächung infolge Unterernährung der Parasit die Oberhand gewinnen und ihn massiv schädigen oder sogar töten. Auch Umweltfaktoren wie Klima, Wetter, Wasser, Luft, Temperatur, Sonneneinstrahlung beeinflussen direkt die Parasiten oder ihre Entwicklungsstadien.

Bestimmte Parasitenarten finden auf manchen Wirtsarten keine geeigneten Lebensbedingungen vor. Diese Wirte sind daher unempfänglich für diese. Hieraus leitet sich die **Wirtsspezifität** ab. Ausgeprägt ist diese Wirtsspezifität bei **Federlingen** und etwas eingeschränkter auch bei **Feder-** und **Federspulmilben**.

Es gibt keine Parasitenart, die auf jeder Wirtsart leben kann. Manche Parasiten können nur einen Wirt nutzen – hier wird von strenger oder enger Wirtsspezifität gesprochen –, andere Parasitenarten haben ein breites Wirtsspektrum, sie sind wenig wirtsspezifisch.

Die Infektion, die Ansiedlung auf dem Wirt, der für das Federkleid infrage kommenden Ektoparasiten, geschieht unterschiedlich. **Zecken, Fliegen** oder **Flöhe** suchen den Wirt direkt auf oder werden am Wirt abgesetzt (zum Beispiel Fliegeneier). Andere werden durch engen Kontakt von Tier zu Tier übertragen. Dabei spielen optische, chemische sowie Temperaturreize eine Rolle. So orientieren sich Zecken an bestimmten ausgeschiedenen Gasen der Wirtstiere, Fliegen orientieren sich mehr optisch.

Darüber hinaus gehören Zecken, Flöhe, Rote Vogelmilbe, Wanzen und einige Fliegenarten zu den Nestparasiten. Sie sind weniger mit dem Wirt als vielmehr mit seinem Nest verbunden und vor allem während der Brutzeit aktiv. Sobald die jungen Vögel ausgeflogen sind, haben sie keine Nahrung mehr und müssen in Dauerformen den nächsten Brutzyklus erwarten. So hat zum Beispiel das Einhalten der Nesthygiene bei bestimmten Vogelarten einen direkten Einfluss auf den Parasitenbefall. Turmfalken und Stare, die häufig über Jahre die gleichen Nester benutzen, haben öfter mit massivem Befall der Gefiederfliege zu tun. Hausrotschwänzchen vermeiden weitgehend eine Besiedlung mit Parasiten, indem sie für die zweite Brut meist ein neues Nest an anderem Ort bauen. Viele Höhlenbrüter meiden alte Nisthöhlen, aber auch neue, die mit altem Nistmaterial versuchsweise bestückt worden sind, werden weniger angenommen.

▲ Stare leiden häufig unter Gefiederfliegenbefall.

Vögel, die in Kolonien leben und gemeinsam brüten, werden besonders durch engen Kontakt untereinander oder durch Überlaufen oder Überfliegen von Parasiten befallen, Einzelgänger infizieren sich seltener durch einen Kontakt.

Nesthocker leben im Gegensatz zu Nestflüchtern mit dem Nachteil, dass sie selbst und ihr Nest oder ihre Höhle einen ständigen und sicheren Unterschlupf für temporäre Parasiten bieten. So lebt die **Rote Vogelmilbe** tagsüber in der Umgebung des Nestes in Ritzen oder zwischen dem Nistmaterial und läuft nachts auf die Küken zum Blutsaugen. Nestflüchter halten sich selten am selben Ort auf, sodass abgewanderte Rote Vogelmilben sie nachts nicht wieder erreichen. Von den etwa 9000 weltweit existierenden Vogelarten zählen knapp über tausend zu den Nestflüchtern. Der weitaus größere Teil zieht seine Jungen in Nestern oder Höhlen auf und wird dadurch verstärkt mit solchen Nestparasiten konfrontiert.

Nesthocker wie auch Nestflüchter werden von den Eltern durch ihr Federkleid gewärmt und beschützt. Während dieses Huderns werden stationäre und permanente Parasiten von den Eltern auf die Küken übertragen. Die Intensität des Huderns lässt mit der Entwicklung der Küken nach. Der enge Körperkontakt erleichtert eine Infektion, sichert aber auch das Weiterleben des Parasiten.

Abhängigkeit von der Jahreszeit

Die jahreszeitliche Dynamik der Ektoparasitenfauna der Wirte ist etwas kompliziert. Bei Federmilben sind Extensität und Intensität des Befalls in den Sommermonaten am höchsten. Der Rückgang in den Wintermonaten hat Ursachen in den niedrigeren Temperaturen. Ein weiterer Rückgang tritt während der Mauser ein.

Zugvögel behalten Federlinge und Federmilben auf all ihren Wanderungen, wobei nördliche Parasiten häufig im Süden absterben und südliche im nördlichen Brutgebiet.

Abhängigkeit der einzelnen Glieder einer Parasitenfauna voneinander

Die gegenseitige Beeinflussung der Ektoparasiten eines Wirtes spielt eine wichtige Rolle bei der Herausbildung einer Parasitenfauna. Die Beziehungen können antagonistisch (die Anwesenheit der einen Art schließt die Existenz einer anderen Art auf gleichem Wirt aus) oder synergistisch (verschiedene Parasitenarten begünstigen sich gegenseitig) sein. So kommen Federlinge bei Vögeln mit hohem Federmilbenbefall seltener vor. Federmilben der Gattung *Syringobia* (Familie Cheyletidae), die in den Federkielen leben, werden von Federspulmilben bei Begegnung sofort vernichtet.

▲ Flussuferläufer sind Nestflüchter.

▼ Amsel: Beim Hudern werden Parasiten übertragen.

▲ Austernfischer beim Hudern.

Blutsaugende Milben aus der Familie Laelaptidae, der Raubmilben, bekämpfen sogar Federlinge *(Menacanthus stramineus)*. Es besteht das Konkurrenzausschlussprinzip.

In einem Ökosystem stehen alle Lebewesen miteinander im Wettbewerb um Raum, Nahrung, Licht und andere Umweltfaktoren. Dabei ist die Konkurrenz zwischen den Arten umso größer, je ähnlicher die Ansprüche an die Umwelt sind. Arten mit gleichen oder sehr ähnlichen ökologischen Bedürfnissen können nicht nebeneinander existieren, das heißt, die besser angepassten Arten haben sich im Laufe der Zeit durchgesetzt.

Kormoran im Brutkleid. ▶

Die häufigsten Bewohner des Federkleides und ihre Auswirkungen auf ihren Wirt

Federlinge (Mallophaga)

Federlinge gehören zu den stationär permanenten Ektoparasiten. Zwei Mallophagengruppen sind zu unterscheiden:
Kletterfußmallophagen (Ischnocera) und Haftfußmallophagen (Amblycera).

Beschreibung
Federlinge besitzen einen abgeflachten in Kopf, Brust und Hinterleib unterteilten Körper. Sie sind mit beißend-kauenden Mundwerkzeugen, den Mandibeln, ausgestattet («Beißläuse»). Im Unterschied zu den Läusen, bei denen der Kopf immer schmaler als das erste Brustsegment ist, zeichnen sich die Mallophagen durch einen breiteren Kopf aus. Es sind flügellose Insekten von unterschiedlicher Größe (0,7 bis 5 Millimeter) und Form mit gattungs- beziehungsweise artspezifischem Borstenkleid.

▲ Federling der Ischnocera *(Lipeurus maculosus maculosus)*, Weibchen, vom Fasan.

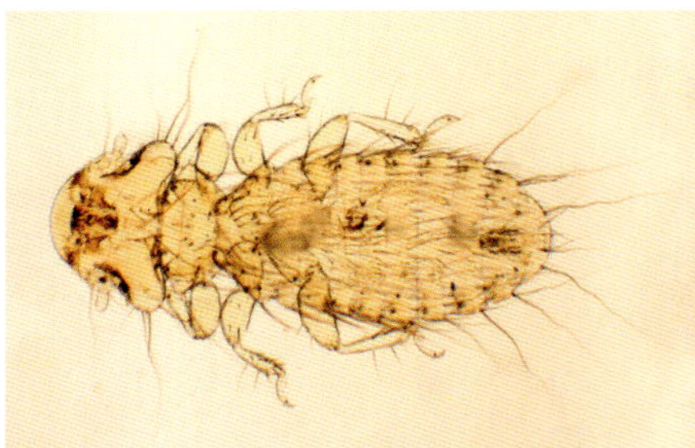

▲ Federling der Amblycera *(Uchida phasiani)*, Männchen, vom Fasan.

Die drei kräftigen Beinpaare sowie ein freies (Ischnocera) beziehungsweise in einer Fühlergrube liegendes Fühlerpaar (Amblycera) unterscheiden sie sicher von den Milben, die vier Beinpaare und keine Fühler besitzen.

Verbreitung

Mit Ausnahme der Pinguine kommen Federlinge bei allen Vertretern der rezenten Vogelordnungen vor, sind weltweit verbreitet und an alle klimatischen Bedingungen angepasst. Die Artenvielfalt bei den verschiedenen Vogelordnungen ist aber sehr unterschiedlich. So beherbergen gegenwärtig Hühnervögel 67 verschiedene Gattungen, bei den Entenvögeln sind nur 14 bekannt. Obwohl bei Vögeln die Erforschung der Federlingsfauna weit fortgeschritten ist, werden trotzdem noch ständig neue Mallophagenarten entdeckt.

Ökologie

Kletterfußmallophagen halten sich vorwiegend im Gefieder auf und ernähren sich von Federpartikeln (*mallos* = Pelz, Wolle; *phagein* = essen). Die lebhafteren Haftfußmallophagen leben überwiegend auf der Haut und fressen Hautschuppen und Federteilchen. Unter den Amblycera gibt es auch einige Arten, die Blut aufnehmen, indem sie mit den Mundwerkzeugen die Haut verletzen oder die Blutkiele junger Federn anbeißen. Jede einzelne Mallophagenart besiedelt auf dem Wirtstier ganz bestimmte Körperregionen oder Nischen. Sie verbleiben zeitlebens auf dem Wirt und können ohne ihn maximal nur 6 bis 14 Tage überleben.

Entwicklungszyklus

Die Besiedlung der Wirte erfolgt durch unmittelbaren Körperkontakt zwischen infizierten und nicht infizierten Individuen. Die mit einem Deckel versehenen Eier werden bei der Eiablage mit einer klebrigen «Kittsubstanz» an den Federn oder direkt auf der Vogelhaut befestigt, wobei artspezifisch Einzeleier oder auch klumpenförmige Gelege abgelegt werden. Die Entwicklung läuft über drei Larvenstadien, die den adulten Federlingen bereits sehr ähnlich sehen. Junge Vögel werden erst über die Eltern infiziert, wenn sie sich befiedern. Federlinge verbringen somit ihr gesamtes Leben auf der Haut und im Gefieder ihres artspezifischen Wirtes.

Wirtsspezifität

Federlinge sind sehr wirtsspezifisch. Die meisten Arten sind nur an eine Vogelart adaptiert, nur wenige parasitieren auf verschiedenen, dann nahe verwandten Vogelarten. Obwohl man annehmen könnte, dass infolge der gemeinsamen Domestikation von Gänsen, Enten, Hühnern und Tauben und dem engen Kontakt dieser Tiere untereinander, dieselben Federlingsarten bei allen diesen Tierarten verbreitet wären, ist dem nicht so. Ein dauerhaftes Überspringen von Hühnerfederlingen auf Enten und Gänse konnte nicht festgestellt werden. Brutparasitismus, der eine dauerhafte Ansiedlung von Federlingsarten auf verschiedenen Fremdwirten ermöglichen könnte, ist von 90 bis 95 Vogelarten aus sieben Gruppen bekannt. Von keiner dieser Arten ist aber bekannt, dass sie die Federlingsarten ihrer Zieheltern dauerhaft übernommen haben. Bekanntestes Beispiel ist der Kuckuck *(Cuculus canorus)*, der seine Eier in Nester von etwa 130 Vogelarten legt. Von diesen Vogelarten auf den Jungkuckuck übergegangene Federlinge überleben auf ihm nicht. Ebenso ist nicht beschrieben, dass gelegentlich auf Greifen und Eulen gefundene Federlingsarten der Beutevögel, dauerhaft auf die Greife überwandern können. Nur von drei Perlhuhn- und einem Truthuhnfederling ist bekannt, dass sie sich auf dem Haushuhn etablieren können. Bei Entenvögeln kommt es am häufigsten vor, dass die gleiche Federlingsart auf verschiedenen Wirtsarten parasitiert.

Durchschnittlich haben Entenvögel 5,4 Wirtsarten pro Mallophagenart und damit mit Abstand den höchsten Durchschnittswert unter allen Vogelordnungen. Wobei die Spanne von 4 bis 15 reicht. Bei Hühnervögeln beträgt dieser Wert 1,6, was der niedrigste Wert unter allen Vogelordnungen ist, und damit die größte Wirtsspezifität.

Schadwirkung

Federlingsbefall tritt vor allem in der Massentierhaltung auf. Hier können sich diese Ektoparasiten stark vermehren, leicht übertragen werden und Beunruhigung, heftigen Juckreiz sowie Fraßschäden am Gefieder hervorrufen. Blut aufnehmende Federlinge schädigen zusätzlich durch ständige Bissverletzungen und Blutentzug. Bei frei lebenden Vögeln kommt ein starker Befall relativ selten vor. Von 15 000 untersuchten Wildvögeln war nur jeder Tausendste hochgradig mit Federlingen befallen. Ein solcher Massenbefall kann eintreten, wenn Vögel aus irgendeiner anderen Ursache oder einem Ursachenkomplex in ihrer Abwehr geschwächt sind. Kranke Vögel sind daher häufiger und stärker mit Federlingen befallen.

Federmilben

Federmilben sind stationär permanente Kommensalen oder Ektoparasiten. Nach heutigen Erkenntnissen sind gegenwärtig über 2500 Federmilbenarten beschrieben. Da viele Vogelarten aber noch nicht auf Federmilben untersucht worden sind, wird geschätzt, dass bisher nur etwa 20 Prozent der tatsächlich existierenden Federmilbenarten bekannt sind.

Beschreibung

Das äußere Erscheinungsbild der Federmilben variiert entsprechend der großen Artenfülle beträchtlich. Dazu kommen ein in der Regel deutlicher Geschlechtsdimorphismus sowie ein unterschiedliches Aussehen der beiden Nymphenstadien und des Larvenstadiums. Männchen der verschiedenen Federmilbenarten unterscheiden sich oft deutlich, während Weibchen sich sehr ähneln, sodass an ihnen eine Artbestimmung oftmals nicht möglich ist. Die Größe der Federmilben schwankt zwischen 300 und 1500 Mikrometer. Die Körperhülle besteht aus einem Chitinskelett, das je nach Beanspruchung unterschiedlich ausgeprägt ist. Je stärker es ist, umso dunkler sind die Brauntöne.

Rasterelektronenmikroskopische Aufnahme der Weißstorchfedermilbe *Pelargolichus* sp. ▶

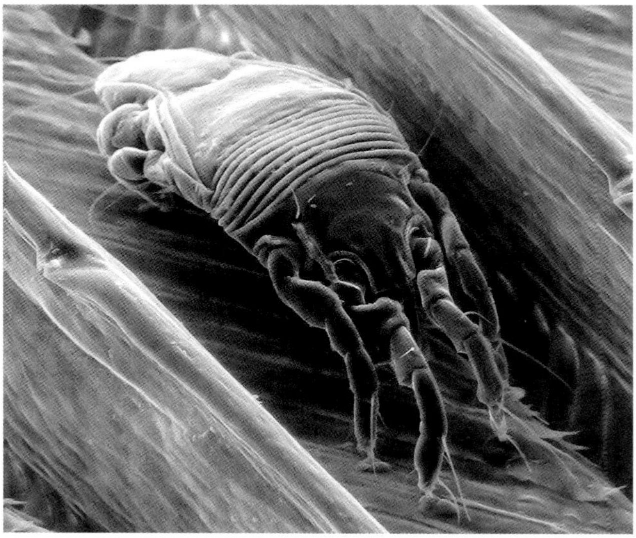

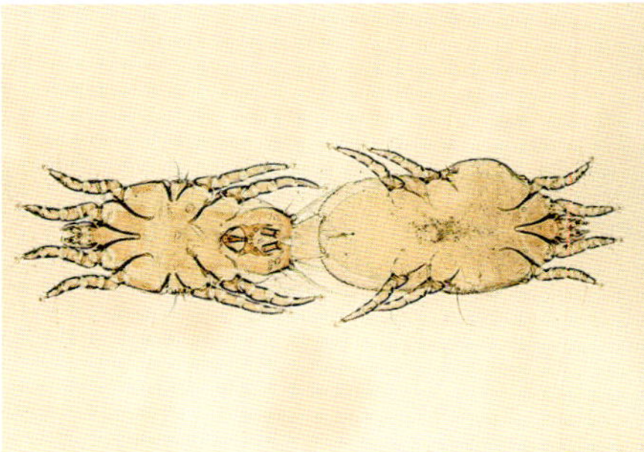

▲ Federmilbenpärchen (Männchen links und Nymphe) *Proctophyllodes pinnatus* vom Grünfink.

▲ In Inaktivitätsphasen liegen Federmilben eng aneinander zwischen den Federästen (*Rami*), *Proctophyllodes glandarinus* vom Kernbeißer.

Verbreitung

Mit Ausnahme der Pinguine kommen Federmilben bei allen Vertretern der rezenten Vogelordnungen vor. Sie sind weltweit verbreitet und an alle klimatischen Bedingungen angepasst

Ökologie

Federmilben sind an bestimmte Federareale gebunden, wobei die Schwung- und Steuerfedern bevorzugt werden. Da Strukturen und Belastungen der Federn bei den einzelnen Vogelarten sehr unterschiedlich sind, haben sich auch Größe und Form sowie Lebensweise der jeweiligen Milbenart diesen Gegebenheiten angepasst. Vogelarten mit einheitlicher Struktur des Federkleides, wie Sperlingsvögel oder Eulen, beherbergen nur eine kleine Anzahl von Federmilbenarten. Arten mit deutlich unterschiedlicher Federstruktur der Hand- und Armschwingen, wie Möwen, Enten oder Spechte, werden dagegen meistens von mehreren Federmilbenarten besiedelt. Fast immer halten sich die Federmilben auf der Federunterseite auf. Nur wenige Arten besiedeln auch die Oberseite der Federn, versteckt zwischen den sich überlappenden Seitenästchen. Einige Arten bevorzugen auch die Federspulen als Aufenthaltsort. Über die Ernährungsweise liegen wenig gesicherte Erkenntnisse vor. Hautschüppchen, Federteilchen, Bürzeldrüsensekret, Bakterien und Pilze werden als Nahrung vermutet, wobei das Sekret der Bürzeldrüse als Hauptnahrungsquelle angesehen wird. Die Übertragung der Milben von einem Vogel auf einen anderen erfolgt hauptsächlich während der Nestlingszeit, bei Nestflüchtern während des Huderns, nämlich dann, wenn sich bei den Küken die Federfahnen ausbreiten.

Entwicklungszyklus

Der gesamte Fortpflanzungszyklus vollzieht sich im Gefieder. Die meisten Arten legen Eier, nur sehr wenige, zum Beispiel einige Federmilbenarten der Entenvögel sind lebend gebärend. Die Eiablage erfolgt auf der Unterseite des Großgefieders, seltener auch auf den kleineren Konturfedern, vorwiegend zwischen den Federästen. Die Entwicklung verläuft über ein Larvenstadium mit nur drei Beinpaaren und zwei Nymphenstadien mit vier Beinpaaren zur geschlechtsreifen Milbe. Der gesamte Entwicklungszyklus dauert bei optimalen Bedingungen etwa acht Tage.

Wirtsspezifität

Federmilben sind in der Regel wirtsspezifisch. Es gibt aber auch Arten, die auf mehreren Wirtsarten vorkommen.

Schadwirkung

Über eine tatsächliche Schadwirkung der Federmilben gibt es unterschiedliche Einschätzungen. Einerseits wird über Schäden am Federkleid, besonders durch den infolge des Federmilbenbefalls gesteigerten Putztrieb, berichtet (Parasiten), andererseits werden sie als nicht pathogene, harmlose Haut- und Federbewohner (Kommensalen) eingestuft. Nach unseren eigenen Untersuchungen ist eine Schadwirkung eher als niedrig oder als nicht vorhanden einzuschätzen. Wir konnten bisher auch bei stark befallenen Wildvögeln keine Beeinträchtigungen des Federkleides feststellen.

Federspulmilben

Bei den Federspulmilben handelt es sich um stationär permanente Parasiten.

Beschreibung

Aufgrund des gut geschützten Lebensraumes in der Federspule haben Spulmilben eine wenig chitinisierte, zarte und weiche Körperhülle. Der lang gestreckte, leicht ovale Körper besitzt vier schwach ausgebildete Extremitätenpaare (Larven nur drei Paare) mit jeweils zwei Krallen und einer kammartigen Struktur am Ende. Die

▲ Federspulen einer Wacholderdrossel – links von Federspulmilben befallen, rechts nicht befallen.

Mundwerkzeuge sind stilettförmig. Ein Geschlechtsdimorphismus ist ausgeprägt. Die Männchen sind deutlich kleiner und gedrungener. Die Unterschiede zwischen den einzelnen Arten sind oft nur gering, vor allem die Lage und die Länge der Borsten auf dem Körper und den Extremitäten sind bedeutsam. Die Größenunterschiede zwischen den einzelnen Arten können beträchtlich sein, sie variieren von 730 bis 1430 Mikrometer. Abbildungen siehe Seiten 111, 121, 123, 143, 145, 159, 165.

Verbreitung

Federspulmilben sind bislang bei 19 von 30 Vogelordnungen in aller Welt nachgewiesen worden. Der Nachweis fehlt noch bei Laufvögeln, Pinguinen, Seetauchern, Lappentauchern, Neuweltgeiern, Hoatzinen, Flughühnern, Schwalmen, Kolibris, Nashornvögeln, Laufhühnchen und Tragonen, wobei diese Vogelordnungen bisher nicht oder nur ungenügend auf Federspulmilben untersucht worden sind. Die Befallsrate kann bei den einzelnen Vogelarten sehr unterschiedlich sein. So fanden wir sie bei Drosseln und Finkenvögeln relativ oft, konnten sie bei Meisen aber bislang nicht nachweisen.

Ökologie

Federspulmilben leben in der Federspule und/oder im Schaft der Feder und besetzen somit einen Mikrolebensraum des Federkleides (Mikrohabitat). Es gibt Spulmilbenarten, die Löcher in die Federspulen bohren, andere leben abgeschlossen ohne erkennbaren Ein- oder Ausgang. Es ist nicht bekannt, wie diese Spulmilben in die Feder gelangen oder aus ihr herauskommen, um sich zu verbreiten. Die Spulmilben stechen mit ihren langen stilettförmigen Mundwerkzeugen schräg zur Federkielwand in Richtung Federkielspitze durch die Hornsubstanz und nehmen Gewebeflüssigkeit im Bereich der Federpapille als Nahrung auf. In einer Spule konnten wir über 50 Spulmilben nachweisen, wobei die Männchen stets in der Unterzahl waren. Nach unseren Beobachtungen stellen Weibchen das Infektionsstadium dar. Es ist nicht bekannt, ob auch schon Nymphenstadien Löcher bohren können. Bei der Mauser dezimiert sich der Befall mit Spulmilben erheblich, da die Federn mit gesamtem Inhalt abgestoßen werden. Da Spulmilben besonders in dem Bereich der Feder leben, der von der Haut des Flügels umgeben ist, sind sie nicht ohne Weiteres nachweisbar.

Entwicklungszyklus

Spulmilben legen Eier, aus denen sechsbeinige Larven schlüpfen, die sich über zwei Nymphenstadien (Protonymphe, Tritonymphe) zu den achtbeinigen adulten Männchen/Weibchen entwickeln, wobei bereits im Nymphenstadium vier Beinpaare ausgebildet sind. Der gesamte Lebenszyklus findet in den Spulen statt. Die Entwicklung der Spulmilben vom Ei bis zur geschlechtsreifen Spulmilbe vollzieht sich nach unseren Erfahrungen in wenigen Tagen.

Wirtsspezifität

Die meisten Spulmilbenarten sind sehr wirtsspezifisch. Nur wenige Arten besitzen ein etwas breiteres Wirtsspektrum von dann meist nahe verwandten Vogelarten.

Schadwirkung

Die Hauptschadwirkung der Federspulmilben beruht auf der Aufnahme von Gewebesäften im Bereich der Federpapille. Damit erfüllen die Federspulmilben die Kriterien des Parasitismus bezüglich der schädigenden Wirkung. Eine massive Schädigung mit Todesfolge ist bei Spulmilben jedoch ausgeschlossen.

Die in der Literatur oft angegebenen Schadwirkungen wie Juckreiz, Federpicken, Federbruch und Federverlust waren bei unseren umfangreichen Untersuchungen bislang nicht zu beobachten.

Nordische Vogelmilbe (*Ornithonyssus sylviarum*)

Die Nordische Vogelmilbe ist ein permanent stationärer Ektoparasit.

Beschreibung

Die Männchen sind 0,7 Millimeter, die Weibchen 1,1 Millimeter groß. Die nüchtern weißgrau gefärbten Milben wirken nach einer Blutmahlzeit durch das durchscheinende Blut im Darm leuchtend rot. Wie die Rote Vogelmilbe, der sie sehr ähnelt, gehört sie zu den mesostigmatischen Milben. Im Gegensatz zu jener besitzen die Weibchen aber scherenförmige Mundwerkzeuge und Sternal- und Analschild sind anders beborstet und geformt.

Verbreitung

Die Art kommt weltweit in den gemäßigten Klimazonen vor. In wärmeren Klimaten befällt die verwandte Tropische Vogelmilbe *Ornithonyssus bursa* die Vögel; sie wird gelegentlich nach Mitteleuropa eingeschleppt.

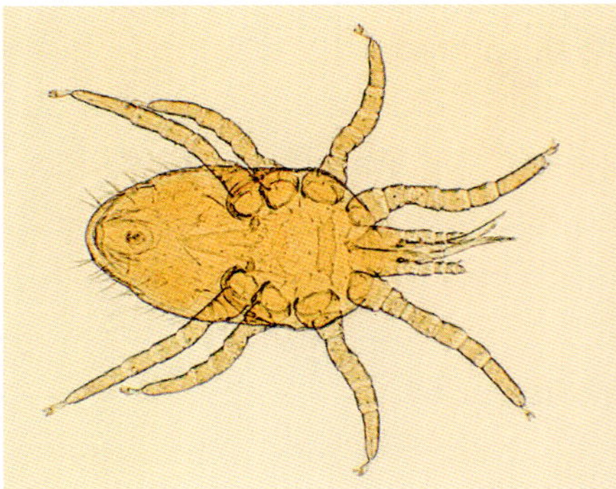

▲ Nordische Vogelmilbe (*Ornithonyssus sylviarum*), Weibchen.

Ökologie

Die Nordische Vogelmilbe ist ein blutsaugender Ektoparasit wild lebender und in Menschenhand gehaltener Vogelarten, wo die Milben besonders ausgereifte Konturfedern bevorzugen. Deshalb sind Küken seltener befallen. Im Gegensatz zur Roten Vogelmilbe verbringt die Art ihren gesamten Lebenszyklus auf dem Wirt. Einige Erwachsene und Nymphen verlassen den Wirt freiwillig auf der Suche nach neuen Wirten. Für eine

Infektion ist daher nicht unbedingt direkter Körperkontakt nötig. Vom Wirtstier isolierte Milben überleben ohne Nahrung höchstens 21 Tage.

Entwicklungszyklus

Die Eier werden in Eipaketen an der Basis der Federn abgelegt. Aus ihnen schlüpfen sechsbeinige Larven, nach Häutungen werden zwei achtbeinige Nymphenstadien durchlaufen, deren zweites sich zur geschlechtsreifen Milbe häutet. Der ganze Entwicklungszyklus dauert je nach der Umgebungstemperatur fünf bis zwölf Tage. Blutsaugend sind nur die Erwachsenen und das erste Nymphenstadium (Protonymphe), die anderen Entwicklungsstadien nehmen keine Nahrung auf. Die Protonymphe saugt vor der Häutung zweimal Blut. Die Weibchen saugen vor jeder Eiablage Blut.

Wirtsspezifität

Die Nordische Vogelmilbe ist nicht wirtsspezifisch.

Schadwirkung

Blutentzug und ständige Beunruhigung können je nach Befallsstärke zu gestörtem Allgemeinbefinden, Blutarmut, Leistungsdepression, Juckreiz und Federschäden führen, und besonders bei Küken treten auch Verluste durch Tod auf. Die Nordische Vogelmilbe spielt als Überträger von Krankheitserregern eine Rolle. Wenn keine Vogelwirte zur Verfügung stehen, wird auch der Mensch zum Blutsaugen aufgesucht. An den Stichstellen entstehen juckende Ekzeme.

Rote Vogelmilbe (*Dermanyssus gallinae*)

Die Rote Vogelmilbe gehört zu den temporären Ektoparasiten.

Beschreibung

Erwachsene Weibchen sind 0,7 x 0,4 Millimeter, die Männchen 0,6 x 0,3 Millimeter groß. Nach einer Blutmahlzeit können Weibchen bis zwei Millimeter groß werden. Die Adulten und die zwei Nymphenstadien haben vier gut entwickelte lange Beinpaare, während das erste Larvenstadium nur drei Beinpaare hat. Je nach aufgenommener Blutmenge wechselt die Farbe der Milbe von weißlich grau und dunkelrot bis grauschwarz. Die Vogelmilben gehören zu den mesostigmatischen Milben, bei

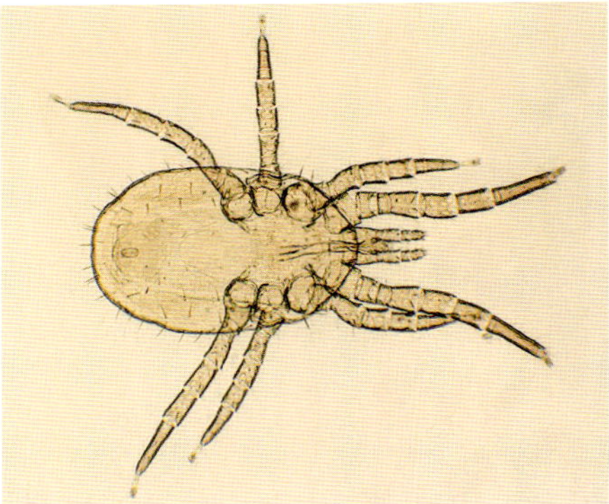

◀ Rote Vogelmilbe *(Dermanyssus gallinae)*, Weibchen.

denen die Stigmenöffnung zwischen dem 3. und 4. Beinpaar liegt und mit einem nach vorn ziehenden Kanal (Peritremalkanal) mit dem Tracheensystem verbunden ist. Sie besitzen lange, stilettförmige Mundwerkzeuge und artspezifisch gestaltete und mit Borsten versehene Schilde (zum Beispiel Sternalschild, Analschild).

Verbreitung
Die Rote Vogelmilbe kommt weltweit vor. Überall, wo Vögel brüten, können auch Vogelmilben leben.

Ökologie
Rote Vogelmilben sind nachtaktiv und lichtscheu. Tagsüber verstecken sie sich in Ritzen und Spalten in unmittelbarer Umgebung der Vögel, um nachts ihre Wirte aufzusuchen. Sie saugen Blut und verlassen unmittelbar danach den Wirt. In Bruthöhlen ist bei Küken wegen der dort herrschenden Dunkelheit permanenter Blutentzug möglich. Die Milben sind sehr bewegliche Parasiten, die in der Lage sind, entfernte Wirte aktiv aufzusuchen und bei Kontakt innerhalb einer Sekunde zuzustechen. Die Milben und ihre Eier überstehen Frost. Aber Hitze über 40 Grad Celsius und Kälte um minus 20 Grad Celsius führen zum raschen Absterben. Rote Vogelmilben können bei hohen Populationsdichten gelegentlich auch in den äußeren Gehörgang, die Schnabelhöhle, die Luftröhre, in den Kropf und die Speiseröhre eindringen. Bei Mangel an geeigneten Wirten gehen sie zur Nahrungsaufnahme auch auf Säugetiere, unter anderem Pferde, Rinder, Ziegen, Kaninchen, Hund, Katze und auch Menschen. Säugetierblut reicht zwar zum Überleben, zur Reproduktion sind die Weibchen aber auf Vogelblut angewiesen. Völlig ohne Nahrung können Rote Vogelmilben einige Monate überleben.

Entwicklungszyklus

Das Weibchen legt über fünf bis acht Wochen täglich drei bis sieben Eier in Ritzen, Spalten oder im Nestmaterial ab. Jeder Eiablage und jeder Häutung geht eine Blutmahlzeit voraus. Die Larven schlüpfen nach zwei Tagen. Dem Larvenstadium folgen jeweils nach einer Häutung zwei Nymphenstadien. Mit fünf bis sechs Tagen sind sie erwachsen. Im Sommer bei 25 Grad Celsius und hoher Luftfeuchte erfolgt eine explosionsartige Vermehrung, während bei kühlen Temperaturen die Entwicklung auch unterbrochen werden kann und so die Milben problemlos ohne Wirt überwintern können.

Wirtsspezifität

Es besteht keine Wirtsspezifität.

Schadwirkung

Ein Befall mit Roten Vogelmilben führt zu ständiger Beunruhigung der Wirte. Diese zeigen ein gestörtes Allgemeinbefinden, Blutarmut, Schwäche und Leistungsabfall. Besonders bei Küken können Verluste durch Tod eintreten. Ständiger Juckreiz mit Hautentzündungen, Federausfall und kahle Hautstellen sind weitere Folgen eines Befalls. Bei Eindringen in den äußeren Gehörgang oder andere Körperöffnungen kommt es dort ebenfalls zu Entzündungen und Juckreiz mit schweren Folgen für die bereits gestressten Wirte. Durch das mehrmalige Blutsaugen können sie auch als Überträger von Krankheitserregern fungieren.

Flöhe

Flöhe sind periodisch temporäre Parasiten. Von den über 2000 Floharten leben nur sechs Prozent (das sind etwa 120 verschiedene Arten) auf Vögeln. So parasitieren in unserem gemäßigten Klima verschiedene Arten der Gattung *Ceratophyllus* und gelegentlich *Dasypsyllus gallinulae*. Besonders der Vogelfloh *(Ceratphyllus gallinae)*, auch als Hühnerfloh bezeichnet, ist sehr häufig. Weitere Arten aus der Gattung *Ceratophyllus*: Taubenfloh *(Ceratophyllus columbae)*, *C. garei*, *C. rusticus* und *C. farreni* (besonders bei Rauchschwalben), *C. hirundinis* (besonders bei Mehlschwalbe), *C. fringillae* (besonders bei Haussperling), *C. styx* (Uferschwalbe), *C. rossittensis* (Kolkrabe, Raben- und Nebelkrähe), *C. vagabundus* (Dohle), *C. affinis* (Gebirgsstelze), *C. tribulis*

(Feldsperling). *Dasypsyllus gallinulae* ist besonders auf verschiedenen Sperlingsvögeln zu finden.

Beschreibung

Die Arten der Gattung *Ceratophyllus* lassen sich schwer voneinander unterscheiden. Nur Spezialisten sind in der Lage, die Flöhe zu differenzieren. Die etwa 3,5 Millimeter langen *Ceratophyllus*-Arten haben einen seitlich abgeflachten Körper, der von einem starken dunkelbraunen Chitinpanzer umgeben ist. Die Mundwerkzeuge bestehen aus einem nach hinten gerichteten Stech-Saug-Rüssel. Flöhe besitzen drei kräftige Beinpaare, von denen das letzte zu Sprungbeinen umgebildet ist, mit denen sie schnell laufen und weit springen können. Charakteristisch ist ein aus chitinisierten, nach hinten gerichteten Zähnen bestehender Nackenkamm am Kopfhinterende.

Verbreitung

Der Vogelfloh ist der häufigste Vertreter der Flöhe an unseren Wildvögeln. Bislang wurde er aus Nestern bei 75 Vogelarten nachgewiesen. Der Taubenfloh befällt am häufigsten Tauben, kann aber auch bei allen anderen Vogelarten vorkommen. Flöhe sind überall bei Nest- und Höhlenbrütern verbreitet und können in den Nestern und Bruthöhlen sehr hohe Populationsdichten erreichen. Beim Reinigen der Nistkästen kann man sich davon überzeugen.

▲ Hühnerfloh (*Ceratophyllus gallinae*), Männchen.

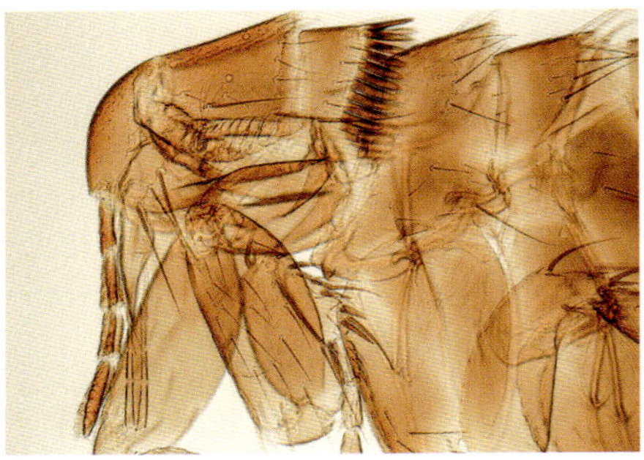

▲ Hühnerfloh (*Ceratophyllus gallinae*), Kopf.

Ökologie

Flöhe beiderlei Geschlechts saugen täglich mindestens einmal Blut, bei guten Bedingungen auch mehrmals. Nach der Nahrungsaufnahme verlassen sie den Vogelkörper und halten sich in der unmittelbaren Umgebung, in den Nisthöhlen oder den Nestern auf. Die Entwicklungsstadien der Flöhe saugen kein Blut. Die Larven befinden sich im Nistmaterial und ernähren sich von Hautschüppchen, Schimmelpilzen und von den noch blutreichen Exkrementen der erwachsenen Flöhe oder vom Kot der Vögel. Es sind typische Nestbewohner. Im Frühjahr werden die Flöhe bei der Nistplatzsuche durch die Vögel von Nistplatz zu Nistplatz verbreitet.

Entwicklungszyklus

Nachdem das Weibchen Blut gesaugt hat, legt es die Eier in Portionen von 20 bis zu 50 Stück wahllos in frisches Nistmaterial, ins Gefieder oder in andere Schlupfwinkel. Weibliche Flöhe legen in ein bis drei Monaten insgesamt bis zu 500 Eier. Aus den Eiern schlüpfen etwa 1,5 Millimeter lange, weißgelb gefärbte Larven. Diese häuten sich dreimal und verpuppen sich danach in einem selbstgefertigten Kokon. Im Kokon häuten sie sich noch einmal und wachsen zur bereits flohähnlichen Puppe heran. Daraus schlüpft der geschlechtsreife Floh. Die Entwicklungsdauer einer Flohgeneration ist direkt abhängig von der Außentemperatur und der Luftfeuchtigkeit und kann in feuchten, warmen Jahreszeiten nur etwa drei Wochen dauern, bei ungünstigem kaltem, trockenem Wetter jedoch mehrere Monate.

Wirtsspezifität

Es besteht bis auf wenige Ausnahmen keine Wirtsspezifität. Ausnahme ist der Uferschwalbenfloh *C. styx*, der nur auf der Uferschwalbe vorkommt. Vogelflöhe befallen bei Hunger auch Säugetiere und den Menschen.

Schadwirkung

Viele Vogelflöhe in einem Nistkasten vertreiben nicht nur Altvögel von einem Gelege oder ihrer Brut, sondern sie saugen auch so viel Blut von den Jungvögeln, dass diese mitunter langsam sterben. Je nach Flohbefall kommt es zu Störungen des Allgemeinbefindens, Schwächung, Blutarmut oder Abmagerung. Aus Nistkästen/Nestern, die sich in der Nähe von Gebäuden befinden und von den Vögeln verlassen werden, können die Flöhe bei der Nahrungssuche auch in den Wohnbereich der Menschen eindringen und zu einer Plage werden.

Lederzecken (Argasidae) und Schildzecken (Ixodidae)

Zecken sind bis auf wenige Ausnahmen temporäre Ektoparasiten, die nur zur Nahrungsaufnahme den Wirt aufsuchen. Für Vögel sind Zecken aus den Familien Leder- (Argasidae) und Schildzecken (Ixodidae) bedeutungsvoll. Sie unterscheiden sich voneinander in Gestalt, Lebensweise und Entwicklungszyklus.

Die Lederzecken sind besonders in tropischen und subtropischen Regionen zu finden. In den gemäßigten Zonen kommen diese Wärme liebenden Parasiten vor allen in Gebäuden (Taubenschlägen, Dachböden) vor, daher sind es sogenannte «Indoor Zecken».

Das Äußere ist lederartig, daher die Bezeichnung Lederzecken. Die für Zecken typischen Mundwerkzeuge liegen auf der Bauchseite in einer Hautfalte verborgen und überragen den vorderen Körperrand nicht. Sie sind daher von oben nicht sichtbar. Die Mundwerkzeuge dienen als wichtige Unterscheidungsmerkmale zu den Schildzecken. Wie alle Vertreter der Spinnentiere besitzen sie und ihre Nymphenstadien vier Beinpaare, das Larvenstadium hat nur drei Beinpaare.

Von Bedeutung sind besonders zwei an Vögel angepasste Arten: die auf Hühnervögeln und vielen anderen Vogelarten parasitierende Hühner- oder Vogelzecke sowie die vor allem bei Tauben vorkommende Taubenzecke.

Schildzecken besitzen auf der Rückenfläche einen deutlich sichtbaren Schild, der bei den weiblichen Zecken, den Nymphen und den Larven etwa ein Drittel des Körpers bedeckt und bei den Männchen bis an den Körperhinterrand reicht. Daraus leitet sich die Bezeichnung Schildzecke ab. Die Mundwerkzeuge befinden sich bei den Schildzecken am Körpervorderrand und sind deshalb von oben deutlich sichtbar.

Schildzecken kommen in der Regel im Freiland vor, es sind sogenannte «Outdoor Zecken».

In den gemäßigten Zonen spielen vor allem Zecken der Gattung *Ixodes* eine Rolle, in den letzten Jahren hat auch die Art *Dermacentor reticulatus* deutlich zugenommen. Der Gemeine Holzbock *(Ixodes ricinus)* ist in Mitteleuropa die häufigste Art. Über 90 Prozent aller in Deutschland gefundenen Zecken gehören dieser Art an. Die meisten Schildzeckenarten sind wenig wirtsspezifisch und parasitieren besonders an verschiedenen Säugetierarten, werden aber gelegentlich auch auf Vögeln gefunden.

Hühner- oder Vogelzecke (*Argas persicus*)

Beschreibung

Die Männchen sind 4–5 × 3 Millimeter groß, die Weibchen 7–10 × 5 Millimeter. Der Zeckenkörper ist abgeflacht, mit scharfem Rand, der etwas aufgebogen und rötlich braun gefärbt ist. Tauben- und Hühnerzecke sind sich sehr ähnlich. Zur Unterscheidung dient der scharfrandige Körperrand, der bei *Argas reflexus* mit saumartigen, kurzen Radialstreifen versehen ist, während sich bei *A. persicus* am Körperrand viereckige «Zellen» beobachten lassen.

Verbreitung

Sie ist die häufigste Zecke der Vögel in tropischen und gemäßigten Zonen und weit verbreitet in der Welt. In Mitteleuropa kommt sie gegenwärtig nur vereinzelt vor. Es besteht aber die Gefahr, dass sie sich, aus Süd- oder Osteuropa kommend, ausbreitet.

Ökologie

Die Lebensweise ist jener der Taubenzecke sehr ähnlich. Ihre Larven und Nymphen können Monate und erwachsene Zecken bis zu zwei Jahre ohne Nahrungsaufnahme überleben.

Entwicklungszyklus

Nach jedem Blutsaugen legt ein Zeckenweibchen 20 bis 100 Eier in Ritzen oder unter die Baumrinde. Die Eier sind bräunlich und färben sich später weißlich um. Die Lebensleistung eines Zeckenweibchens wird mit 700 Eiern angegeben. Bei günstigen warmen Temperaturen schlüpfen in etwa zehn Tagen winzige Larven, die mehrere Tage am Wirt Blut saugen. Bei kühleren Temperaturen kann die Entwicklung bis zu drei Monaten dauern. Nach vier bis neun Tagen häuten sich die Larven in ihren Verstecken zu Nymphen des 1. Stadiums, die sich nach etwa zwölfstündigem Blutsaugen und einer zehn- bis zwölftägigen Ruhepause ins zweite Nymphenstadium verwandeln. Diese saugen etwa eine Stunde Blut und brauchen sieben Tage Ruhe, bevor sie sich zur fortpflanzungsfähigen Zecke entwickeln. Im günstigsten Fall dauert die Entwicklung vom Ei bis zur erwachsenen Zecke sieben bis acht Wochen.

Wirtsspezifität
Die Wirtsspezifität ist nicht besonders ausgeprägt. Die Zecke befällt Vögel, besonders Hühnervögel, Säugetiere und den Menschen.

Schadwirkung
Sie ist mit der Taubenzecke vergleichbar. Zusätzlich können die Larven der Hühnerzecke bei Küken zentralnervöse Störungen und Lähmungen verursachen (Zeckentoxikose).

Taubenzecke (*Argas reflexus*)

Beschreibung
Männchen 5,5–8 Millimeter lang und 3,5–5,5 Millimeter breit, Weibchen bis 11 Millimeter lang und 7,5 Millimeter breit. Ihr Körper ist eiförmig und abgeplattet mit scharfem Rand und gelbbraun marmoriert, vollgesogen weinrot. Eine weitere, seltenere, der Taubenzecke sehr ähnliche Art ist die Polnische Taubenzecke, *Argas polonicus*.

Verbreitung
Sie ist weit verbreitet und kältetoleranter als *Argas persicus* und kommt bis zum 55. nördlichen Breitengrad vor.

Ökologie
Taubenzecken verbergen sich tagsüber in der Nähe der Aufenthaltsorte ihrer Wirte in Schlupfwinkeln (beispielsweise Ritzen und Hohlräume in der Bauhülle der Stalleinrichtung, oder in Nestern), um diese nachts zum kurzzeitigen Blutsaugen aufzusuchen. Lediglich die Larven saugen einige Tage Blut und bleiben dafür auf dem Wirt. Für das Aufspüren ihrer Wirte, besonders Nestjunge und Jungtiere, bei massiven Vorkommen auch erwachsene Tauben, nutzen sie Geruchs- und Wärmereize. Ohne Nahrung können Larven bis vier Monate, Nymphen bis 15 Monate und erwachsene Zecken sogar deutlich über zwei Jahre hungern. Sie sind häufig in Niststätten verwilderter Haustauben, in oder nahe an Häusern zu finden. Neben Wärme ist auch eine hohe Luftfeuchtigkeit lebensnotwendig. Alle Stadien saugen Blut. Ihre Lebensdauer kann mehrere Jahre betragen.

Vorderende einer weiblichen ▶ Taubenzecke *(Argas reflexus)*, die Mundwerkzeuge liegen auf der Bauchseite und sind an lebenden Zecken von oben nicht sichtbar, lederartige Rückenfläche.

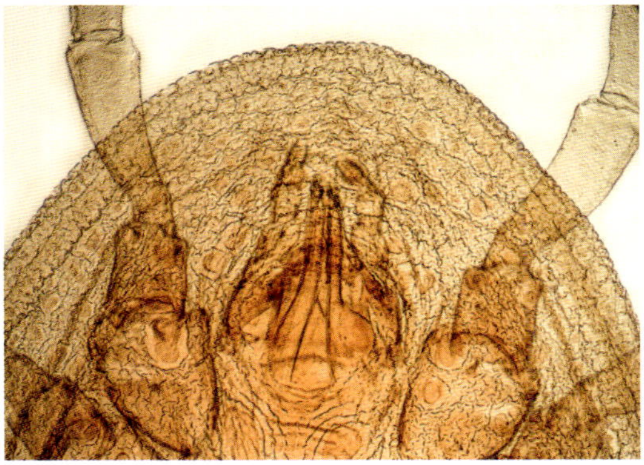

Entwicklungszyklus

Zeckenweibchen können nach der Blutaufnahme mehrmals im Jahr 20 bis 70 Eier ablegen. Die Eier sind 0,5 Millimeter groß, kugelförmig und bräunlich gefärbt. In ihrem mehrjährigen Leben kann ein Weibchen 500 bis 900 Eier legen. Die sechsbeinigen Larven schlüpfen nach zirka fünf Wochen und suchen bald darauf ihre Wirte auf. Dort saugen sie fünf bis zehn Tage Blut und können dabei bis zu fünfmal größer werden als hungrige Larven. 70 bis 150 Tage nach dem Saugen häuten sich die Larven zu achtbeinigen Nymphen. Die Taubenzecke hat mehrere Nymphenstadien. Aus dem 4. Nymphenstadium geht dann die fortpflanzungsfähige adulte Zecke hervor. Die Gesamtentwicklungsdauer schwankt in Abhängigkeit von den Umweltfaktoren (Temperatur, Luftfeuchtigkeit) und kann zwischen drei Monaten und drei Jahren liegen.

Wirtsspezifität

Im Normalfall werden Tauben als Wirte bevorzugt, wobei verwilderte Haustauben als Hauptwirte angesehen werden. In Nahrungsmangelsituationen können aber auch anderes Geflügel, frei lebende Vögel, Säugetiere und Menschen befallen werden.

Schadwirkung

Neben der nächtlichen Beunruhigung werden die Tauben vor allem durch das Blutsaugen geschädigt. Nestjunge können verenden, Jungtauben werden so geschwächt, dass sie kaum noch fliegen können, erwachsene Tauben zeigen neben Blutarmut gestörtes Allgemeinbefinden und Leistungsschwäche. Bei einem starken Befall sind sogar Todesfälle möglich, zehn ausgewachsene Taubenzecken können bis zu drei Milliliter Blut bei einer Mahlzeit aufnehmen.

Als Überträger von Krankheitserregern spielen Taubenzecken im Vergleich zu den Schildzecken nur eine untergeordnete Rolle.

Holzbock (*Ixodes ricinus*)

Beschreibung

Die Rückenfläche der männlichen Zecke wird im Ganzen von einem einfarbigen Schild bedeckt, beim Weibchen nur der vordere Teil der Rückenfläche. Männchen 2,2–2,6 Millimeter, Weibchen 3–4 Millimeter, vollgesogen bis 11 × 7 Millimeter groß. Mundwerkzeuge von oben sichtbar.

Larve vom Holzbock (*Ixodes ricinus*), die ▶ Mundwerkzeuge sind an der lebenden Zecke von oben sichtbar, auf der Rückenfläche befindet sich ein Schild.

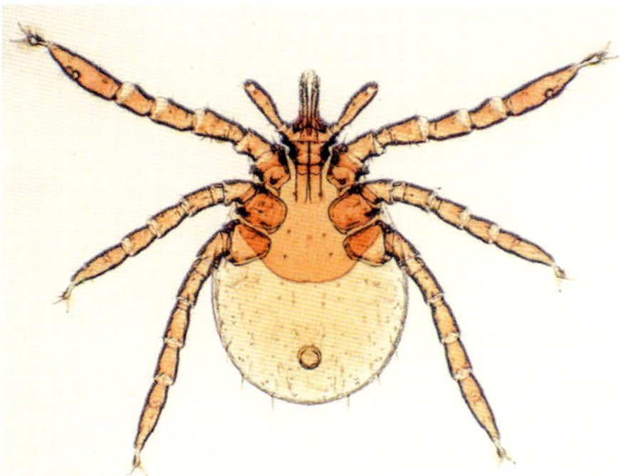

Verbreitung

Der Holzbock ist die häufigste Zeckenart in Deutschland und Europa. Er befällt besonders warmblütige Wirbeltiere und den Menschen.

Ökologie

Die Larven und Nymphen halten sich fast ausschließlich in feuchter Bodennähe auf. Das erklärt auch, warum Entwicklungsstadien besonders auf kleineren Wirbeltieren (Mäuse, Kaninchen) gefunden werden. Die erwachsenen Holzböcke kriechen im Strauchwerk weiter nach oben und warten dort mit ausgestrecktem erstem Beinpaar, auf dem sich ein Sinnesorgan zur Wirtsfindung befindet (Hallersches Organ), auf vorbeikommende warmblütige Säuger. Deshalb ist der Holzbock bei Vögeln nicht sehr häufig zu finden. Mit ihren Mundwerkzeugen bohren sie sich in die Haut ihrer Wirte und verankern sich dort. Jedes Entwicklungsstadium saugt nur einmal, dafür aber

▲ Holzbock *(Ixodes ricinus)*

mehrere Tage Blut. Die Larven saugen drei bis fünf, die Nymphen vier bis sechs und die Weibchen sieben bis acht Tage lang Blut.

Entwicklungszyklus

Die Kopulation erfolgt meist auf dem Wirt. Das kleinere Männchen stirbt kurze Zeit danach. Die vollgesogenen Weibchen lassen sich vom Wirt fallen und beginnen mit der Eiablage. Ein Weibchen legt innerhalb von 30 Tagen zirka 3000 Eier und stirbt danach ebenfalls. Aus den Eiern schlüpfen die sechsbeinigen, dem Weibchen bereits ähnlich sehenden Larven, die zum Blutsaugen einen Wirt suchen müssen. Sie lassen sich nach der Blutmahlzeit vom Wirt fallen und häuten sich zum einzigen, vierbeinigen Nymphenstadium. Auch dieses muss wieder einen Wirt finden, lässt sich nach einer erneuten Blutaufnahme ebenfalls vom Wirt fallen, und häutet sich zur erwachsenen männlichen oder weiblichen Zecke, die dann wieder einen Wirt finden muss. Die Weibchen saugen dann erneut Blut, Männchen nehmen dagegen keine Blutnahrung mehr auf. Jedes Entwicklungsstadium saugt nur einmal Blut, dafür aber über mehrere Tage. Der Holzbock ist somit eine sogenannte dreiwirtige Zecke. Die gesamte Entwicklung dauert je nach Temperatur und Feuchtigkeit sowie Wirtsverfügbarkeit in Europa im Durchschnitt mindestens zwei bis drei Jahre.

Wirtsspezifität

Nicht ausgeprägt. An über 200 Tierarten festgestellt.

Schadwirkung

Die Schadwirkung durch das Blutsaugen ist nur gering, da jedes Entwicklungsstadium nur einmal Blut saugt und in Mitteleuropa ein Massenbefall auf Vögeln unwahrscheinlich ist. Schildzecken können aber Erreger zahlreicher Krankheiten übertragen. Besonders die dreiwirtigen Zecken sind aufgrund ihres Lebenszyklus dafür gut geeignet.

Es gibt aber auch Schildzeckenarten, die sich an Vögel als Wirte enger angepasst haben:

- *Ixodes arboricola*, **Vogelzecke:** Sie ist ausschließlich auf in Höhlen brütende Vögel spezialisiert, da sie für ihre Entwicklung eine hohe Luftfeuchtigkeit benötigt, wie sie in der Nisthöhle der Höhlenbrüter gefunden wird. Besonders Jungvögel leiden unter dem Befall, da sich an der Einstichstelle ausgedehnte Entzündungen zeigen.
- *Ixodes caledonicus:* besonders auf Wild- und Haustauben
- *Ixodes frontalis:* seltene Art, vorwiegend auf Eulen, Amseln und Eichelhähern
- *Ixodes apronophorus:* besonders auf Wasserhühnern und Drosseln
- *Ixodes lividus*, **Uferschwalbenzecke:** nur bei dieser Vogelart
- *Ixodes plumbeus:* häufig auf Uferschwalben vorkommend
- *Ixodes uriae*, **Seevogelzecke:** auf koloniebrütenden Seevögeln

Wanzen (Heteroptera)

Wanzen sind permanent temporäre Ektoparasiten.

Beschreibung

Die Bett-, Tauben- und Schwalbenwanze sind eng verwandt und ähneln sich in Körperbau und Gestalt stark.

Der Körper erwachsener Wanzen (*Cimex* spp., *Oeciacus hirundinis*) ist sehr stark abgeflacht und mit einem großen, seitlich ausgedehnten Halsschild versehen. Die Körpergröße beträgt 3,8–5,5 × 2,5–3 Millimeter, im vollgesogenen Zustand bis zu 9 Millimeter. Den behaarten, rotbraun gefärbten *Cimex*-Arten fehlen die Hinterflügel völlig, und die Vorderflügel sind zu kleinen Schuppen rückgebildet. Die Geflügelte Bettwanze *(Lyctocoris campestris)* besitzt dagegen gut ausgebildete Flügel, die an der Basis etwas heller sind und an der Flügelspitze einen hellen Fleck besitzen. Die Mundwerkzeuge der Wanzen bestehen aus einem langen Stech-Saug-Rüssel zum Blutsaugen, der unter den Körper geklappt wird und nach hinten gerichtet ist.

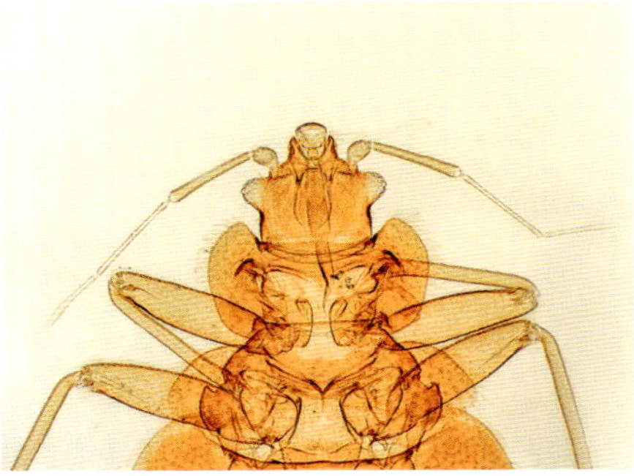

◀ Vorderende einer Bettwanze *(Cimex lectularius)*.

Folgende Arten sind wichtige Vertreter der Wanzen:

- **Taubenwanze *(Cimex columbarius)*:** bei Tauben, Schwalben, anderen Vogelarten, selten beim Menschen
- **Bettwanze *(Cimex lectularius)*:** beim Menschen, seltener bei Tieren (Hühnern)
- **Schwalbenwanze *(Oeciacus hirundinis)*:** bei Schwalben, gelegentlich beim Menschen
- **Geflügelte Bettwanze *(Lyctocoris campestris)*:** lebt in Hühnerställen, Vogelnestern, gelegentlich befällt sie den Menschen

Verbreitung

Wanzen werden weltweit bei Wildvögeln, Geflügel, Säugetieren und dem Menschen gefunden. Sie werden häufig passiv durch Vögel verbreitet.

Ökologie

Unter den zahlreichen Wanzenarten gibt es nicht nur blutsaugende Vertreter. Der überwiegende Teil der Wanzen, wie die Nebelwanze, auch Graue Gartenwanze genannt *(Raphigaster nebulosa)*, ernährt sich von Pflanzensäften. Ein kleiner Teil lebt auch räuberisch (Raubwanzen).

Die blutsaugenden Wanzen halten sich tagsüber in Nestern oder umliegenden Schlupfwinkeln auf, und nachts saugen sie Blut von ihrem Wirt. Alle

Entwicklungsstadien ernähren sich von Blut, wobei die Imagines zirka 15 Minuten, die Larven lediglich zwei bis drei Minuten lang saugen. In den Schlupfwinkeln können sie auch ohne Blutnahrung längere Zeit verharren und selbst strengen Frost überstehen und überwintern. Bei stärkerem Befall hinterlassen Wanzen durch ihre Stinkdrüsen einen typischen, süßlichen und unangenehmen Geruch, den sie auch zur innerartlichen Kommunikation nutzen.

Entwicklungszyklus

In Nestern, Nisthöhlen und deren Umgebung legen die Weibchen täglich drei bis fünf mit einem Deckel versehene längliche Eier ab. Ein Weibchen bringt es auf 250 Eier. Bei 15 Grad Celsius schlüpfen die gelbbraunen Larven nach etwa 22 Tagen, die den erwachsenen Wanzen bereits ähnlich sehen, aber viel kleiner, nur einen Millimeter lang sind. Während ihrer Entwicklung durchlaufen sie fünf Larvenstadien, mit jedem Stadium werden sie größer. Die Gesamtentwicklung vom Ei bis zur geschlechtsreifen Wanze dauert bei 25 Grad Celsius, hoher Luftfeuchtigkeit und ausreichend Nahrung etwa 45 Tage.

Wirtsspezifität

Sie sind wenig wirtsgebunden.

Schadwirkung

Durch den Stich für die Blutaufnahme entstehen beim Wirt Quaddeln, die starken Juckreiz verursachen. Massenbefall schwächt vor allem Nestlinge. Durch die ständige Belästigung werden verseuchte Nester von den Elternvögeln häufig nicht mehr aufgesucht und Gelege oder Brut werden verlassen. Befinden sich Nester an Hauswänden, können die Wanzen auch in Wohnungen einwandern und den Menschen belästigen.

Gefiederfliege (*Carnus hemapterus*)

Die Gefiederfliege gehört zur Familie Gefiederfliegen (Carnidae) und wird auch Falkenlausfliege genannt. Sie ist ein stationärer periodischer Parasit.

Beschreibung

Die Gefiederfliege gehört unter den Insekten zu den Zweiflüglern (Diptera). Die Größe erwachsener Gefiederfliegen ist geschlechtsabhängig, die Männchen werden 1–1,7 Millimeter und die Weibchen 2–2,7 Millimeter groß.

Weltweit sind etwa 70 Arten dieser Familie bekannt, von denen 15 in Europa beschrieben sind und sieben in Deutschland vorkommen. Aus der Familie Gefiederfliegen parasitiert nur *Carnus hemapterus* auf Vögeln.

Verbreitung

Carnus hemapterus wurde vorwiegend bei Falkenküken beobachtet, deshalb das Synonym Falkenlausfliege. Durch intensive Untersuchungen wird die Wirtsliste aber immer umfangreicher. So wurde sie mittlerweile bei Bienenfresser, Blaumeise, Buntspecht, Dohle, Feldsperling, Habicht, Haussperling, Hohltaube, Kaiseradler, Kleiber, Kohlmeise, Mäusebussard, Mönchsgrasmücke, Rabenkrähe, Rauchschwalbe, Rotmilan, Schleiereule, Schwarzmilan, Seeadler, Star, Steinkauz, Trauerschnäpper, Turmfalke, Waldbaumläufer, Waldkauz, Waldohreule, Wanderfalke, Weißstorch, Würgfalke nachgewiesen. Sie ist in Mitteleuropa weit verbreitet und kommt auch in Ost- und Nordeuropa, USA, Kanada und Mexiko vor.

Ökologie

Die Falkenlausfliege parasitiert besonders auf Nestlingen in Höhlen brütender Vogelarten, auf denen die adulte Lausfliege Blut saugt. Bei nestjungen Greifvögeln findet man sie nahezu ausschließlich auf der Haut, besonders in den Achselhöhlen und Schenkelspalten. Heddergott untersuchte 1336 nestjunge Turmfalken und stellte bei 64,3 Prozent einen Gefiederfliegenbefall fest. Während bei 5- bis 15-tägigen Turmfalkenküken 81,5 Prozent befallen waren, sank der Befall bei 20- bis 35-tägigen auf 13,1 Prozent. Besonders schwache und untergewichtige Küken werden am intensivsten befallen. Die Gefiederfliegen verlassen die Küken zwischen dem 25. und 35. Lebenstag. Der Befall ist unabhängig von der Brutzeit und wird sowohl bei Früh- als auch bei Spätbruten beobachtet.

Nestlinge in künstlichen Nistkästen und Höhlen werden häufiger befallen als die in offenen Nestern.

Entwicklungszyklus

Die Falkenlausfliege saugt das Blut der Nestlinge und legt bald danach ihre Eier im Nistmaterial des Wirtsvogels ab. Die im Nest geschlüpften Larven ernähren sich von Vogelkot und organischen Zerfallsprodukten, bis sie sich im Wirtsnest verpuppen.

Aus den Puppen schlüpfen die geflügelten Imagines, die aber nach Erreichen ihres Wirtes die Flügel an einer vorgebildeten Bruchstelle verlieren. Die Generationsdauer beträgt 30 bis 40 Tage. Die Puppen überwintern am Nistplatz der Wirtsvögel. Ein erneuter Befall des Wirtes erfolgt in der nächsten Brutsaison mit dem Schlupf der Imagines aus den Puppen. Das geschieht, sobald die Nestlinge der Wirtsvögel ausgebrütet sind.

Wirtsspezifität

Eine Wirtsspezifität existiert nicht.

Schadwirkung

Untersuchungen haben ergeben, dass das Wachstum der Küken bei normalem Befall nicht negativ beeinflusst wird. Massiv mit Gefiederfliegen befallene Küken werden allerdings vorübergehend geschwächt.

Vogelblutfliegen (Protocalliphora-Arten)

Die Vogelblutfliegen sind eine Gattung aus der Familie Schmeiß- oder Fleischfliegen (Calliphoridae) mit zahlreichen Arten. Es handelt sich um temporär periodische Parasiten.

Folgende Arten sind wichtige Vertreter der Vogelblutfliegen:

- ***Protocalliphora azurea:*** in Nestern verschiedener Singvogelarten.
- ***Protocalliphora falcozi:*** häufig in Meisennestern, überwiegt bei gemeinsamem Vorkommen mit *P. azurea.*
- ***Protocalliphora peusi:*** in Krähennestern.

Beschreibung

Diese oft auch als «Brummer» bezeichneten metallisch glänzenden und blau oder grün bis goldig gefärbten Fliegen sind 6–14 Millimeter lang und besitzen saugend leckende Mundwerkzeuge. Augen und Flügel sind gut ausgebildet.

Verbreitung

In der Paläarktis weit verbreitet.

Ökologie

Während die adulten Fliegen harmlose Blütenbesucher sind, leben die Larven in Vogelnestern und ernähren sich von Blut, besonders der Jungvögel. Die Fliegenlarven nagen nachts die Haut der Wirte an und nehmen das austretende Blut auf. Bei einigen Arten dieser Gattung leben die Larven auch unter der Haut *(Myiasis)*.

Entwicklungszyklus

Die Vogelblutfliegen legen ihre Eier in überschaubarer Zahl in das Nestmaterial der Vögel. Die daraus schlüpfenden Larven nehmen Blut auf und verpuppen sich später im Nest. Nach wenigen Tagen Puppenruhe schlüpfen die adulten Fliegen und verlassen das Nest. Die Vogelblutfliegen müssen spätestens mit dem Ausfliegen der Vögel ihre Larvalzeit abgeschlossen haben, da danach keine Nahrung für die Larven mehr vorhanden ist.

Wirtsspezifität

Es können alle Vogelarten befallen werden. Nur *Protocalliphora falcozi* ist stark an Meisen adaptiert.

Schadwirkung

Durch Blutentzug und Juckreiz werden die Nestlinge geschädigt, bei starkem Befall geschwächt. Im Zusammenspiel mit anderen Blutsaugern wie Milben, Wanzen, Flöhen und weiteren Fliegen kann es auch zu Todesfällen kommen.

Auf den Galapagosinseln bedroht die vom Festland eingeschleppte Gefiederfliege *Philcornis downsi* vor allem die vom Aussterben bedrohten Darwinfinken. Manche Jahre sterben fast 100 Prozent der Küken, da sie noch keinerlei Abwehrstrategie entwickelt haben.

Lausfliegen (Hippoboscidae)

Die Lausfliegen gehören zu den stationären oder temporären Parasiten.

Beschreibung

Lausfliegen sind etwa 7–10 Millimeter große, flach gebaute Insekten. Es gibt flugfähige und flugunfähige Arten. Weibchen sind etwas größer als Männchen. Sie haben kräftige Beine und große Krallen, womit sie sich im Gefieder gut bewegen und auch auf der Haut haften können. Ihre Färbung ist hellbraun bis dunkelbraun, direkt nach einer Blutnahrung ist der Hinterleib dunkelrot.

Es gibt 23 Arten, wobei fünf Arten bei Vögeln als einheimisch zählen, andere wandern vor allem aus dem Süden zu. Einige Vogelarten mit besonderen Nestern und Höhlen haben eigene Lausfliegen.

- **Mauerseglerlausfliege *(Crataerina pallida):*** nicht flugfähig, lebend gebärend. Auf Mauersegler *(Apus apus)*, gelegentlich auch Alpensegler *(Apus melba)*; selten als Überläufer auf andere Vogelarten, die in der Nähe von Mauerseglerkolonien brüten, können auch in Gebäude einwandern und den Menschen stechen.
- **Alpenseglerlausfliege *(Crataerina melbae):*** besonders auf Alpensegler *(Apus melba)*, ausnahmsweise auch auf Mauersegler *(Apus apus)*.

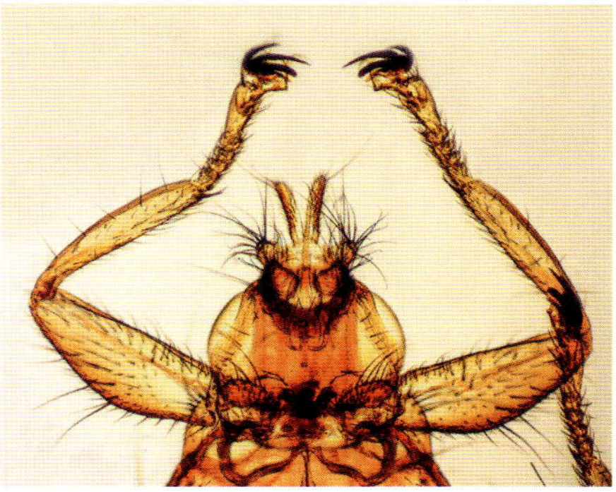

▲ Vorderende einer Lausfliege *(Ornithomya biloba)*, Männchen, von einer Rauchschwalbe.

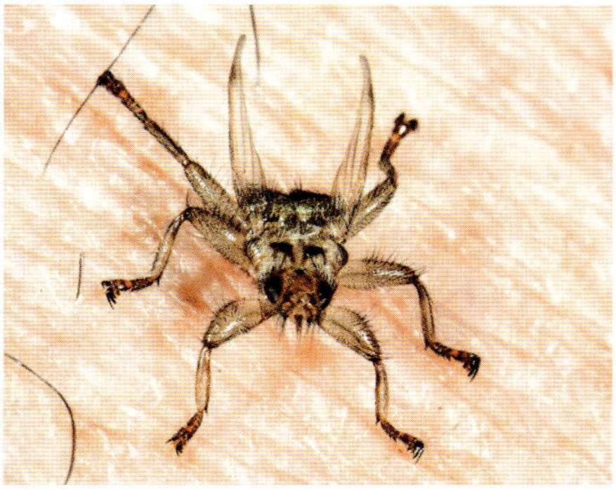

▲ Mehlschwalbenlausfliege oder Sichelflügel-Schwalbenlausfliege *(Stenepteryx hirundinis)*.

- **Gemeine Vogellausfliege *(Ornithomya avicularia):*** auf über 60 Vogelarten nachgewiesen wie Gelbspötter, Uhu, Sperber, Kleiber, aber auch Wasseramsel. Sie fliegt schnell, aber nur kurze Strecken, kriecht blitzschnell im Gefieder vor- und rückwärts, sitzt sehr fest auf der Haut. Sie kommt sehr häufig vor.
- **Schwalbenlausfliege *(Ornithomya biloba):*** Hauptwirte sind die Rauch- und Uferschwalbe, seltener die Mehlschwalbe, mit 4–5 mm eine kleinere Lausfliege.
- **Singvogellausfliege *(Ornithomya fringillina):*** weit verbreitet insbesondere auf kleinen Singvögeln.
- **Mehlschwalbenlausfliege oder Sichelflügel-Schwalbenlausfliege *(Stenepteryx hirundinis):*** hauptsächlich auf Mehl- und Uferschwalben, seltener auf Rauchschwalben.
- **Drossellausfliege *(Ornithoica turdi):*** auf über 60 Gattungen der Vögel wie Amsel, Sommergoldhähnchen, Rabenkrähe nachgewiesen, hauptsächlich in Afrika, in Mitteleuropa selten, aber zunehmend.
- **Südliche Lausfliege *(Ornithophila metallica):*** seltene Art auf verschiedenen Kleinvögeln (Passeriformes, Coraciformes, Piciformes), durch Schwalben interkontinental von Afrika nach Mitteleuropa verschleppt.
- **Nordische Lausfliege *(Ornithomya chloropus):*** insbesondere auf Sperlingsvögeln, geht am weitesten nach Norden.
- **Falkenlausfliege *(Ornitophila gestroi):*** auf Falkenarten, besonders Eleonorenfalke *(Falco eleonorae)*; sehr selten in Mitteleuropa.
- **Felsenschwalbenlausfliege *(Ornithomya rupes):*** streng wirtsspezifisch, nur auf Felsenschwalben *(Ptyonoprogne rupestris)*.
- **Fischadlerlausfliege *(Olfersia fumipennis):*** auf Fischadler.
- **Taubenlausfliege *(Pseudolynchia canariensis):*** gelegentlich verwendetes Synonym *Lynchia maura*, kommt weltweit hauptsächlich in tropischen und subtropischen Gebieten vor. Durch Zugvögel kann sie auch in Länder mit gemäßigtem Klima gelangen, ist dort jedoch nicht in der Lage zu überwintern.
- **Reiherlausfliege *(Icosta ardeae):*** weltweit vorkommend, selten, besonders bei kleinen Reiherarten wie Großer Rohrdommel *(Botauris stellaris)*.

Verbreitung

Lausfliegen sind weltweit verbreitet. Artunterschiede sind feststellbar. So hat die Nordische Lausfliege ihren Schwerpunkt in Nordeuropa, die Singvogellausfliege ihre nördliche Verbreitungsgrenze am 68. Breitengrad, und die Gemeine Vogellausfliege kommt in der gesamten Paläarktis (ganz Europa, Nordafrika, Asien und Vorderasien) vor.

Ökologie

Die flugfähigen Arten fliegen geschickt und können sich mit erstaunlicher Geschwindigkeit im Gefieder verbergen, kaum dass sie entdeckt werden. Andere Arten sind flugunfähig. Lausfliegen sind Transportwirte beispielsweise für Federmilben und Federlinge. Ihre Lebensdauer beträgt vier bis sechs Monate. Die Besiedlung der Jungvögel oder der hudernden Altvögel erfolgt bei flügellosen Arten durch Überkriechen, sonst durch Befliegen. Die Hauptbefallszeit liegt in den Monaten Mai bis Oktober.

Entwicklungszyklus

Lausfliegen sind lebend gebärende Insekten. Im Uterus der Lausfliegen entwickeln sich die Larven über drei Stadien bis zur Verpuppung. Manchmal werden die zirka drei Millimeter langen verpuppungsreifen Larven etwas früher in die nähere Umgebung oder direkt in die Nester abgelegt. Innerhalb von zehn Stunden verpuppen sie sich dann vollständig. Jedes Weibchen legt in ihrem Leben 10 bis 15 verpuppungsreife oder in Verpuppung befindliche Larven ab. Die Begattung findet drei bis vier Tage nach dem Schlüpfen der Imagines statt. Die Puppen überwintern meist in den Nestern der Vögel und entwickeln sich erst weiter, wenn Brutvögel die Nester wieder besetzen.

Wirtsspezifität

Unterschiedlich ausgeprägt. Einige Arten sind wirtsspezifisch wie die Fischadlerlausfliege, andere wie die Schwalbenlausfliege besiedeln nur wenige Wirte und wieder andere wie die Gemeine Vogellausfliege oder die sich immer mehr nördlich ausbreitende Drossellausfliege sind ohne besondere Bindung. Die Wirtsspezifität ist besonders stark bei flugunfähigen Arten und sehr gering bei flugfähigen Vogelparasiten ausgeprägt. In Brutkolonien können mitunter Besonderheiten beobachtet werden. So wurden bei Uferschwalben fünf verschiedene Lausfliegenarten in einer Kolonie festgestellt.

Schadwirkung

Lausfliegen saugen Blut von ihren Wirten. An den Einstichstellen entstehen Entzündungen verbunden mit Juckreiz, was zu Beunruhigung bei starkem Befal führt. Bei Schwalben- und Mauerseglernestlingen sind Todesfälle beschrieben. Es sollen Störungen des Federwachstums auftreten. Wie alle Blutsauger können sie Krankheitserreger übertragen. Bei Zugvögeln hat das interkontinentale Auswirkungen. Es ist bekannt, dass Menschen in der Nähe von Mauerseglernestern von der Mauerseglerfliege gestochen werden.

▲ Seltener partiell leukistischer Rauchschwalbennestling (Mangel an dunklen Farbpigmenten) mit normal gefärbten Geschwistern in einem Nest. Alle Schwalbenarten werden häufig von Lausfliegen belästigt.

30 heimische Vögel und ihre Federkleidbewohner

Austernfischer (*Haematopus ostralegus*)

Ein Watvogel der flachen Meeresküsten und Mündungsgebiete großer Flüsse. Er ist Bodenbrüter und legt seine drei bis vier Eier oft direkt auf steinigen Grund, auf Muschelbänke oder im Grasland in Mulden mit wenig Nistmaterial. Besonders Jungvögel bilden nach dem Flüggewerden Trupps und Schwärme. Überwintert zumeist im Brutgebiet, Zugaktivitäten wenig ausgeprägt. Stand- und Strichvogel, Nestflüchter, eine Jahresbrut.

Federanzahl: 10 Hand-, 18 Armschwingen, 12 Steuerfedern

Federlinge

Austromenopon haematopi

Actornithophilus grandiceps

Lunaceps haematopi

Quadraceps auratus

Saemundssonia haematopi

Federmilben

Alloptes sp.

Bychowskiata bisulcata

Sokoloviana rehbergi

Zecken

Haemaphysalis punctata

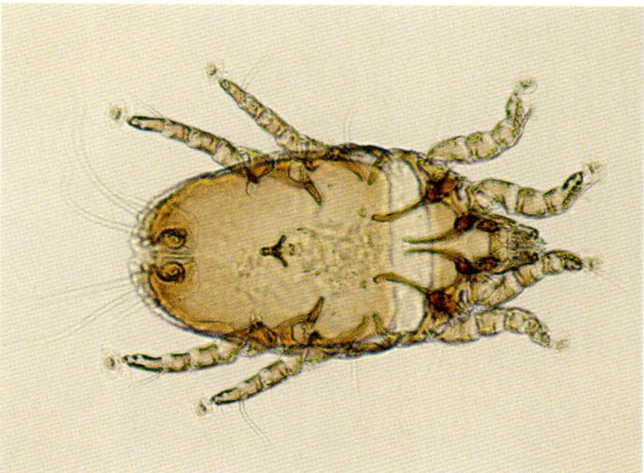

Bychowskiata bisulcata, m

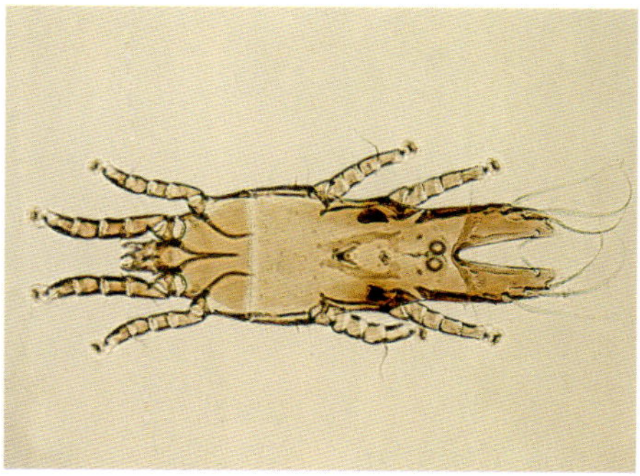

Sokoloviana rehbergi, m

Buntspecht *(Dendrocopos major)*

Höhlenbrüter; nistet in selbst gezimmerten Höhlen in Laub- und Nadelbäumen, trägt kein Nistmaterial ein, belässt aber Hackspäne in der Höhle, nimmt auch künstliche Nisthöhlen als Brut- und Schlafplatz an. Nesthocker, eine Jahresbrut. Standvogel.

Federanzahl: 10 Hand-, 10 Armschwingen, 12 Steuerfedern

Federlinge

Brueelia straminea
Menacanthus pici
Picicola candidus
Picophilopterus auritus

Federmilben

Analges pachycnemis
Metamicrolichus pici
Neopteronyssus pici
Picalgoides picimajoris
Pteronyssus brevipes
Pteronyssus robini

Federspulmilben

Neoaulonastus picidus
Picobia dryobatis

Milben

Dermanyssus grochovskae
Dermanyssus quintus

Lausfliegen

Ornithomya avicularia
Ornithophila metallica

Gefiederfliegen

Carnus hemapterus

Vogelblutfliege

Protocalliphora azurea

Flöhe

Ceratophyllus gallinae

Zecken

Ixodes arboricola
Ixodes ricinus

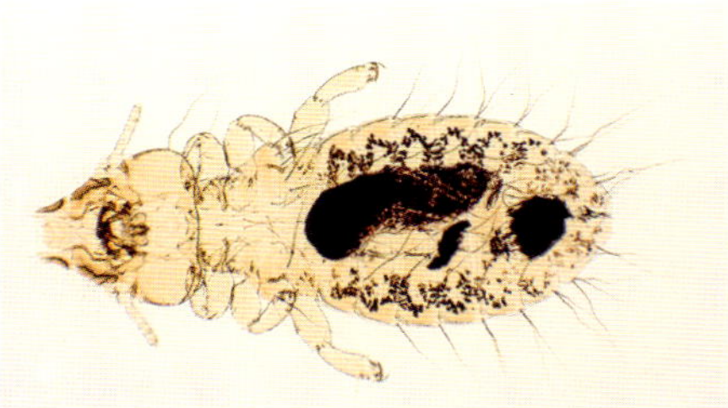

Picophilopterus auritus

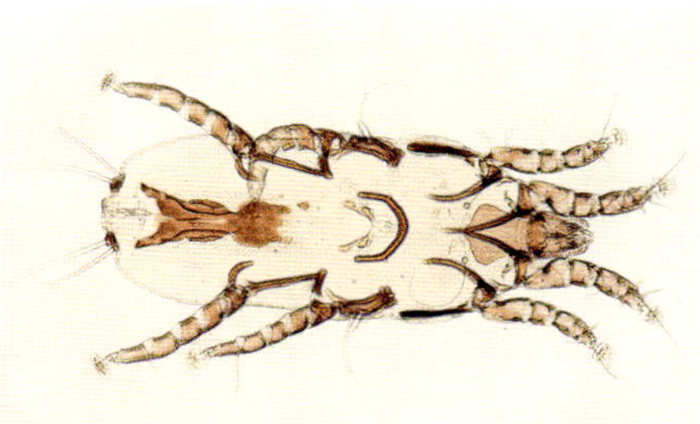

Neopteronyssus pici, w

Eichelhäher (*Garrulus glandarius*)

Überwiegend Freibrüter, bevorzugt Nadelbäume für sein umfangreiches, mit tiefer Nestmulde versehenes Nest in einer Höhe von zwei bis acht Metern, benutzt gelegentlich auch ältere Elsternnester, Halbhöhlen oder Nistkästen zum Nestbau, Nesthocker, eine Jahresbrut. Stand- oder Strichvogel.

Federanzahl: 10 Hand-, 9 Armschwingen, 12 Steuerfedern

Federlinge

Brueelia glandarii
Menacanthus eurysternus
Myrsidea indivisa
Philopterus garruli

Federmilben

Mesalgoides glandarii
Microlichus avus
Passeroptes latior
Proctophyllodes glandarinus

Federspulmilben

Syringophiloidus glandarii
Syringophilopsis garrulus

Milben

Ornithonyssus sylviarum

Lausfliegen

Ornithomya avicularia
Ornithophila metallica

Zecken

Dermacentor reticulatus
Haemaphysalis concinna
Ixodes frontalis
Ixodes ricinus

Flöhe

Ceratophyllus gallinae
Dasypsyllus gallinulae

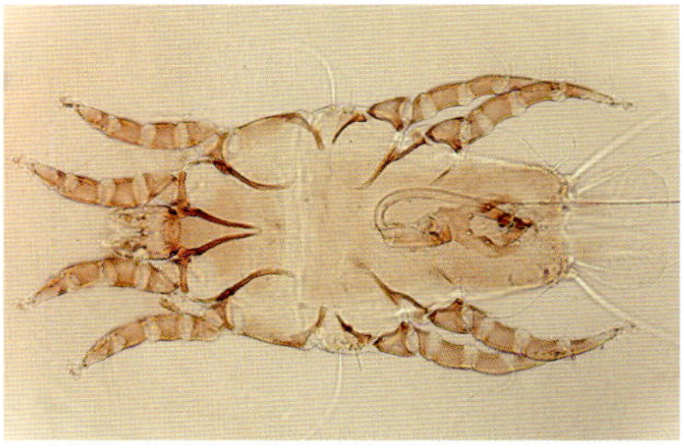

Proctophyllodes glandarinus, m

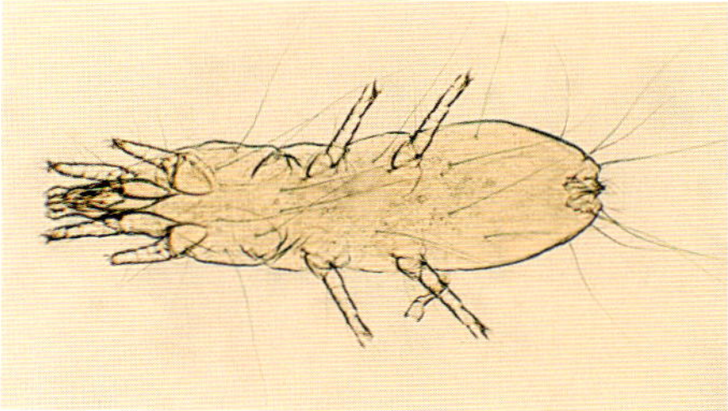

Syringophilopsis garrulus, w

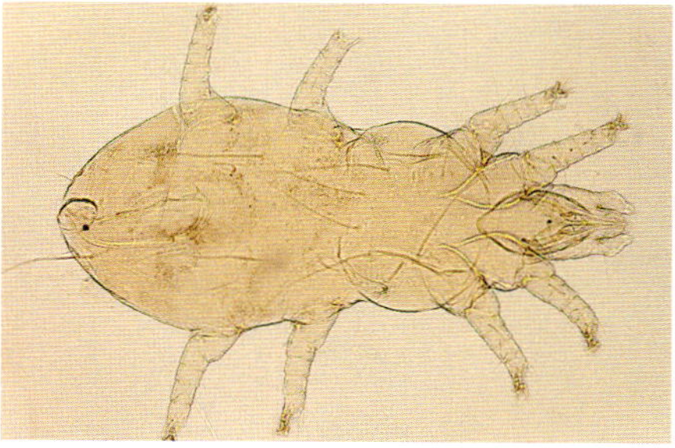

Syringophilopsis garrulus, m

Fasan (*Phasianus colchicus*)

Bodenbrüter, das versteckt stehende Nest besteht aus einer flachen Mulde mit wenigen Halmen ausgekleidet, Küken sind Nestflüchter, eine Jahresbrut. Standvogel.

Federanzahl: 10 Hand-, 14 Armschwingen, 19 Steuerfedern

Federlinge

Anaticola crassicornis
Amyrsidea perdicis megalosoma
Cuclotogaster heterographa pannonica
Goniocotes chrysocephalus
Lagopoecus colchicus
Lipeurus maculosus maculosus
Reticulipeurus mesopelios colchicus
Solenodes capitatus
Uchida phasiani
Zlotorzyckella colchici

Federmilben

Megninia ginglymura
Metamicrolichus phasiani
Pseudolichus phasiani

Federspulmilben

Mironovia phasiani

Milben

Dermanyssus gallinae
Epidermoptes phasianus
Knemidocoptes mutans
Neoknemidocoptes laevis
Neotrombicula autumnalis
Ornithonyssus sylviarum

Zecken

Argas reflexus
Haemaphysalis concinna
Haemaphysalis punctata
Ixodes festai
Ixodes frontalis
Ixodes ricinus

Lausfliegen

Ornithomya avicularia

Flöhe

Ceratophyllus gallinae
Ceratophyllus garei
Dasypsyllus gallinulae

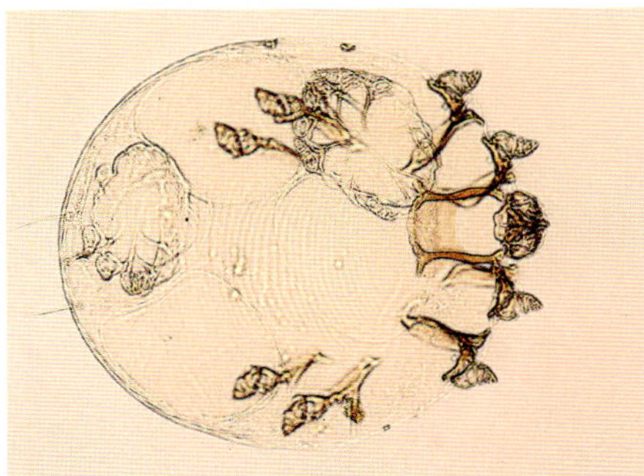

Knemidocoptes mutans, w

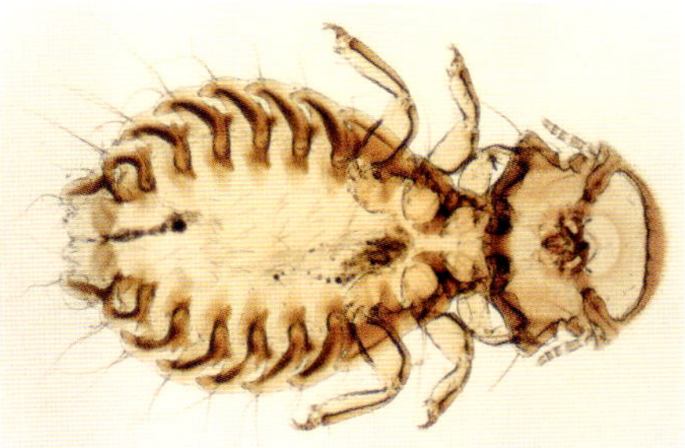

Zlotorzyckella colchici, w

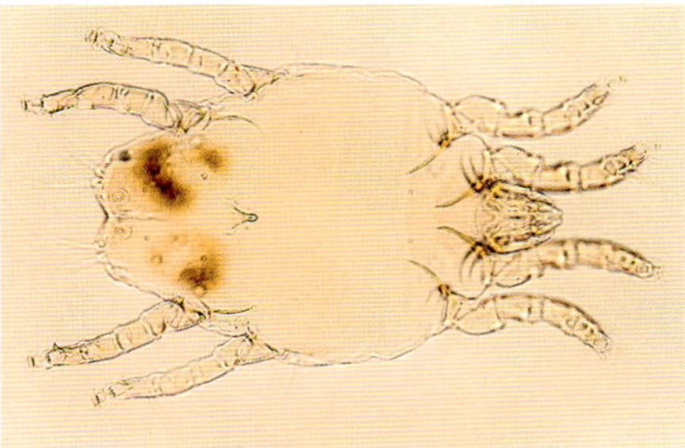

Pseudolichus phasiani, m

Feldlerche (*Alauda arvensis*)

Bodenbrüter, bis zu drei Jahresbruten, Küken sind Nesthocker, Nest wird mit feinen Pflanzenteilen in einer Bodenmulde gebaut, baut für jede Brut ein neues Nest. Zugvogel.

Federanzahl: 10 Hand-, 9 Armschwingen, 12 Steuerfedern

Federlinge

Brueelia parviguttata
Menacanthus alaudae
Penenirmus hibari
Ricinus magnus

Federmilben

Alaudicola bilobata
Analges bidentatus
Analges tridentulatus
Proctophyllodes anthi
Proctophyllodes euryurus

Milben

Dermanyssus alaudae
Dermanyssus brevis
Knemidocoptes jamaicensis

Lausfliegen

Ornithomya avicularia

Flöhe

Ceratophyllus gallinae
Ceratophyllus garei
Dasypsyllus gallinulae

Zecken

Haemaphysalis punctata – besonders Larven, Nymphen
Ixodes ricinus

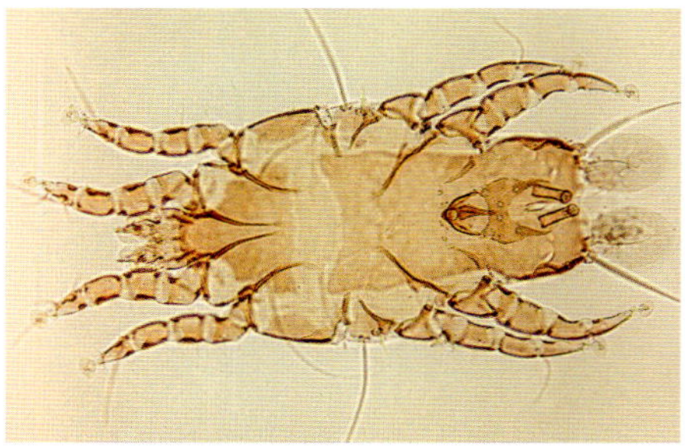

Proctophyllodes euryurus, m

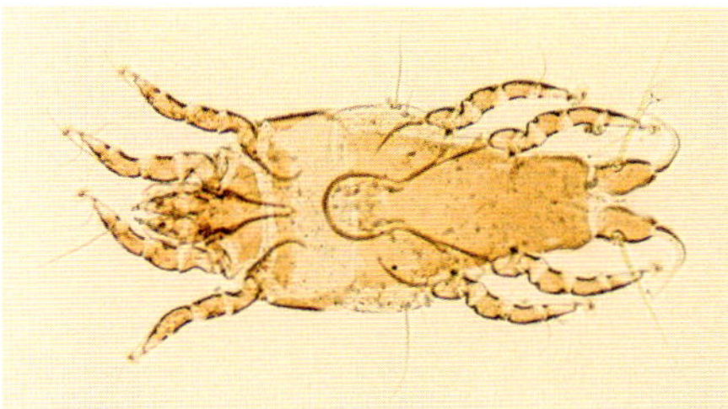

Alaudicola bilobata, w

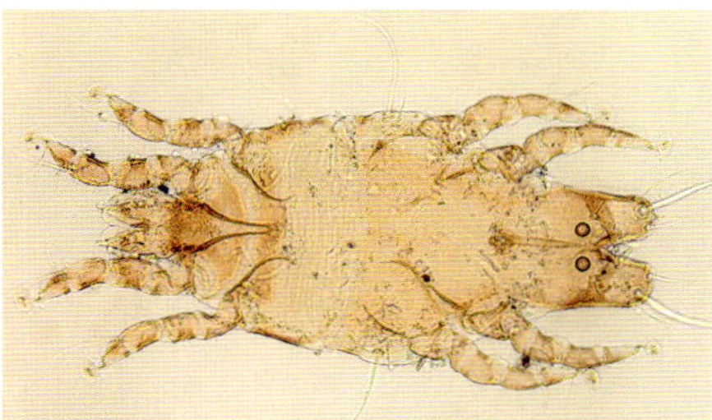

Alaudicola bilobata, m

Graugans (*Anser anser*)

Bodenbrüter, meist im Schilfgürtel, kleidet ihr aus Halmen oder Sumpfpflanzen bestehendes Nest innen mit einer dünnen Daunenschicht aus, Küken sind Nestflüchter, eine Jahresbrut. Zugvogel, zunehmend auch in Mitteleuropa im Brutgebiet verbleibend.

Federanzahl: 10 Hand-, 19/20 Armschwingen, 16, 18 oder 20 Steuerfedern

Federlinge

Anaticola anseris
Anaticola crassicornis
Anatoecus icterodes
Ciconiphilus pectiniventris
Holomenopon leucoxanthum
Ornithobius mathisi
Trinoton anserinum

Federmilben

Brephosceles sp.
Freyana anserina

Milben

Dermanyssus hirundinis
Knemidocoptes prolificus

Zecken

Ixodes ricinus

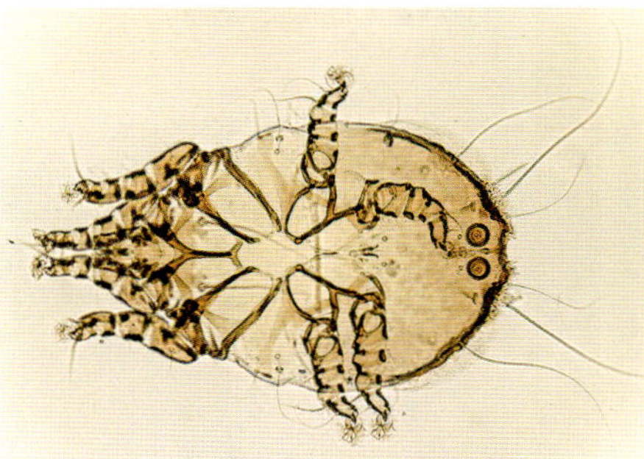

Freyana anserina, m

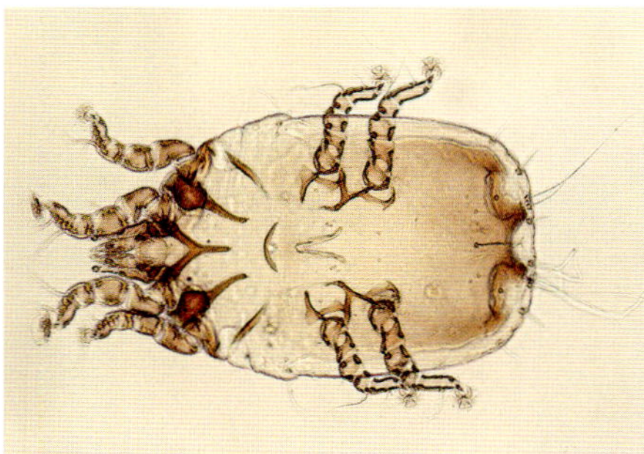

Freyana anserina, w

Anaticola sp., w

Graureiher (*Ardea cinerea*)

Brütet meist in Kolonien auf hohen Bäumen, aber auch als Bodenbrüter im Schilf. Sein Nest besteht aus einer starken Reisigschicht oder aus Schilfhalmen, Nestmulde mit feinerem Material ausgekleidet. Nesthocker, Nest wird häufig wieder genutzt, eine Jahresbrut. Zug- und Standvogel.

Federanzahl: 10 Hand-, 19 Armschwingen, 12 Steuerfedern

Federlinge

Ardeicola ardeae

Ciconiphilus decimfasciatus

Lausfliegen

Icosta ardeae

Ornithophila metallica

Federmilben

Ardeacarus ardeae

Ardeialges herodias

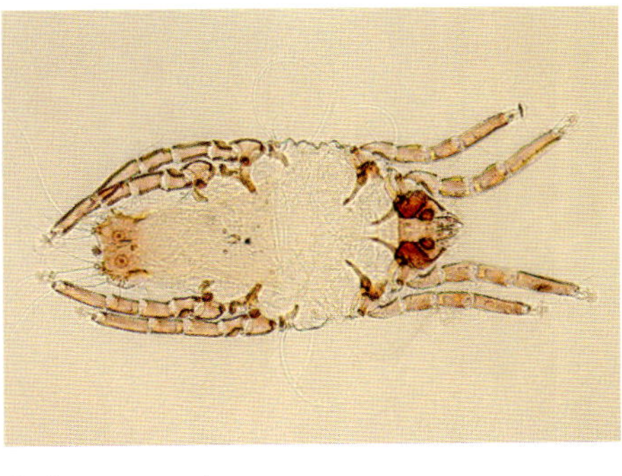

Ardeacarus ardeae, m

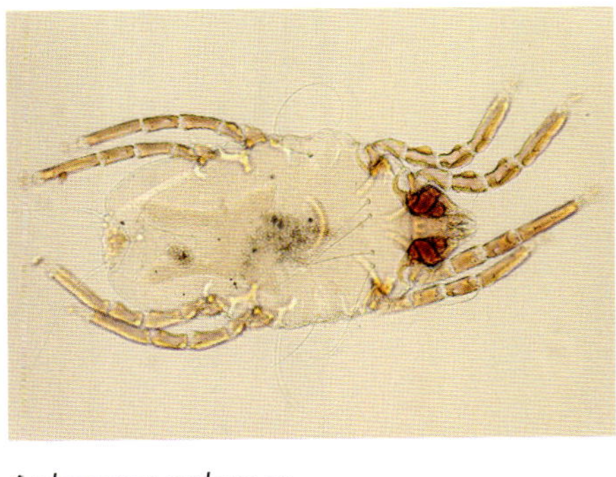

Ardeacarus ardeae, w

Grünfink (*Carduelis chloris*)

Grünfinken sind Freibrüter, Nest in Hecken oder in geringer Höhe auf Bäumen, das napfförmige Nest wird aus Halmen und dünnen Reisern gebaut und mit Federn und anderem weichem Material ausgepolstert. Nesthocker, zwei Bruten. Zug- und Standvogel.

Federanzahl: 10 Hand-, 9 Armschwingen, 12 Steuerfedern

Federlinge

Brueelia breueri
Menacanthus eurysternus
Myrsidea serini
Philopterus citrinellae

Federmilben

Analges passerinus
Mesalgoides megnini
Microlichus chloris
Monojoubertia hemiphylla
Proctophyllodes pinnatus

Federspulmilben

Picobia chloris
Syringophiloidus klimovi
Syringophilopsis kirgizorum

Milben

Ornithonyssus sylviarum

Lausfliegen

Ornithomya avicularia
Ornithomya fringillina

Vogelblutfliegen

Neottiophilum praeustum

Flöhe

Ceratophyllus gallinae
Dasypsyllus gallinulae

Zecken

Hyalomma marginatum
Ixodes ricinus
Ixodes frontalis

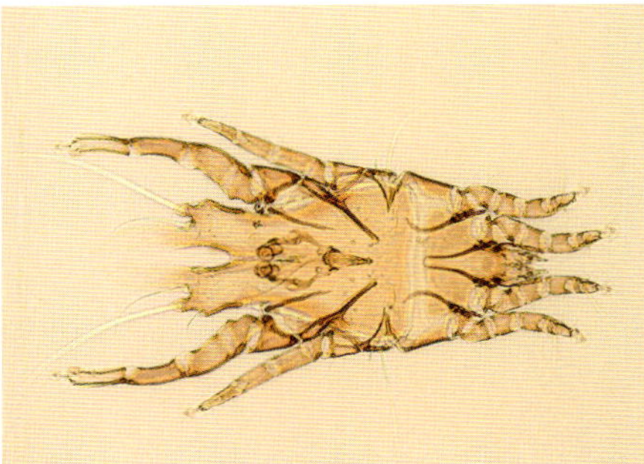

Monojoubertia hemiphylla, m

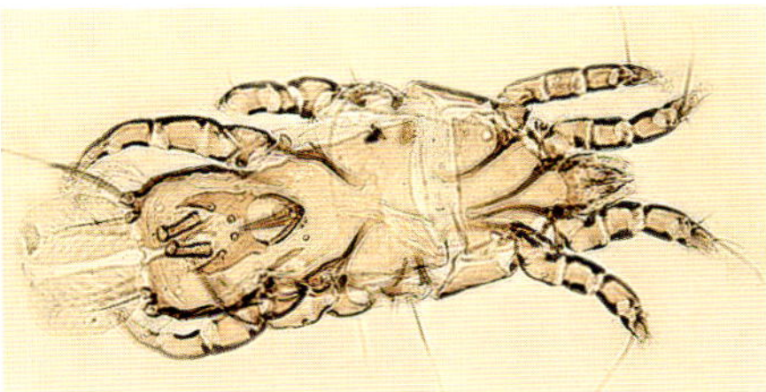

Proctophyllodes pinnatus, m

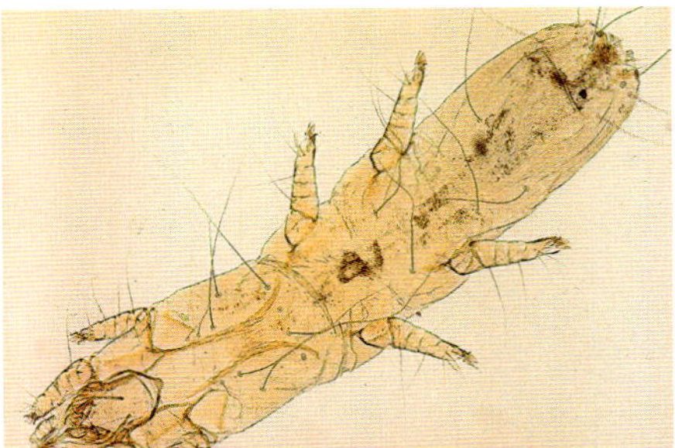

Syringophilopsis kirgizorum, w

Haussperling (*Passer domesticus*)

Höhlenbrüter, selten auch Freibrüter, zwei bis drei Bruten, nimmt alle natürlichen und künstlichen Höhlen und Nischen an, baut sogar in Storchennestern sein umfangreiches, etwas liederliches Nest, Federn werden zum Auspolstern bevorzugt. Nesthocker. Standvogel.

Federanzahl: 10 Hand-, 9 Armschwingen, 12 Steuerfedern

Federlinge

Brueelia cyclothorax
Brueelia subtilis
Menacanthus eurysternus
Myrsidea quadrifasciata
Philopterus fringillae
Ricinus fringillae
Sturnidoecus refractariolus

Federmilben

Analges passerinus
Microlichus avus
Proctophyllodes troncatus
Strelkoviacarus quadratus

Federspulmilben

Krantziaulonastus dubinini
Picobia passeri
Syringophiloidus minor
Syringophilopsis passericus

Wanzen (Cimicidae)

Oeciacus hirundinis

Lausfliegen

Ornithomya avicularia
Ornithomya fringillina

Gefiederfliegen

Carnus hemapterus

Vogelblutfliegen

Neottiophilum praeustum
Protocalliphora azurea

Flöhe

Ceratophyllus fringillae
Ceratophyllus gallinae
Dasypsyllus gallinualae

Milben

Bakericheyla chanayi
Dermanyssus americanus
Dermanyssus antillarum
Dermanyssus gallinae
Dermanyssus hirundinis
Harpypalpus holopus
Harpyrhynchoides kirgizorum
Knemidokoptes jamaicensis
Neharpyrhynchus pilirostris
Neocnemidocoptes passeris
Ornithonyssus bursa
Ornithonyssus sylviarum
Passeroptes dermicola

Zecken

Argas persicus
Argas reflexus
Ixodes arboricola
Ixodes canisuga
Ixodes frontalis
Ixodes redikorzevi
Ixodes ricinus

Syringophiloidus minor, w

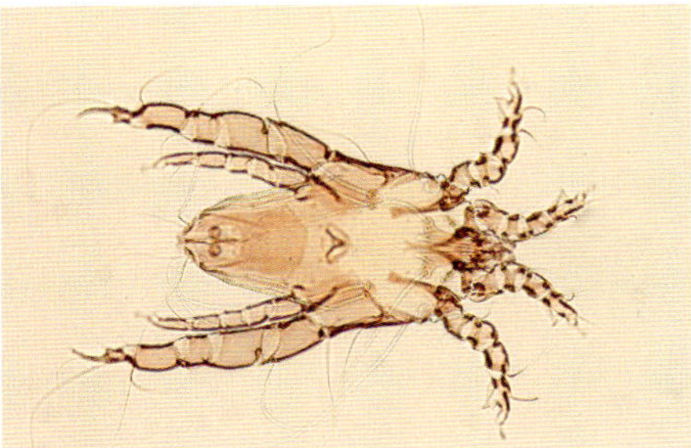

Analges passerinus, m

Höckerschwan (*Cygnus olor*)

Baut sein Nest auf Inseln und im Röhricht im Uferbereich aus Ästen, Schilf und Rohrteilen und polstert die Nestmulde mit einer dünnen Schicht Daunen aus, Küken sind Nestflüchter, eine Jahresbrut. Standvogel.

Federanzahl: 10 Hand-, 24 Armschwingen, 20, 22 oder 24 Steuerfedern

Federlinge

Anatoecus dentatus

Anatoecus icterodes

Anatoecus penicillatus

Ciconiphilus cygni

Ciconiphilus pectiniventris

Ornithobius bucephalus

Trinoton anserinum

Federmilben

Brephosceles discidicus

Freyana anserina

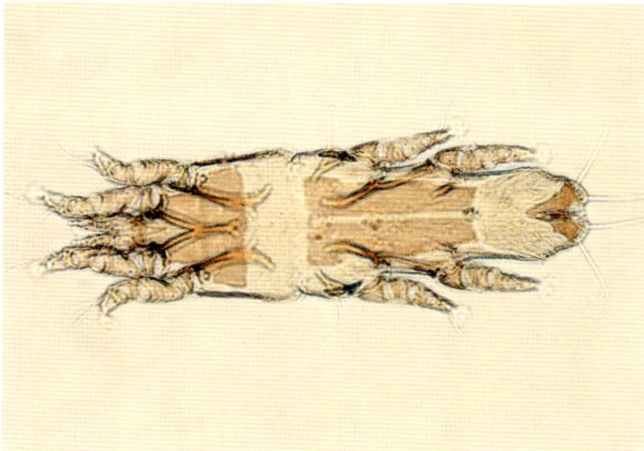

Brephosceles discidicus, Nymphe

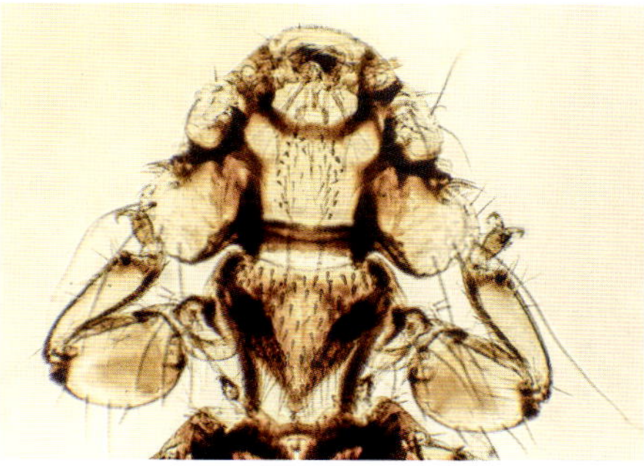

Trinoton anserinum, w

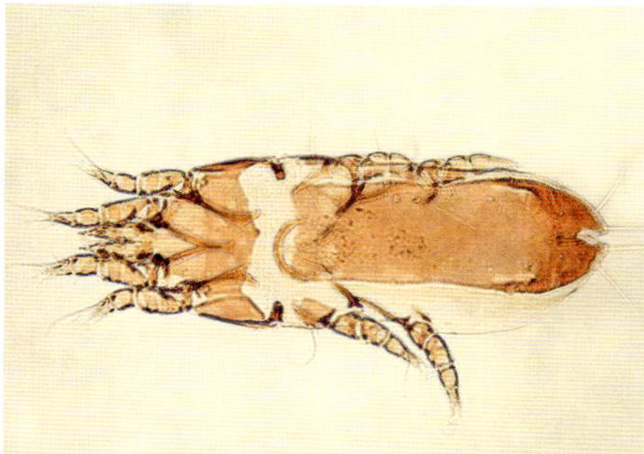

Brephosceles discidicus, w

Kiebitz (*Vanellus vanellus*)

Bodenbrüter, formt eine Bodenmulde und polstert diese mit Pflanzenteilen zum Nest aus, eine Jahresbrut, Küken sind Nestflüchter. Zugvogel.

Federanzahl: 10 Hand-, 17 Armschwingen, 12 Steuerfedern

Federlinge

Actornithophilus gracilis

Austromenopon aegialitidis

Lunaceps holophaeus

Quadraceps junceus

Saemundssonia platygaster temporalis

Federmilben

Leptosphyra centropoda

Triphyllochaeta vanelli

Flöhe

Ceratophyllus garei

Dasypsyllus gallinulae

Zecken

Haemaphysaslis concinna

Ixodes ricinus

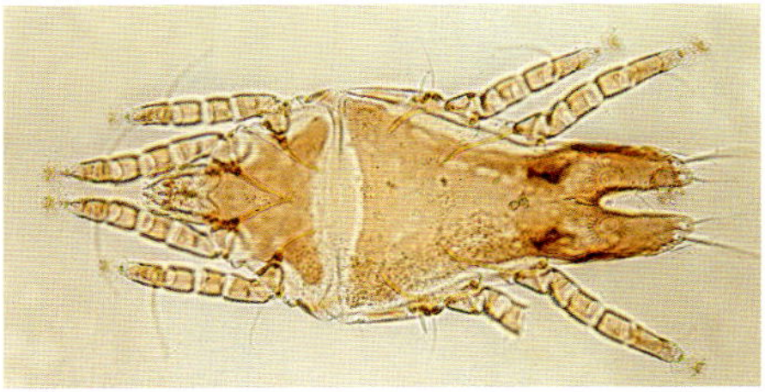

Triphyllochaeta vanelli, m

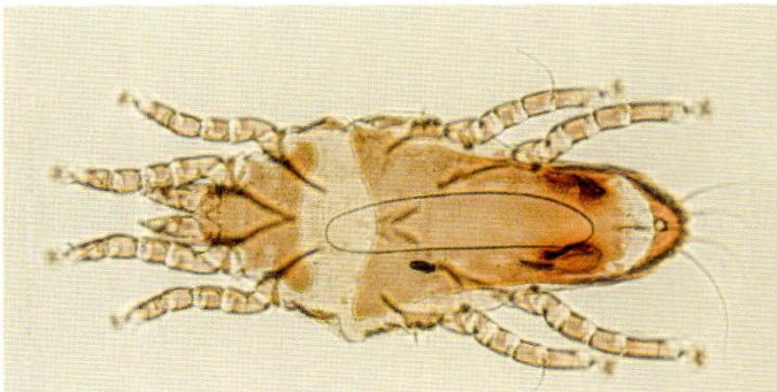

Triphyllochaeta vanelli, w

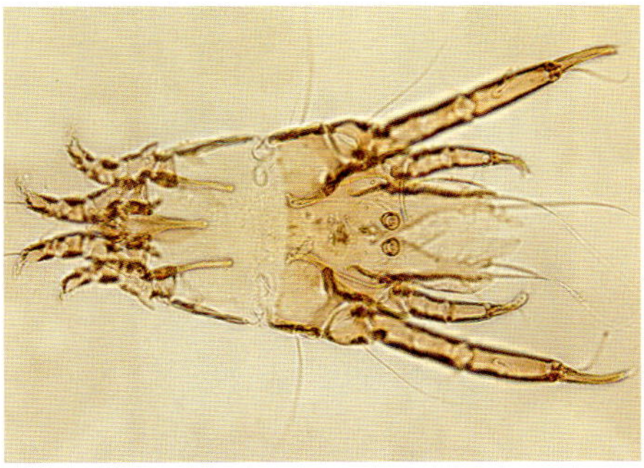

Leptosphyra centropoda, m

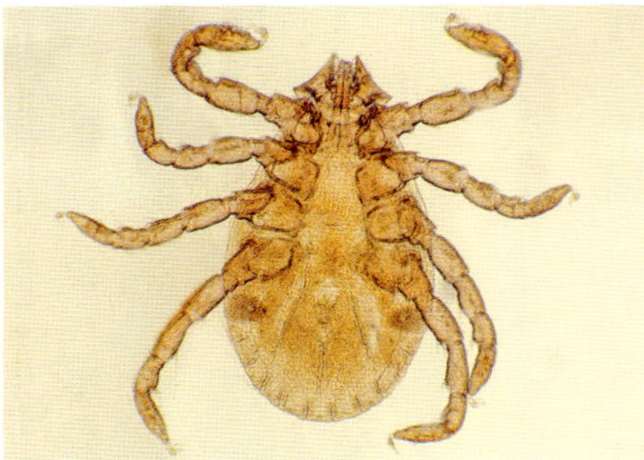

Haemaphysallis concinna, Nymphe

Kleiber (*Sitta europaea*)

Brütet in natürlichen Baumhöhlen sowie auch in Nistkästen. Größere Höhlen werden mit lehmiger Erde bis auf ein Schlupfloch zugemauert, Höhlen werden öfters genutzt. Als Nistmaterial werden kleine Holzstücke als Unterlage und flache Rindenschuppen eingetragen, Nesthocker, eine Jahresbrut. Standvogel.

Federanzahl: 10 Hand-, 9 Armschwingen, 12 Steuerfedern

Federlinge

Brueelia conocephalus
Menacanthus eurysternus
Philopterus sittae

Federmilben

Analges picicola
Proctophyllodes vitzthumi

Federspulmilben

Neosyringophilopsis troglodytis

Milben

Dermanyssus americanus
Dermanyssus gallinae
Dermanyssus hirundinis

Lausfliegen

Ornithomya avicularia

Gefiederfliegen

Carnus hemapterus

Vogelblutfliegen

Protocalliphora sp.

Flöhe

Ceratophyllus gallinae
Ceratophyllus garei
Ceratophyllus pullatus
Ceratophyllus tribulis
Dasypsyllus gallinulae
Monopsyllus sciurorum

Zecken

Haemaphysalis concinna
Ixodes arboricola
Ixodes canisuga
Ixodes ricinus

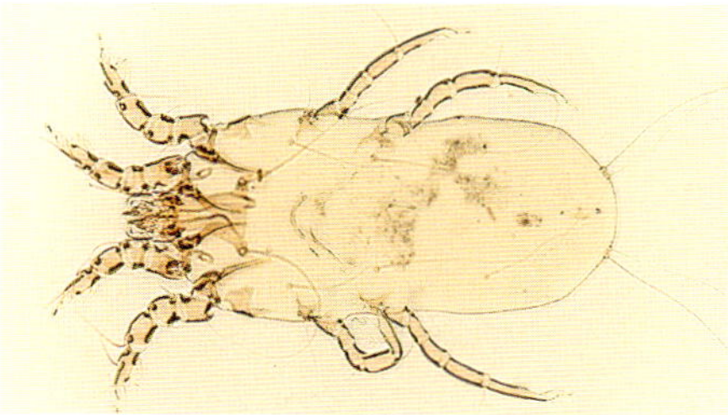

Analges picicola, w

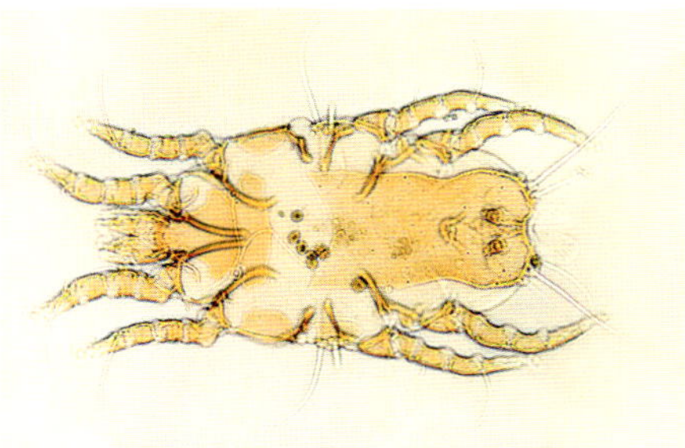

Proctophyllodes vitzthumi, m

Kohlmeise (*Parus major*)

Höhlenbrüter, es werden jegliche Höhlen genutzt. In ihnen wird ein Nest aus Moos, dünnen Halmen und Flechten gebaut, mit Tierhaaren ausgepolstert, zwei Bruten, Nesthocker. Standvogel.

Federanzahl: 10 Hand-, 9 Armschwingen, 12 Steuerfedern

Federlinge

Brueelia weberi
Menacanthus sinuatus
Philopterus thuringiacus
Philopterus pallescens
Sturnidoecus hudeci

Federmilben

Analges mucronatus
Analges pachycnemis
Microlichus chloris
Monojoubertia hemiphylla
Proctophylodes stylifer
Strelkoviacarus quadratus

Milben

Bakericheyla chanayi
Dermanyssus carpathicus
Dermanyssus gallinae
Dermanyssus hirundinis
Harpypalpus longipis
Hirstionyssus musculi
Neharpyrhynchus pari
Ornithonyssus sylviarum
Passeroptes dermicola

Lausfliegen

Ornithomya avicularia
Ornithomya fringillina

Gefiederfliegen

Carnus hemapterus

Vogelblutfliegen

Protocalliphora azurea
Protocalliphora falcozi
Tryplocalliphora braueri

Flöhe

Ceratophyllus fringillae
Ceratophyllus gallinae
Ceratophyllus garei
Ceratophyllus pullatus
Ceratophyllus rossittensis
Ceratophyllus styx
Ceratophyllus tribulis
Dasypsyllus gallinulae
Monopsyllus sciurorum
Nosopsyllus mikulini

Zecken

Haemaphysalis concinna
Ixodes arboricola
Ixodes frontalis
Ixodes redikorzevi
Ixodes ricinus

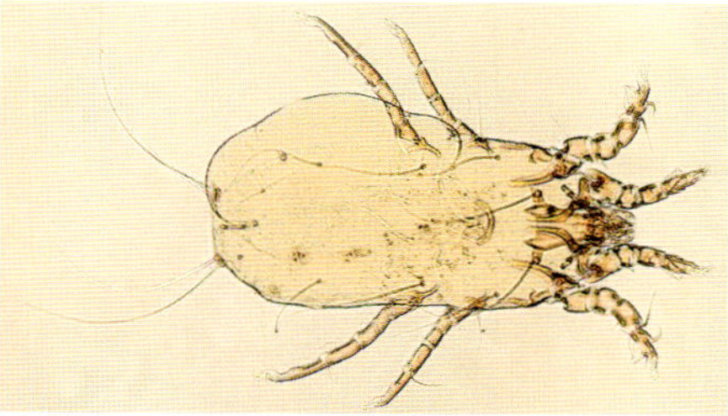

Analges mucronatus, w

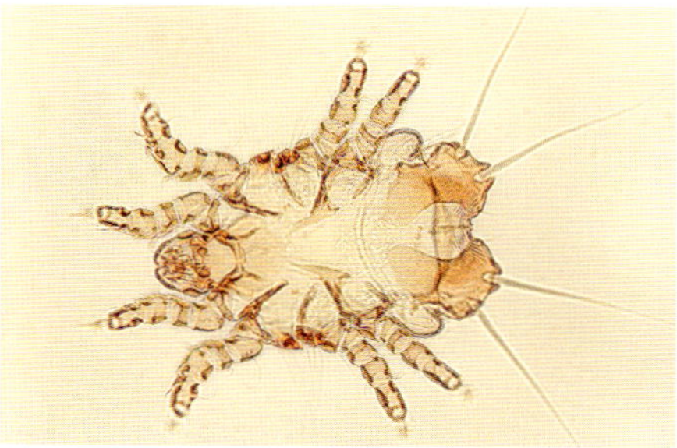

Strelkoviacarus quadratus, w

Kormoran (*Phalacrocorax carbo*)

Koloniebrüter und Freibrüter, Nester werden auf Bäumen, auf Vorsprüngen an Steilküsten oder auch im Schilf aus Ästen, Wasserpflanzen oder Algen gebaut, Nesthocker. Stand- bzw. Strichvogel.

Federanzahl: 10 Hand-, 19 Armschwingen, 14 Steuerfedern

Federlinge

Eidmaniella pellucida

Pectinopygus gyricornis

Federmilben

Michaelia heteropus

Plicatalloptes subcrassipes

Scutomegninia phalacrocoracis

Federspulmilben

Stibarokris dastychi

Flöhe

Ceratophyllus vagabundus insularis

Zecken

Ixodes unicavatus – Kormoranzecke

Pectinopygus gyricornis

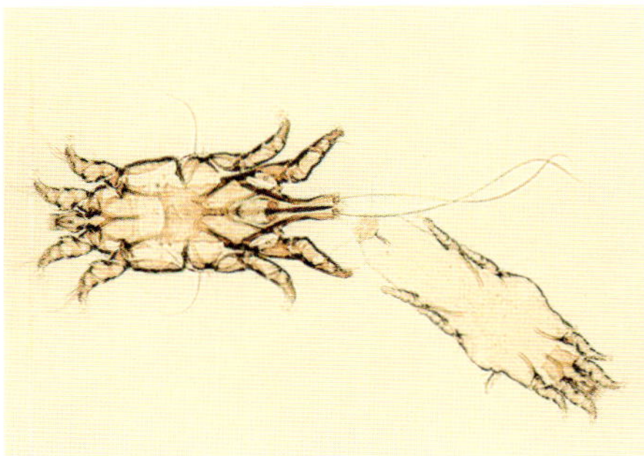

Plicatalloptes subcrassipes, Pärchen

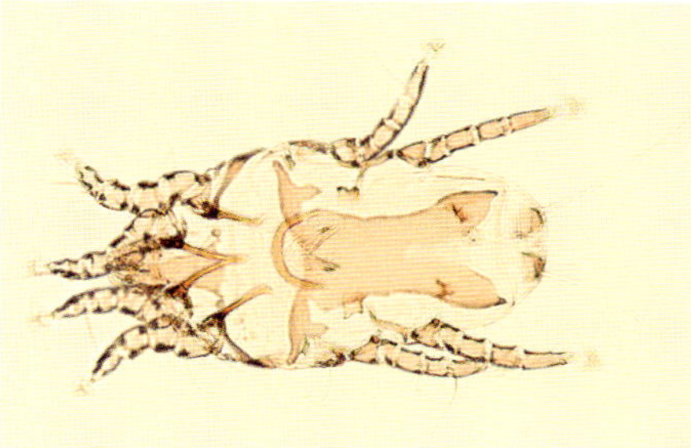

Scutomegninia phalacrocoracis, w

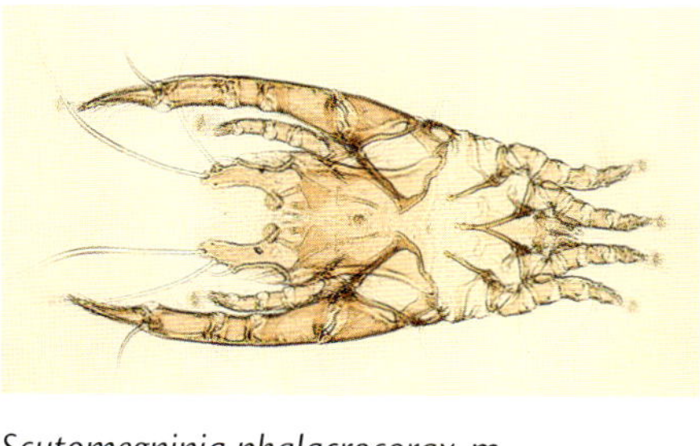

Scutomegninia phalacrocorax, m

Krickente (*Anas crecca*)

Bodenbrüter, Nest wird in einer Mulde aus Gras geformt und mit Nestdunen ausgepolstert, Küken sind Nestflüchter. Stand- bzw. Strichvogel.

Federanzahl: 10 Hand-, 14 Armschwingen, 16 Steuerfedern

Federlinge

Anaticola crassicornis
Anatoecus dentatus
Anatoecus icterodes
Holomenopon clypeilargum
Holomenopon leucoxanthum
Holomenopon setigerum
Trinoton querquedulae

Federmilben

Freyana anatina
Freyana largifolia
Myialges trinotoni

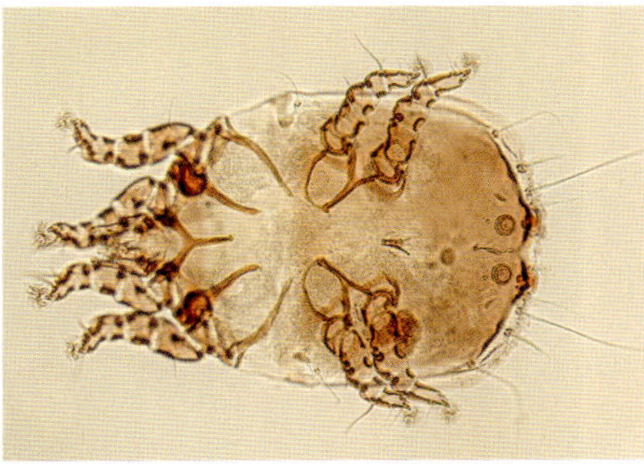

Freyana anatina, m

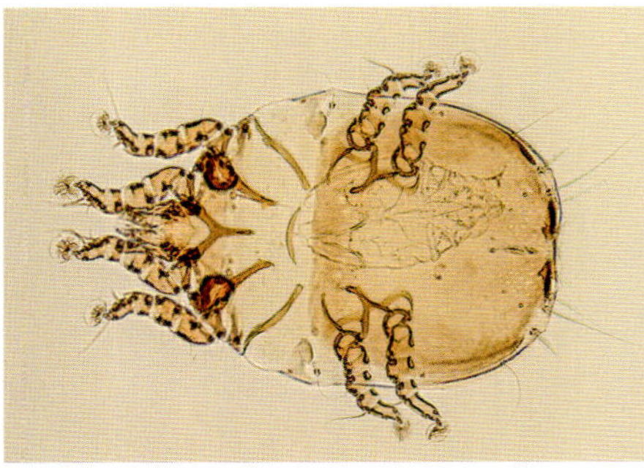

Freyana anatina, w

Lachmöwe (*Larus ridibundus*)

Koloniebrüter, meist Bodenbrüter, auch schwimmende Nester in dichter Vegetation, oder eine flache Bodenmulde mit Pflanzenteilen ausgeformt. Stand- bzw. Strichvogel.

Federanzahl: 10 Hand-, 19 Armschwingen, 12 Steuerfedern

Federlinge

Actornithophilus piceus lari

Austromenopon transversum

Quadraceps punctatus punctatus

Saemundssonia lari

Federmilben

Alloptes sp.

Atelospoda sp.

Laronyssus marinus

Laronyssus martini

Zachvatkinia larica

Federspulmilben

Selenonycha charadriiformicus

Flöhe

Ceratophyllus gallinae

Ceratophyllus garei

Ceratophyllus pullatus

Ceratophyllus rossittensis

Ceratophyllus tribulis

Zecken

Haemaphysalis punctata

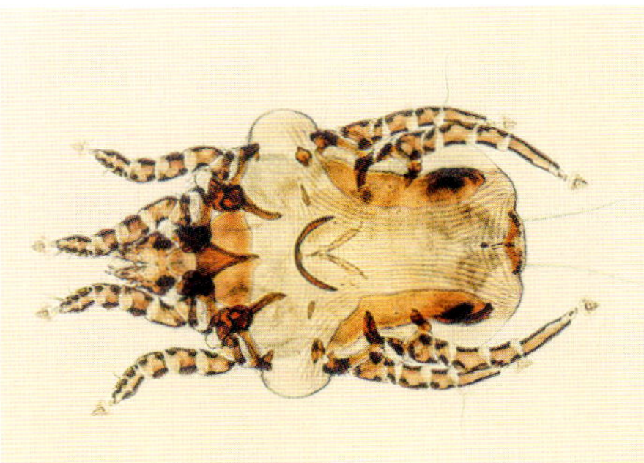

Zachvatkinia larica, w

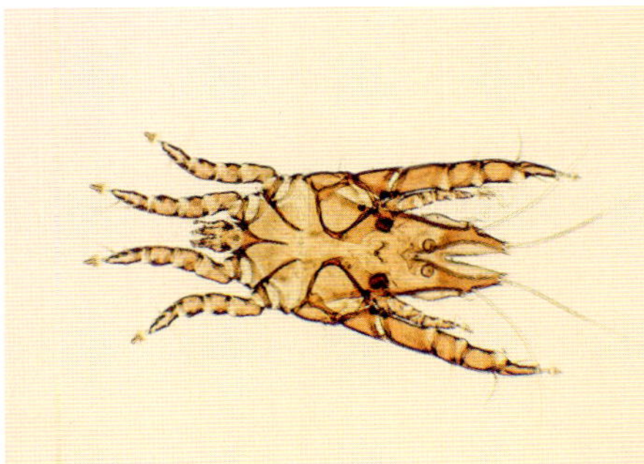

Zachvatkinia larica, m

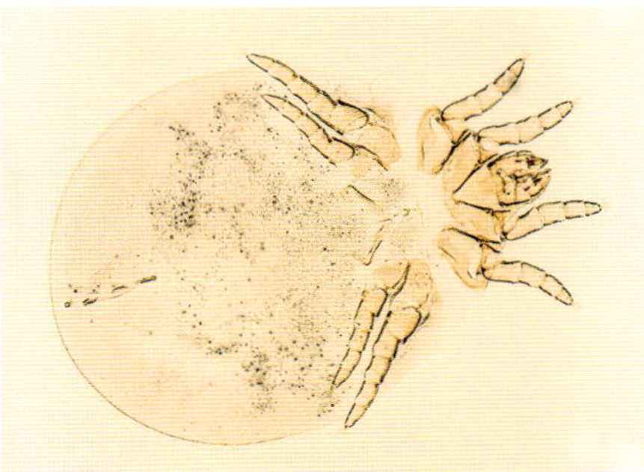

Atelospoda sp., w

Mehlschwalbe (*Delichon urbicum*)

Koloniebrüter, nistet in aus Lehm gebauten Halbhöhlen außen an Gebäuden, die mit Halmen und Federn auspolstert werden, Nesthocker, zwei Bruten. Zugvogel.

Federanzahl: 10 Hand-, 9 Armschwingen, 12 Steuerfedern

Federlinge

Brueelia gracilis
Philopterus excisus

Federmilben

Anhemialges subintegra
Pterodectes rutilus
Scutulanyssus delichonum
Scutulanyssus nuntiaeveris
Scutulanyssus obscurus
Scutulanyssus ottuki
Trouessartia gladifera
Trouessartia minutipes

Federspulmilben

Syringophiloidus delichonum

Wanzen

Oeciacus hirundinis – Schwalbenwanze

Lausfliegen

Ornithomya avicularia
Ornithomya biloba
Stenepteryx hirundinus – häufiger Parasit

Vogelblutfliegen

Protocalliphora caerulea

Flöhe

Amalaraeus penicilliger kratochvili
Ceratophyllus farreni
Ceratophyllus fringillae
Ceratophyllus gallinae
Ceratophyllus hirundinis – Mehlschwalbenfloh, manchmal über 1000 in einem Nest
Ceratophyllus maculatus
Ceratophyllus orites
Ceratophyllus pullatus
Ceratophyllus rusticus
Ceratophyllus styx
Ceratophyllus tribulis
Dasypsyllus gallinulae
Frontopsylla frontalis
Frontopsylla laeta
Monopsyllus sciurorum
Myoxopsylla laverani
Orneacus waterstoni

Milben

Bakericheyla chanayi
Cheyletus eruditus
Cheyletus trux
Dermanyssus gallinae
Dermanyssus hirundinis
Dermanyssus chelidonis
Neocheyletiella microrhyncha

Zecken

Ixodes lividus

In einer polnischen Studie wurden in den Nestern von Mehlschwalben 29 verschiedene Arten von Ektoparasiten gefunden.

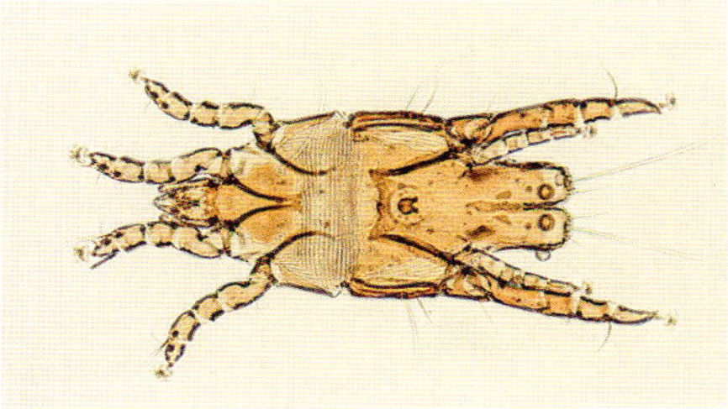

Scutulanyssus obscurus, m

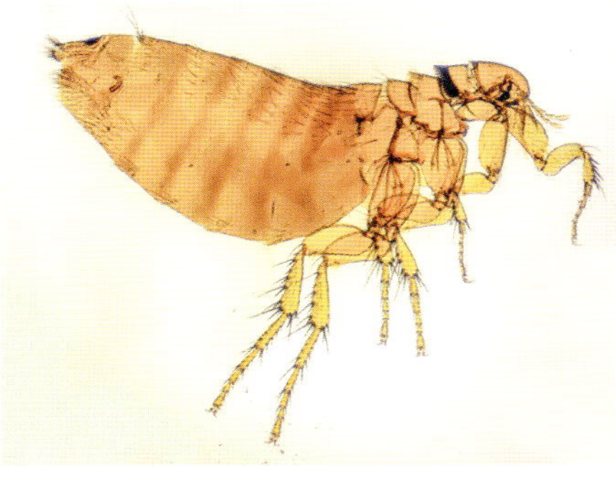

Ceratophyllus hirundinis

Mönchsgrasmücke (*Sylvia atricapilla*)

Freibrüter, Nest im niedrigen Gebüsch aus dünnen Stängeln, Halmen, Wurzelteilen, Pflanzenfasern sowie Wollfasern, Haaren und Spinnweben, Nesthocker, zwei Bruten. Zugvogel, wobei zunehmend einzelne Exemplare in Mitteleuropa überwintern.

Federanzahl: 10 Hand-, 9 Armschwingen, 12 Steuerfedern

Federlinge

Brueelia neoatricapillae

Brueelia paratricapillae

Brueelia tovornikae

Menacanthus curuccae

Myrsidea sylviae

Federmilben

Analges spiniger

Proctophyllodes sylviae

Strelkoviacarus quadratus

Trouessartia bifurcata

Federspulmilben

Aulobia sylviae

Neoaulonastus bisetatus

Lausfliegen

Ornithomya avicularia

Ornithomya fringillina

Gefiederfliegen

Carnus hemapterus

Vogelblutfliegen

Neottiophilum praeustum

Protocalliphora azurea

Flöhe

Ceratophyllus gallinae

Ceratophyllus pullatus

Milben

Bakericheyla chanayi

Ornithonyssus sylviarum

Zecken

Haemaphysalis concinna

Hyalomma marginatum

Ixodes ricinus

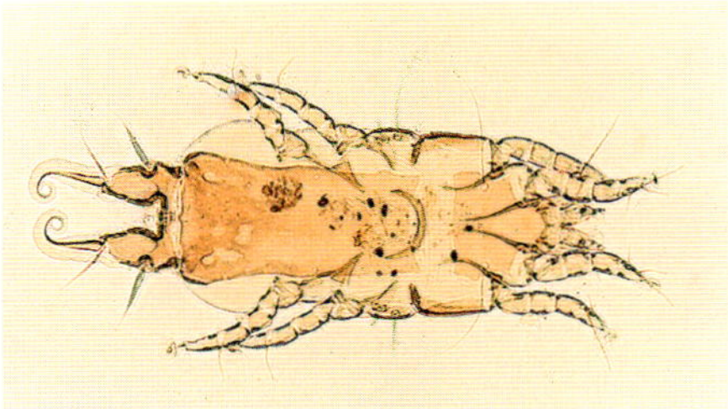

Proctophyllodes sylviae, w

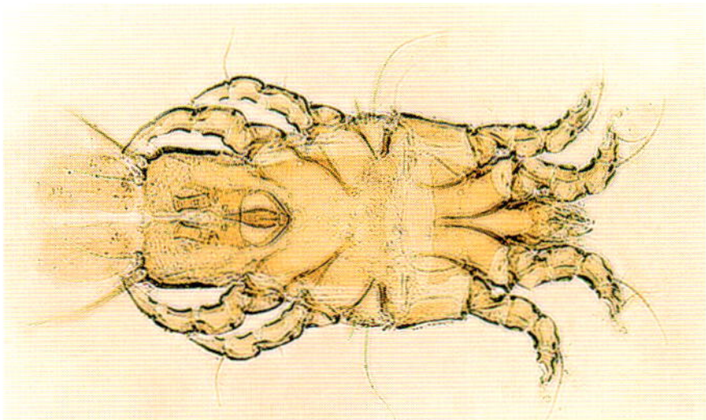

Proctophyllodes sylviae, m

Ringeltaube (*Columba palumbus*)

Baumbrüter, flaches Nest besteht nur aus einer dünnen Reisigschicht, Eier häufig von unten durchscheinend, zwei bis drei Bruten, Nesthocker. Stand-, Strich- oder Zugvogel.

Federanzahl: 10 Hand-, 12 Armschwingen, 12 Steuerfedern

Federlinge

Bonomiella columbae

Campanulotes bidentatus

Coloceras alloceratum

Coloceras damicorne

Colpocephalum turbinatum

Columbicola claviformis

Columbicola columbae

Hohorstiella lata

Federmilben

Falculifer rostratus

Megninia columbae

Pterophagus sp.

Federspulmilben

Meitingsunes columbicus

Wanzen

Cimex columbarius – Taubenwanze

Cimex lectularius – Bettwanze

Flöhe

Ceratophyllus columbae – Taubenfloh

Ceratophyllus farreni

Ceratophyllus gallinae – Hühnerfloh

Ceratophyllus garei

Ceratophyllus rusticus

Käfer

Dermestes lardarius

Tenebrio molitor

Lausfliegen

Ornithomya avicularia

Pseudolynchia canariensis – Taubenlausfliege

Zecken

Argas polonicus

Argas reflexus – Taubenzecke

Ixodes arboricola

Ixodes caledonicus

Ixodes frontalis

Ixodes ricinus

Milben

Dermanyssus gallinae – Rote Vogelmilbe

Harpyrhynchus nidulans

Ornithonyssus sylviarum – Nordische Vogelmilbe

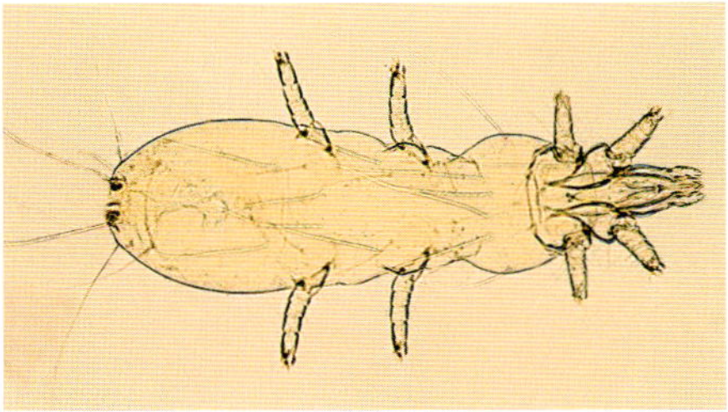

Meitingsunes columbicus, w

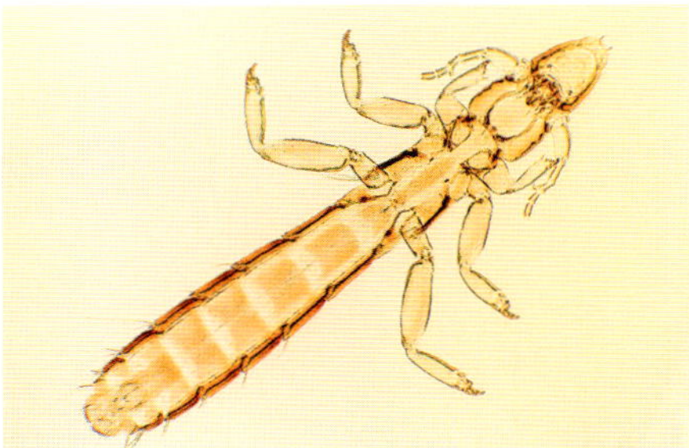

Columbicola columbae, m

Rotkehlchen (*Erithacus rubecula*)

Baut sein Nest frei oder in Halbhöhlen oder höhlenähnlichen Gebilden, meist in Bodennähe, aus Blättern, Gräsern und Moos, zwei Bruten, Nesthocker. Stand-, Strich- oder Zugvogel.

Federanzahl: 10 Hand-, 9 Armschwingen, 12 Steuerfedern

Federlinge

Brueelia tristis
Menacanthus eurysternus
Philopterus rubeculae
Ricinus rubeculae

Federmilben

Analges unidentatus
Proctophyllodes rubeculinus
Trouessartia rubecula

Federspulmilben

Picobia sp.
Torotrogla rubeculi

Lausfliegen

Ornithomya avicularia
Ornithomya fringillina

Vogelblutfliegen

Protocalliphora azurea
Protocalliphora falcozi

Flöhe

Ceratophyllus gallinae
Ceratophyllus garei
Ceratophyllus pullatus
Dasypsyllus gallinulae

Zecken

Haemaphysalis concinna
Hyalomma marginatum
Ixodes arboricola
Ixodes eldaricis
Ixodes frontalis
Ixodes ricinus

Milben

Dermanyssus gallinae
Harpyrhynchoides rubeculinus

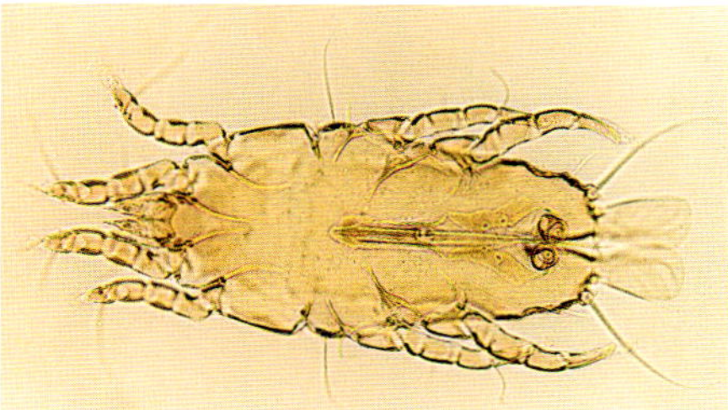

Proctophyllodes rubeculinus, m

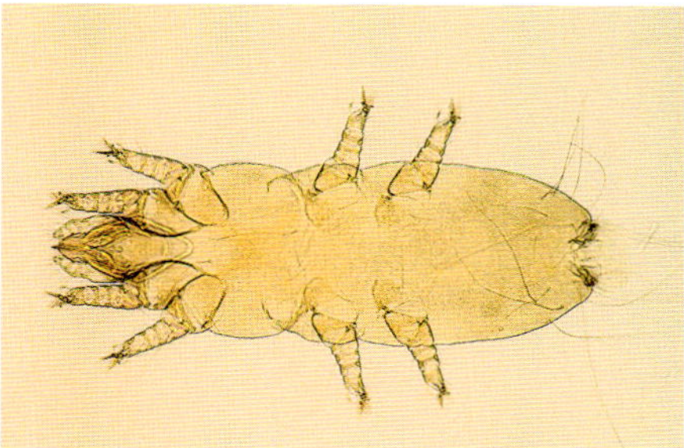

Torotrogla rubeculi, w

Sperber (*Accipiter nisus*)

Baumbrüter, bevorzugt in Fichten, flacher Horst aus dünnen Ästen, Nestmulde mit Rindenstücken und Blättern ausgelegt, eine Jahresbrut, Nesthocker. Zug-, Strich- oder Standvogel.

Federanzahl: 10 Hand-, 11 Armschwingen, 12 Steuerfedern

Federlinge

Craspedorhynchus nisi
Colpocephalum germanum
Degeeriella nisus
Laemobothrion tinnunculi
Nosopon lucidum

Federmilben

Aetacarus nisi
Dubininia accipitrina
Hieracolichus nisi
Microlichus avus
Myialges uncus

Federspulmilben

Megasyringophilus aquilus
Peristerophila accipitridicus

Lausfliegen

Ornithomya avicularia
Ornithomya fringillina

Gefiederfliegen

Meoneura neottiophila

Vogelblutfliegen

Neottiophilum praeustum

Flöhe

Ceratophyllus borealis.
Ceratophyllus farreni
Ceratophyllus gallinae
Ceratophyllus garei
Ceratophyllus tribulis
Ceratophyllus vagabundus insularis
Ctenophthalmus agyrtoides
Dasypsyllus gallinulae
Monopsyllus sciurorum

Milben

Dermoglyphus elongatus – in den Federschäften (sonst nur bei Haushuhn und Kanarienvogel bekannt)
Knemidocoptes sp.
Ornithonyssus bursa

Zecken

Ixodes ricinus

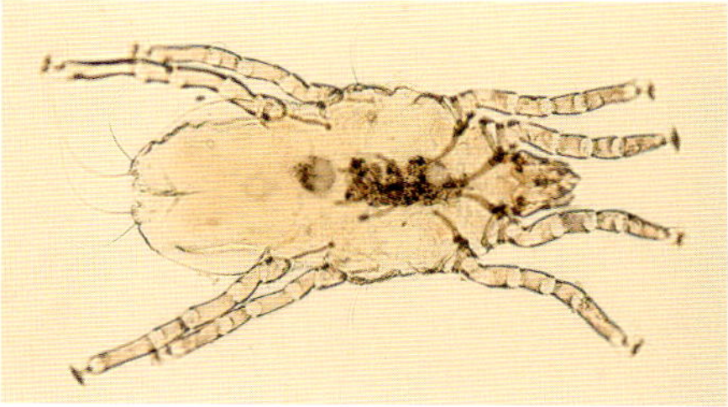

Hieracolichus nisi, w

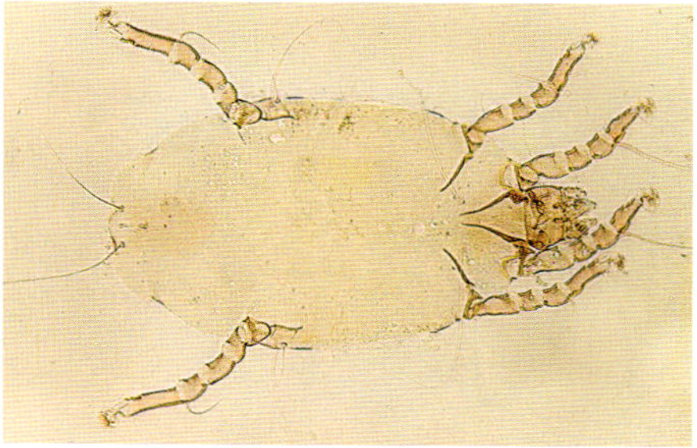

Hieracolichus nisi, Nymphe

Star (*Sturnus vulgaris*)

Höhlenbrüter, Nest wird durch kunstloses Übereinanderlegen von Stroh, Grashalmen, dünnen Zweigen, Laub, Kiefernnadeln sowie Federn gebaut, ohne eine Napfform zu errichten; eine Brut, Nesthocker. Stand-, Strich- oder Zugvogel.

Federanzahl: 10 Hand-, 9 Armschwingen, 12 Steuerfedern

Federlinge

Befall setzt ein, wenn die jungen Stare 10 Tage alt sind und die Flügellänge 50 mm (Altvogel ca. 126 mm) beträgt.

Brueelia nebulosa
Menacanthus eurysternus
Myrsidea cucullaris
Ricinus elongatus
Sturnidoecus sturni

Federmilben

Analges sturninus
Sturnotrogus truncatus
Trouessartia rosterii

Federspulmilben

Krantziaulonastus buczekae
Picobia sturni
Syringophiloidus presentalis
Syringophilopsis sturni

Lausfliegen

Ornithomya avicularia
Ornithomya fringillina

Gefiederfliegen

Carnus hemapterus

Vogelblutfliegen

Protocalliphora azurea
Protocalliphora falcozi

Flöhe

Ceratophyllus columbae
Ceratophyllus enefdeae
Ceratophyllus fringillae
Ceratophyllus gallinae
Ceratophyllus pullatus
Ceratophyllus styx – üblicherweise auf Uferschwalben
Ceratophyllus tribulis – üblicherweise auf Uferschwalben
Dasypsyllus gallinualae

Milben

Dermanyssus gallinae
Dermanyssus hirundinis
Ornithocheyletia barri
Ornithocheyletia dubinini
Ornithonyssus sylviarum
Passeroptes gaudi

Zecken

Haemaphysalis concinna
Haemaphysalis punctata
Ixodes arboricola
Ixodes caledonicus
Ixodes lividus – üblicherweise auf Uferschwalben
Ixodes ricinus

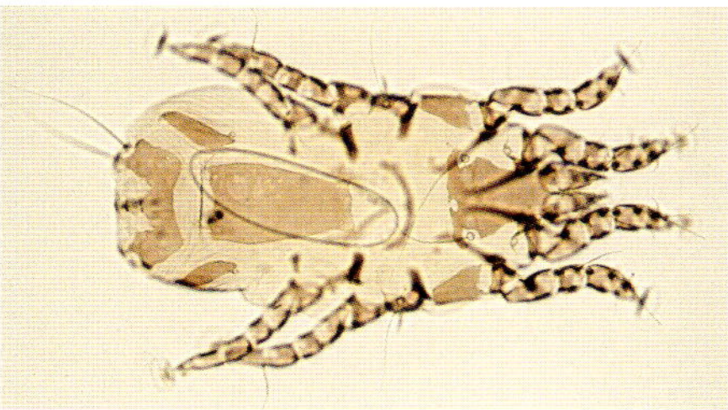

Sturnotrogus truncatus, w

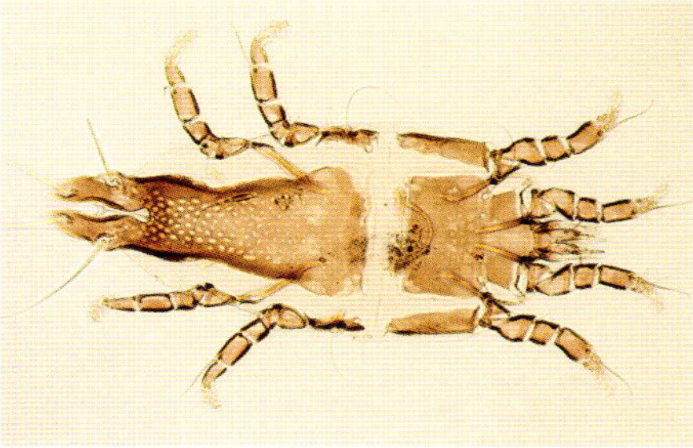

Trouessartia rosterii, w

Stockente (*Anas platyrhynchos*)

Nest am Boden, auch Bruten in größeren Baumhöhlen. Nest besteht aus vielfältigem Pflanzenmaterial, die Nestmulde wird mit weicheren Grashalmen, Federn und vielen Nestdunen ausgekleidet, eine Jahresbrut, Nestflüchter. Stand-, Strich- oder Zugvogel.

Federanzahl: 10 Hand-, 15 Armschwingen, 18 Steuerfedern

Federlinge

Anaticola crassicornis
Anatoecus dentatus
Anatoecus icterodes
Holomenopon leucoxanthum
Holomenopon maxbeieri
Holomenopon transvaalense
Trinoton querquedulae

Federmilben

Brephosceles anatina
Freyana anatina
Freyana largifolia
Vingrassia velata

Federspulmilben

Chenophila platyrhynchos

Flöhe

Ceratophyllus gallinae
Ceratophyllus garei
Ceratophyllus pullatus
Ceratophyllus tribulis

Zecken

Haemaphysalis concinna
Ixodes ricinus

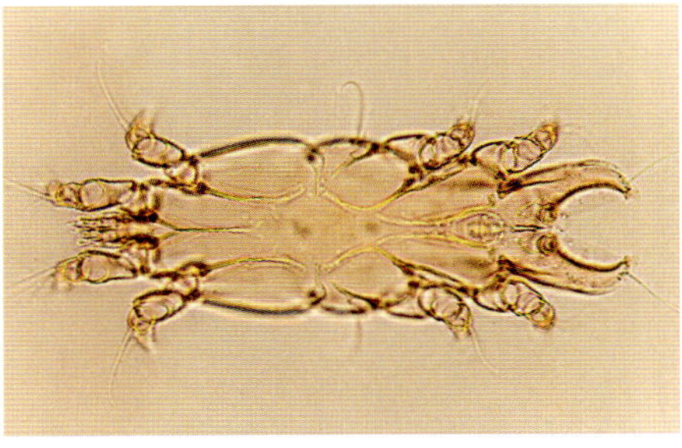

***Brephosceles anatina*, m**

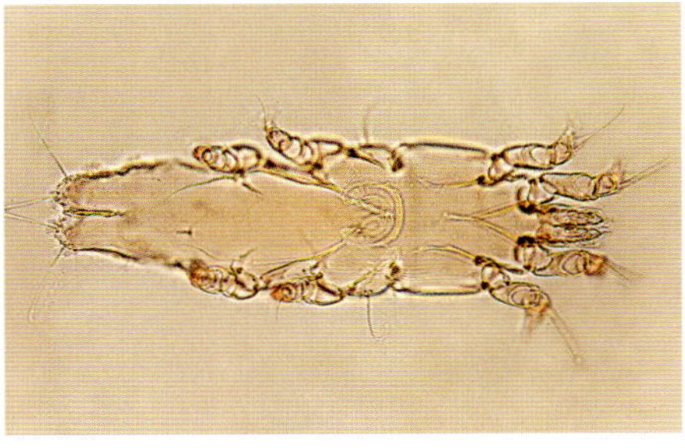

***Brephosceles anatina*, w**

Anaticola crassicornis

Türkentaube (*Streptopelia decaocto*)

Baumbrüter, gelegentlich auch an Gebäuden, einfaches Reisignest, Nesthocker, bis zu vier Bruten. Standvogel.

Federanzahl: 10 Hand-, 10 Armschwingen, 12 Steuerfedern

Federlinge

Bonomiella concii

Coloceras chinense

Coloceras hilli

Columbicola bacillus

Hohorstiella modesta

Turturicola salimalii

Federmilben

Diplaegidia columbae

Falculifer rostratus

Megninia columbae

Federspulmilben

Peristerophila columbae

Zecken

Ixodes frontalis

Ixodes ricinus

Flöhe

Ceratophyllus tribulis – üblicherweise auf Uferschwalben

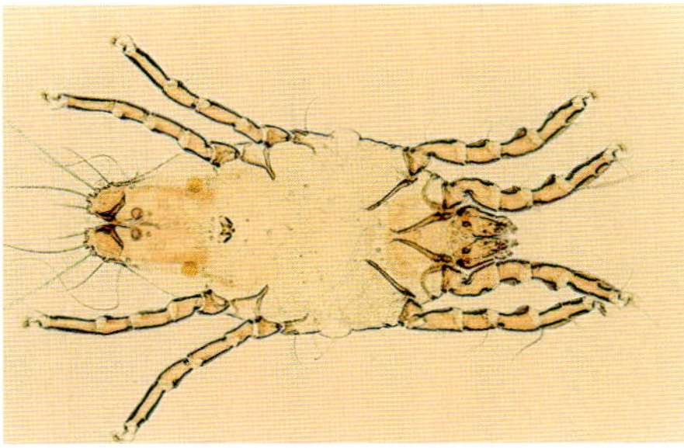

Falculifer rostratus, m

Megninia columbae, w

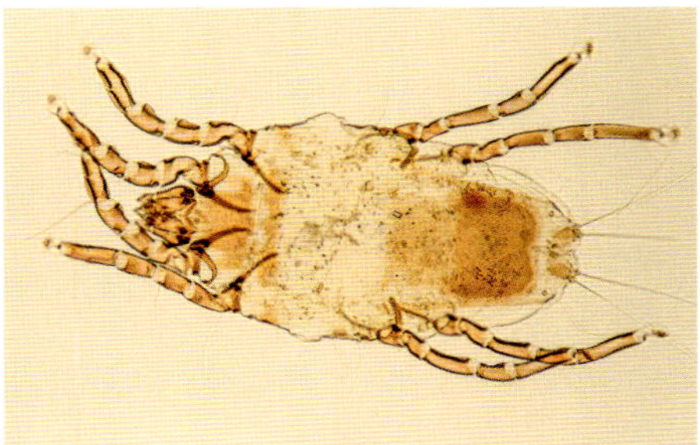

Falculifer rostratus, w

Turmfalke (*Falco tinnunculus*)

Frei- und Höhlenbrüter, in Krähennestern, Felsnischen oder Nistkästen, besetzt seine Nistplätze erneut, übernimmt die Nistgelegenheiten, wie er sie vorfindet, eine Brut, Nesthocker. Stand-, Strich- oder Zugvogel.

Federanzahl: 10 Hand-, 13 Armschwingen, 12 Steuerfedern

Federlinge

Colpocephalum subzerafae
Degeeriella rufa
Laemobothrion tinnunculi
Nosopon lucidum

Federmilben

Dubininia accipitrina
Pseudalloptes falconis

Lausfliegen

Ornithomya avicularia
Ornithophila gestroi
Ornithophila metallica

Gefiederfliegen

Carnus hemapterus

Flöhe

Ceratophyllus fringillae
Ceratophyllus gallinae
Ceratophyllus pullatus
Ceratophyllus rossittensis
Ceratophyllus spinosus
Ceratophyllus tribulis
Dasypsyllus gallinulae

Auf dem Turmfalken werden gelegentlich auch Floharten der Beutetiere gefunden: *Ctenocephalides felis, Ctenophthalmus agyrtes, Ctenophthalmus assimilis, Ctenophthalmus uncinatus, Megabothris turbidus, Monopsyllus sciurorum, Nosopsyllus fasciatus.*

Zecken

Argas reflexus
Hyalomma marginatum
Ixodes ricinus

Milben

Dermanyssus gallinae
Dermanyssus hirundinis

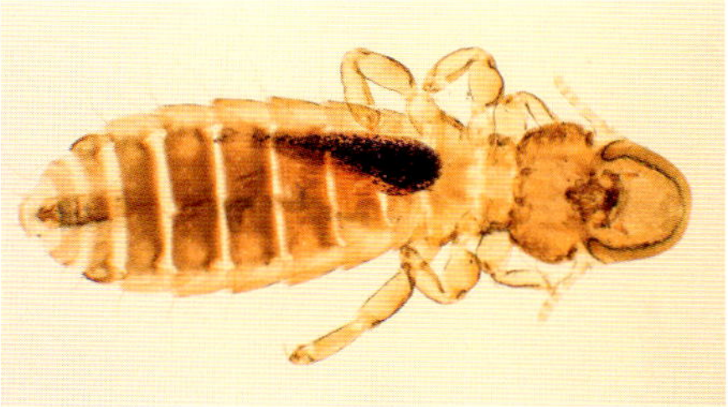

Degeeriella rufa, m

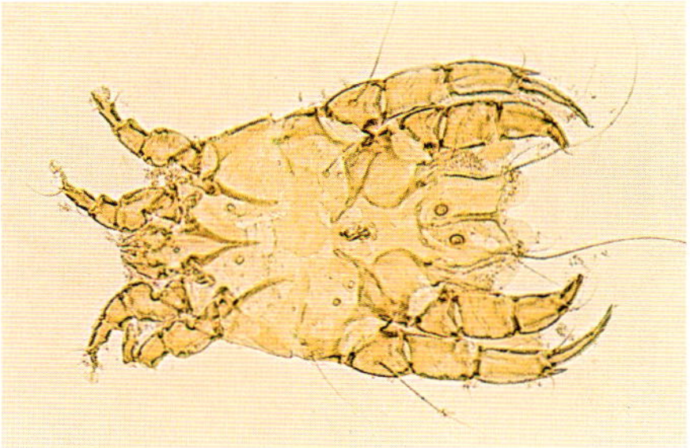

Dubininia accipitrina, m

Uferschnepfe (*Limosa limosa*)

Bodenbrüter, Nest besteht aus einer mit Halmen ausgelegten Bodenmulde, eine Jahresbrut, Nestflüchter. Zugvogel.

Federanzahl: 10 Hand-, 14 Armschwingen, 12 Steuerfedern

Federlinge

Actornithophilus spinolosus

Austromenopon limosae

Carduiceps cingulatus

Lunaceps limosella

Saemundssonia limosae

Saemundssonia thompsoni

Federmilben

Avenzoaria punctata

Ingrassia arenariae

Limosilichus limosae

Montchadskiana buchholzi

Plutarchusia chelopus

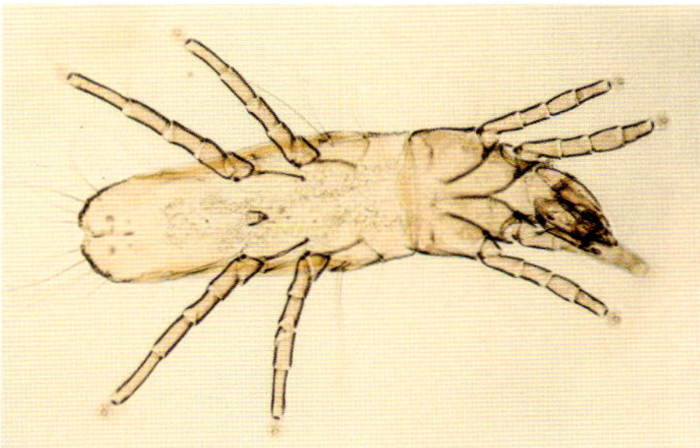

Plutarchusia chelopus, m

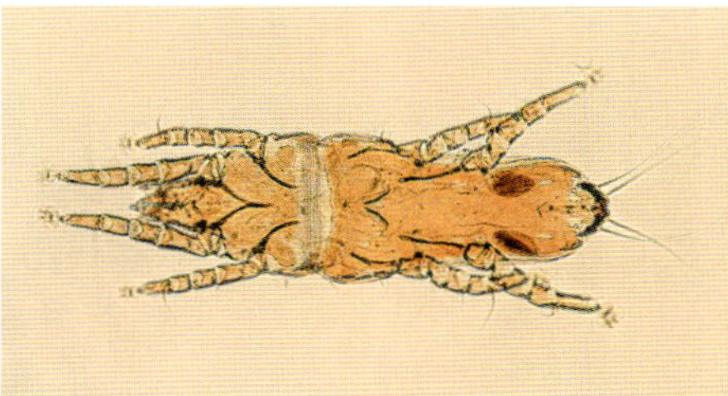

Montchadskiana buchholzi, w

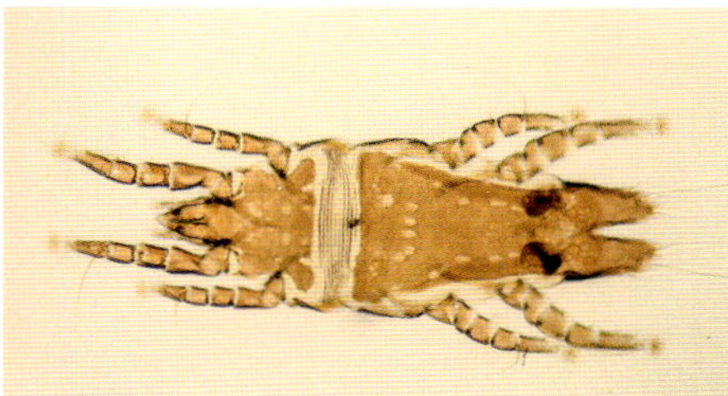

Montchadskiana buchholzi, m

Wacholderdrossel (*Turdus pilaris*)

Baumbrüter, teils in kleinen Kolonien, festes napfförmiges Nest aus Halmen mit Erde vermischt, ein bis zwei Jahresbruten, Nester werden häufig wiederholt genutzt, Nesthocker. Überwiegend Zugvogel.

Federanzahl: 10 Hand-, 9 Armschwingen, 12 Steuerfedern

Federlinge

Brueelia antimarginalis
Brueelia marginata
Menacanthus eurysternus
Philopterus bischoffi
Ricinus elongatus

Federmilben

Analges turdinus
Ingrassiella discigera
Microlichus chloris
Proctophyllodes musicus
Strelkoviacarus integer

Federspulmilben

Syringophiloidus parapresentalis
Syringophilopsis turdi

Lausfliegen

Ornithomya avicularia

Flöhe

Ceratophyllus borealis
Ceratophyllus gallinae
Ceratophyllus garei
Ceratophyllus pullatus
Dasypsyllus gallinulae

Milben

Bakericheyla chanayi
Ornithonyssus sylviarum

Zecken

Ixodes festai
Ixodes frontalis
Ixodes redikorzevi
Ixodes ricinus

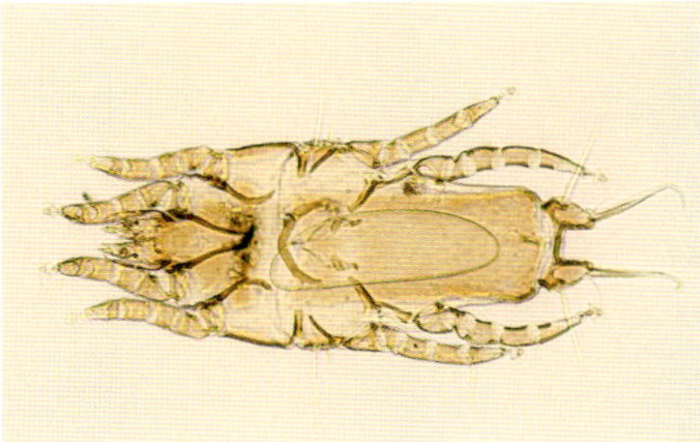

Proctophyllodes musicus, w

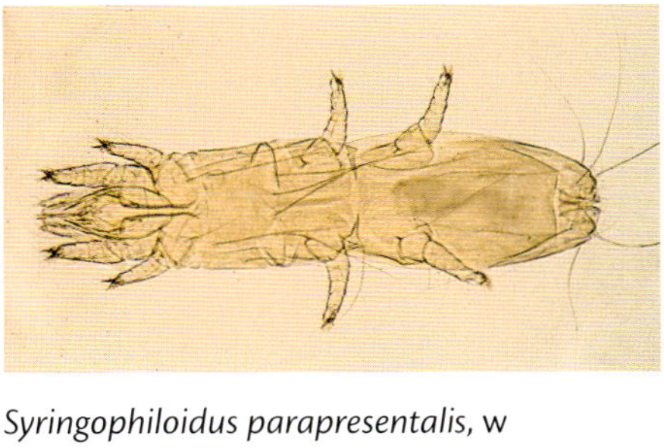

Syringophiloidus parapresentalis, w

Waldohreule (*Asio otus*)

Freibrüter in verlassenen Krähen- oder Elsternnestern, auch seltene Bodenbruten sind bekannt, führt keine Nestbauhandlungen durch, eine Jahresbrut, Nesthocker. Stand-, Strich- oder Zugvogel.

Federanzahl: 10 Hand-, 14 Armschwingen, 12 Steuerfedern

Federlinge

Strigiphilus barbatus

Federmilben

Dermonoton parallelus
Glaucalges attenuatus
Kramerella lunulata
Kramerella lyra
Kramerella oti
Microlichus avus
Microlichus charadricola
Myialges macdonaldi
Myialges nudus
Myialges uncus
Pandalura strigisoti
Strelkoviacarus critesi

Federspulmilben

Bubophilus aluconis
Bubophilus asiobius

Lausfliegen

Ornithomya avicularia
Ornithomya fringillina

Gefiederfliegen

Carnus hemapterus

Flöhe

Ceratophyllus gallinae
Ceratophyllus garei
Ceratophyllus rossittensis
Monopsyllus sciurorum

Zecken

Haemaphysalis punctata
Ixodes frontalis
Ixodes ricinus

Milben

Dermanyssus americanus
Dermanyssus hirundinis
Eulaelaps stabularis
Harpyrhynchoides asio
Ornithonyssus sylviarum

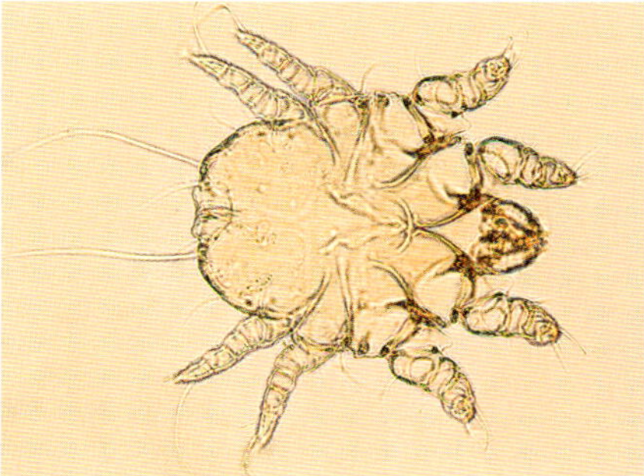

Microlichus avus, w

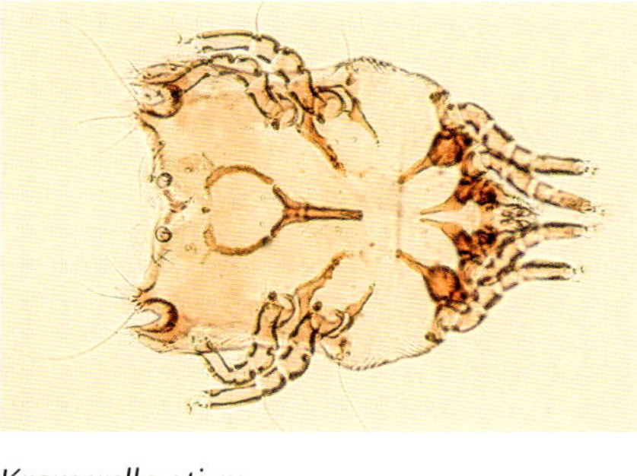

Kramerella oti, m

Weißstorch (*Ciconia ciconia*)

Freibrüter auf Bäumen, Gebäuden, Masten und anderen geeigneten frei stehenden Unterlagen, Nest sehr umfangreich, im unteren Bereich nisten häufig Sperlinge, Nesthocker, nur eine Brut. Zugvogel.

Federanzahl: 10 Hand-, 18 Armschwingen, 12 Steuerfedern

Federlinge

Ardeicola ciconiae
Ciconiphilus quadripustulatus
Colpocephalum zebra
Neophilopterus incompletus

Lausfliegen

Ornithomya fringillina

Gefiederfliegen

Carnus hemapterus

Federmilben

Freyanopterolichus pelargicus
Pelargolichus didactylus
Pseudogabucinia ciconiae

Federspulmilben

Stibarokris langei

Zecken

Haemaphysalis leachi – aus dem Überwinterungsgebiet mitgebracht
Ixodes ricinus

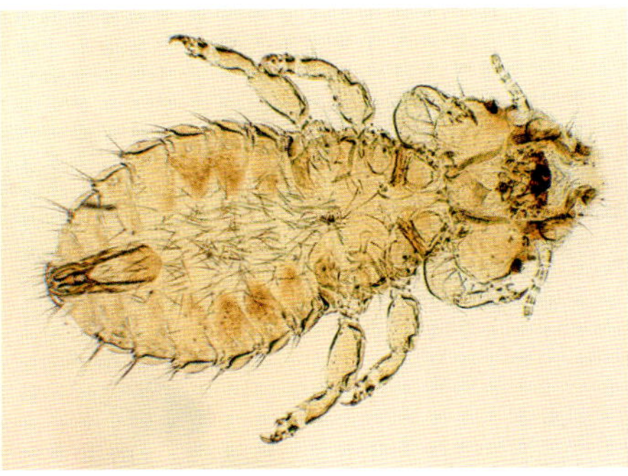

Neophilopterus incompletus, m

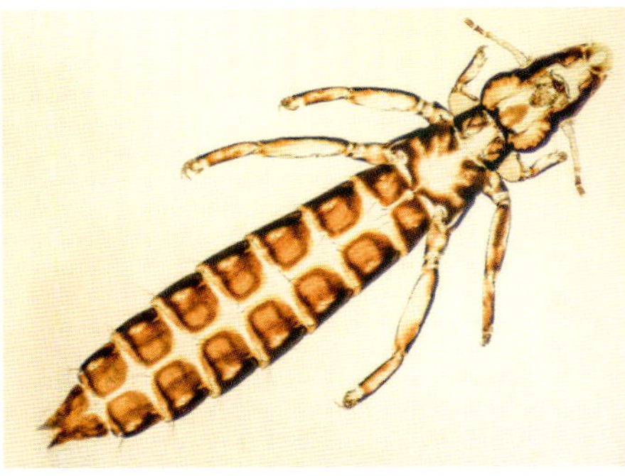

Ardeicola ciconiae, w

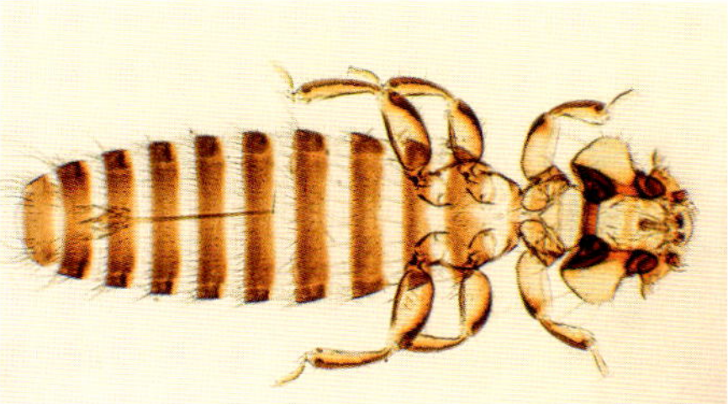

Ciconiphilus quadripustulatus, m

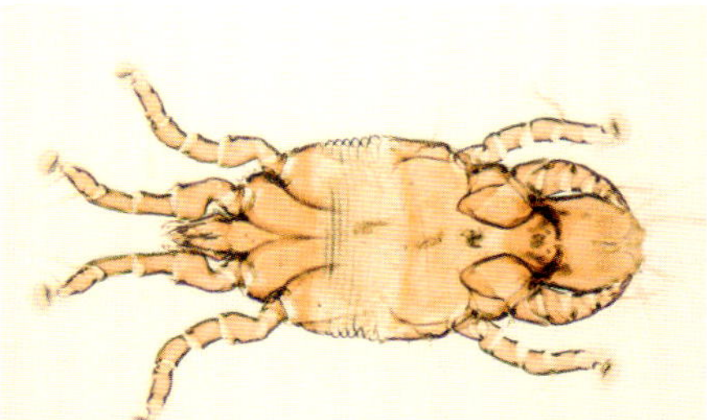

Pelargolichus didactylus, m

Zaunkönig (*Troglodytes troglodytes*)

Zumeist Bodenbrüter, baut sein kugeliges Nest aber auch zwischen Tannenzweigen oder in Nischen, baut mehrere Wahlnester, Nesthocker, zwei Bruten. Mitteleuropäische Zaunkönige überwintern im Brutgebiet, bilden in strengen Wintern manchmal Schlafgemeinschaften aus bis zu 20 Vögeln.

Federanzahl: 10 Hand-, 9 Armschwingen, 12 Steuerfedern

Federlinge

Menacanthus tenuiformis

Myrsidea troglodyti

Penenirmus albiventris

Philopterus troglodytis

Federmilben

Analges beaucournui

Proctophyllodes microstylifer

Proctophyllodes stylifer

Federspulmilben

Neosyringophilopsis troglodytis

Lausfliegen

Ornithomya avicularia

Ornithomya fringillina

Vogelblutfliegen

Protocalliphora sp.

Flöhe

Ceratophyllus gallinae

Ceratophyllus pullatus

Ceratophyllus tribulis

Dasypsyllus gallinulae

Monopsyllus sciurorum

Milben

Dermanyssus gallinae

Dermanyssus hirundinis

Harpypalpus longipis

Zecken

Ixodes arboricola

Ixodes frontalis

Ixodes ricinus

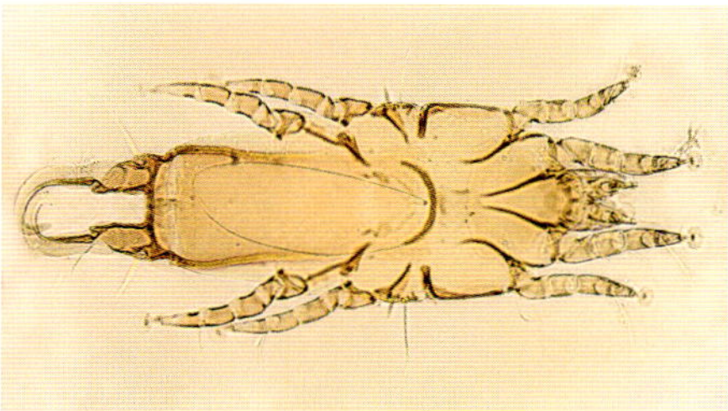

Proctophyllodes microstylifer, w

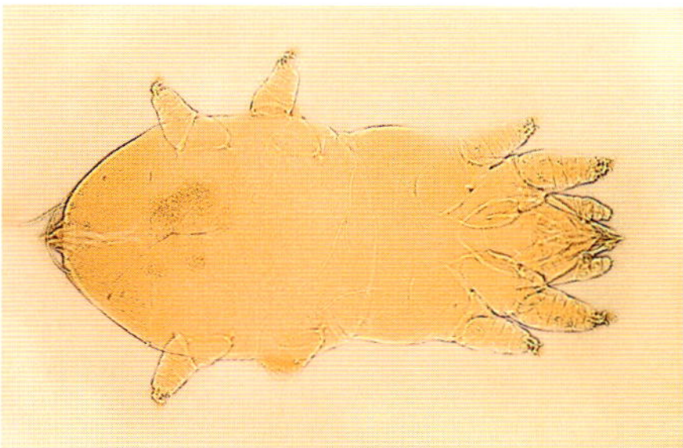

Neosyringophilopsis troglodytis, m

Anhang

▲ Mehlschwalben.

Literaturverzeichnis

Abraham, R.; Peters, R. S. (2008): Nistkästen als Lebensraum für Insekten, besonders Fliegen und ihre Schlupfwespen. Vogelwarte 46, 2008: 195–205.

Adam, C.; Chrisamera, G.; Daroczi, S. J.; Sandor, A. D.; Gougu-Bogdan, M. (2007): Data on the chewing louse fauna (Phthiraptera: Amblycera, Ischnocera) from some wild and domestic birds of Romania. Travaux du Museum National d'Histoire Naturelle Grigore Antipa 52: 177–232.

Amat, J. A. et al. (2011): Greater flamingos *Phoenicopterus roseus* use uropygial secretions as make-up. Behavioral Ecology and Sociobiology; DOI: 10.1007/s00265-010-1068-z

Aksin, N. (2007): *Freyana anatina* (Koch, 1844) Feather mites (Acarina, Freyanoidea) recorded for the first time on wild ducks (subfamily, Anatinae) in Turkey. Türkiye Parazitoloji Dergisi 31: 302–305.

Balat, F. (1974): *Ornithobius matthewsi* – eine neue Mallophagenart der Graugans, *Anser anser* L. Annitationes Zoologicae et Botanicae 94: 1–6.

Balat, F. (1981): New species of biting lice (Mallophaga) of the genera *Penenirmus* and *Rostrinirmus*. Folia Parasitologica 28: 161–168.

Bergmann, H.-H. (2010): Vogelfedern an Nord- und Ostsee: Finden und Bestimmen, Quelle & Meyer, Wiebelsheim.

Berndt, R.; Meise, W. (1959): Naturgeschichte der Vögel, Franckh'sche Verlagshandlung, Stuttgart.

Bochkov, A. V. (2000): A new Harpirhynchnid mite *Harpyrhynchoides alaudinus* sp.n. (Acari: Harpyrhynchidae) from *Alauda arvensis* (Passeriformes: Alaudidae) from Russia. Acarina 8: 91–93.

Bochkov, A. V.; Fain, A. (2001): Phylogeny and system of the cheyletidae (Acari: Prostigmata) with special reference to their host-parasite associations. Bulletin de L'Institut Royal des Sciences Naturelles de Belgique 71: 5–36.

Bochkov, A. V.; Literak, I. (2006): A review of the european Harpirhynchidae (Acari, Prostigmata) with the description of a new species. Parasitologica 51, 136–142.

Bochkov, A. V.; Mironov, S. V. (2012): Mites of the genus *Passeroptes* Fain (Acariformes: Dermationidae) from passerines (Aves: Passeriformes) of North-Western Russia. Zootaxa 3563: 43–57.

Bochkov, A. V.; Mironov, S. V.; Stekolnikov, A. A. (2001): [Mites (Acariformes)]. Biodiversity and rare species of Sebezhskij National Park. St. Petersburg. Trudy Spboe – Transactions of the Saint-Petersburg Society of Naturalists. Ser. 6. Vol. 4: 108–111.

Bochkov, A. V.; Galloway, T. D. (2013): New records and new species of mites of the subfamily Harpirhynchinae (Acariformes: Harpirinchidae) infesting birds in Manitoba, Canada. Acta Parasitologica 58: 405–419.

Bona, M.; Stanko, M. (2013): First record of the tick *Ixodes frontalis* (Panzer, 1795) (Acari, Ixodidae) in Slovakia. Ticks and Tick-borne Diseases 4: 478–481.

Brinck-Lindroth, G.; Smit, F. G. M. A. (2007): The fleas (Siphonaptera) of Fennoscandia and Denmark. Fauna Entomologica Scandinavica 41: 1–182.

Busching, W.-D. (1997): Handbuch der Gefiederkunde europäischer Vögel, Band 1, Aula-Verlag, Wiebelsheim.

Büttiker, W. (1994): Die Lausfliegen der Schweiz (Diptera, Hippoboscidae): Documenta Faunistica Helvetiae 15: 117 S..

Cais, L. (1965): [*Protocalliphora hirudo* Shannon & Dobroscky, 1924 (Diptera, Calliphoridae in Poland]. Fragmenta Faunistica 12: 183–191.

Cerny, V. (1971): Zur Kenntnis der Federmilben (Arach., Acar.) von schweizerischen Vögeln. Mitteilungen der Schweizerischen Entomologischen Gesellschaft 44: 285–298.

Clay, T.; Meinertzhagen, R. (1937): Two remarkable new mallophagan genera from the columbidae. The Entomologist 70: 276–277.

Clay, T. (1949): Notes on the Piaget collections of Mallophaga. Part I. Annals and magazine of Natural History 2: 811–838, 895–921.

Clay, T. (1949): Notes on the Piaget collections of Mallophaga. Part II. Annals and magazine of Natural History 4: 173–182.

Contini, C.; Palmas, C.; Seu, V.; Stancampiano, I.; Usai, F. (2011): Redescription of the male of *Ixodes festai* Rondelli, 1926 (Ixodida: Ixodidae) on specimens from Sardinia (Italy). Parasite 18: 235–240.

Cyprich, D.; Krumpal, M.; Rolnikova, T. (2000): [Occurrence and distribution of *Ceratophyllus pullatus* Jordan et Rothschild, 1920 (Siphonaptera) in Slovakia]. Folia faunistica Slovaka 5: 91–98.

Cyprich, D.; Krumpal, M.; Rolnikova, T. (2001): [Occurrence and distribution of *Ceratophyllus tribulis* Jordan, 1926 (Siphonaptera) in Slovakia]. Folia faunistica Slovaca 6: 119–129.

Cyprich, D.; Pinowski, J.; Krumpal, M. (2001): Occurrence of *Ceratophyllus pullatus* Jordan et Rothschild, 1920 (Siphonaptera) in Poland. Fragmenta Faunistica Warsaw 44: 353–356.

Cyprich, D.; Krumpal, M.; Plachy, J. (2009): [Host spectrum of bird fleas (Siphonaptera) of the genera *Ornithophaga* Mikulin, *Ceratophyllus* Curtis and *Dasypsyllus* Baker in Slovakia]. Sylvia 45: 209–237.

Dabert, J. (1987): Morphological analysis of *Freyana* (Koch, 1844), feather mites (Acari, Freyanoidea). Acta Parasitologica Polonica 32: 239–262.

Dabert, J. (2000): Feather mites (Acari, Astigmata) of water birds of the Slonsk nature reserve with description of a new species. Biological Bulletin of Poznan 72: 303–316.

Dalgleish R. C. (1969): The *Picicola* (Mallophaga: Ischnocera) of the Picidae (Aves: Piciformes). Proceedings of the Royal Entomological Society London (B) 38: 101–113.

Dalgleish R. C. (1971): The *Brueelia* (Mallophaga: Ischnocera) of the Picidae (Aves: Piciformes). The New York Entomological Society 79: 139–146.

Dampf, A. (1926): Kritisches Verzeichnis der Aphaniptera Deutschlands. Entomologische Mitteilungen 15: 377–386.

Davidova, R. D.; Vasilev, V. M. (2011): Gamasid mites (Acari, Mesostigmata) in the nest holes of three passerine species from Kamchia Mountain (Northeastern Bulgaria). Scientia Parasitologica 12: 203–209.

Denker, E. (1990): zit. bei Havelka, P.; Mittmann, H.-W. (1992): Nistkasten – ein Lebensraum und seine Pflege. Landesanstalt für Umweltschutz Baden-Württemberg et al., Karlsruhe. Arbeitsblätter zum Naturschutz 17: 44 S.

Dik, B.; Sekercioglu, C. H.; Kirpik, M. A. (2011): Chewing lice (Phthiraptera) species found on birds along the Aras River, Igdir, Eastern Turkey. Kafkas Univ Vet Fak Derg 17: 567–573.

Dogiel, V. A. (1963): Allgemeine Parasitologie, VEB Gustav Fischer Verlag, Jena.

Dubinin, V. B. (1953): Fauna S.S.S.R. 6 (6), Analgesoidea: Epidermoptidae u. Freyanidae. Isdetelstwo Akademii Nauk CCCR, Moskau.

Dubinin, V. B. (1956): Fauna S.S.S.R. 6 (7), Analgesoidea: Pterolichidae. Isdetelstwo Akademii Nauk CCCR, Moskau.

Edwards, R. (1965): Revision of the genus *Aquanirmus* (Mallophaga: Philopteridae), parasitic on grebes (Podicipidae). The Canadian Entomologist 97: 920–935.

Eichler, W. (1947): Über einen seltenen Tauben-Federling, *Bonomiella concii* nov. spec. Tierärztliche Umschau 2: 264–265.

Eichler, W. (1954): Neue oder wenig bekannte Haustierparasiten. III. *Holomenopon maxbeieri* nov. spec. von der Stockente. Monatshefte für Veterinärmedizin 9: 284.

Eichler, W. (1956): Federlinge. Die Neue Brehmbücherei Bd.186; Ziemsen Verlag Wittenberg.

Eichler, W. (1980): Die Mallophagengattung *Anaticola* (Phthiraptera, Mallophaga). Deutsche Entomologische Zeitschrift (NF) 27: 335–375.

Evans, G. O.; Till, W. M. (1962): The genus *Dermanyssus* de Geer (Acari: Mesostigmata). The Annals & Magazine of Natural History 5: 273–293.

Fain, A.; Elsen, P. (1967): Les acariens de la famille Kenidocoptidae producteurs de gale chez les oiseaux. Zoologica et Pathologica Antverpiensia 45: 1–142.

Frieling, H. (1936): Die Feder. Das Federkleid. Kleintier und Pelztier 12: Heft 2 (60 S.); Heft 4 (76 S.).

Garms, M. (2004): Untersuchungen zur Parasitenfauna der Ringeltaube (*Columba palumbus* Linnaeus 1758) aus unterschiedlichen Regionen Niedersachsens. Diss., Tierärztliche Hochschule Hannover.

Gaud, J.; Atyeo, T. (1996): Feather mites of the world. Part 1. Annalen Zoologische Wetenschappen 277: 1–193.

Gaud, J.; Atyeo, T. (1996): Feather mites of the world. Part 2. Annalen Zoologische Wetenschappen 277: 1–436.

Gaudioso, J. M.; LaPointe, D. A.; Hart, P. J. (2009): Knemidocoptic mange in Hawai'i Amakihi *(Hemignathus virescens)* on the island of Hawai'i. Journal of Wildlife Diseases 45: 497–501.

Golliez, R. (1966): Beitrag zur Pterylose von *Melopsittacus undulatus*. Diss. Basel.

Gürler, A. T.; Mironov, S. V.; Erciyes-Yavuz, K. (2013): Avian feather mites (Acari: Astigmata) of Samsun, Turkey. Acarologia 53: 17–23.

Havelka, P.; Mittmann, H.-W. (1992): Nistkasten – ein Lebensraum und seine Pflege. Landesanstalt für Umweltschutz Baden-Württemberg et al., Karlsruhe. Arbeitsblätter zum Naturschutz 17: 44 S.

Heddergott, M. (2003): Parasitierung nestjunger Turmfalken *Falco t. tinnunculus* durch die Gefiederfliege *Carnus hemapterus* (Insecta: Milichiidae, Diptera). – Vogelwelt 124 (4): 201–205.

Heddergott, M. (2004): *Ornithoica turdi* (Latreille, 1812) – neu in der Fauna Thüringens (Insecta: Diptera: Hippoboscidae). Ornithologischer Jahresbericht des Museums Heineanum 22: 51–54.

Heddergott, M. (2005): Checkliste der Vogelblutfliegen Thüringens (Diptera: Calliphoridae). – Check-Listen Thüringer Insekten und Spinnentiere 13: 73–75.

Heddergott, M.; Fischer, J. A. (2005): Neue Nachweise der Vogellausfliege *Ornithoica turdi* (Latreille, 1812) für Deutschland (Diptera: Hippobascidae). Entomologische Zeitschrift 115: 186–187.

Heddergott, M.; Müller, F. (2009): Erneuter Nachweis von *Ornithoica turdi* (Latreille, 1812) in Deutschland (Diptera: Hippoboscidae). Studia dipterologica 15: 297–300.

Heidt, J .C. (2009): Auf Vögeln blutsaugende Lausfliegen (Insecta, Diptera, Hippoboscidae) Luxemburgs. Bulletin de la Société des naturalistes luxembourgeois 110: 143–146.

Hellenthal, R. A.; Price, R. D.; Palma, R. L. (2004): Chewing Lice of Belgium. http://bchcbd.naturalsciences.be/belgium/biodiversity/faunaflorahabitats/belchewinglice.pdf

Hennig, W. (1939): Über Namen und Artenzahl der deutschen «Vogelblutfliegen». Arb. Phys. Angew. Entomol. 6: 359–364.

Herfs, A. (1962): Über die Schwalbenwanze *Oeciacus hirundinis* Jenyns 1839. Anzeiger für Schädlingskunde 35: 33–36.

Jameson, L. J.; Medlock, J. M. (2011): Tick surveillance in Great Britain. Vector-borne and Zoonotic Disease 11: 403–412.

Jamriska, J.; Lucenicova, T.; Balaz, M. (2010): [Host spectrum of bird blow flies of the genus *Protocalliphora* Hough, 1899 in Slovakia]. Sylvia 46: 125–132.

Jenni, L.; Vogel, C.; Winkler, R. (2010): Federn machen Vögel. Schweizerische Vogelwarte.

Kaczmarek, S. (1991): [*Oeciacus hirundinis* from the nests of the swallows *Delichon urbica* and *Hirundo rustica*]. Wiad. Parazytol. 37: 277–280.

Kalavsky, M.; Fenda, P.; Holecova, M. (2009): Arthropods in the nest of the Common Kestrel (*Falco tinnunculus*). Slovak Raptor Journal 3: 29–33.

Kasparek, M.; Walter, G. (1986): Die Lausfliegen-Fauna der Durchzügler und Brutvögel des Neusiedlersee-Gebietes (Diptera: Hippoboscidae). Angewandte Zoologie 23: 345–355.

Keilin, D. (1924): On the life history of *Neottiophilum praeustum* (Meigen 1826) (Diptera-Acalyptera) parasitic on birds, with some general considerations on the problem of myiasis in plants, animals and man. Parasitology 16: 113–126.

Keler, S. von (1960): Über die dualistische Differenzierung der Gattung *Anatoecus* Cummings (Mallophaga). Zeitschrift für Parasitenkunde 20: 207–316.

Knee, W.; Proctor, H. (2007): Host records for *Ornithonyssus sylviarum* (Mesostigmata: Macronyssidae) from birds of North America (Canada, United States, and Mexico). Journal of Medical Entomology 44: 709–713.

Kutzer, E. (1964): Die Gattung *Knemidocoptes* (Acari, Sarcoptidea). Zeitschrift für Parasitenkunde 24: 561–577.

Lindner, E. (1957): Vogelblutfliegen (*Protocalliphora*, Calliphorinae, Diptera) ein Beitrag zur Kenntnis ihrer Systematik und Biologie. Mitt. aus dem Staatl. Museum für Naturkunde in Stuttgart. Band 351.

Maa, T. C. (1969): Synopses of the genera *Ornithophyla* and *Ornithoctona* with remarks on their habitat diversication. Pacific Insect Monograph 20: 1–23.

Macchioni, F. (1966): Observations on the pigeon Cheyletiellidae. Annali della Facoltà di Medicina veterinaria, S. 75–82.

McDaniel, B.; Tuff, D.; Boln, A. (1966): External parasites of the Black-bellied Tree Duck and other Dendrocygnids. The Wilson Bulletin 78: 462–468.

Merisuo, A. K. (1944): Notulae mallophagologicae I. Suomen Hyonleistieteelinen Aikakauskirja 10: 198–226.

Mey, E. (1980): Mallophagen aus Thüringen. I. Die Mallophagen-Kollektion des Museums der Natur Gotha. Abh. Ber. Mus. Nat. Gotha: 49–60.

Mey, E. (1985): Mallophagen aus Thüringen. II. Veröff. Naturkundemuseum Erfurt: 32–43.

Mey, E. (1988): Zur Taxonomie der auf Meisen (Paridae) parasitierenden *Docophorulus*-Arten (Insecta, Phthiraptera, Philopteridae). Rudolstädter naturhistorische Schriften 1: 71–77.

Mey, E. (2003): Verzeichnis der Tierläuse (Phthiraptera) Deutschlands. In: Klausnitzer, B. (Hrsg.): Entomofauna Germanica 6. – Entomologische Nachrichten und Berichte (Dresden), Beiheft 8: 72–129.

Mey, E. (2004): Zur Taxonomie, Verbreitung und parasitophyletischen Evidenz des *Philopterus*-Komplexes (Insecta, Phthiraptera, Ischnocera). Ornithologischer Anzeiger 43: 149–203.

Mihalca, A. D.; Dumitrache, M. O.; Magdas, C.; Gherman, C. M.; Domsa, C.; Mircean, V.; Ghira, I. V.; Pocora, V.; Ionescu, D. T.; Barabasi, S. S.; Cosma, V.; Sandor, A. D. (2012): Synopsis of the hard ticks (Acari: Ixodidae) of Romania with update on host associations and geographical distribution. Exp. Appl. Acarol. 58: 183–206.

Mironov, S. V. (1990): [A review of feather mites of the genus *Scutomegninia* (Analgoidea, Avenzoariidae) living on cormorants]. Parasitologia 24: 43–55.

Mironov, S. V.; Dabert, J.; Ehrnsberger, R. (2002): On systematics of the feather mites genus *Triphyllochaeta* Dubinin, 1956 (Astigmata: Pterolichidae). Entomologische Mitteilungen aus dem Zoologischen Museum Hamburg 14: 27–37.

Mittmann, H.-W.; Havelka, P.; Wurst, E. (2000): Plagegeister der Vögel. Arbeitsblätter Vogelschutz der Staatlichen Vogelschutzwarte Baden-Württemberg.

Moss, W. W. (1968): An illustrated key to the species of the acarine genus *Dermanyssus*. Journal of Medical Entomology 5: 67–84.

Müller, H.; Neumann, D. (2011): Wärmebildaufnahmen bei Papageien. Papageien Heft 5: 158–160.

Müller, J.; Seelig, K. J. (1982): *Ceratophyllum styx styx* Rotschild und andere Flohnachweise (Ins., Siphonoptera) aus dem Bezirk Magdeburg. Entomologische Nachrichten und Berichte 26 (1): 13–17.

Müller, J. (1990): Neuere Ektoparasitenfunde (Dipt.: Hippoboscidae, Nycteribiidae; Siphonaptera) von Wildvögeln und Wildsäugern und deren hygienische Bedeutung. Verhandlungen IX. SIEEC Gotha 1986: 366–370.

Müller, J. (1997): Lausfliegen-Funde von heimischen Vögeln, nebst Bemerkungen zur deutschen Checkliste Diptera: Hippoboscidae. Ornithologische Jahresberichte des Museums Heineanum 15: 115–132.

Naz, S.; Rizvi, S. A.; Sychra, O. (2010): *Anaticola crassicornis* (Phthiraptera: Ischnocera: Philopteridae) on wild geese from Pakistan. Zootaxa 2659: 60–66.

Niethammer, G. (1937–1943): Handbuch der deutschen Vogelkunde Bd. 1–3, Akademische Verlagsgesellschaft, Leipzig.

Nitzsch, C. L.: (1866): Die Federlinge der Sing-, Schrei-, Kletter- und Taubenvögel. Zeitschrift für die Gesamten Naturwissenschaften 27: 115–122.

Nosek, J.; Sixl, W. (1972): Central-European Ticks (Ixodoidea). Mitt. Abt. Zool. Landesmus. Joanneum 1 (2): 61–92.

Otten, E. (1941): Über Nestparasiten der Mehlschwalbe *Delichon urbica* L (Hemiptera, Diptera, Aphaniptera, Lepidoptera). Arb. morphol. taxon. Ent. Berlin-Dahlem, Bd. 8, Nr. 2.

Payne, W. R.; Oates, D. W.; Dappen, G. E. (1990): Ectoparasites of Ring-necked Pheasants in Nebraska. Journal of Wildlife Diseases 26: 407–409.

Petney, T. N.; Pfäffle, M.; Skuballa, J. D. (2012): An annoted checklist of the ticks (Acari: Ixodida) of Germany. Systematic & Applied Acarology 17: 115–170.

Peus, F. (1967): Zur Kenntnis der Flöhe Deutschlands. I. Zur Taxonomie der Vogelflöhe (Insecta, Siphonaptera). Deutsche Entomologische Zeitschrift, N.F. 14: 81–108.

Peus, F. (1968): Zur Kenntnis der Flöhe Deutschlands. II. Faunistik und Ökologie der Vogelflöhe (Insecta, Siphonaptera). Zoologische Jahrbücher, Systematik 95: 571–633.

Pospischil, R.; Scheffler, I. (2014): Biologie und Bestimmung von Lausfliegen (Hippoboscidae und Nycteribiidae). Pest Control News: 6–9.

Price, R. D. (1971): A review of the genus *Holomenopon* (Mallophaga: Menoponidae) from the Anseriformes. Annals of the Entomological Society of America 64: 633–646.

Price, R. D. (1975): The *Menacanthus eurysternus* Complex (Mallophaga: Menoponidae) of the Passeriformes and Piciformes (Aves). Annals of the Entomological Society of America 68: 617–622.

Rekasi, J.; Kiss, J. B. (1977): Beiträge zur Kenntnis der Federlinge (Mallophaga) der Vögel Nord-Dobrudschas (Rumänien). Parasitologica Hungarica 10: 97–116.

Rekasi, J.; Kiss, J. B. (1980): Weitere Beiträge zur Kenntnis der Federlinge (Mallophaga) von Vögeln der Nord-Dobrudscha. Parasitologica Hungarica 13: 67–93.

Röder, V. v. (1895): Neue Fundorte der Diptere *Neottiophilum praeustum* Meig. Wiener Entomologische Zeitung 14: 270.

Rognes, K. C. (1991): Blowflies (Diptera, Calliphoridae) of Fennoscandia and Denmark. Fauna Entomologica Scandinavica 24: 1–272.

Roy, L.; Chauve, C. M. (2007): Historical review of the genus *Dermanyssus* Duges, 1834 (Acari: Mesostigmata: Dermanyssidae). Parasite 14: 87–100.

Ryan, S. O.; Price, R. D. (1969): A review of the genus *Eidmanniella* (Mallophaga: Menoponidae) from the Pelecaniformes. Annals of the Entomological Society of America 62: 815–823.

Schöne, R.; Schmäschke, R. (2006): Nymphensittich-Milbe hilft bei der Systematik. Gefiederte Welt 130, Heft 11: 322–323.

Schorn, S.; Schöl, H.; Pfister, K.; Silaghi, C. (2011): First record of *Ixodes frontalis* collected by flagging in Germany. Ticks and Tick-borne Diseases 2: 228–230.

Schulze, P. (1932): Die Zecken als Vogelparasiten. Journal für Ornithologie 80: 318–329.

Schulze, P. (1933): Neue und wenig bekannte deutsche *Ixodes*-Arten. Zeitschrift für Parasitenkunde 6: 432–437.

Sick, H. (1937): Morphologisch-funktionelle Untersuchungen über die Feinstruktur der Vogelfeder. Journal für Ornithologie 85 (2): 206–372.

Siuda, K.; Majszyk, A.; Nowak, M. (2006): Ticks (Acari: Ixodida) parasitizing birds (Aves) in Poland. Biological Letters 43: 147–151.

Sixl, W.; Dostal, V.; Schmeller, E., Riedl, H. (1969): Faunistische Nachrichten aus Steiermark (XV/9): Heimische Zecken (Arachnida, Acari): Mitteilungen des Naturwissenschaftlichen Vereins für Steiermark 99: 218–219.

Skoracki, M.; Bochkov, A. V.; Sikora, B. (2004): A new species and new records of the cheyletoid mites (Acari: Cheyletoidea) from passeriform birds in Poland. Belgian Journal of Entomology 6: 83–90.

Skoracki, M.; Michalik, J.; Sikora, B. (2010): Prevalence and habitat preference of quill mites (Acari, Syringophilidae) parasitizing forest passerine birds in Poland. Acta Parasitologica 55: 188–193.

Skoracki, M. (2011): Quill mites (Acari: Syringophilidae) of the Palaearctic region Zootaxa 2840: 1–440.

Skoracki, M.; Zabludovskaya, S. A.; Bochkov, A. V. (2012): A review of Prostigmata (Acariformes: Trombidiformes) permanently associated with birds. Acarina 20: 67–102.

Skoracki, M.; Sikora, B. (2014): Two new quill mite species of the family Syringophilidae (Acari: Prostigmata) parasitising the house sparrow *Passer domesticus* (L.) (Aves: Passeriformes). Zootaxa 3765: 194–200.

Smit, F. G. A. M. (1957): Handbooks for the identification of british insects. Siphonaptera. Royal Entomological Society of London, Vol. 1 Part 16.

Sychra, O.; Litrak, I. (2008): *Myrsidea sylviae* (Phthyraptera, Menopodidae), a new species of chewing louse from *Sylvia atricapilla* (Passeriformes, Sylviidae). Deutsche Entomologische Zeitschrift 55: 241–243.

Sychra, O.; Literak, I.; Podzemny, P.; Harmat, P.; Hrabak, R. (2011): Insect ectoparasites on wild birds in the Czech Republik during the pre-breeding period. Parasite 18: 13–19.

Szabo, I. (1966): The hosts of flea species (Siphonaptera) in Hungary II. Vetrebrata. Hungarica Musei Historico-Naturalis Hungarici 8: 167–180.

Timmermann, G. (1964): Vorläufige Übersicht über das Amblyceren-Genus *Austromenopon* Bedford, 1939 (Mallophaga). Bonner Zoologische Beiträge 5: 195–206.

Trilar, T. (1998): Ectoparasites from the nests of the House Martin (*Delichon urbica*) in Slovenia: 1. Faunistic survey. Acta Entomologica Slovenica 6: 89–98.

Trilar, T. (2004): Ticks (Acarina: Ixodidae) on birds in Slovenia. Acrocephalus 25: 213–216.

Valim, M. P.; Teixeira, R. H. F.; Gazeta, G. S.; Serra-Freire, N. M. (2006): [Two new species of captive swans (Aves: Anatidae) as new hosts for *Brephosceles discidicus* Peterson, 1971 (Acaridida: Pterolichidae)]. Lundiana 7: 141–143.

Vas, Z.; Rekasi, J.; Rozsa, L. (2012): A checklist of lice of Hungary (Insecta: Phthiraptera). Annales Historico-Naturales Musei nationalis Hungarici 104: 5–109.

Walter, G.; Hudde, H. (1987): Die Gefiederfliege *Carnus hemapterus* (Milichiidae, Diptera), ein Ektoparasit der Nestlinge. Journal für Ornithologie 128: 251–255.

Walter, G.; Kasparek, M.; Tschirnhaus, M. von (1990): Zur Lausfliegenfauna (Diptera: Hippoboscidae) der Vögel in der Bundesrepublik Deutschland. Ökologie der Vögel 12: 73–83.

Weidner, H. (1993): Bestimmungstabellen der Vorratsschädlinge und des Hausungeziefers Mitteleuropas. 5. A., Gustav Fischer: Stuttgart, Jena, New York.

Whitworth, T. L.; Bennett, G. F. (1992): Pathogenicity of larval *Protocalliphora* (Diptera: Calliphoridae) parasitizing nestling birds. Canadian Journal of Zoology 70 2184–2191.

Williams, N. S. (1979): The *Picicola* (Mallophaga: Philopteridae) of the Passeriformes (Aves). Journal of the Kansas Entomological Society 52: 633–640.

Zlotorzycka, J. (1964): Mallophaga parasitizing Passeriformes and Pici. II. Brueeliinae. Acta Parasitologica Polonica 12: 239–282.

Zlotorzycka, J.; Lucinska, A. (1964): Systematische Studien an europäischen Arten der Gattungen *Philopterus* und *Docophorulus* (Mallophaga, Philopteridae) I. Teil. Die Gattung *Philopterus* Nitzsch. Polskie Pismo Entomologiczne 45: 547–563.

Zlotorzycka, J. (1970): Studien an den mitteleuropäischen Arten der Gattung *Anatoecus* Cumm. (Esthiopteridae, Mallophaga). Polskie Pismo Entomologiczne 40: 7–67.

Zlotorzycka, J.; Eichler, W.; Ludwig, H. W. (1974): Taxonomie und Biologie der Mallophagen und Läuse mitteleuropäischer Haus- und Nutztiere. Gustav Fischer Verlag Jena.

Internetseiten

www.federbestimmung.de
www.federmilben.de
www.gefiederkunde.de

Bildnachweis

Sämtliche unten nicht aufgeführten Abbildungen stammen von den Autoren:
Dr. Richard Schöne alle **Fotografien**, außer den mikroskopischen Aufnahmen, für die Dr. Ronald Schmäschke Bildautor ist.

Prof. Dr. Heinz Duelli, Dornbirn (A): Seite 77
Marc Nafzger, Kallnach (CH): Seite 93
Dr. R. Pospischil, Bergheim (D): Seite 100 unten rechts

Die **Zeichnungen** auf den Seiten 17, 23, 24 und 61 stammen von Karin Bauer (D).

▼ Zaunkönig

Stichwortverzeichnis

Kursive Zahlen verweisen auf ein Bild.

A

B

C

D

E

H

I

J

K

L

M

N

O

T

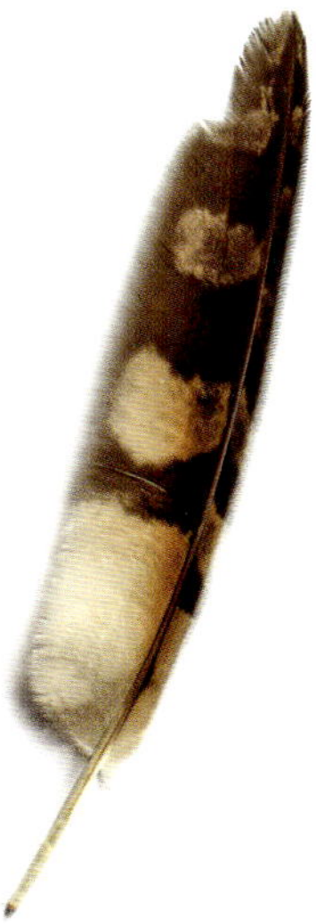

Handschwinge einer Waldohreule. Die kammartige Ausbildung der äußersten Handschwinge bewirkt ein lautloses Fliegen.

Peter Goodfellow

Gefiederte Architekten

Die Kunst des Nestbaus im Vogelreich

2011. 160 Seiten, durchgehend farbig, gebunden
ISBN 978-3-258-07671-3

Jedem sein eigenes Haus – das gilt auch für Vögel. Einige Vogelarten sind Minimalisten und begnügen sich mit einfachen Mulden am Boden, andere sind Meister der Webkunst und verflechten Gräser zu komplizierten Kugelnestern. Die einen bauen sich solide Höhlen, andere filigrane Lauben oder raffinierte schwimmende Nester. Auf jeden Fall sind Vögel Meister im Nestbau.
Dieses Buch stellt jeden Nesttyp vor und beschreibt, wie die Tiere beim Bauen vorgehen und welche Werkstoffe sie einsetzen, damit sie haltbare, feste und gleichzeitig genügend elastische Nester erhalten. Denn diese müssen Isolation, Schutz und Deckung bieten. Die fertigen Nester können von wenigen Gramm bis zu mehreren Zentnern wiegen, und ihr Innendurchmesser schwankt je nach Art zwischen zwei und 170 Zentimetern.
Mit faszinierenden Fotos und detaillierten Schritt-für-Schritt-Illustrationen werden die Nestbaukunst der Vögel vorgestellt und die Bauprozesse und -techniken detailliert gezeigt. Nicht nur Vogelfreunde werden sich über den Einfallsreichtum und die Kunstfertigkeit der Vögel freuen, auch Architekten und Ingenieuren bietet das Buch einen spannenden Einblick in eine wundersame Baukunst.

Haupt

Haupt Verlag Bern
verlag@haupt.ch • www.haupt.ch

Richard Schöne

Am Futterhaus

Vögel erleben im Jahreslauf

2012. 160 Seiten, über 200 Farbfotos, gebunden
ISBN 978-3-258-07756-7

Streiten die Grünfinken da drüben? Ist der Zeisig auf dem Futterbrett krank? Warum legt sich dieser Kernbeißer so flach hin? Was hat jener Vogel für ein seltsames Gefieder?

Jedes Futterhaus ist ein Fenster in die Vogelwelt, das durchs ganze Jahr eine Vielzahl von Erlebnissen bietet. Schon eine kleine Futterstelle auf dem Fensterbrett zieht gefiederte Besucher an und ein Futterplatz im Garten mit angrenzenden Grünflächen kann von 30 verschiedenen Vogelarten besucht werden.

Aber nicht nur die Artenvielfalt bietet Spannung. Am Futterhaus kann viel mehr beobachtet werden: das Balzverhalten, die verschiedenen Gefieder vom Kleid des Jungvogels zum Ruhekleid des Altvogels, das normale Sozialleben mit Aggressionen und Paarung, der Lebenszyklus von der Jungenaufzucht bis zu Krankheit und Tod.

«Am Futterhaus» bietet die nötigen Informationen für das Einrichten und Pflegen eines Futterplatzes, stellt die wichtigsten Vogelarten mit ihren Bedürfnissen vor, gibt Tipps, wie die Vögel am Futterhaus vor Feinden zu schützen sind, und begleitet das Beobachten durchs ganze Jahr.

Auf der Website *www.voegel-am-futterhaus.de* gibt's ergänzende Informationen und spannende Beobachtungstipps.

Carl Antonio Balzari / Roland Graf / Thomas Griesohn-Pflieger / Andreas Gygax / Robert Lücke

Vogelarten Deutschlands, Österreichs und der Schweiz

In zwei Bänden: Nicht-Singvögel und Singvögel

2013. 652 Seiten, 876 Fotos, 394 Karten, Flexibroschur
ISBN 978-3-258-07802-1

Deutschland, Österreich und die Schweiz zeichnen sich dank vielfältigen Lebensräumen durch eine reiche Vogelwelt aus: Von den Watvögeln an der Nordseeküste über die Vögel der Heiden und Mischwälder bis hin zu den Gebirgsarten im Alpenraum können fast alle mitteleuropäischen Arten angetroffen werden.
«Vogelarten Deutschlands, Österreichs und der Schweiz» ist die erste bebilderte Übersicht über die Vogelarten der drei Länder und beschreibt Bestimmungsmerkmale, Verwechslungsmöglichkeiten, den Lebensraum sowie weitere spannende Charakteristika. Die rund 280 Artenporträts werden durch Verbreitungskarten und Angaben zum Bestand, zur Bedrohung und zum Auftreten im Jahreslauf ergänzt. Jede Art wird mit mehreren exzellenten Fotos dargestellt, die die Tiere in ihren verschiedenen Federkleidern zeigen.

«Vogelarten Deutschlands, Österreichs und der Schweiz» erscheint in zwei Bänden, die auch einzeln bezogen werden können:
- Nicht-Singvögel (ISBN 978-3-258-07750-5)
- Singvögel (ISBN 978-3-258-07748-2)

: Haupt **Haupt Verlag** Bern
verlag@haupt.ch • www.haupt.ch

Bruno Caula / Pier Luigi Beraudo /
Massimo Pettavino

Vögel der Alpen

Der Bestimmungsführer für alle Arten

2010. 320 Seiten, ca. 600 Farbfotos, Flexibroschur
ISBN 978-3-258-07597-6

So vielfältig wie die alpinen Lebensräume, so einzigartig ist auch die Vogelwelt der Alpen mit ihrem Reichtum an Arten, Farben und Formen.
«Vögel der Alpen» porträtiert mit schönen Fotos und informativen Texten die 130 Vogelarten des Alpenbogens. Mehrere Fotos von jeder Art verdeutlichen die charakteristischen Merkmale, Landschaftsbilder und Grafiken vermitteln Informationen zum typischen Lebensraum, zu Ernährung, Fortpflanzung, Zugverhalten und Verbreitung in den Alpen.
Damit ist das Buch ein umfassender und detaillierter Bestimmungsführer – nicht nur für bereits erfahrene Vogelliebhaber, sondern auch für Wanderer und Bergsteiger, die sich mit den gefiederten Bewohnern des Lebensraums Alpen und ihrer Ökologie vertraut machen wollen.

Haupt

Haupt Verlag Bern
verlag@haupt.ch • www.haupt.ch

Adrian Aebischer

Eulen und Käuze

Auf den Spuren der nächtlichen Jäger

2008. 248 Seiten, 140 Farbabb., 40 Tabellen, Grafiken, Karten und Zeichnungen, mit Audio-CD, Klappenbroschur
ISBN 978-3-258-07276-0

Sie sind selten zu sehen, schwierig zu beobachten und viele von ihnen bedroht: die Eulen und Käuze, die geschickten nächtlichen Jäger, die uns seit Menschengedenken faszinieren.
Adrian Aebischer macht sich in diesem reich bebilderten Buch auf die Spuren der heimlichen Vögel und stellt von der größten Art, dem Uhu mit einer Flügelspannweite von 170 Zentimeter, bis zur kleinsten Art, dem Sperlingskauz mit einem Gewicht von nur 70 Gramm, sämtliche heimische Arten vor. Er beschreibt, wie sie leben, jagen und Jungtiere aufziehen und woran wir die einzelnen Arten erkennen können.
Das Buch vermittelt Kenntnisse über die Biologie und Ökologie aller europäischen Eulen und Käuze und gibt einen Einblick in die besonderen anatomischen Anpassungen, die die nächtliche Lebensweise erst ermöglichen. Welche Bedeutung hat die Nahrung für die Bestandsdichte und den Bruterfolg? Was wird aus den Jungvögeln, nachdem sie die Eltern verlassen haben. Wann, wo und wie sind Eulen zu beobachten? Wie arbeiten die Eulenforscher? Diesen und vielen anderen Fragen geht der Autor nach.
Ein eigenes Kapitel ist den Lautäußerungen der einzelnen Arten gewidmet, und auf der beigelegten CD sind die Stimmen aller Arten zu hören.
Das Buch führt vor Augen, wie problematisch die Zukunftsaussichten einiger Arten sind, zeigt aber auch, dass der Mensch den Eulen und Käuzen helfen kann. Es richtet sich an interessierte Naturliebhaber ebenso wie an fortgeschrittene Vogelfreunde.

Haupt

Haupt Verlag Bern
verlag@haupt.ch • www.haupt.ch

Benjamin Herold

Neues Leben in alten Mooren

Brutvögel wiedervernässter Flusstalmoore

Bristol-Schriftenreihe. Band 34
2012. 200 Seiten, 106 Abb., 18 Tab., kartoniert
ISBN 978-3-258-07780-2

In Nordostdeutschland wurden in den letzten 15 Jahren große Anstrengungen unternommen, die Ökosystemleistungen der Flusstalmoore neu zu beleben. Dazu wurden über 20 000 Hektar Moorfläche wiedervernässt.
Wie reagiert die Vogelwelt auf diese neuen Veränderungen? Bestehen Chancen für eine Wiederansiedlung verschollener Vogelarten? Lässt sich das Leitbild des Artenschutzes mit den Leitbildern des Moor- und Klimaschutzes und zukünftigen Bewirtschaftungsformen vereinen?
Diesen Fragen ist der Autor in einer umfassenden Studie von Vogelwelt, Vegetation und Hydrologie am Beispiel des Peene- und Trebeltals in Mecklenburg-Vorpommern nachgegangen und stellt seine Ergebnisse hier vor.

I Wissenswertes für die Prüfungsvorbereitung zur Pflegefachperson

KAPITEL

1

Roland Böhmer-Breuer, Erik Herrmann, Nadine Regnet

Prüfungstag 3

Nun sind Sie fast am Ziel Ihrer dreijährigen Ausbildung zur Pflegefachfrau/zum Pflegefachmann. Angetrieben durch Neugierde, Motivation, Problemstellungen, aber auch den einen oder anderen Fehler. Bei der Bewältigung des letzten Wegabschnitts – der Abschlussprüfung – will Sie die Buchreihe „Prüfung Pflegefachperson" unterstützen. Dieser Band bereitet Sie intensiv auf den **dritten Prüfungstag der schriftlichen Prüfung** vor.

1.1 Abschlussprüfungen der Ausbildung zur Pflegefachfrau/zum Pflegefachmann

Die Ausbildung zur Pflegefachfrau/zum Pflegefachmann dauert drei Jahre, setzt sich aus praktischen, theoretischen und fachpraktischen Inhalten zusammen und schließt mit drei **Prüfungsteilen** ab:

- Einer schriftlichen Prüfung in drei Teilen (Aufsichtsarbeiten am ersten, zweiten und dritten Prüfungstag)
- Einer praktischen Prüfung
- Einer mündlichen Prüfung

Die Rahmenbedingungen für diese Prüfungen sind deutschlandweit durch die Ausbildungs- und Prüfungsverordnung für die Pflegeberufe (Abschnitt 2 [§§ 9–24] PflAPrV) geregelt. Die Ausgestaltung der Prüfung kann jedoch von Bundesland zu Bundesland variieren, da die Bundesländer über unterschiedliche Umsetzungsverordnungen verfügen.

1.2 Kompetenzorientierte schriftliche Abschlussprüfung

Kompetenzorientierung

Kompetenz zeigt sich in der **Bewältigung von Handlungsanforderungen** und spiegelt die **Verbindung von Wissen und Können** wider. Der Kompetenzbegriff verbindet also verschiedene Komponenten [2]:

- Wissen
- Fähigkeiten
- Erfahrungen

- Werte
- Realisierungswillen

Geprüft wird, ob die oder der Auszubildende über diese Komponenten verfügt und sie so miteinander verknüpfen kann, dass sie/er die Handlungsanforderung bewältigen, d. h. in einer bestimmten Situation kompetent handeln kann.

LERNTIPP

Kompetenzorientierung bedeutet, Kenntnisse, Fertigkeiten und Fähigkeiten zu eigenem, kreativem Handeln zu verknüpfen und bei Lernanlässen anzuwenden. Herausfordernde Aufgaben führen zu der Notwendigkeit, Gelerntes praktisch und effektiv umzusetzen.

Um die Prüfung bestehen zu können, ist es unerlässlich,
- entsprechende Kompetenzen aufgebaut zu haben,
- kognitiv aktiviert zu werden (z. B. durch herausfordernde Aufgabenstellungen), um die Kompetenzen abzurufen und mit den in der Fallsituation geschilderten Handlungsanlässen zu verknüpfen, und
- die Lösungen gemäß den vorgegebenen Operatoren (➤ 2.2) zu formulieren.

Rahmenbedingungen

Die prinzipielle Gestaltung der schriftlichen Abschlussprüfungen ist in § 14 PflAPrV festgelegt. Folgende Punkte werden darin konkret geregelt:
- In den drei schriftlichen Prüfungen zu prüfende Kompetenzen (➤ Tab. 1.1)
- Varianz in Altersstufe, sozialem und kulturellem Umfeld sowie Versorgungsbereichen
- Ablauf und Umfang der schriftlichen Prüfung
- Erarbeitung der Prüfungsaufgaben, Aufsicht, Kontrolle
- Notenbildung und Bestehenskriterium (25 % Vornote, 75 % Durchschnitt der Prüfungsnoten; jede Aufsichtsarbeit muss mit mindestens „ausreichend" bestanden werden)

Die konkrete Formulierung der einzelnen Kompetenzen ist den Anlagen 2–5 PflAPrV zu entnehmen.

Tab. 1.1 Schriftlich zu prüfende Kompetenzen nach § 14 (1) PflAPrV

Prüfungstag 1	Prüfungstag 2	Prüfungstag 3
• Prozessgestaltung einschließlich Interaktion in akuten und dauerhaften Pflegesituationen (I.1, II.1) • Einbeziehung von lebensweltlichen Aspekten und pflegerischen Aufgaben im Zusammenhang mit der Lebensgestaltung sowie unter Berücksichtigung von Autonomieerhalt und Entwicklungsförderung der zu pflegenden Menschen (I.5, I.6) • Ausgewählte Kompetenzbedingungen des KB IV (= Das eigene Handeln auf der Grundlage von Gesetzen, Verordnungen und ethischen Leitlinien reflektieren und begründen)	• Pflegeprozessgestaltung bei Menschen mit gesundheitlichen Problemlagen unter besonderer Berücksichtigung von Gesundheitsförderung und Prävention in Verbindung mit verschiedenen Schwerpunkten und Gesichtspunkten von Beratung (I.2, II.2) • Pflegewissenschaftliche Begründung von Handlungsentscheidungen (V.1)	• Pflegeprozesssteuerung in kritischen und krisenhaften Pflegesituationen (I.3, I.4) • Pflegeprozessgestaltung in Verbindung mit der eigenständigen Durchführung ärztlicher Anordnungen (III.2) • Ethische Entscheidungsprozesse (II.3)

Tab. 1.2 Für die jeweilige Spezialisierung/Ausbildungsform geltende PflAPrV-Anlage

Spezialisierung im dritten Ausbildungsdrittel	Anlage
Keine bzw. Pflegefachfrau/-mann	Anlage 2
Gesundheits- und Kinderkrankenpflege	Anlage 3
Altenpflege	Anlage 4
Hochschulische Pflegeausbildung	Anlage 5

Welche Kompetenzen in den Prüfungen abgefragt werden, ist davon abhängig, ob in allen drei Ausbildungsdritteln generalistisch ausgebildet wurde oder im dritten Ausbildungsdrittel eine Spezialisierung mit der jeweiligen fachlichen Vertiefung erfolgte oder ob eine hochschulische Pflegeausbildung absolviert wurde (➤ Tab. 1.2).

Da sich die meisten Auszubildenden für den Abschluss Pflegefachfrau/Pflegefachmann entscheiden, wurde bei der Auswahl der Inhalte in diesem Buch bevorzugt auf Anlage 2 Bezug genommen. Die in den Spezialisierungen geforderten Kompetenzen sind vergleichbar, haben jedoch einen Bezug auf die entsprechenden Altersspezialisierungen (Anlage 3, 4 PflAPrV). Auch die Kompetenzübersicht (Anlage 5 PflAPrV) für die hochschulische Pflegeausbildung entspricht weitgehend der Anlage 2.

1.3 Kompetenzschwerpunkte und Einzelkompetenzen des dritten Prüfungstags

Wie aus ➤ Tab. 1.1 hervorgeht, werden am dritten Prüfungstag **kritische und krisenhafte Pflegesituationen** mit notwendigen **ethischen Entscheidungsprozessen** und der **Übernahme von ärztlichen Tätigkeiten** bearbeitet. Die relevanten Kompetenzschwerpunkte mit den zugehörigen Einzelkompetenzen finden sich in ➤ Tab. 1.3. Sie geben dezidierte Hinweise auf mögliche Handlungszusammenhänge in den Fallsituationen sowie auf passende Aufgabenstellungen.

1.4 Gestaltung der Einzelprüfungen

Varianz in den Fallsituationen

In den einzelnen Fallsituationen der Prüfungen ist eine **Varianz bestimmter Parameter** festgelegt (§ 14 PflAPrV). Damit sollen eine Doppelung der Altersstufe, des Umfelds und des Versorgungsbereichs (beispielsweise zwei Fallsituationen mit Kindern in der stationären Akutpflege) vermieden und die Prüfungen möglichst breit angelegt werden.

Tab. 1.3 An Prüfungstag 3 schriftlich zu prüfende Kompetenzschwerpunkte und Einzelkompetenzen (Anlage 2 PflAPrV)

Nr.	Kompetenz
I.3	**Pflegeprozesse und Pflegediagnostik von Menschen aller Altersstufen in hoch belasteten und kritischen Lebenssituationen verantwortlich planen, organisieren, gestalten, durchführen, steuern und evaluieren.** Die Absolventinnen und Absolventen a) pflegen, begleiten, unterstützen und beraten Menschen aller Altersstufen sowie deren Bezugspersonen in Phasen fortschreitender Demenz oder schwerer chronischer Krankheitsverläufe sowie am Lebensende, b) unterstützen Familien, die sich insbesondere infolge einer Frühgeburt, einer schweren chronischen oder einer lebenslimitierenden Erkrankung in einer Lebenskrise befinden, und wirken bei der Stabilisierung des Familiensystems mit, c) steuern, verantworten und gestalten den Pflegeprozess bei Menschen aller Altersstufen mit akuten und chronischen Schmerzen, d) gestalten einen individualisierten Pflegeprozess bei schwerstkranken und sterbenden Menschen aller Altersstufen in verschiedenen Handlungsfeldern und integrieren die sozialen Netzwerke in das Handeln, e) begleiten und unterstützen schwerstkranke Menschen aller Altersstufen sowie nahe Bezugspersonen in Phasen des Sterbens, erkennen und akzeptieren deren spezifische Bedürfnisse und bieten Unterstützung bei der Bewältigung und Verarbeitung von Verlust und Trauer an, f) informieren schwerkranke und sterbende Menschen aller Altersstufen sowie deren Angehörige zu den spezifischen Schwerpunkten palliativer Versorgungsangebote.
I.4	**In lebensbedrohlichen sowie in Krisen- oder Katastrophensituationen zielgerichtet handeln.** Die Absolventinnen und Absolventen a) treffen in lebensbedrohlichen Situationen erforderliche Interventionsentscheidungen und leiten lebenserhaltende Sofortmaßnahmen bis zum Eintreffen der Ärztin oder des Arztes ein, b) koordinieren den Einsatz der Ersthelferinnen oder Ersthelfer bis zum Eintreffen der Ärztin oder des Arztes, c) erkennen Notfallsituationen in Pflege- und Gesundheitseinrichtungen und handeln nach den Vorgaben des Notfallplanes und der Notfall-Evakuierung.
II.3	**Ethisch reflektiert handeln.** Die Absolventinnen und Absolventen a) setzen sich für die Verwirklichung von Menschenrechten, Ethikkodizes und die Förderung der spezifischen Bedürfnisse und Gewohnheiten von zu pflegenden Menschen aller Altersstufen und ihren Bezugspersonen ein, b) fördern und unterstützen Menschen aller Altersstufen bei der Selbstverwirklichung und Selbstbestimmung über das eigene Leben, auch unter Abwägung konkurrierender ethischer Prinzipien, c) tragen in ethischen Dilemmasituationen mit Menschen aller Altersstufen oder ihren Bezugspersonen im interprofessionellen Gespräch zur gemeinsamen Entscheidungsfindung bei.

Tab. 1.3 An Prüfungstag 3 schriftlich zu prüfende Kompetenzschwerpunkte und Einzelkompetenzen (Anlage 2 PflAPrV) *(Forts.)*

Nr.	Kompetenz
III.2	**Ärztliche Anordnungen im Pflegekontext eigenständig durchführen.** Die Absolventinnen und Absolventen a) beachten umfassend die Anforderungen der Hygiene und wirken verantwortlich an der Infektionsprävention in den unterschiedlichen pflegerischen Versorgungsbereichen mit, b) führen entsprechend den rechtlichen Bestimmungen eigenständig ärztlich veranlasste Maßnahmen der medizinischen Diagnostik und Therapie bei Menschen aller Altersstufen durch, c) beobachten und interpretieren die mit einem medizinischen Eingriff bei Menschen aller Altersstufen verbundenen Pflegephänomene und Komplikationen auch in instabilen oder krisenhaften gesundheitlichen Situationen, d) unterstützen und begleiten zu pflegende Menschen aller Altersstufen umfassend auch bei invasiven Maßnahmen der Diagnostik und Therapie, e) schätzen chronische Wunden bei Menschen aller Altersstufen prozessbegleitend ein, versorgen sie verordnungsgerecht und stimmen die weitere Behandlung mit der Ärztin oder dem Arzt ab, f) vertreten die im Rahmen des Pflegeprozesses gewonnenen Einschätzungen zu Pflegediagnosen und erforderlichen Behandlungskonsequenzen bei Menschen aller Altersstufen in der interprofessionellen Zusammenarbeit.

Zur leichteren Orientierung sind daher in allen drei Bänden zur schriftlichen Prüfung der Reihe „Prüfung Pflegefachperson“ den jeweiligen Kapitelnummern dieselbe Altersstufe und derselbe Versorgungsbereich zugeordnet. Für eine komplette Prüfungssimulation (➤ 2.5) sind daher Kapitel unterschiedlicher Nummerierung zu bearbeiten, z. B. aus „Prüfungstag 1“ Kapitel 4, aus „Prüfungstag 2“ Kapitel 5 und aus „Prüfungstag 3“ Kapitel 6.

Bundeslandspezifische Besonderheiten

Die einzelnen Bundesländer haben die Möglichkeit, im Rahmen der Vorgaben der PflAPrV **unterschiedliche Einzelprüfungen** zu gestalten. Generell gilt dabei, dass bei einer schriftlichen Prüfung von 120 Minuten 20 Minuten für die Vor- und Nachbereitung der Prüfung genutzt werden (Durchlesen der Aufgabenstellung, Kontrolle des Erarbeiteten). Die meisten Bundesländer legen diesem Konstrukt eine Fallsituation mit maximal 100 zu erreichenden Punkten zugrunde, in einigen Bundesländern sind jedoch in 120 Minuten zwei Fälle, die mit je 50 Punkten bewertet werden, zu bearbeiten.

Zudem geben einige Bundesländer die Gewichtung der zu prüfenden Kompetenzbereiche vor. So ist z. B. in Baden-Württemberg folgende Verteilung vorgesehen [1]:

- 50 % der Prüfungszeit für das Lösen von Aufgaben aus dem Kompetenzbereich I
- 30 % der Prüfungszeit für das Lösen von Aufgaben aus dem Kompetenzbereich II
- 20 % der Prüfungszeit für das Lösen von Aufgaben aus den Kompetenzbereichen III, IV oder V

Um den unterschiedlichen Vorgaben der Bundesländer gerecht zu werden, enthalten die Kapitel 4–9 in allen drei Bänden zur schriftlichen Prüfung der Reihe „Prüfung Pflegefachperson" zwei Fallsituationen mit je 50 Punkten und einer Bearbeitungszeit von je 60 Minuten und die Kapitel 10–15 je eine Fallsituation mit 100 Punkten und einer Bearbeitungszeit von 120 Minuten.

LITERATUR

1. Becker S et al. Leitfaden zur Erstellung von Prüfungsaufgaben für die zentrale schriftliche Abschlussprüfung an Berufsfachschulen für Pflege nach der Pflegeberufe- Ausbildungs- und Prüfungsverordnung vom 2.10.2018. 2023. Aus: www.schule-bw.de/faecher-und-schularten/berufliche-schularten/berufsfachschule/sozialpflegerischer-bereich/dreijbfsaltenpflegehilfe/leitfaden-schriftliche-abschlusspruefung-berufsfeld-pflege_vers05.pdf/@@download/file/leitfaden-schriftliche-abschlusspruefung-berufsfeld-pflege_vers05.pdf (letzter Zugriff: 3.9.2023).
2. Bohrer A et al. Kompetenzorientierte schriftliche Prüfungen gestalten – eine Handreichung für Lehrerinnen und Lehrer an Pflegeschulen. 2021. Aus: www.pflege-ndz.de/files/content-asset/publikationen/BR_Neksa_2.pdf.pdf (letzter Zugriff: 14.9.2023).
3. Niedersächsisches Kultusministerium. Qualitätsmerkmal 2.1 Kompetenzorientierung 2023. Aus: www.mk.niedersachsen.de/startseite/schule/schulqualitat/orientierungsrahmen_schulqualitat_in_niedersachsen/lehren_und_lernen/kompetenzorientierung/kompetenzorientierung-129111.html (letzter Zugriff: 3.10.2023).

KAPITEL

2 Bearbeiten von Fallsituationen

Roland Böhmer-Breuer, Erik Herrmann, Nadine Regnet

Die schriftlichen Prüfungen sind als **Fallsituationen** mit darauf bezogenen Aufgabenstellungen konzipiert. Sie sollen die **berufliche Realität abbilden** und gleichzeitig Möglichkeiten schaffen, dass Auszubildende unterschiedliche **Kompetenzen** (analog zu den Kompetenzschwerpunkten und Einzelkompetenzen der PflAPrV) **zeigen** können. Damit haben die Fallsituationen nie nur Realcharakter, sondern sind auch pädagogisch-didaktisch aufbereitet.

Das Abprüfen anhand von Fallsituationen ist keine reine Wissensabfrage, und das Lernen anhand von Fallsituationen alles andere als das Pauken von Fakten. Bei dieser Prüfungsform bzw. Lernmethode wird viel mehr gefordert, denn hier wird professionelles pflegerisches Handeln geübt, für das sowohl die Anwendung des notwendigen Regelwissens als auch ein Fallverständnis erforderlich ist. Denn Fallverständnis (oder Falllogik) bedingt, die **pflegerischen Handlungsanlässe** aus der Fallsituation und gelerntes **Regelwissen** aufeinander zu beziehen und anzuwenden [3].

2.1 Charakteristik von Fallsituationen

Diese pädagogisch-didaktische Aufbereitung bedingt die spezielle Charakteristik der Fallsituationen, die sich durch folgende Aspekte auszeichnet:

Fallsituationen

- geben Informationen über Sachverhalte, Aktionen und Verhaltensweisen,
- stellen Situationen im lebendigen Zusammenhang dar und eröffnen den Blick auf das Erleben und individuelle Deutungsmuster,
- sind episodisch und nicht sachlogisch aufgebaut,
- sind möglicherweise lückenhaft und erfordern Analyse-, Interpretations- und Transferfähigkeiten,
- können vor dem Hintergrund von Modellen und Theorien erschlossen und gedeutet werden,
- sollen im Rahmen der schriftlichen Prüfungen geschlossen sein und alle relevanten Informationen für die Aufgabenbearbeitung bereitstellen,
- sollen so formuliert sein, dass einerseits das fachliche Niveau ausreichend abgebildet ist, andererseits die Aufgaben auch für Menschen mit Migrationshintergrund verständlich und lösbar sind,
- bilden den Ausgangspunkt für Aufgabenstellungen im Sinne der vorgegebenen Kompetenzschwerpunkte.

2.2 Aufbau von Fallsituationen

Jede Fallsituation in Teil II dieses Buchs ist wie folgt aufgebaut:
- Situationsbeschreibung mit den zu erreichenden Gesamtpunkten (50 oder 100 Punkte)
- Aufgaben mit Angabe der jeweils zu erreichenden Punkte

Situationsbeschreibung

Jede Fallsituation enthält **Informationen** zu den Akteuren, dem Setting, den Handlungsanlässen und den weiteren Umständen:
- **Akteure:** z. B. zu pflegender Mensch, für dessen Versorgung zuständige Pflegefachperson, Angehörige, Arzt, Therapeutin …
- **Setting:** z. B. Klinik (stationäre Akutversorgung), Pflegeeinrichtung (stationäre Langzeitversorgung), Häuslichkeit (ambulante Langzeitversorgung), Rehabilitationseinrichtung …
- **Handlungsanlässe:** z. B. Schmerz, Verwirrtheit, Sturz(risiko), Verbandwechsel, Beratungsbedarf …
- **Weitere Umstände:** Erleben der betroffenen Personen, besondere Herausforderungen (personeller Engpass, Notfallversorgung, Arztferne etc.) …

Aufgaben

Die zu bearbeitenden Aufgaben, die sich auf die Fallsituation beziehen, werden mittels bestimmter **Operatoren** formuliert. Zusätzlich wird die zu erreichende Punktzahl angegeben.

Operatoren

Operatoren sind Verben, die in Aufgabenstellungen eine Information zur erwarteten Lösung vermitteln, was Umfang und Darstellung angeht. Die in den Aufgaben zu Fallsituationen genutzten Operatoren variieren in den einzelnen Bundesländern und werden in den Pflegeschulen gemäß den jeweiligen länderspezifischen Besonderheiten bekannt gegeben. Meist werden die Operatoren unterschiedlichen Anforderungsbereichen zugeordnet, z. B. [5]:
- **Anforderungsbereich I:** Wiedergeben und Beschreiben von Inhalten und Materialien **(Reproduktionsleistungen)**
- **Anforderungsbereich II:** Erklären mit eigenen Worten, Bearbeiten und Ordnen bekannter Sachverhalte sowie angemessene Anwendung gelernter Inhalte und Methoden auf andere Sachverhalte **(Reorganisations- und Transferleistungen)**
- **Anforderungsbereich III:** Reflexiver Umgang mit neuen Problemstellungen, eingesetzten Methoden und gewonnenen Erkenntnissen, um zu Begründungen, Urteilen und Handlungsoptionen zu gelangen **(Reflexion und Problemlösung)**

➤ Tab. 2.1 gibt einen Überblick über häufig vorkommende Operatoren.

Tab. 2.1 Operatoren (angelehnt an [2])

Operator	Beschreibung	Beispiel
Anforderungsbereich I		
Beschreiben	Wiedergabe von wesentlichen Informationen/ Sachverhalten in eigenen Worten, strukturiert und fachsprachlich korrekt	Beschreiben Sie Frau M.s Pflegebedarf. Nutzen Sie dafür Monika Krohwinkels Modell der fördernden Prozesspflege am Beispiel der ABEDL „sich pflegen"
(Be-)Nennen, angeben, aufführen, aufzählen	Wiedergabe bzw. komprimierte Darstellung fachlicher und fachsprachlich korrekter Informationen oder Fakten ohne Kommentar	Nennen Sie drei Argumente für eine Diabetesschulung von Frau M.
Definieren	Erklärung eines Sachbegriffs unter Verwendung von Fachbegriffen	Definieren Sie den Begriff „Familiensystem"
Eingehen	Darstellung von Inhalten eines bestimmten Themas	Gehen Sie auf die Bedeutung des Blutzuckermessens beim Krankheitsbild Diabetes mellitus ein
Erfassen	Benennen bestimmter Inhalte ohne Begründung	Erfassen Sie in der Situation passende Maßnahmen der Ersten Hilfe
Ergänzen	Erweiterung einer Vorgabe	Ergänzen Sie die in der Fallsituation beschriebenen Pflegeassessments
Identifizieren	Erfassung von Sachverhalten oder Strukturen/ Merkmalen in Texten	Identifizieren Sie zwei kommunikationsfördernde Faktoren in der Fallsituation
Vervollständigen	Ergänzung einer Vorlage durch sachgerechte Angaben	Vervollständigen Sie die beigefügte Übersicht über die Kontinenzprofile
Anforderungsbereich II		
Ableiten	Entwicklung von eigenen Schlussfolgerungen auf der Grundlage vorhandener bzw. bekannter Ergebnisse	Leiten Sie aus den Vitalwerten in der Fallsituation zwei relevante Pflegeinterventionen ab
Begründen	Entwicklung und Darstellung komplexer Grundgedanken, argumentativ schlüssig und im Zusammenhang	Begründen Sie anhand von ethischen Leitlinien, weshalb die Autonomie von Kindern im Krankenhaus gefördert werden sollte
Darstellen	Strukturierte Wiedergabe eines Sachverhalts durch Text bzw. grafische Mittel, sodass Beziehungen bzw. Entwicklungen verdeutlicht werden	Stellen Sie fünf mögliche Folgen einer Hyperglykämie dar
Einbeziehen	In-Verbindung-Bringen und Nutzen eines fachlichen Hintergrunds	Beziehen Sie ein Auffindeschema in die Beschreibung der Erste-Hilfe-Maßnahmen mit ein
Empfehlen	Begründete Ausführung zu einer Fragestellung, die sich aus einer bestimmten Perspektive ergibt	Empfehlen Sie Frau M. passende pflegerische Maßnahmen für ihre derzeitige Situation
Erarbeiten, Herausarbeiten	Extraktion bestimmter Sachverhalte aus gegebenen Materialien, Herstellen von Zusammenhängen	Erarbeiten Sie alle relevanten Ressourcen, über die Finn verfügt, aus der Fallsituation
Erklären	Herstellen von Begründungszusammenhängen, kausalen Schlussfolgerungen Begründetes Herstellen von Zusammenhängen verschiedener Informationen durch eigenes Wissen und eigene Einsichten (z. B. Theorien, Modelle, Gesetze, Regeln)	Erklären Sie die Entstehung eines Dekubitus bei Frau M.
Erläutern	Verdeutlichung eines Sachverhalts durch zusätzliche Informationen oder Beispiele	Erläutern Sie anhand der Pflegetheorie von Orem Herrn M.s Pflegeabhängigkeit
Formulieren	Veranschaulichung eines Ergebnisses, eines Standpunkts oder einer Frage in eigenen Worten, knapp und präzise	Formulieren Sie drei Argumente für die Förderung des Rooming-ins bei Kleinkindern in Krankenhaus

Tab. 2.1 Operatoren (angelehnt an [2]) *(Forts.)*

Operator	Beschreibung	Beispiel
Vergleichen	Gegenüberstellen von Sachverhalten, um Gemeinsamkeiten, Ähnlichkeiten und Unterschiede herauszuarbeiten	Vergleichen Sie die Validation nach Feil mit der Integrativen Validation® nach Richard
Zuordnen	Herstellung von Ordnung aufgrund der Gemeinsamkeiten von Inhalten	Ordnen Sie die folgenden Begriffe [...] den drei Kategorien der Sturzrisikofaktoren [...] zu
Anforderungsbereich III		
Beurteilen	Prüfung von Aussagen, Behauptungen, Vorschläge oder Maßnahmen auf ihre Stichhaltigkeit bzw. Angemessenheit, dabei Nennung der angewandten Kriterien (keine persönliche Stellungnahme)	Beurteilen Sie die geplanten prophylaktischen Maßnahmen vor dem Hintergrund des Kriteriums der Intensität
Bewerten	Einschätzung von Aussagen, Behauptungen, Vorschlägen oder Maßnahmen in Bezug auf vorhandene Wertkategorien oder wissenschaftliche Beurteilungskriterien	Bewerten Sie das Verhalten des Betreuers in der Fallsituation auf dem Hintergrund geltender rechtlicher Bestimmungen
Diskutieren	Entwicklung einer (Pro-und-Kontra-)Argumentation zu einer Problemstellung, die zu einer begründeten Bewertung führt	Diskutieren Sie den sozialrechtlichen Grundsatz „Rehabilitation vor Pflege"
Entwickeln	Erstellung eines konkreten Lösungsmodells oder einer Gegenposition zu einem Sachverhalt oder einer Problemstellung	Entwickeln Sie ein Konzept zur Begleitung und Betreuung von demenzkranken Menschen im Krankenhaus
Reflektieren	Überdenken und Überprüfen von Behauptungen und Entwickeln eigener logischer Schlussfolgerungen	Reflektieren Sie, ob sich Frau M. in der Handlungssituation richtig verhalten hat

Punkte

Die maximal zu erreichende Gesamtpunktzahl ist der Marginalie (Randspalte) zu entnehmen. Bei zwei oder mehr Aufgabenteilen, die in der Regel auch mit zwei oder mehreren Operatoren eingeleitet werden, wird hinter dem jeweiligen Aufgabenteil die Teilpunktzahl angegeben.

2.3 Bearbeiten von Fallsituationen

Am Beispiel einer verkürzten Fallsituation wird im Folgenden aufgezeigt, welche Aspekte der Aufgabenstellung wichtig sind und wie sich die Anforderungen der Aufgabe in verschiedenen Aspekten erschließen lässt. Die gründliche Analyse der jeweiligen Aufgabenstellung ist entscheidend für eine passgenaue Lösung. Dabei spielen die Aspekte

- **Fachlichkeit** (Ist die Lösung fachlich/inhaltlich korrekt?)
- **Aufforderung** (Was genau wird verlangt?)
- **Ökonomie** (Wie viel Aufwand erfordert die Aufgabe im Zusammenhang mit der Punktzahl?)
- **Situationsbezug** (Welche Informationen aus der Fallsituation sind relevant?)

eine bedeutende Rolle. Lernende, die diese Aspekte berücksichtigen, schaffen sich eine gute Ausgangsbasis, um die Prüfung optimal anzugehen.

Beispiel

Fallsituation

Ein folgenschwerer Sturz

Sie arbeiten als Pflegefachperson auf einer geriatrischen Station in einer Klinik in Bremen. Heute ist es u. a. Ihre Aufgabe, die 92-jährige Annerose Buschmann pflegerisch zu versorgen. Frau Buschmann liegt seit 4 Tagen im Krankenhaus, nachdem sie in ihrer Wohnung zu Hause gestürzt war. Durch den Sturz hat sie eine Fraktur des rechten Oberarms und zahlreiche Prellungen, Hämatome und Schwellungen an der rechten Kopfseite davongetragen. Die Fraktur wurde vor 2 Tagen operativ versorgt, die Chirurgen kommen täglich zur Visite und Nachkontrolle. Der Arm soll noch geschont werden und ist mit einem Gilchristverband ruhiggestellt.

Seit der Operation ist Frau Buschmann auffällig verwirrt. Sie fragt wiederholt, wo sie eigentlich sei und was die vielen Leute in ihrem Haus machen würden. Zudem klagt sie über starke Schmerzen, gegen die sie mehrfach täglich hochdosierte Analgetika erhält. Frau Buschmann hat einen gesteigerten Drang sich zu bewegen, wobei Ihnen ihre kleinen Tippelschritte und ihr sehr unsicherer Gang auffallen.

Als Sie nach dem Frühstück wieder Frau Buschmanns Zimmer betreten, finden Sie sie auf dem Boden liegend vor. Sie hält sich das rechte Knie, das eine blutende Schürfwunde aufweist, und sagt zu Ihnen „Was ist denn nur los mit mir? Das hatte ich doch vorher nicht. Das geht doch so nicht!" Frau Buschmann tut Ihnen leid, und Sie machen sich Gedanken, wie es mit ihr weitergehen soll und wie Sie ihre Versorgung optimieren können.

AUFGABE 1
5 Punkte

Erklären Sie eine Maßnahme zur Diagnostik einer Verwirrtheit bzw. Demenz.

LERNTIPP

Diese Aufgabe bringt insgesamt 5 Punkte und stammt aus dem Kompetenzschwerpunkt III.2 (Anlage 2 PflAPrV). Der Operator „Erklären Sie" erfordert, die Informationen durch eigenes Wissen und eigene Einsichten in einen begründeten Zusammenhang zu stellen.

AUFGABE 2
10 Punkte

Beschreiben Sie die Möglichkeiten der Schmerzerfassung bei Frau Buschmann (6 P.) und erläutern Sie, inwiefern Schmerzen die selbstbestimmte Lebensweise einschränken können (4 P.).

LERNTIPP

Diese Aufgabe bringt in zwei Aufgabenteilen insgesamt 10 Punkte. Teil 1 kann dem Kompetenzschwerpunkt I.3 (Anlage 2 PflAPrV), Teil 2 dem Kompetenzschwerpunkt II.3 (Anlage 2 PflAPrV) zugeordnet werden. Der Operator „Beschreiben Sie" fordert, dass wesentliche Informationen aus dem Text bzw. Ihrem Wissen zusammenhängend und schlüssig mit eigenen Worten wiedergegeben werden. Der Operator „erläutern Sie" verlangt ein differenziertes Darstellen auf der Basis von Textaussagen und eigenen Kenntnissen.

AUFGABE 3
10 Punkte

Nennen Sie die Maßnahmen, die Sie beim Auffinden der gestürzten Frau Buschmann ergreifen (4 P.) und stellen Sie die Wundversorgung im Rahmen der Ersten Hilfe dar (6 P.).

LERNTIPP

Diese Aufgabe bringt in zwei Aufgabenteilen insgesamt 10 Punkte und zielt auf den Kompetenzschwerpunkt I.4 (Anlage 2 PflAPrV) ab. Der Operator „Nennen Sie" fordert, dass Informationen stichpunktartig aufgelistet werden. Der Operator „stellen Sie ... dar" verlangt, die Strukturen und Zusammenhänge mit eigenen Worten zu beschreiben und zu verdeutlichen.

AUFGABE 4
5 Punkte

Begründen Sie die Bedeutung einer hygienischen Arbeitsweise zur Verhinderung von Infektionen, insbesondere bei der OP-Nachsorge von Frau Buschmann.

LERNTIPP

Die Aufgabe bringt insgesamt 5 Punkte und zielt auf den Kompetenzschwerpunkt III.2 (Anlage 2 PflAPrV) ab. Der Operator „Begründen Sie" erfordert, komplexe Grundgedanken argumentativ schlüssig zu entwickeln und im Zusammenhang mit eigenen Worten darzustellen.

2.4 Erwartungshorizont

Die Erwartungshorizonte in Teil III dieses Buchs dienen zum Abgleich der Lösungen zu den einzelnen Aufgaben und sind folgendermaßen aufgebaut:

- Wiederholung der **Aufgabe** mit Angabe der **Gesamtpunktzahl**
- **Kasten** in der Randspalte zu jeder Aufgabe
  - spiegelt bei mehrteiligen Aufgaben die Aufgabenteile wider,
  - nennt die Zuordnung des Kompetenzbereichs bzw. -schwerpunkts für die jeweilige Aufgabe,
  - beschreibt, was unter den jeweiligen Operatoren wie *nennen, analysieren, beschreiben, erklären* usw. gemeint ist.

- **Lösungen**
- **Impulskästen,** die ggf. unter den Lösungsvorschlägen zu finden sind. Sie geben/vermitteln
  - **Hinweise** (Kasten „Achtung“)
  - **Tipps, Lerntipps** (Kasten „Tipp“, „Lerntipp“)
  - **Transferwissen** (Kasten „Impuls“)

Die jeweiligen Lösungen stellen Beispiele dar. Das bedeutet, dass andere Lösungen ebenfalls richtig sein können. In vielen Fällen sind daher mehr Lösungsvorschläge aufgelistet als verlangt wurden. Die erwartete Anzahl an Lösungen lässt sich teilweise aus der Aufgabenstellung, teilweise auch anhand der Punktanzahl für diese Aufgabe ableiten.

2.5 Simulieren einer Prüfungssituation

ACHTUNG

Ein guter Zeitpunkt für die Bearbeitung von Fallsituationen und damit die Simulation einer Prüfungssituation ist die letzte Phase der Prüfungsvorbereitung (➤ Tab. 3.1), wenn das nötige Wissen zu einem Thema vorhanden ist und komplexe Zusammenhänge verstanden wurden.

- Wählen Sie vorab geeignete Fallsituationen zu allen drei Prüfungstagen aus.
- Nutzen Sie eine Uhr oder einen Wecker, um die Bearbeitungszeit zu begrenzen.
- Bearbeiten Sie die Fallsituation unter Prüfungsbedingungen, d. h., ohne in den Erwartungshorizont zu schauen.
- Erst wenn die Zeit abgelaufen ist oder Ihnen wirklich nichts mehr zu dieser Fallsituation einfällt, ziehen Sie den Erwartungshorizont zurate. Überprüfen Sie mit dessen Hilfe Ihre Lösungen und holen Sie sich dort ggf. weitere Anregungen. Großteils ist der Erwartungshorizont so verfasst, dass es Spielräume gibt.
- Notieren Sie sich die Themen, in welchen Sie noch Lücken haben, und erarbeiten Sie sich noch benötigtes Wissen nach der Lernmethode Ihrer Wahl (➤ Tab. 3.1).

LITERATUR

1. Arbeitshilfe: Lernsituationen entwickeln. Ein Vorschlag des Servicenetzwerks Altenpflegeausbildung. Arbeitshilfe 7.3(2). INBAS, Institut für Gerontologische Forschung. 2010. Aus: www.pflegeausbildung.net/fileadmin/de.altenpflegeausbildung/content.de/user_upload/Arbeitshilfe_7.3_2.pdf (letzter Zugriff: 13.9.2023)
2. Becker S et al. Leitfaden zur Erstellung von Prüfungsaufgaben für die zentrale schriftliche Abschlussprüfung an Berufsfachschulen für Pflege nach der Pflegeberufe- Ausbildungs- und Prüfungsverordnung vom 2.10.2018. 2023. Aus: www.schule-bw.de/faecher-und-schularten/berufliche-schularten/berufsfachschule/sozialpflegerischer-bereich/dreijbfsaltenpflegehilfe/leitfaden-schriftliche-abschlusspruefung-berufsfeld-pflege_vers05.pdf/@@download/file/leitfaden-schriftliche-abschlusspruefung-berufsfeld-pflege_vers05.pdf (letzter Zugriff: 3.9.2023).

3. Bohrer A et al. Kompetenzorientierte schriftliche Prüfungen gestalten – eine Handreichung für Lehrerinnen und Lehrer an Pflegeschulen. 2021. Aus: www.pflege-ndz.de/files/content-asset/publikationen/BR_Neksa_2.pdf.pdf (letzter Zugriff: 21.6.2023)
4. Hundenborn G. Fallorientierte Didaktik in der Pflege. Grundlagen und Beispiele für Ausbildung und Prüfung. PoD. München: Elsevier, 2006.
5. Ministerium für Kultus, Jugend und Sport Baden-Württemberg. Bildungspläne Baden-Württemberg. 4. Operatoren. 2016. Aus: www.bildungsplaene-bw.de/,Lde/LS/BP2016BW/ALLG/GYM/G/OP (letzter Zugriff: 3.9.2023).
6. Micucci S, Schmid N. PflegeHeute. Lernen mit Fällen. Pflegesituationen für die Ausbildung. 2. A. München: Elsevier, 2023.
7. Schewior-Popp S. Lernsituationen planen und gestalten. 2. A. Stuttgart: Thieme, 2014.
8. Stiehl J. Prüfungsvorbereitung in der Pflege: Mit Fallbeispielen praxisnah lernen. Strikt generalistisch und kompetenzorientiert vorbereiten (Pflege Praxis). Hannover: Schlütersche, 2022.

KAPITEL

3 Effektives kompetenzorientiertes Lernen

Roland Böhmer-Breuer, Erik Herrmann, Nadine Regnet

Kompetenzorientiertes Prüfungslernen bedeutet nicht nur, theoretisches Wissen zu verinnerlichen, sondern auch, dieses Wissen auf Fallsituationen aus der Praxis anzuwenden. Auszubildende müssen bei der kompetenzorientierten Prüfungsmethode beispielsweise zeigen, wie sie

- komplexe Probleme lösen,
- Prioritäten setzen,
- in Stresssituationen korrekt handeln.

Damit Sie diesen Anforderungen gerecht werden, bekommen Sie in diesem Kapitel Tipps zum effektiven Lernen auf kompetenzorientierte Prüfungen (➤ 3.1). Eine Übersicht über die Lerninhalte der schriftlichen Prüfung am dritten Prüfungstag finden Sie in ➤ 3.2, wo die entsprechenden Kompetenzbereiche aufgegliedert und Schwerpunkte herausgearbeitet wurden.

3.1 Effektive Prüfungsvorbereitung

3.1.1 Lernumfeld

Schreibtisch

Ein aufgeräumter Schreibtisch bietet Platz zum Lernen und wirkt sich positiv auf die Lernmotivation aus, verhindert Ablenkung durch herumliegende Gegenstände wie Zeitschriften, Handys oder Spiele und spart Zeit.

Die zu erledigenden Aufgaben können auf der einen Seite des Schreibtischs abgelegt werden. Erledigte Lernaufgaben kommen auf die andere Seite. Im Verlauf des Lernens wandern die Unterlagen des Lernstapels. So erlebt man den Lernfortschritt unmittelbar.

Sitzgelegenheit

Bequemes Sitzen fördert das Lernen. Eine unbequeme Haltung lenkt unweigerlich ab. Die Sitzgelegenheit sollte weder wackeln noch knarren noch instabil sein. Verstellbare Stühle, Sitzkeile und -bälle erleichtern das Lernen, weil man darauf seine Sitzposition leicht auspendeln muss. Diese Art des Sitzens liegt allerdings nicht jedem.

Licht

Das Licht kommt im Idealfall von der der Schreibhand gegenüberliegenden Seite: bei Rechtshändern also von links – und umgekehrt. Sonst wird die Schreibfläche verschattet. Der Arbeitsplatz sollte hell und blendfrei ausgeleuchtet sein, andernfalls ermüdet man schneller.

Materialien

Alle Materialien (z. B. Stifte, Speichermedien, Getränke) sind sinnvollerweise griffbereit am Arbeitsplatz. Suchen wegen mangelnder Vorbereitung ist Zeitverschwendung.

Raum

Der Raum sollte so gestaltet sein, dass man sich beim Lernen und Arbeiten darin wohlfühlt. Hierbei sind persönliche Vorlieben zu berücksichtigen (z. B. Raumtemperatur, Pflanzen, Musik, Duft, Kerze). Alles, was ablenken könnte, sollte möglichst hinter dem Rücken des Lernenden stehen, während alles, was beim Lernen unterstützt, in der Blickrichtung untergebracht ist.

Wissensmanagement

Das eigene **Wissen** systematisch verfügbar zu machen und zu halten ist eine besonders wichtige Aufgabe. Hierzu zählen:
- Die übersichtliche und strukturierte Verwaltung von Unterrichtsunterlagen in Papier- oder elektronischer Form
- Die Zugänglichkeit von wesentlichem Wissen in Büchern (analog und/ oder digital)
- Das schnelle Auffinden einschlägiger Seiten im Internet (z. B. mittels Lesezeichen)
- Die Unterscheidung der Zuverlässigkeit von Wissensquellen

3.1.2 Planung

Kurzfristiges panikartiges Lernen vor Prüfungen ist nicht optimal, da man weniger Erlerntes im Langzeitgedächtnis behält und Zeitdruck unnötigen Stress verursacht. Sehr viel wirksamer sind eine systematische Planung und Vorbereitung:
- **Langfristige Planung:** Einen Überblick über die Rahmenbedingungen (z. B. Verordnungen, Bestimmungen) der Prüfungen und die von der Schule gegebenen Informationen (z. B. Eingrenzung der Lerninhalte) gewinnen.
- **Mittelfristige Planung:** Relevante Inhalte ermitteln und die entsprechenden Unterlagen zusammenführen. Genau herausfinden, was man

bereits kann und wo Defizite bestehen. Prüfungsinhalte so aufbereiten, dass optimales Lernen möglich wird (z. B. mit geeigneten Lernstrategien).

- **Kurzfristige Planung:** Inhalte mit Bedeutung versehen und sie mit eigenen Erfahrungen verknüpfen. Systematisch lernen und versuchen, den Lernstoff zu verstehen und zu durchdringen. Eigene Wissensdefizite erkennen und ausgleichen. Zeit für eine Gesamtwiederholung einplanen.

3.1.3 Lernmethoden und -tipps

Vereinfacht ausgedrückt bedeutet **Lernen für Prüfungen,** dass die Lerninhalte so weit gefestigt werden, dass sie auch in einer Stresssituation verfügbar sind. Inhalte werden also nicht einfach nur verinnerlicht, sie sollen auch durch unterschiedliche Mechanismen und Techniken bei unterschiedlichen Aufgabenstellungen abrufbar sein. Durch mehrkanaliges Lernen steigt auch der Lernerfolg. Das bedeutet, dass beim Lernen mehrere Sinne aktiv sein sollen, was z. B. durch eine Kombination von Anschauen, Lesen, Hören, Sprechen und Schreiben erzielt wird.

Zudem lernt jeder Mensch anders und muss die für sich geeignetsten Lernmethoden bzw. die günstigste Kombination mehrerer Methoden herausfinden, z. B.:

- Häufige Wiederholung (mehrere Male lesen, vorlesen lassen/hören)
- Logische Reihung der Inhalte
- Mnemotechniken (z. B. Loci-Technik)
- Vergegenwärtigung von Praxissituationen (z. B. Wie sieht die Krankheit bei meinem Bewohner aus?)
- Lernen in Lerngruppen
- Einhaltung von Denkrichtungen und Denkfiguren: deduktiv, induktiv, analog/assoziativ

LERNTIPP

Für die Prüfungsvorbereitung eignet sich z. B. die **Loci-Technik,** auch Technik der Orte oder Routen-Methode genannt. Mit dieser Technik verknüpft der Lernende die zu behaltenden Begriffe mit Stationen eines ihm bekannten Wegs (z. B. dem Weg zur Arbeit oder zur Schule) oder auch mit einem realen oder fiktiven Raum. Geht der Lernende dann den Weg in seiner Vorstellung ab, fällt ihm die Erinnerung an die Einzelbegriffe meist deutlich leichter. Der Grund dafür ist die innere Ordnung durch Bilder und Assoziationen, die das Abrufen von Wissen erleichtert.

Modell des kompetenzzentrierten Prüfungslernens

Das Modell des kompetenzzentrierten Prüfungslernens nimmt die Kompetenzorientierung der neuen Pflegeausbildung als Ausgangspunkt und ermöglicht das Filtern von erlernten Unterrichtsinhalten und erworbenen Kompetenzen zur Prüfungsvorbereitung.

Ausgangspunkt des Lernens sind die für die jeweilige Prüfung angegebenen Kompetenzen. Diese werden als **Lernfilter** genutzt. Folgende Vorgehensweise empfiehlt sich:

1. Kompetenzen des entsprechenden Prüfungstags auflisten
2. Schwerpunkte aus den Kompetenzen filtern
3. Lernsituationen aus der eigenen theoretischen Ausbildung nach den Kompetenzen für die vorzubereitende Prüfung filtern. Das bedeutet: Lernsituationen ohne Bezug zunächst übergehen, später mit passenden Kompetenzen näher betrachten, nachlesen, ggf. überarbeiten
4. Bei Bedarf Auflistung von Erkenntnissen aus den eigenen Lernsituationen
5. Zusätzlicher Abgleich mit Erfahrungen aus der berufspraktischen Ausbildung in den verschiedenen Praxiseinsätzen
6. Üben mit beispielhaften Prüfungssituationen → Anwendung der erworbenen Kompetenzen
7. Bei Bedarf Vertiefung des Wissens und der persönlichen Kompetenzen durch Erweiterung dieser, z. B. durch Nachlesen in den Expertenstandards o. Ä.

Lerntipps

In ➤ Tab. 3.1 sind einige gehirngerechte Lerntipps zusammengestellt.

Tab. 3.1 Lerntipps (in Anlehnung an [3], [8])

Lerntipp	Beschreibung
Lernplan erstellen/ Themenübersicht/Global Picture	• Schaffen eines ersten Überblicks (Global Picture = das große Ganze) in Anlehnung an Inhalte und Anforderungen der Prüfung → *Was will ich wie und wann lernen?* – Kernthemen – Zusammenhänge – Kontext • Lernblöcke bilden und Lernplan erstellen
Warm-up	• Vor jeder Lernaktivität gedankliches Aufwärmen • Vorwissen aktivieren • 15 Minuten lang schriftlich Inhalte sammeln und in Beziehung zueinander setzen
Lernstoff aufbereiten = Lernstoff verarbeiten	• Strukturieren • Verbalisieren • Reduzieren
Lernstoff strukturieren	Das Gehirn liebt es übersichtlich: • Inhalte strukturieren, Kategorien bilden • Zusammenhänge herausstellen • Lernen mit Mindmaps
Lernstoff „kodieren", also lernen	• Die „Kodierung" (Lernen) erfolgt bereits während der Aufbereitung und Strukturierung → Inhalte werden verknüpft • Gehirngerechtes Lernen wird erreicht durch – Strukturierung (s. o.) – „Netzwerken": Zusammenhänge und Querverbindungen herstellen, z. B. durch Mindmaps • Auswendiglernen, wenn überhaupt, nur in „Miniportionen"

Tab. 3.1 Lerntipps (in Anlehnung an [3], [8]) *(Forts.)*

Lerntipp	Beschreibung
Lernmethoden wechseln	Gehirnaktivierende Lernmethoden: • 3-2-1-Methode (3 Themen bearbeiten, die man gut beherrscht, 2 Themen identifizieren, in denen man noch nicht so sicher ist, und 1 Prüfungsaufgabe bearbeiten. Diese Methode unter Einbeziehung anderer Methoden, mittels derer diese Themen visualisiert werden, anwenden) • Erstellen und Betrachten von Mindmaps (ggf. Lernlandkarten) • Lernen mit Karteikarten • Lernzettel in Form eines Spickzettels schreiben • Lernen in einer Gruppe mit Frage-Antwort-Spiel • Realistische Simulation einer Prüfungssituationen bezüglich – Thema, – zeitlichen Umfangs, – inhaltlichen Umfangs, – Räumlichkeit/Arbeitsatmosphäre
Lernstoff festigen, trainieren, wiederholen	• Lernstoff reduzieren (verdichten), z. B. mittels Anfertigung von Checklisten, Zusammenstellen von Schlag-/Schlüsselwörtern, Visual Codes (Zentralbegriffe mit Bildern verknüpfen) • Lernstoff regelmäßig wiederholen (Ca. sechs Wiederholungen sind nötig, bis der Stoff im Langzeitgedächtnis abgespeichert ist) • Wiederholungssequenzen z. B. nach – einer Minute – einer Stunde – einem Tag – einer Woche – einem Monat – einem halben Jahr
Prüfungssituation simulieren	Spezielle Vorbereitung: • **Schriftliche Prüfung** – Schriftliche Bearbeitung von Fallsituationen – Einhaltung des Zeitrahmens • Mündliche Prüfung – Mündliche Bearbeitung von Fallsituationen – Am besten mit einem Lernpartner als „Prüfer" • Praktische Prüfung – Gedankliche Vorbereitung – Schriftliche Ausarbeitung von Pflegetechniken, z. B. als Checkliste – Ggf. Simulieren der Prüfungssituation im Skillslab
Schöpferische Pausen	• Für die Abspeicherung des Gelernten ist die Phase **nach** der Lernphase entscheidend – die Pause Pausen haben Einprägungswirkung, deshalb Pause, Ruhe, Entspannung einplanen • Bei besonders schwierigem Stoff nach der **5–10–20-Minuten-Methode** verfahren: Nach jedem Lernblock von 5 Minuten Dauer wird eine Pause eingelegt: – 1. Pause = 5 Minuten – 2. Pause = 10 Minuten – 3. Pause = 20 Minuten Nach 60 Minuten ist die Lerneinheit abgeschlossen

3.1.4 Vorgehen in der schriftlichen Prüfung

Die **Zeit,** die für die schriftlichen Prüfungen veranschlagt ist, beinhaltet ausdrücklich auch eine Vor- und eine Kontrollphase (➤ 1.4). Demnach ist es sinnvoll, sich die Zeit für die Prüfung einzuteilen, was z. B. bei einer Fallsituation mit 120 Minuten Bearbeitungszeit folgendermaßen aussehen könnte:

- **Ca. 5–10 Minuten:** Gründliche Lektüre der Fallsituation und der Aufgabenstellungen. Dabei können bereits beim Lesen Anmerkungen oder spontane Einfälle kurz skizziert und die Reihenfolge der Aufgabenbearbeitung festgelegt werden.
- **Ca. 100 Minuten:** Hauptbearbeitungszeit (ggf. mit Konzept). Die Reihenfolge der zu bearbeitenden Aufgaben kann selbst entschieden werden. Wichtig sind hier die Aspekte:
  - Auswahl der Aufgaben, die am einfachsten und ohne großen Zeitaufwand zu lösen sind. Am besten mit diesen beginnen
  - Kennzeichnen, welche Lösung zu welcher Aufgabe gehört
  - Kennzeichnen, welche Aufgabe schon bearbeitet wurde
- **Ca. 10 Minuten:** Überprüfen der niedergeschriebenen Ergebnisse

Auch eine auf dem ersten Blick nicht lösbare Aufgabe ist kein Grund, sich aus der Ruhe bringen zu lassen. Folgende Tipps können bei einer **Blockade** helfen:

- **Konzept erstellen:** Ideen und Formulierungen können als Konzept kurz skizziert werden. Dies bringt häufig Klarheit in die Gedanken.
- **Mindmapping nutzen:** Mindmapping hilft bei der Systematisierung von Gedanken. Durch die Visualisierung kann scheinbar Vergessenes wieder zurückgeholt werden.
- **Spontane Einfälle auswerten:** Gedanken, die einem beim ersten Durchlesen der Aufgabe durch den Kopf gingen, können bei Blockaden ausgewertet werden.
- **Praxiserfahrungen:** Bei Blockaden hilft es häufig, wenn das in der Praxis erworbene Wissen ausgewertet wird. Praxiswissen ist meistens stärker im Gehirn verankert und kann auch bei Stress abgerufen werden.
- **Creative Writing:** Bei einer Blockade hilft es auch, ein leeres Blatt Papier zu nehmen und einfach drauflos zu schreiben. Notiert wird alles, was einem durch den Kopf geht. Ziel ist, wieder in einen Schreibfluss zu kommen.
- **Prüfungsaufgaben auswerten:** Oft werden in Fallsituationen oder Aufgabenstellungen Informationen ungewollt mitgeteilt. Diese können für die eigene Aufgabenbearbeitung genutzt werden.

3.2 Inhalte an Prüfungstag 3 gemäß den zu prüfenden Kompetenzbereichen

Um sich eine adäquate Lernstrategie zurechtzulegen, ist es nötig, sich einen Überblick über die relevanten Inhalte und Anforderungen der Prüfung zu machen (➤ Tab. 1.1). In ➤ Tab. 3.2, ➤ Tab. 3.3 und ➤ Tab. 3.4 sind mögliche Inhalte und Themen aus der Kompetenzvorgabe für den dritten Prüfungstag aufgelistet.

Tab. 3.2 Aus den Kompetenzschwerpunkten I.3 und I.4 (Anlage 2 PflAPrV) abgeleitete mögliche Prüfungsinhalte

Pflegeprozesssteuerung in kritischen und krisenhaften Pflegesituationen
• Pflegeanamnese über Problemerfassung oder Pflegediagnosen • Prophylaxen (z. B. Aspiration, Dekubitus, Intertrigo, Kontraktur, Pneumonie ...) • Umgang in Notfallsituationen (z. B. ABCDE-Schema, Rettungskette, Leitsymptome, Bewusstsein inkl. Skalenassessment, Orientierung, Schock, Reanimation, Herzinfarkt, Vergiftung, Aspiration ...) • Chronische Erkrankungen: Diabetes, COPD, Gefäßerkrankungen (pAVK, chronisch-venöse Insuffizienz, Ulcus cruris), Herzinsuffizienz, Niereninsuffizienz und -versagen, Krebserkrankungen, Parkinson, Multiple Sklerose, Demenz, Mukoviszidose, Anämien, Leukämie, Asthma, chronisch-entzündliche Darmerkrankungen, Apoplex, Depression • Schmerzen (inkl. Schmerzmanagement, Skalen, BESD, Behandlung) • Wunden und Wundheilungsstörungen • Abhängigkeitssymptomatik (Alkohol, Drogen, Medikamente, Spiele) • Co-Morbidität • Spezielle Pflegekonzepte (z. B. Kinästhetik, Basale Stimulation®, Biografiearbeit, ROT) • ____________ • ____________ • ____________

Tab. 3.3 Aus dem Kompetenzschwerpunkt II.3 (Anlage 2, PflAPrV) abgeleitete mögliche Prüfungsinhalte

Ethische Entscheidungsprozesse
• Ethische Dilemmasituationen, z. B. durch: – Wiederbelebung – Auswahl der Versorgungseinrichtung – Triagierung zur passenden Patientenversorgung – Selbstständigkeit vs. Hospitalisierung/pflegerische Abhängigkeit – Sucht vs. Kampf gegen die Sucht – Finanzielle Beschränkungen vs. teure Pflegeprodukte • Ethische Normen, z. B.: – ICN-Ethikkodex – Pflege-Charta – Altersspezifische Chartas – Ethische Grundprinzipien – Freiheitsentziehende Maßnahmen (FEM) – Kulturelle Pflege und deren Besonderheiten • ____________ • ____________ • ____________

Tab. 3.4 Aus dem Kompetenzschwerpunkt III.2 (Anlage 2, PflAPrV) abgeleitete mögliche Prüfungsinhalte

Eigenständige Durchführung ärztlicher Anordnungen
• Beispiele für ärztliche Anordnungen im Versorgungsbereich der dritten schriftlichen Prüfung: – Wundversorgung, Drainagen – Arzneimitteltherapie inkl. Therapiekontrolle, Besonderheiten bei BtM – PEG-Versorgung, Magensonde – Sauerstoffversorgung, Inhalation, Absaugung – Injektionen, Infusionen, Überwachung von Transfusionen – Mitwirkung bei der Diagnostik (z. B. Vitalzeichenkontrolle, EKG, Blutentnahme, Unterstützung bei Untersuchungen) • Hygiene: – Infektionen – Auslöser für Infektionen (inkl. MRSA) – Hygienische Maßnahmen – Zuordnung von passenden Hygienemaßnahmen in bestimmten Situationen (z. B. Antibiotikagabe bei bakterieller Infektion) • ______________________ • ______________________ • ______________________

LITERATUR

1. Borgiel U. Altenpflege heute. 4. A. München: Elsevier, 2021.
2. Hardeland H. „Lernen, wie geht das?" – 40 Lernstrategiekarten zum eigenständigen Lernen. Weinheim: Beltz, 2022.
3. Krengel M. Bestnote. Lernerfolg verdoppeln, Prüfungsangst halbieren. 4. A. Berlin: Eazybookz, 2014.
4. Metzig W, Schuster M: Lernen zu lernen: Lernstrategien wirkungsvoll einsetzen. 10. A. Berlin: Springer, 2020.
5. Schneider K et al. Schriftliche Abschlussprüfung in der generalistischen Pflegeausbildung – Teil 3. Prüfungsbereich 2. Unterricht Pflege. 2023; 28(1).
6. Stickel-Wolf C, Wolf J. Wissenschaftliches Arbeiten und Lerntechniken: Erfolgreich studieren – gewusst wie! 10. A. Berlin: Springer, 2022.
7. Stiehl J. Prüfungsvorbereitung in der Pflege. Hannover: Schlütersche, 2022.
8. Wuttig B. Praktische Tipps für einfacheres Lernen. Die Bibliothek im Kopf. Praktische Tipps für einfacheres Lernen. Rettungs-Magazin. 2012; 3/4: 66–70. Aus: www.hanna-hardeland.de/wp-content/uploads/wuttigmedia_Rettungsmagazin_Bibliothek_im_Kopf_hardeland.pdf (letzter Zugriff: 22.6.2023).

II

Jetzt geht´s los – Realitätscheck Prüfung üben. Situationen mit 50 Punkten in 2 x 60 Minuten

KAPITEL

4

Anke Knebel

Erstes Prüfungsbeispiel

4.1 Ⓐ Fallsituation: stationäre Langzeitpflege (50 Punkte)

Älterer Mensch

Fallsituation

„Warum schreien Sie denn so?"

Sie arbeiten als Pflegefachperson im Seniorenpark „Wintertraum" in der Oberlausitz. In Ihrem Frühdienst wird Frau Ingrid Wusel aus dem Krankenhaus zurückverlegt. Die agile Frau Wusel ist 91 Jahre alt und noch recht selbstständig. Sie hat eine Tochter, die sie regelmäßig besucht. Frau Wusel ist freundlich und redet gern mit ihren Mitbewohnern und dem Personal. Aufgrund ihres Alters sieht und hört sie allerdings immer schlechter. Leider lehnt sie sowohl eine Brille als auch ein Hörgerät ab, da sie diese ihrer Meinung nach noch nicht benötigen würde.

Aus diesem Grund ist Frau Wusel auch am gestrigen Vormittag gestürzt. Sie wurde am Boden liegend neben dem Stuhl aufgefunden. Am Kopf blutete sie aus einer klaffenden ca. 2 cm großen Wunde so stark, dass die diensthabende Pflegefachperson den Notruf tätigte. Bis zum Eintreffen des Rettungsdienstes wurde versucht, mit trockenen Kompressen die Blutung am Kopf zu stillen. Ihre Kollegin blieb die gesamte Zeit bei der Bewohnerin und beruhigte diese. Zur Beobachtung musste Frau Wusel über Nacht im Krankenhaus bleiben. Zum Glück trug sie nur ein paar Schürfwunden an beiden Knien, eine Platzwunde am Kopf sowie eine leichte Gehirnerschütterung davon. Die Kopfplatzwunde musste genäht werden.

Sie nehmen Frau Wusel wieder in Empfang. „Na ja, das mit dem Sehen ist schon so eine Sache. Der Stuhl hat doch da noch nie gestanden!", sagt Frau Wusel zu Ihnen in lautem Tonfall. Während Sie Frau Wusel in ihr Zimmer begleiten, reden Sie beruhigend auf sie ein. „Ja, sagen Sie mal, warum schreien Sie denn so? Ich bin doch nicht taub!", beschwert sich daraufhin Frau Wusel bei Ihnen. Sie mäßigen Ihre

Lautstärke und fragen Frau Wusel, ob sie noch etwas benötige. Als sie dies verneint, gehen Sie zurück ins Dienstzimmer. Bevor Frau Wusels Tochter in 2 Stunden zu Besuch kommt, möchten Sie die Unterlagen aus dem Krankenhaus durchsehen. Die Tochter war am Telefon sehr aufgeregt und möchte nun alles genau wissen. Im Überleitungsbogen aus dem Krankenhaus befinden sich ärztliche Anordnungen zur Wundversorgung der genähten Platzwunde und auch der Schürfwunden. Sobald die Schürfwunden trocken sind, werden diese nicht mehr verbunden. Bis dahin reicht ein trockener Schnellverband. Die Platzwunde am Kopf wird jeden 2. Tag, beginnend am 2. Tag nach Naht, mit einer Oleo-Tüll®-Wundauflage und darüber mit einem trockenen Verband aus sterilen Mullkompressen und -binden versorgt. Wiedervorstellung beim Hausarzt in einer Woche. Bei Bedarf kann Frau Wusel zur Schmerzreduzierung bis zu 3 × täglich 400 mg Ibuprofen® als Tabletten erhalten. Die Bewohnerin soll aber weiterhin auf Symptome eines Schädel-Hirn-Traumas beobachtet werden. Vom Krankenhaus wurden Medikamente und Verbandmaterial für 2 Tage mitgegeben. Sie wollen alle Dokumente und Materialien für die Wundversorgung zurechtlegen. Zudem möchten Sie sich noch auf das Gespräch mit Frau Wusels Tochter vorbereiten.

4.2 Aufgaben

AUFGABE 1
10 Punkte

Analysieren Sie die Handlungssituation hinsichtlich der Notfallsituation, in der sich Frau Wusel befand (5 P.), und schätzen Sie mögliche Folgen für die Bewohnerin ab (5 P.).

AUFGABE 2
10 Punkte

Stellen Sie die individuelle Patientenbetreuung von Frau Wusel unter Beachtung der ethischen Prinzipien dar (5 P.). Gehen Sie auf die Bedeutung der individuellen Pflege ein (5 P.).

AUFGABE 3
10 Punkte

Erklären Sie die Wirkungsweise von Schmerzmitteln (5 P.). Nennen Sie das Stufenschema der WHO (5 P.).

AUFGABE 4
10 Punkte

Beschreiben Sie eine standardisierte Wundversorgung (5 P.). Nennen Sie fünf Kriterien der Wundeinschätzung (5 P.).

AUFGABE 5
10 Punkte

Mittels eines Gesprächs wollen Sie Frau Wusels aufgeregte Tochter unterstützen. Nennen Sie die Informationen, die Sie ihr geben (5 P.). Erklären Sie, was in der Kommunikation mit ihr zu beachten ist (5 P.).

Mögliche Lösungen zu diesen Aufgaben finden Sie im Erwartungshorizont ➤ 17.1.1.

Erwachsener

4.3 Ⓔ Fallsituation: ambulante Langzeitpflege (50 Punkte)

Fallsituation

„Du bist meine kleine Maus"

Im Rahmen Ihrer Tätigkeit als Pflegefachperson arbeiten Sie im ambulanten Pflegedienst „Helfende Hände" im Dresdner Raum. Sie betreuen die 45-jährige Mia Götlich. Sie wohnt mit ihren Eltern am Rand von Dresden in einem kleinen Haus mit großem Garten. Frau Götlich hat das Down-Syndrom. Sie ist in ihrer verbalen Kommunikation sehr eingeschränkt, da sie aufgrund ihrer vergrößerten Zunge nur recht undeutlich sprechen kann. Zudem hat Frau Götlich leicht deformierte Füße, die sie in ihrer Bewegung einschränken. Lange Strecken und schnelles Laufen vermeidet sie daher. Frau Götlich wurde bislang von ihren Eltern sehr liebevoll betreut. Allerdings sind diese aufgrund ihres fortgeschrittenen Alters nicht mehr in der Lage, sich vollumfänglich um ihre Tochter zu kümmern. Der Pflegedienst hat vor Kurzem die morgendliche Grundpflege und Blutzuckermessung übernommen.

Heute werden Sie im Frühdienst diese Aufgaben durchführen. Frau Götlich ist 150 cm groß und wiegt 75 kg. Sie isst leidenschaftlich gern Süßes. Die Eltern berichteten der Hausärztin, dass Mia in letzter Zeit öfter müde sei, sehr viel trinke, oft zur Toilette müsse und auch gelegentlich Bauchschmerzen habe. Aufgrund dieser Angaben, des erhöhten BMI und der BZ-Werte am oberen Grenzbereich ging die Hausärztin von einem beginnenden Diabetes mellitus Typ 2 aus und ordnete tägliche BZ-Messungen im nüchternen Zustand an. Informationen zu gesundem Essen versteht Frau Götlich aufgrund ihrer geistigen Behinderung nicht.

Frau Götlich ist sehr zugewandt und anhänglich, sie hat die Pflegekräfte ins Herz geschlossen. Auch heute begrüßt sie Sie lächelnd mit einer festen Umarmung und den undeutlichen Worten „Hallo! Du bist meine kleine Maus." Frau Götlichs Gesicht ist stark gerötet und Ihnen fällt auf, dass ihre Hände mit klebriger Zuckermasse beschmiert sind. „Mama backt Kuchen. Lecker!", ruft Frau Götlich begeistert, nimmt Ihre Hand und zieht Sie in die Küche, wo gerade kleine Muffins mit Zuckerguss verziert werden. Mit etwas Überredung bringen Sie Frau Götlich zum morgendlichen Duschen. Das Blutzuckermessen steht aber noch aus. Frau Götlich mag diese Prozedur überhaupt nicht und versucht sich dieser zu entziehen, indem sie Sie umarmt und somit festhält. Nur mit Mühe gelingt es Ihnen, sich aus dieser Umklammerung zu befreien und Frau Götlich zur BZ-Messung zu bewegen. Der von Ihnen gemessene BZ beträgt 25 mmol/l (450 mg/dl). Sie beschließen, mit Frau Götlichs Mutter zu sprechen, um zukünftig das ärztlich angeordnete Messen des Nüchtern-BZ bei Frau Götlich leichter durchführen zu können.

4.4 Aufgaben

AUFGABE 1
10 Punkte

Erklären Sie, warum eine Hyperglykämie einen Notfall darstellt (5 P.). Beschreiben Sie Ihr weiteres Vorgehen während des Notfalls (5 P.).

AUFGABE 2
10 Punkte

Nennen Sie die typischen Symptome einer Hyperglykämie (5 P.). Erklären Sie weitere mögliche Strategien im Umgang mit der Erkrankung Diabetes mellitus Typ 2, wie sie bei Frau Götlich entstehen kann. (5 P.).

AUFGABE 3
10 Punkte

Erklären Sie die Ziele einer BZ-Messung (5 P.). Beschreiben Sie die fachgerechte Durchführung einer BZ-Messung (5 P.).

AUFGABE 4
10 Punkte

Begründen Sie die Notwendigkeit der interprofessionellen Zusammenarbeit z. B. mit der Hausärztin (5 P.). Arbeiten Sie heraus, welche Professionen zur Gesundheitsförderung von Frau Götlich hinzugezogen werden sollten, und stellen Sie dies übersichtlich dar (5 P.).

AUFGABE 5
10 Punkte

Reflektieren Sie, wie die speziellen Wünsche und Bedürfnisse der Klientin mit der Gesundheitsprävention einhergehen. Beachten Sie dabei die ethischen Prinzipien und gehen Sie darauf ein.

Mögliche Lösungen zu diesen Aufgaben finden Sie im Erwartungshorizont ➤ 17.1.2.

KAPITEL

5

Franziska Volland

Zweites Prüfungsbeispiel

5.1 Ⓐ Fallsituation: stationäre Langzeitpflege (50 Punkte)

Älterer Mensch

Fallsituation

„Durch die Gürtelrose ist sie ganz anders"

Sie arbeiten als Pflegefachperson im Pflegeheim „Herbstsonne". In Ihrem Wohnbereich versorgen Sie im Konzept der persönlichen Betreuungspflege vier Bewohnerinnen und Bewohner. Allerdings müssen in letzter Zeit immer öfter aushilfsweise Pflegefachpersonen aus anderen Wohnbereichen hinzugezogen werden, da krankheitsbedingt ein erheblicher Personalmangel besteht. Manchmal herrscht gefühlt ein richtiges Chaos. Dennoch behalten Sie weitestgehend den Überblick und haben ein Auge auf die von Ihnen zu versorgenden Menschen, unter ihnen die 81-jährige Marieluise Weigelt. Frau Weigelt ist trotz ihrer beginnenden Demenz eine lebensfrohe Dame, die immer für einen Spaß zu haben ist.

In den letzten 3 Tagen gibt sich Frau Weigelt aber zunehmend mürrisch, kratzt sich vermehrt im Bereich der linken Schläfe und Kopfhaut, und heute Morgen entdeckten Sie Bläschen in diesem Bereich. Nach einer Notfallbehandlung im Klinikum kehren Sie mit Frau Weigelt am frühen Nachmittag zurück ins Pflegeheim und übergeben die Untersuchungsergebnisse an Ihre Kolleginnen. Sie berichten: „Frau Weigelt hat eine Gürtelrose. Sie hat vom Arzt ein Akutmittel gegen die Zoster-Infektion bekommen und ein opioidhaltiges Schmerzmittel mit Fentanyl gegen die Nervenschmerzen. Das ist aber nur für den Bedarfsfall gedacht und soll als transdermales Pflaster (TTS) verabreicht werden. Ich dokumentiere das sofort in der Akte. Eigentlich hat Frau Weigelt ja meistens gute Laune, aber irgendetwas scheint ihr gerade nicht so richtig zu passen. Durch die Gürtelrose ist sie ganz anders."

Frau Weigelt klagt in den folgenden Tagen immer wieder über Schmerzen. Gemäß der ärztlichen Anordnung bekommt sie das

Fentanyl-Pflaster aufgeklebt, wenn auch nicht von Ihnen als Bezugspflegekraft, sondern von Aushilfspflegekräften. Am Wochenende nach der Diagnosestellung habe Sie verlängert frei und kommen erst am Dienstag wieder in Ihren Wohnbereich. Ihr Weg führt Sie nach der Dienstübergabe zunächst zu Frau Weigelt, da Sie auf Nachfrage erfahren haben, dass diese in Ihrer Abwesenheit die Körperpflege abgelehnt hat, und Sie sich entsprechend sorgen. Sie finden Frau Weigelt schließlich schläfrig und mit flacher Atmung im Bett vor. Sie leiten sofort Notfallmaßnahmen zur Stabilisierung ein.

5.2 Aufgaben

AUFGABE 1
10 Punkte

Stellen Sie übersichtlich die wichtigsten Schritte des Notfallvorgehens beim Auffinden von Frau Weigelt mit der angenommenen Opioid-Überdosis dar.

AUFGABE 2
10 Punkte

Beschreiben Sie jeweils fünf Hinweise, die beim Umgang mit Betäubungsmitteln im Allgemeinen (5 P.) und mit transdermalen Schmerzpflastern im Speziellen (5 P.) berücksichtigt werden müssen.

AUFGABE 3
6 Punkte

Beschreiben Sie mögliche Probleme, die aufgrund des beschriebenen Personalmangels im Pflegeheim „Herbstsonne" auftreten können.

AUFGABE 4
9 Punkte

Begründen Sie, warum es gerechtfertigt ist, dass Frau Weigelt isoliert untergebracht wird, und beraten Sie sie hinsichtlich der einzuhaltenden Maßnahmen der Isolation. Geben Sie hierfür zehn Isolationsmaßnahmen an.

AUFGABE 5
15 Punkte

Erklären Sie das WHO-Stufenschema zur Behandlung von Schmerzen, indem Sie die einzelnen Stufen benennen, zu jeder Stufe zwei weiterführende Hinweise geben, jeweils konkrete Beispiele für Wirkstoffe aufzählen und wichtige Informationen zur kombinierten Verabreichung darstellen.

Mögliche Lösungen zu diesen Aufgaben finden Sie im Erwartungshorizont ➤ 17.2.1.

Erwachsener

5.3 Ⓔ Fallsituation: stationäre Akutpflege (50 Punkte)

Fallsituation

„Hat das alles überhaupt noch einen Sinn?"

Bei Helmut Nitschke, 56 Jahre, verheiratet und Vater einer erwachsenen Tochter, wurde Prostatakrebs diagnostiziert. Im Vorfeld gab es nur wenige Symptome, die auf die Erkrankung hinwiesen. Allerdings nahm Herr Nitschke in kurzer Zeit ungewöhnlich viel Gewicht ab, und es kam immer wieder zu Blutabgängen während des Urinierens. Sein Hausarzt überweis ihn deshalb vor einigen Wochen in die urologische Abteilung des Krankenhauses.

Mithilfe der bildgebenden Diagnostik erfuhr Herr Nitschke, dass sich der Krebs bereits im fortgeschrittenen Stadium befindet, was das Einsetzen der Symptome erklärte. Der behandelnde Onkologe Dr. Seibt sah deshalb nur eine Möglichkeit der kurativen Therapie gegeben: eine radikale Prostatektomie (komplette Entfernung der Prostata und der Samenblasen) mit anschließender Bestrahlung. Die Erkrankung verlangte schnelles Handeln, und Herr Nitschke stimmte der Operation zu. Kurz vor dem geplanten Eingriff wandte er sich an Sie als Pflegefachperson und fragte: „Was, wenn ich trotz OP sterbe? Was wird dann aus meiner Familie? Hat das alles überhaupt noch einen Sinn?"

Einige Zeit nach der Operation hat sich Herr Nitschke weitgehend erholt, allerdings ist er immer noch bettlägerig, fühlt sich schwach, klagt über Inappetenz, und in den letzten 2 Tagen wirkte er zunehmend schläfrig und übermäßig dehydriert. Seit heute Vormittag hat er außerdem mit Bewusstseinsstörungen zu kämpfen. Sie informieren sofort Dr. Seibt, da die Gefahr eines Komas durch Hyperkalzämie besteht.

5.4 Aufgaben

Nennen Sie drei generelle Ursachen für eine Hämaturie.

AUFGABE 1
3 Punkte

Erklären Sie kurz die Unterschiede zwischen einer Mikro- und einer Makrohämaturie.

AUFGABE 2
2 Punkte

Beschreiben Sie jeweils fünf relevante pflegerische prä- und postoperative Maßnahmen bei der bei Herrn Nitschke geplanten Prostatektomie.

AUFGABE 3
10 Punkte

Erklären Sie unter Angabe typischer Symptome (5 P.), was man unter einer Hyperkalzämie versteht, und leiten Sie pflegerische Sofortmaßnahmen in der Notfallsituation von Herrn Nitschke ab (5 P.).

AUFGABE 4
10 Punkte

Analysieren Sie die vorliegende Fallsituation hinsichtlich fünf wesentlicher, notwendig gewordener grundpflegerischer Prophylaxen (5 P.) und geben Sie eine kausale Begründung an, weshalb diese Prophylaxen aktuell pflegerelevant sind (5 P.).

AUFGABE 5
10 Punkte

Ordnen Sie jeder Prophylaxe überblicksartig drei allgemeine oder spezifische pflegerische Maßnahmen zu.

AUFGABE 6
15 Punkte

Prophylaxe	Maßnahmen

Mögliche Lösungen zu diesen Aufgaben finden Sie im Erwartungshorizont ➤ 17.2.2.

KAPITEL

6 Drittes Prüfungsbeispiel

Erik Herrmann (6.1), Verena Bikas (6.3)

6.1 Ⓚ Fallsituation: stationäre Akutpflege (50 Punkte)

Kind

Fallsituation

„Meine arme Kleine! Kann ich wenigstens bei ihr bleiben?"

Sie arbeiten direkt im Anschluss an Ihre Pflegefachausbildung auf der Kinderstation einer Bielefelder Klinik, der auch eine Kindernotaufnahme angeschlossen ist.

Am heutigen Tag nehmen Sie die kleine Annabell Bianchi auf, die von ihrer besorgten Mutter in die Kindernotaufnahme begleitet wird. Das fünfjährige Mädchen macht der Mutter seit dem Vorabend große Sorgen. Sie konnte aufgrund starker Bauchschmerzen nicht einschlafen. Heute Morgen wollte sie nichts essen und gab phasenweise wieder Bauchschmerzen an. Nachdem Annabell erbrochen hatte und Frau Bianchi bei ihr eine Temperatur von 38,7 °C gemessen hatte, ging sie mit Annabell zum Kinderarzt. Dieser empfahl ihnen nach der Untersuchung den Gang ins Krankenhaus.

Nach weiteren Untersuchungen in der Notaufnahme steht fest, dass Annabell eine Blinddarmentzündung hat und im Krankenhaus bleiben muss. Frau Bianchi ist im ersten Moment geschockt und möchte von Ihnen mehr über das Krankheitsbild wissen und wie sie und ihre Tochter sich nun verhalten müssen. An ihrem Arbeitsplatz hat sie bereits Bescheid gesagt, dass sie heute nicht kommen kann, weil sie sich um ihre Tochter kümmern muss. Sie erzählt Ihnen: „Wir waren doch noch nie über Nacht getrennt. Ich mach' mir solche Sorgen um meine kleine Annabell. Meine arme Kleine! Kann ich wenigstens bei ihr bleiben? Wie geht es weiter? Muss sie operiert werden?"

Nach Auswertung der durchgeführten Untersuchungen empfiehlt die Ärztin dringend eine operative Entfernung des Blinddarmwurmfortsatzes, um ein Aufplatzen und dadurch eine Infektion im Bauchbereich zu verhindern. Sie erhalten den Auftrag, Frau Bianchi einen Aufklärungsbogen über die Blinddarmoperation zu geben, vor dem ärztlichen Aufklärungsgespräch erste Fragen zu beantworten und sie über die pflegerische OP-Vorbereitung für Annabell zu informieren.

Annabell krümmt sich noch immer aufgrund der Schmerzen, die inzwischen in den rechten Oberbauch gewandert und stärker geworden sind. Als Bedarfsmedikation kann sie ein Schmerzzäpfchen erhalten. Als Sie dieses einführen wollen, ist dies kaum möglich, da Annabell den Anus stark anspannt, sobald er berührt wird.

6.2 Aufgaben

Fassen Sie die bei Annabell auftretenden Symptome der Appendizitis zusammen (4 P.) und geben Sie weitere Symptome an, die bei einer Blinddarmentzündung auftreten können (4 P.).

AUFGABE 1
8 Punkte

Begründen Sie Annabells Mutter die Notwendigkeit des operativen Eingriffs.

AUFGABE 2
6 Punkte

Beraten Sie Annabells Mutter hinsichtlich des Umgangs mit den aktuellen Schmerzen und der Nahrungsaufnahme nach der Blinddarmoperation.

AUFGABE 3
10 Punkte

Erklären Sie, warum die akuten Bauchschmerzen bei Annabell einen Notfall darstellen.

AUFGABE 4
6 Punkte

Beschreiben Sie Maßnahmen der prä- und postoperativen Pflege bei Annabell.

AUFGABE 5
10 Punkte

Verdeutlichen Sie die Vorteile der Unterbringung im Krankenhaus (5 P.) und benennen Sie die Inhalte der EACH-Charta, die bei Annabells Versorgung im Krankenhaus von Bedeutung sind (5 P.).

AUFGABE 6
10 Punkte

Mögliche Lösungen zu diesen Aufgaben finden Sie im Erwartungshorizont ➤ 17.3.1.

Älterer Mensch

6.3 Ⓐ Fallsituation: ambulante Langzeitpflege (50 Punkte)

Fallsituation

Wenn es nicht mehr geht

Sie arbeiten als Pflegefachperson beim ambulanten Pflegedienst „Pflege aktiv“ in Wuppertal und sind heute auf dem Weg zu Frau Sinan. Aus ihrer Akte haben Sie erfahren: Frau Sinan ist 68 Jahre alt und wohnt seit dem Tod ihres Mannes vor 2 Jahren in einer kleinen Mietwohnung im 5. Stock eines Hochhauses. Ihre beiden Söhne leben schon seit Jahren wieder in der Türkei, sodass sie auf fremde Hilfe angewiesen ist.

Vor einigen Monaten wurde bei Frau Sinan ein Harnblasenkarzinom mit Lymphknotenbefall festgestellt. Bei ihrem letzten Krankenhausaufenthalt vor 6 Wochen erhielt sie eine Zystektomie sowie ein Ileumconduit mit liegendem Splint und zweiteiligem System. Da sich inzwischen Metastasen in der Leber gebildet haben, empfahl man Frau Sinan eine systemische Chemotherapie, welche sie allerdings ablehnte.

Hinzu kommt, dass Frau Sinan aufgrund der Lebermetastasen inzwischen einen Ikterus entwickelte und an einem starken Pruritus leidet. Durch das ständige Kratzen ist Frau Sinans Haut stark beeinträchtigt, und weil sie sich wegen ihres Hautbilds schämt, verlässt sie ihre Wohnung nicht mehr.

Frau Sinan wurde im Rahmen der Pflegeüberleitung angeboten, sich um einen Platz in einer betreuten Wohneinrichtung zu kümmern. Doch Frau Sinan wollte trotz ihrer Prognose, welche eine palliative Versorgung impliziert, nach Hause und sich dort selbst versorgen. Einzig einer Unterstützung durch den Pflegedienst stimmte sie zu. Nun sollen die Mitarbeitenden von „Pflege aktiv“ Frau Sinan bei der Körperpflege und Stomaversorgung unterstützen. Frau Sinan spricht allerdings nicht gut Deutsch und sieht auch nicht immer die Notwendigkeit der Unterstützung.

Als Sie Frau Sinans Wohnung betreten, finden Sie sie schmerzgekrümmt in ihrem Sessel im Wohnzimmer vor. Die Wohnung ist unaufgeräumt und schmutzig. Benutztes Geschirr steht herum, Müll liegt auf dem Boden, und es riecht nach Urin. Bei genauerem Hinsehen stellen Sie fest, dass der Beutel des Ileumconduits fehlt und der liegende Splint sich nicht mehr in seiner Ursprungsposition befindet. Urin ist ausgelaufen, Frau Sinans Kleidung ist durchnässt. Als Sie einen Blick auf die Umgebung des Stomas werfen, stellen sie fest, dass diese stark gerötet ist.

„Guten Morgen Frau Sinan, wie geht es Ihnen? Ich bin hier, um Sie bei der Körperpflege zu unterstützen", begrüßen Sie Frau Sinan.

„Gehen weg … will nicht … Schmerzen!", antwortet Frau Sinan stöhnend.

6.4 Aufgaben

AUFGABE 1
8 Punkte

Ordnen Sie Frau Sinans Äußerung in das Kommunikationsmodell von Schulz von Thun ein.

AUFGABE 2
4 Punkte

Erläutern Sie Ursachen für Frau Sinans starke Schmerzen.

AUFGABE 3
10 Punkte

Erklären Sie Frau Sinan die korrekte Stomaversorgung ihres Ileumconduits.

AUFGABE 4
5 Punkte

Bewerten Sie den Vorschlag der Pflegeüberleitung, Frau Sinan einen Platz in einer betreuten Wohneinrichtung zu organisieren.

AUFGABE 5
8 Punkte

Beschreiben Sie die drei Formen der Palliativversorgung sowie deren Ziele (6 P.) und empfehlen Sie Frau Sinan eine geeignete Form (2 P.).

AUFGABE 6
8 Punkte

Definieren Sie das Leitsymptom Ikterus und nennen Sie Frau Sinan sieben Maßnahmen zur Linderung ihres Pruritus.

AUFGABE 7
7 Punkte

Beurteilen Sie, in welcher Phase des Modells von Kübler-Ross sich Frau Sinan befindet und wie sich dies bei ihr bemerkbar macht.

Mögliche Lösungen zu diesen Aufgaben finden Sie im Erwartungshorizont ➤ 17.3.2.

KAPITEL

7

Mandy Schilling (7.1); Marina Hunziger, Erik Herrmann (7.3)

Viertes Prüfungsbeispiel

7.1 Ⓐ Fallsituation: stationäre Langzeitpflege (50 Punkte)

Älterer Mensch

Fallsituation

Wenn die Gelenke schmerzen

Helga Hansen ist 69 Jahre alt und lebt seit Kurzem mit ihrem Mann Rudolf in einem Hamburger Pflegeheim. Mittlerweile ist das Ehepaar seit 40 Jahren verheiratet und hat zwei Kinder. Ihre Tochter wohnt im gleichen Ort, ihr Sohn jedoch mit seiner Familie 300 km entfernt. Er besucht seine Eltern nur zu besonderen Anlässen.

Obwohl Frau Hansen seit 25 Jahren an rheumatoider Arthritis leidet, konnte sie bis kurz vor ihrem Umzug ins Heim ihren Haushalt gut allein führen. Auch die beginnende Demenz ihres Ehemanns konnte sie nicht in ihrer Unabhängigkeit bremsen. Hatte Frau Hansen zu Beginn insbesondere unter geschwollenen Finger- und Handgelenken zu leiden, hat sich in den letzten 2 Jahren ihr Gesundheitszustand sehr verschlechtert. Mittlerweile sind die Fingergelenke größtenteils versteift, insbesondere am Morgen hat sie unerträgliche Schmerzen. Ihr Hobby, Handarbeiten, kann sie schon lange nicht mehr ausüben, und die Hausarbeit konnte sie zum Schluss nur noch mit großer Mühe bewältigen, weshalb sie auch die Entscheidung traf, mit ihrem Mann in ein Pflegeheim zu ziehen. Für das Ehepaar spielten auch Reisen eine große Rolle, und für beide ist es traurig, dass dies nun nicht mehr möglich ist.

Heute übernimmt Pflegefachmann Alexander Holst gemeinsam mit der Auszubildenden Nina Baumann die grundpflegerische Versorgung bei Frau Hansen und erklärt Nina vor Betreten des Zimmers: „Therapeutisch war Frau Hansen vor dem Heimeinzug unzureichend eingestellt, sodass sich die Beschwerden akut verschlimmert haben. Sie bekommt deshalb momentan hochdosierte NSAR (Gruppe von Medikamenten, die schmerzlindernd, entzündungshemmend und fiebersenkend wirken). Auch ihre Beinmotorik ist stark eingeschränkt, und ihr Pflegebedarf hat sich deutlich erhöht. Das müssen wir unbedingt berücksichtigen, wenn wir sie mobilisieren, damit sie nicht stürzt.“ Nina nickt zustimmend und gemeinsam betreten sie das Zimmer. Hier erwartet sie schon Herr Hansen, der ihnen aufgeregt berichtet, dass mit seiner Frau etwas nicht stimme. Alexander sieht sich Frau Hansen an und stellt blasse Haut, Kaltschweißigkeit, Apathie (Teilnahmslosigkeit, mangelnde Erregbarkeit und Unempfindlichkeit gegenüber äußeren Reizen) und eine Tachypnoe (gesteigerte Atemfrequenz) fest. Sofort schickt er Nina mit dem Auftrag los, den Notarzt zu alarmieren, während er bei Frau Hansen bleibt.

7.2 Aufgaben

AUFGABE 1
10 Punkte

Begründen Sie, warum Pflegefachmann Alexander Holst sofort nach Feststellung der Symptome bei Frau Hansen Nina Baumann losschickt, um einen Notarzt zu rufen (3 P.). Gehen Sie darauf ein, auf welche Akutsituation Frau Hansens Symptome hinweisen (1 P.), und beschreiben Sie, welche Maßnahmen der Pflegefachmann ergreifen sollte, bis der Arzt eintrifft (6 P.).

AUFGABE 2
5 Punkte

Nennen Sie fünf typische Symptome der rheumatoiden Arthritis.

AUFGABE 3
8 Punkte

Zählen Sie acht häufig von einer rheumatoiden Arthritis betroffene Gelenke auf.

AUFGABE 4
5 Punkte

Erklären Sie drei Wirkungsweisen (3 P.) und zwei häufig auftretende Nebenwirkungen von nicht steroidalen Antirheumatika (NSAR) (2 P.).

AUFGABE 5
12 Punkte

Ordnen Sie den aufgeführten Aktivitäten mindestens zwölf Hilfsmittel zu, die u. a. in der Rheumatherapie Anwendung finden können.

Gehen und Stehen	
Essen und Trinken	
Anziehen	
Körperpflege	
Arbeiten und Hobby	
Greifen	

AUFGABE 6
10 Punkte

Leiten Sie mithilfe der vier ethischen Prinzipien der Pflege ab, wie Pflegefachpersonen Herrn Hansens Würde trotz fortschreitender Demenzerkrankung wahren können und warum das auch für sie selbst von Bedeutung ist.

Mögliche Lösungen zu diesen Aufgaben finden Sie im Erwartungshorizont ➤ 17.4.1.

Erwachsener

7.3 Ⓔ Fallsituation: ambulante Langzeitpflege (50 Punkte)

Fallsituation

Herr Lehmann und seine Mutter

Heiko Lehmann, ein 53-jähriger Junggeselle, wird von Ihnen als Pflegefachperson in der Häuslichkeit pflegerisch versorgt, nachdem er gestern aus dem Krankenhaus zurückgekehrt ist. Dort wurde er aufgrund eines entgleisten Diabetes mellitus Typ 2 behandelt, wobei der Diabetes selbst schon seit 10 Jahren besteht. Außerdem leidet Herr Lehmann seit geraumer Zeit an einem Ulcus cruris am linken Unterschenkel. Die Haut ist mazeriert und das Ulkus mit Fibrin belegt. Herr Lehmann leidet zusätzlich an Adipositas per magna, sodass seine Bewegung sehr eingeschränkt ist. Auch seine kognitive Leistungsfähigkeit scheint beeinträchtigt zu sein, auch wenn Sie dazu keine konkrete Diagnose in den Dokumenten finden können.

Herr Lehmann lebt gemeinsam mit seiner 88-jährigen Mutter, die ebenfalls einen erhöhten Unterstützungsbedarf hat, in einer Wohnung. Bisher haben sich die beiden gegenseitig unterstützt. Da Herr Lehmann seit vielen Jahren arbeitslos ist, sitzt er die meiste Zeit in seinem Zimmer und kümmert sich um seine Modelleisenbahn. Wenn seine Mutter zum Essen ruft, geht er in die Küche, um gemeinsam mit ihr die Mahlzeiten einzunehmen. Meist gibt es deftige deutsche Küche mit viel Fleisch und köstlicher Soße. Nach dem Essen räumen Herr Lehmann und seine Mutter gemeinsam die Küche auf und sehen anschließend gemeinsam fern. Einmal die Woche fahren Mutter und Sohn einkaufen.

Von Frau Lehmann erfahren Sie, dass bei der Entlassung aus dem Krankenhaus die Frage thematisiert wurde, wer die regelmäßige Wundversorgung in der Häuslichkeit übernimmt. Bis zu Herrn Lehmanns Krankenhausaufenthalt hatten weder er noch seine Mutter einen Antrag auf einen Pflegegrad gestellt noch wurden die beiden extern unterstützt. Auch jetzt wollte Herr Lehmann der Beauftragung eines ambulanten Pflegedienstes, der die regelmäßigen Wundkontrollen durchführt, zunächst nicht zustimmen. Er war der Auffassung, dass er und seine Mutter mit gegenseitiger Unterstützung immer gut zurechtgekommen seien und dies auch weiterhin funktionieren würde. Frau Lehmann würde sich als Mutter schon ausreichend um die Wundversorgung kümmern können, so wie sie sich immer um ihren Sohn gekümmert habe.

Doch Frau Lehmann berichtet Ihnen: „Als wir Heiko im Krankenhaus erklärten, dass ich den Verband nicht wechseln kann und ihm auch das Insulin, das er jetzt braucht, nicht spritzen kann, wurde er sehr ungehalten und beschimpfte mich und den Stationsarzt, der es nur gut gemeint hatte und erkannt hatte, dass ich völlig überfordert bin. Heiko ist mein Sohn, und natürlich versuche ich, ihn immer so gut es geht zu unterstützen, aber ich kann einfach nicht mehr! Er möchte, dass alles so bleibt, wie es ist, aber das geht nicht mehr länger. Eine neue Lösung muss her. Ich habe schon mit dem Sozialdienst im Krankenhaus über eine Unterbringung im Heim für uns beide gesprochen, dann wären wir auch noch zusammen … Bis jetzt will er sich aber nicht darauf einlassen, da er seine Modelleisenbahn nicht mitnehmen könnte. Deshalb sind Sie erst mal die beste Lösung. Den Verbandwechsel und das Spritzen des Insulins würde ich wirklich nicht schaffen.“

Heute sind Sie zum ersten Mal bei Herrn Lehmann zum Verbandwechsel am linken Unterschenkel. Als Sie sein Zimmer betreten, nehmen Sie einen muffigen, beißenden Uringeruch wahr. Der Fußboden ist dreckig und klebrig. In der Küche stapelt sich das schmutzige Geschirr, und Herr Lehmann sitzt in fleckiger Kleidung und mit strengem Körpergeruch auf seinem Bett. Bei genauerer Betrachtung von Frau Lehmann fällt Ihnen auf, dass sie zeitweise nicht orientiert ist.

Aus Ihrer pflegefachlichen Sicht können die beiden nicht mehr allein in der Wohnung leben, und eine stationäre Lösung wäre zu bevorzugen.

7.4 Aufgaben

AUFGABE 1
10 Punkte

Erklären Sie Herrn Lehmann und seiner Mutter die Entstehung eines Diabetes mellitus Typ 2 (5 P.) und nennen Sie fünf typische Komplikationen (5 P.).

AUFGABE 2
12 Punkte

Geben Sie die Lebensbereiche entsprechend dem Neuen Begutachtungsassessment (NBA) an, das zur Feststellung der Pflegebedürftigkeit genutzt wird (6 P.), und ordnen Sie jedem Lebensbereich jeweils ein Problem von Herrn Lehmann zu (6 P.).

AUFGABE 3
8 Punkte

Herr und Frau Lehmann sind mit der neuen pflegerischen Situation sichtlich überfordert. Benennen Sie passend zu den Bereichen der Pflege jeweils zwei bei Herrn Lehmann notwendige Maßnahmen.

Grundpflege	Behandlungspflege	Beratung und Anleitung	Hauswirtschaftliche Versorgung

AUFGABE 4
10 Punkte

Reflektieren Sie ethisch, wodurch in der aktuellen Situation Probleme aus Sicht der einzelnen Beteiligten bestehen (5 P.), und erarbeiten Sie in diesem Zusammenhang Lösungsmöglichkeiten (5 P.).

AUFGABE 5
10 Punkte

Beschreiben Sie die kapillare Blutzuckermessung bei Herrn Lehmann (8 P.) und nennen Sie Gründe, die dafür sprechen, dass diese Maßnahme nicht von Herrn Lehmann selbst durchgeführt werden sollte (2 P.).

Mögliche Lösungen zu diesen Aufgaben finden Sie im Erwartungshorizont ➤ 17.4.2.

KAPITEL

8

Erik Herrmann

Fünftes Prüfungsbeispiel

8.1 Ⓐ Fallsituation: stationäre Akutpflege (50 Punkte)

Älterer Mensch

Fallsituation

„Und sie fand die Worte nicht"

Sie sind Pflegefachperson auf einer neurologischen Station in Schwerin und übernehmen die pflegerische Versorgung der 85-jährigen Agnes Neumann. Die Pflegefachfrau Marie Baake vom Frühdienst übergibt Ihnen folgende Informationen:

„Wir haben heute von der Intensivstation Frau Neumann übernommen. Sie ist im Bahnhof gestürzt und hat dabei mehrere Hirnblutungen erlitten. Das Kontroll-CT des Kopfs hat ergeben, dass die Blutungen rückläufig sind, und damit haben die Ärzte entschieden, dass keine Operation nötig sei. Am auffälligsten ist bei Frau Neumann eine stark ausgeprägte Aphasie. Aufgrund der dadurch entstehenden Schwierigkeiten bei der Kommunikation wird Frau Neumann immer wieder unruhig und ungeduldig. Außerdem fallen Koordinations- und Orientierungsstörungen auf. Mehrfach am Tag muss Frau Neumann zur Toilette, da sie Durchfall hat. Sie kann je nach Tagesform mit Rollator oder Rollstuhl dorthin mobilisiert werden. Auch beim Essen wird sie schnell unruhig. Nun haben die Angehörigen berichtet, dass sie einen sehr empfindlichen Darm habe und viele Lebensmittel nicht vertragen würde. Vor ihrem Sturz habe sie sich noch vollständig selbst versorgen können und mit ihrem Lebensgefährten zusammen in einer Einrichtung des betreuten Wohnens gelebt. Aktuell ist sie in vielen Bereichen unterstützungsbedürftig, und der Sozialdienst versucht gerade, eine Anschluss-Reha zu organisieren. Vor ihrem Sturz hat Frau Neumann keine Medikamente eingenommen, nun erhält sie sowohl orale Medikamente als auch eine Elektrolytinfusion. Von den Angehörigen kommt jeden Nachmittag jemand und unterhält sich mit ihr und bringt Essen mit, das sie verträgt."

8.1 FALLSITUATION: STATIONÄRE AKUTPFLEGE (50 PUNKTE)

Als Sie nach der Übergabe zu Frau Neumann ins Zimmer gehen, sitzt diese schon aufrecht im Bett und versucht Ihnen sehr unruhig mit Händen und Füßen deutlich zu machen, dass sie ganz dringend zur Toilette muss. Sie begleiten Frau Neumann mit einem Rollator ins Bad, wo sie kurz vor der Toilette plötzlich zusammenbricht. Erst nach ein paar Sekunden und mehrfachem lautem Ansprechen reagiert Frau Neumann und lässt sich aufhelfen.

8.2 Aufgaben

AUFGABE 1
9 Punkte

Erfassen Sie drei zentrale pflegerische Probleme bei Frau Neumann (3 P.) und ordnen Sie jeweils zwei gezielte Pflegemaßnahmen zu (6 P.).

AUFGABE 2
6 Punkte

Erläutern Sie die Bedeutung von sozialen Netzwerken und funktionierenden Familiensystemen am Beispiel von Frau Neumann und ihrer Familie.

AUFGABE 3
15 Punkte

Beschreiben Sie die Vorbereitung einer Elektrolytinfusion entsprechend den geltenden Regeln (8 P.). Geben Sie zudem Beobachtungsschwerpunkte bei laufenden Infusionen an (7 P.).

AUFGABE 4
6 Punkte

Aufgrund ihrer Sprachstörung kann Frau Neumann ihre Wünsche und Bedürfnisse nicht richtig äußern. Geben Sie drei Situationen an, in denen eine ungestörte Kommunikation mit Frau Neumann die Pflege erleichtern würde (3 P.), und ordnen Sie diesen jeweils einen Lösungsvorschlag zu (3 P.).

AUFGABE 5
14 Punkte

Geben Sie Maßnahmen der Ersten Hilfe nach Frau Neumanns Zusammenbruch an und begründen Sie diese.

Mögliche Lösungen zu diesen Aufgaben finden Sie im Erwartungshorizont ➤ 17.5.1.

Kind

8.3 Ⓚ Fallsituation: ambulante Langzeitpflege (50 Punkte)

Fallsituation

Willkommen zu Hause!

Sie erhalten im Rahmen Ihrer Arbeit in der ambulanten pädiatrischen Pflege im Raum Magdeburg die Aufgabe, Frau Merz bei der Pflege ihres Sohns Finn zu unterstützen. Finn ist ein Drillingskind und kam zehn Wochen zu früh zur Welt. Während sich seine beiden Schwestern recht gut entwickelten, verbrachte Finn aufgrund von immer wiederkehrenden Pneumonien, schlechter Sauerstoffsättigung und einer nötigen Überwachung der Herztätigkeit die ersten 5 Monate seines Lebens im Krankenhaus auf der Kinderstation.

Ihre pflegerische Unterstützung soll unverzüglich nach der Entlassung aus dem Krankenhaus stattfinden, und Sie machen sich bereits Gedanken, welche Situation Sie im häuslichen Umfeld von Familie Merz vorfinden werden, welcher Beratungsbedarf besteht und welche Hilfsmittel ggf. noch benötigt werden. Da Sie die Familie und insbesondere Finn bisher noch nicht kennenlernen konnten, ist ihr primäres Ziel, eine vertrauensvolle Beziehung aufzubauen. Bei Ihrem Eintreffen erleben Sie eine relativ unruhige Familie Merz samt Großeltern, die dem Einzug von Finn schon lange entgegengefieberte. Diese Unruhe übertrug sich auch auf Finn, der nun weinend in seinem Kinderwagen liegt und noch immer an den Monitor angeschlossen ist. Sie bitten die Großeltern, mit den beiden anderen Kindern einen Spaziergang zu machen, um Finn kennenlernen und erste wichtige Dinge mit seiner Mutter besprechen zu können. Finn ist weiterhin unruhig, zappelt mit den Beinen und sieht blass und kränklich aus. Sie bemerken, dass seine Atmung trotz Sauerstoffgabe über eine Sauerstoffbrille angestrengt und brodelnd ist. Die Mutter berichtet, dass sie versucht hatte, Finn etwa 100 ml Milch über den Sauger zu geben, die er teilweise wieder hochwürgte. Die angelegte Magensonde hatte die Mutter absichtlich nicht benutzt, da sie hofft, dass Finn die Sonde bei Nichtbenutzung schneller wieder loswird.

Nach der Pflegeanamnese beschreiben Sie der Mutter Ihre Aufgaben: „Unser Hauptanliegen ist es, die Behandlungspflege bei Finn durchzuführen, d. h., wir machen Atem- und Esstherapie und werden Ihnen helfen, indem wir uns um akute Probleme kümmern und versuchen, Finns Situation zu stabilisieren. Neben dem Ziel, dass Finn ausreichend Nahrung auf möglichst fünf Mahlzeiten verteilt bekommt, wollen wir seine Atmung durch atemstimulierende Maßnahmen positiv beeinflussen. In Notfallsituationen oder bei dringenden Fragen stehen wir Ihnen jederzeit telefonisch zur Verfügung."

Im weiteren Verlauf zeigt sich in der Trinkbilanzierung eine deutlich zu niedrige orale Aufnahmemenge, welche durch Sondierung ausgeglichen werden muss. Frau Merz ist mit der Situation zu Hause sichtlich überfordert und bekommt wenig Schlaf, was sich auch in ihrer Stimmung bemerkbar macht. Durch Ihre Zuwendung verbessert sich Finns Zustand zunehmend, genau wie seine Atmung und die Trinkmengen. Trotz Ihrer Anleitung scheint Finn bei Ihnen besser zu trinken als bei seiner Mutter. Ihr Bestreben ist es, Frau Merz, die sich große Sorgen über die geringen Trinkmengen ihres Sohns macht, möglichst viele Aufgaben zu überlassen, um langfristig eine selbstgesteuerte Versorgung von Finn innerhalb der Familie zu ermöglichen. Durch Gespräche versuchen Sie, die Mutter zu motivieren und ihr für die Zukunft Mut zu machen.

8.4 Aufgaben

AUFGABE 1
8 Punkte

Beschreiben Sie Ursachen für Finns relativ instabile Versorgungssituation bei seiner Ankunft zu Hause.

AUFGABE 2
10 Punkte

Formulieren Sie fünf konkrete Pflegeziele (5 P.) und begründen Sie jeweils, welche Bedeutung diese für Finns Entwicklung haben (5 P.).

AUFGABE 3
6 Punkte

Begründen Sie die Bedeutung der Hygiene bei der Durchführung behandlungspflegerischer Maßnahmen bei Finn.

AUFGABE 4
6 Punkte

Schätzen Sie Finns Selbstbestimmungsfähigkeit ein (3 P.) und nennen Sie Möglichkeiten, wie die Pflege in seinem Interesse angepasst werden kann (3 P.).

AUFGABE 5
10 Punkte

Formulieren Sie Hinweise, wie die Gesprächsführung mit Frau Merz der Situation angepasst werden kann (5 P.), und beziehen Sie dabei ein passendes Kommunikationsmodell ein (5 P.).

AUFGABE 6
10 Punkte

Beschreiben Sie Ihre Vorgehensweise im Rahmen der Ersten Hilfe, falls Finn erneut Nahrung aspiriert und dadurch seine Atemwege verlegt werden.

Mögliche Lösungen zu diesen Aufgaben finden Sie im Erwartungshorizont ➤ 17.5.2.

KAPITEL

9

Anke Knebel

Sechstes Prüfungsbeispiel

9.1 Ⓚ Fallsituation: stationäre Akutpflege (50 Punkte)

Kind

Fallsituation

Am Würstchen verschluckt

Sie arbeiten im Spätdienst als Pflegefachperson im Kreiskrankenhaus Pirna auf der Kinderstation. Sie werden in die Notaufnahme gebeten. Soeben wird der zweijährige Paul Gärtner telefonisch vom Rettungsdienst angekündigt. Er wird von seiner Mutter begleitet. Paul hatte sich beim Abendessen an einem Stück Wiener Würstchen verschluckt. Die Mutter hatte dies bemerkt, als sie aus der Küche zurückkam, wo gerade die Milch am Überkochen war. Paul saß in seinem Hochstuhl und begann plötzlich zu würgen. Sein Gesicht lief rot an. Die Mutter stützte zu ihm, riss ihn aus dem Stuhl heraus, hielt ihn kopfüber und klopfte so lange auf seinen Rücken, bis Paul, der inzwischen im Gesicht blau angelaufen war, das Wurststück wieder ausspuckte.

Nachdem das Hindernis beseitigt war, wirkte Paul sehr benommen, weinerlich und hustete unaufhörlich sehr stark. Daraufhin informierte die besorgte Mutter den Notarzt. Dieser stellte bei Paul einen durch die Aspiration verursachten Sauerstoffsättigungsabfall fest. Da nicht ausgeschlossen werden konnte, dass sich noch weitere Nahrungsreste im respiratorischen Trakt befanden, ordnete der Notarzt die Verlegung ins nahe Krankenhaus an.

Kaum angekommen wird Paul in den Schockraum zu weiteren Untersuchungen gebracht. Währenddessen kümmern Sie sich um Pauls Mutter, da diese durch ihr aufgeregtes Verhalten für Unruhe sorgt. Mit schriller Stimme fragt Frau Gärtner Sie: „Was passiert jetzt mit meinem kleinen Paul? Wird er überleben? Warum habe ich nicht besser aufgepasst? Hätte ich ihm doch nur kein Würstchen gegeben, bevor ich in die Küche ging! O, die verflixte Milch! Alles muss ich allein machen!

Mein armer kleiner Schatz!“ Aufgeregt läuft Frau Gärtner hin und her, während sie sich ständig lautstark Selbstvorwürfe macht.

Als Paul nach den Untersuchungen zu Frau Gärtner zurückgebracht wird, wirkt er erleichtert, als er seine Mutter sieht und wird unruhig, um in ihre Arme zu kommen. Sie bekommen die Aufgabe, sich um Paul und seine Mutter auf Station zu kümmern, und bringen Paul und Frau Gärtner zur Kinderstation. Paul soll bis mindestens morgen zur Beobachtung im Krankenhaus bleiben. Während des Transports sehen Sie, wie Pauls Gesicht plötzlich rot anläuft. Er beginnt extrem zu husten und Tränen laufen ihm übers Gesicht. Mit weit aufgerissenen Augen schaut er hilfesuchend zwischen Ihnen und seiner Mutter hin und her und fuchtelt mit seinen Armen in der Luft herum. Er keucht und giemt, um Luft zu bekommen. Frau Gärtner beginnt zu schreien und versucht panisch, ihr Kind aus dem Bett zu ziehen, dessen Bettgitter für den Transport noch oben sind. Sie erkennen den Notfall und handeln.

9.2 Aufgaben

Analysieren Sie die Handlungssituation hinsichtlich des aktuellen Notfalls. Beziehen Sie die vorangegangenen Maßnahmen der Mutter mit ein.

AUFGABE 1
10 Punkte

Arbeiten Sie für die aktuelle Notfallsituation einen Notfallplan aus (5 P.) und koordinieren Sie die Aufgaben bis zum Eintreffen des Arztes (5 P.).

AUFGABE 2
10 Punkte

Stellen Sie relevante Informationen für den Arzt dar (5 P.). Begründen Sie die Bedeutung der interprofessionellen Kommunikation (5 P.).

AUFGABE 3
10 Punkte

Beurteilen Sie aus ethischer Sicht die Tatsache, dass Pauls Mutter bei den Untersuchungen nicht bei ihrem Kind sein durfte.

AUFGABE 4
10 Punkte

Beschreiben Sie, in welchem Dilemma sich Frau Gärtner befand, als sie in die Küche ging und Paul unbeaufsichtigt ließ (5 P.). Arbeiten Sie in diesem Zusammenhang Hinweise für die Mutter für den weiteren Umgang mit ihrem Kind heraus (5 P.).

AUFGABE 5
10 Punkte

Mögliche Lösungen zu diesen Aufgaben finden Sie im Erwartungshorizont ➤ 17.6.1.

Älterer Mensch

9.3 Ⓐ Fallsituation: stationäre Langzeitpflege (50 Punkte)

Fallsituation

„Ich mag nicht mehr"

Im Rahmen Ihrer Tätigkeit als Pflegefachperson arbeiten Sie im brandenburgischen Pflegewohnheim „Lindengarten". Hier wohnt seit gestern Richard Braun. Er ist 91 Jahre alt und hat keine Angehörigen. Bislang lebte er allein. Nach einem Suizidversuch vor 2 Wochen wurde von seinem Betreuer der Umzug in die stationäre Langzeitpflege angeregt.

Während der morgendlichen Übergabe erfahren Sie, dass Herr Braun sehr zurückgezogen und wenig an seiner Umgebung interessiert wirkt. Am Vortag hatte er sein Abendessen kaum angerührt, zur Grundpflege am Abend war er nicht zu bewegen. Ihre Kollegin berichtet: „Er spricht nicht, er isst nicht, er lässt sich nicht waschen und reagiert kaum. Na, das kann ja heiter werden mit ihm. Ich befürchte, er will wirklich sterben." Sie wollen sich nach der Dienstübergabe selbst ein Bild von Herrn Braun machen. Vorher lesen Sie den ärztlichen Bericht. Die Diagnosen lautet Major Depression seit 15 Jahren, und es wird auf den Suizidversuch vor 2 Wochen hingewiesen. Herr Braun war von Beruf Tischler und arbeitete gern mit Holz. Bis zur Rente leitete er seine eigene Firma. Seine Ehefrau starb vor 5 Jahren. Kinder hat Herr Braun keine. Sein Betreuer und Ansprechpartner für die Pflegefachpersonen ist der Sohn seines besten Freunds, der vor 2 Wochen verstarb. Nach dessen Beerdigung hat Herr Braun versucht, sich das Leben zu nehmen. Dieser Versuch scheiterte, da ihn dessen Sohn, der Herrn Braun regelmäßig besucht, fand und sofort den Notdienst verständigte. Noch während Herr Braun im Krankenhaus lag, veranlasste sein Betreuer den Umzug ins Pflegewohnheim.

Die ärztlich angeordnete Medikation umfasst 45 mg Mirtazapin® oral, als Tablette am Morgen und bei Bedarf ein Schlafmittel. Sie stellen das Medikament und gehen zu Herrn Braun. Freundlich begrüßen Sie ihn, stellen sich vor und erkundigen sich nach seinem Befinden. Herr Braun schaut Sie langsam an und antwortet sehr leise und monoton: „Guten Morgen, Schwester. Wie soll ich mich schon fühlen? Ich bin ein alter, einsamer Mann. Was will ich noch auf dieser Welt? Niemand braucht mich, ich bin zu nichts mehr zu gebrauchen. Geben Sie mir doch einfach alle meine Tabletten, damit ich endlich Ruhe finde und niemandem mehr zur Last falle. Lasst mich doch einfach sterben!“ Er schließt seine Augen, und Sie sehen, wie ihm eine Träne die Wange entlangläuft.

Leise wollen Sie den Raum verlassen, als Sie aus dem Augenwinkel eine Schachtel Lendormin®, ein Schlafmittel, sehen. Sie erkennen, dass die Schachtel völlig leer ist. Sie müssen handeln!

9.4 Aufgaben

AUFGABE 1
10 Punkte

Erklären Sie Ihr Vorgehen in dieser Akutsituation, insbesondere was Erstmaßnahmen und die Koordination der Aufgaben bis zum Eintreffen des Rettungsdienstes betrifft.

AUFGABE 2
10 Punkte

Erläutern Sie, wie Sie die in der Pflege-Charta formulierten Rechte bei der Pflege von Herrn Braun berücksichtigen (5 P.). Erklären Sie dabei die Bedeutung der Selbstbestimmung und Selbstverwirklichung (5 P.).

AUFGABE 3
10 Punkte

Beschreiben Sie Ziele und Maßnahmen entsprechend einem Pflegeprozessmodell.

AUFGABE 4
10 Punkte

Erstellen Sie eine Übersicht, wie Sie Herrn Braun bei der Bewältigung seiner Situation unterstützen können. Beziehen Sie dabei auch externe Möglichkeiten zur interprofessionellen Zusammenarbeit ein.

AUFGABE 5
10 Punkte

Führen Sie eine Regel für das Stellen und Verabreichen von Arzneimitteln auf (6 P.). Begründen Sie, welche Besonderheiten beim Verabreichen der Medikamente bei Herrn Braun zu beachten sind (4 P.).

Mögliche Lösungen zu diesen Aufgaben finden Sie im Erwartungshorizont ➤ 17.6.2.

III

Jetzt geht´s los – Realitätscheck Prüfung üben. Situationen mit 100 Punkten in 120 Minuten

KAPITEL

10 Siebtes Prüfungsbeispiel

Agnes Müller

10.1 Ⓔ Fallsituation: stationäre Akutpflege (100 Punkte)

Erwachsener

Fallsituation

„Jeder sieht mich nackt"

Sie sind Pflegefachperson auf einer internistischen Station eines Bielefelder Krankenhauses der Maximalversorgung und haben heute an Silvester Frühdienst. Bei der Übergabe erfahren Sie, dass Sie heute mit der Auszubildenden Julia Burkhart für Frau Maria Schlosser zuständig sind. Der Nachtdienst übergibt Ihnen folgende Informationen:

„Frau Schlosser wurde 1982 geboren und wurde gestern von der internistischen Intensivstation zu uns verlegt. Die Einweisungsdiagnose vor 10 Tagen war eine akute biliäre Pankreatitis. Sie hat einen nicht implantierten zentralen Venenverweilkatheter (ZVK), über den die parenterale Ernährung und die Schmerztherapie laufen. Sie hat weiterhin Nahrungskarenz mit schluckweise Wasser, ein Kostaufbau ist ab morgen geplant. Des Weiteren liegt bei ihr ein transurethraler Blasenverweilkatheter. Die Mobilisation an den Bettrand ist möglich, weitere Mobilisationsmaßnahmen werden aufgrund von Schwäche und Kreislaufproblemen bisher nicht durchgeführt. Frau Schlosser benötigt Unterstützung bei der Körperpflege am Bettrand und bei der Ausscheidung auf dem Toilettenstuhl. Sie hat eine dreijährige Tochter, die sie sehr vermisst. Die Tochter kommt heute mit Frau Schlossers Ehemann erstmals zu Besuch, da ihr der Besuch nach den internen Klinikregeln auf der Intensivstation nicht erlaubt war."

Als Sie Frau Schlossers Zimmer betreten, sitzt diese am Bettrand und trinkt einen Schluck Wasser. Als sie Sie sieht, verzieht sie leicht das Gesicht und seufzt. Sie begrüßen Frau Schlosser und stellen sich und die Auszubildende vor. Nach der Erhebung der Vitalzeichen fragen Sie Frau Schlosser nach ihrer aktuellen Schmerzsituation. Genervt antwortet

Frau Schlosser: „5“, und verdreht dabei die Augen. „Ständig fragt mich das jemand. Als ob das das Wichtigste wäre. Ich habe seit 10 Tagen meine Tochter nicht mehr gesehen. Nicht mal an Heiligabend wollte man sie zu mir lassen. Das ist so furchtbar. Und was ich jetzt sage, geht nicht gegen Sie persönlich, aber Sie sind inzwischen die achte oder neunte Person, die mich nackt sieht. Ständig kommt jemand rein, und ich habe immer dieses blöde Patientenhemd an, wo mein Popo raushängt. Und dann dieser blöde Schlauch da. Ständig sehe ich meinen eigenen Urin, und der ist auch noch so eklig braun.“

Plötzlich stockt Frau Schlosser, schaut Sie an und fängt zu lachen an: „Entschuldigen Sie, ich höre mir gerade selbst beim Meckern zu. Ich bin eigentlich ein ganz umgänglicher Mensch, aber diese blöde Pankreatitis hat mich vollkommen aus der Bahn geworfen. Ich weiß gar nicht mehr, wie ich mich verhalten soll. Und außerdem habe ich Hunger auf etwas Richtiges. Nicht nur das Wasser hier. Ich freue mich schon, wenn ich wieder etwas essen darf. Ständig juckt die Haut am ganzen Körper. Ich bin nicht nur gelb geworden, sondern muss mich auch noch die ganze Zeit kratzen. Und dann hatte ich gestern endlich wieder Stuhlgang, und der sah ganz komisch aus. Müde bin ich auch die ganze Zeit. Wie soll das alles bloß weitergehen?“

Bevor Sie Frau Schlosser bei der Körperpflege unterstützen, verabreichen Sie ihr noch die verordneten Schmerzmittel über den ZVK und erklären dabei Julia Ihr Vorgehen.

Trotz der Schmerzmittel fällt es Frau Schlosser schwer, aufrecht am Waschbecken zu stehen. Darauf angesprochen meint sie: „Der Bauch zwickt doch noch ganz schön. Aber von mehr Schmerzmitteln wird mir schwindelig.“ Sie versichern Frau Schlosser, dass Sie ihre Schmerzsituation bei der am Vormittag stattfindenden Visite mit der behandelnden Ärztin besprechen.

Nach der Versorgung spricht Sie Julia auf die Reaktion von Frau Schlosser an: „Das war ja schon heftig. Erst schimpft sie, dann fängt sie auf einmal zu lachen an und ist total umgänglich. Aber dass sie ihre Tochter vermisst, verstehe ich. Dass diese nicht mal an Weihnachten kommen durfte, finde ich nicht in Ordnung. Da hätte man mal eine Ausnahme machen können.“

10.2 Aufgaben

AUFGABE 1
12 Punkte

Frau Schlosser antwortet auf die Frage nach ihrer aktuellen Schmerzsituation: „5." Nennen Sie das Instrument der Schmerzeinschätzung, das Frau Schlosser im Verlauf ihres Krankenhausaufenthalts kennengelernt hat (1 P.), und erklären Sie dieses und seine Anwendung (6 P.). Verdeutlichen Sie auch, was Frau Schlosser mit „Ständig fragt mich das jemand" meint (2 P.) und welcher Sinn hinter dieser Art der Erhebung steht (3 P.).

AUFGABE 2
6 Punkte

Im Expertenstandard „Schmerzmanagement in der Pflege" werden Prozesskriterien beschrieben. Nennen und erklären Sie die Prozesskriterien, die Sie im Rahmen der Versorgung von Frau Schlosser erfüllen.

AUFGABE 3
10 Punkte

Sie ergänzen die Pflegeinformationen von Frau Schlosser und beschreiben das Pflegephänomen „Scham" bei ihr. Erklären Sie, was unter Scham verstanden wird (4 P.), und benennen Sie im Sinne einer prozesshaften Pflege Ressourcen, mögliche Ziele und Pflegemaßnahmen (je 2 P.), um diesem Pflegephänomen zu begegnen.

AUFGABE 4
9 Punkte

Frau Schlosser hat eine akute biliäre Pankreatitis. Erklären Sie, was darunter zu verstehen ist (3 P.) und welche möglichen Ursachen es gibt (4 P.), und begründen Sie, welche Ursache bei Frau Schlosser zutrifft (2 P.).

AUFGABE 5
15 Punkte

Das Pankreas erfüllt wesentliche Funktionen im menschlichen Körper. Erklären Sie die zwei wesentlichen Funktionen des Pankreas (6 P.) und welche Funktion bei Frau Schlosser gestört ist (1 P.). Begründen Sie dies anhand von Frau Schlossers Symptomen (8 P.).

AUFGABE 6
7 Punkte

Frau Schlosser freut sich auf den bevorstehenden Kostaufbau. Begründen Sie anhand der Krankheitssituation, warum Frau Schlosser eine Nahrungskarenz hat (2 P.), und nennen Sie Frau Schlosser fünf Ernährungsratschläge (5 P.) für die Zukunft.

AUFGABE 7
5 Punkte

Frau Schlosser klagt über Juckreiz am ganzen Körper. Erklären Sie, wie der Juckreiz zustande kommt (3 P.), und führen Sie zwei Pflegemaßnahmen auf, die den Juckreiz lindern (2 P.).

AUFGABE 8
10 Punkte

Die Auszubildende Julia meint, dass, man ja mal eine Ausnahme hätte machen und Frau Schlossers Tochter an Weihnachten zu ihr auf die Intensivstation hätte lassen können. Nehmen Sie Stellung zu dieser Aussage (2 P.) und beschreiben Sie den Prozess Ihrer ethischen Entscheidungsfindung anhand eines von Ihnen gewählten Modells (8 P.).

AUFGABE 9
10 Punkte

„Entschuldigen Sie, ich höre mir gerade selbst beim Meckern zu. Ich bin eigentlich ein ganz umgänglicher Mensch, aber diese blöde Pankreatitis hat mich vollkommen aus der Bahn geworfen. Ich weiß gar nicht mehr, wie ich mich verhalten soll." Frau Schlossers Verhalten deutet daraufhin, dass sie unter Stress steht. Erklären Sie die Stresssituation, in der sich Frau Schlosser befindet, anhand eines Stressbewältigungsmodells.

AUFGABE 10
10 Punkte

Die Auszubildende Julia Burkhart fragt Sie, was man alles beim Umgang mit dem zentralvenösen Katheter beachten muss. Erklären Sie ihr fünf Empfehlungen des RKI im Umgang mit zentralvenösen Kathetern, welche für die Pflege relevant sind.

AUFGABE 11
6 Punkte

Sie möchten Frau Schlosser hinsichtlich ihrer Fatigue-Symptomatik beraten. Stellen Sie sechs Maßnahmen dar, welche sie zur Reduzierung dieser Symptomatik durchführen könnte.

Mögliche Lösungen zu diesen Aufgaben finden Sie im Erwartungshorizont ➤ 17.7.1.

KAPITEL

11

Erik Herrmann

Achtes Prüfungsbeispiel

11.1 Ⓐ Fallsituation: ambulante Langzeitpflege (100 Punkte)

Älterer Mensch

Fallsituation

„Damit hatten wir nicht gerechnet!"

Zum Wechsel der Stomaplatte fahren Sie als Pflegefachperson oder Ihre Kolleginnen und Kollegen eines ambulanten Pflegedienstes in Reutlingen alle 2 Tage zu Walter Bode.

Herr Bode ist ein sehr freundlicher, 83-jähriger Mann, der im letzten Jahr sowohl seine Frau als auch einen seiner Söhne verlor. Er hat eine sehr große Familie, und zwei weitere Söhne bewohnen mit ihm ein Eigenheim im ländlichen Raum. Bis zum Tod seiner Ehefrau stand Herr Bode mitten im Leben, danach fielen erste Defizite in der Selbstversorgung auf. Dennoch war er bis auf wenige unterstützende Maßnahmen wie z. B. Hilfe beim Duschen und Stellen der Medikamente selbstständig. Erst nachdem bei ihm im letzten Jahr ein Tumor im Dickdarm festgestellt und aufgrund dessen Teile des Darms entfernt und ein künstlicher Darmausgang angelegt worden war, ist Herrn Bodes pflegerischer Unterstützungsbedarf erheblich gestiegen. Im weiteren Verlauf kam es zu einer Rezidivbildung des Tumors, doch eine erneute Operation lehnte Herr Bode ab. Aufgrund des Tumorwachstums treten bei Herrn Bode immer wieder Unregelmäßigkeiten bei der Stuhlausscheidung, Blutbeimengungen im Stuhl und Schmerzen im Bauchbereich auf.

An manchen Tagen ist Herr Bode sehr geschwächt, mehrfach wurden Anzeichen einer Anämie festgestellt. Seit es ihm so schlecht geht, kümmern sich seine Familienangehörigen und Sie als Mitarbeitende des ambulanten Pflegedienstes täglich bzw. alle 2 Tage um ihn. Eine seiner Töchter und eine Enkeltochter unterstützen ihn abwechselnd bei der Körperpflege und motivieren ihn zum Essen und Trinken, wobei sich das Essen seit wenigen Tagen durch fehlenden Appetit und Übelkeit auf ein Minimum beschränkt. Durch den Gewichtsverlust und seine Gesamtsituation sieht Herrn Bodes Gesicht eingefallen aus. Im Gespräch äußern die Kinder immer wieder: „Damit hatten wir nicht gerechnet! Warum geht das alles nur so schnell? Was können wir für unseren Vati tun, damit er nicht so leiden muss?"

Um Herrn Bode optimal unterstützen zu können und eine gute Betreuung in seiner derzeitigen Situation anbieten zu können, beziehen Sie nach Rücksprache mit Herrn Bode und seinen Kindern die spezialisierte ambulante Palliativversorgung (SAPV) mit ein. Neben dem Angebot, jederzeit für Rückfragen telefonisch erreichbar zu sein und bei Bedarf zu Herrn Bode zu kommen, wurden Bedarfsmedikamente durch die leitende Ärztin des SAPV-Teams verordnet. So kann Herr Bode bei starken Schmerzen nun 10 mg Morphin per subkutaner Injektion erhalten oder auch bei Unruhe eine Tablette mit 1 mg Tavor Expidet unter der Zunge zergehen lassen. Alle anderen Medikamente bis auf ein Schmerzpflaster (Durogesic 25 µg/h, alle 3 Tage) wurden bereits durch die Hausärztin abgesetzt.

Heute liegt der Wechsel der Stomaplatte an. Aber als Sie zu Herrn Bode kommen, finden Sie ihn mit schmerzverzerrtem Gesicht und stark gekrümmter Körperhaltung in seinem Pflegebett vor. Immer wieder stößt er Stöhn- und Schmerzlaute aus, und Sie erkennen die Notwendigkeit zu handeln. Bei zu pflegenden Menschen, die nicht palliativ versorgt werden, würden Sie den Rettungsdienst rufen. Doch Herr Bode lehnt den Ruf eines Rettungsdienstes und die Behandlung im Krankenhaus strikt ab.

11.2 Aufgaben

Beraten Sie Herrn Bodes Familienangehörige bezüglich fünf seiner tumorbedingten Symptome (inklusive Erklärung) (10 P.) und ordnen Sie diesen Symptomen jeweils zwei mögliche therapeutische Maßnahmen zu (10 P.).

AUFGABE 1
20 Punkte

Beschreiben Sie Aufgaben und Arbeitsweise eines SAPV-Teams (6 P.) und deren Bedeutung für die palliative Versorgung (3 P.) und vergleichen Sie diese mit der stationären Palliativversorgung (6 P.).

AUFGABE 2
15 Punkte

Gehen Sie auf die Rechte schwerstkranker und sterbender Menschen (Charta zur Betreuung schwerstkranker und sterbender Menschen) ein (5 P.) und vergleichen Sie diese mit den entsprechenden Ansätzen in der Pflege-Charta (Charta der Rechte hilfe- und pflegebedürftiger Menschen) (5 P.).

AUFGABE 3
10 Punkte

Erläutern Sie die Vorgehensweise in der Notfallsituation, in der Sie Herrn Bode mit stärksten Tumorschmerzen vorfinden.

AUFGABE 4
10 Punkte

Zählen Sie die einzelnen Punkte der 6-R-Regel auf (6 P.) und ordnen Sie diesen die Informationen zur Medikation von Herrn Bode zu (14 P.).

AUFGABE 5
20 Punkte

Beschreiben Sie die subkutane Injektion des Bedarfsmedikaments bei Herrn Bode inklusive Vorbereitung, Durchführung und Nachbereitung.

AUFGABE 6
17 Punkte

Nennen Sie neben der Medikation weitere schmerzreduzierende Maßnahmen für Herrn Bode.

AUFGABE 7
8 Punkte

Mögliche Lösungen zu diesen Aufgaben finden Sie im Erwartungshorizont ➤ 17.8.1.

KAPITEL

12 Neuntes Prüfungsbeispiel

Erik Herrmann

12.1 Ⓐ Fallsituation: stationäre Langzeitpflege (100 Punkte)

Älterer Mensch

Fallsituation

„Keine Luft!"

Sie sind als Pflegefachperson in einem Berliner Pflegeheim angestellt und betreuen u. a. Aishe Özdemir. Sie ist eine 78-jährige aus der Türkei stammende Pflegebedürftige, die in Deutschland gut integriert ist. Neben ihr gibt es in Ihrer Einrichtung noch weitere aus anderen Ländern stammende zu pflegende Menschen, mit denen sich Frau Özdemir gut versteht und mit denen sie ggf. auch auf Türkisch kommuniziert.

Frau Özdemir lebte über viele Jahre mit ihrem Mann in einer kleinen Wohnung. Nachdem dieser über Jahrzehnte viel geraucht hatte, starb er vor etwa 2 Jahren an einem Lungentumor. Auch Frau Özdemir leidet unter einer Lungenerkrankung und ist dadurch in ihrem Alltag stark eingeschränkt, weshalb sie seit einem Jahr im Pflegeheim lebt. Sie leidet an einer chronisch-obstruktiven Lungenerkrankung (COPD) und benötigt beinahe durchgängig Sauerstoff, den sie über eine Nasensonde aufnimmt. Angefangen hatte es vor etwa 3 Jahren mit immer wieder auftretendem Husten und Schnupfen, und erst nach ein paar Monaten und immer stärker ausgeprägter Atemnot erhielt Frau Özdemir die Diagnose durch einen Lungenspezialisten. Seit einigen Wochen kann sie sich selbst in ihrem Zimmer kaum noch ohne Sauerstoffgerät bewegen. Ins Bad wagt sie sich manchmal ohne Sauerstoff, um dort etwas mehr Bewegungsfreiheit zu haben. Durch die Abhängigkeit von der Sauerstoffzufuhr ist sie in ihrem Alltag und vor allem in der Möglichkeit, sich aus ihrem Zimmer herauszumobilisieren, stark eingeschränkt, was sie oft sehr traurig macht. Gern würde sie mehr Zeit außerhalb des Pflegeheims verbringen und sich die vielen Sehenswürdigkeiten Berlins noch mal ansehen. Auch das Abhusten von zähflüssigem Sekret empfindet Frau Özdemir als sehr unangenehm. 3 × täglich inhaliert sie mit Mucosolvan, um besser abhusten zu können.

Frau Özdemir hat drei Kinder – einen Sohn und zwei Töchter. Diese würden ihre Mutter gern bei ihrem Wunsch, das Heim öfter zu verlassen, unterstützen und haben bereits mit Ihnen darüber gesprochen, dass sie sich Sorgen um ihre Mutter machen. Sie haben bemerkt, wie sie immer unglücklicher mit ihrer Situation und immer dünner wird.

Im heutigen Frühdienst sind Sie eigentlich gar nicht für Frau Özdemir verantwortlich, werden aber durch den Notruf, der aus ihrem Badezimmer abgesetzt wurde, zu ihr gerufen. Sie finden Frau Özdemir auf dem Boden ohne Sauerstoffversorgung vor. Sie liegt gekrümmt neben der Pflegehilfskraft Magda Kolowski und atmet sehr flach und hektisch. Immer wieder keucht sie: „Keine Luft! Keine Luft!“ Sie leiten unverzüglich Notfallmaßnahmen ein.

12.2 Aufgaben

Analysieren Sie fünf Pflegeprobleme von Frau Özdemir aufgrund ihres Krankheitsbilds (5 P.) und ordnen Sie jedem Problem jeweils ein Pflegeziel (5 P.) und zwei Pflegemaßnahmen zu (10 P.).

AUFGABE 1
20 Punkte

Arbeiten Sie fünf typische Symptome der COPD heraus (5 P.) und ordnen Sie diesen therapeutische Maßnahmen zu (5 P.).

AUFGABE 2
10 Punkte

Beschreiben Sie Ihr Handeln in der Notfallsituation von Frau Özdemir von Ihrem Eintreffen im Bad bis zum Eintreffen des Rettungsdienstes.

AUFGABE 3
10 Punkte

Erklären Sie den ethischen Konflikt, der aufgrund von Frau Özdemirs Wunsch, das Pflegeheim zu verlassen, um mehr von der Außenwelt zu sehen, für die beteiligten Personen besteht (2 P.). Arbeiten Sie im Rahmen einer ethischen Reflexion Lösungsideen aus verschiedenen Perspektiven aus und bewerten Sie diese (10 P.).

AUFGABE 4
12 Punkte

Geben Sie mögliche Schwierigkeiten an, die aufgrund der Sprachbarriere bei Frau Özdemir auftreten können (4 P.), und ordnen Sie jeweils zwei Lösungsideen zu (8 P.).

AUFGABE 5
12 Punkte

Erläutern Sie, warum das Einbeziehen von kulturellen Besonderheiten in die Pflege aus ethischer Sicht wichtig ist.

AUFGABE 6
8 Punkte

Entwerfen Sie eine Liste mit zehn wichtigen Hinweisen zur Sauerstofftherapie und deren Umsetzung.

AUFGABE 7
10 Punkte

Beschreiben Sie die Umsetzung der Mucosolvan-Inhalation mit einem elektrischen Inhalationsgerät als behandlungspflegerische Maßnahme bei Frau Özdemir.

AUFGABE 8
8 Punkte

AUFGABE 9
10 Punkte

Schätzen Sie die Bedeutung von Familiensystemen im Fall der Familie Özdemir ein (4 P.) und erstellen Sie konkrete Unterstützungsmöglichkeiten für Frau Özdemir in der aktuellen Situation (6 P.).

Mögliche Lösungen zu diesen Aufgaben finden Sie im Erwartungshorizont ➤ 17.9.1.

KAPITEL

13 Zehntes Prüfungsbeispiel

Erik Herrmann

13.1 Ⓔ Fallsituation: ambulante Langzeitpflege (100 Punkte)

Erwachsener

Fallsituation

„Das roch schlimmer als in einer Raucherkneipe"

Julia Schwartzkopf ist Auszubildende zur Pflegefachfrau und absolviert aktuell ihren Einsatz in der ambulanten Langzeitpflege in Blieskastel. Heute fährt Sie eine Tour mit der Praxisanleiterin Martina Vetter, die für die Anleitungstour den Beobachtungsschwerpunkt „Umgebungsfaktoren und daraus resultierende Veränderungen des Gesundheitszustands" festlegt. Als Erstes geht es zu Herrn Boris Putow. Julia Schwartzkopf fasst ihre Beobachtungen nach der ersten Begegnung wie folgt zusammen:

„Herr Putow lebt mit seiner Exfrau Natalie Putow zusammen. Warum sie noch zusammenleben und sie sich das mit ihrem Exmann antut, habe ich jedoch nicht verstanden. Aber das geht mich auch nichts an. Ich fand die Wohnung sehr unangenehm. Am liebsten wäre ich beim Betreten sofort wieder rausgegangen. Es roch schlimmer als in einer Raucherkneipe. Neben dem Gestank von Wodka, Bier und Zigarettenrauch sah es auch fürchterlich aus. Überall lag Müll herum, es gab kaum Möbel. In der Dokumentation habe ich die Pflegediagnose,

Der Patient empfindet ein Verlangen, Suchtstoffe zu konsumieren' gefunden. Frau Putow berichtete mir, dass ihr aus Russland stammender Exmann schon seit seiner Jugend regelmäßig Wodka in großen Mengen konsumiert. Früher waren mehrmals in der Woche seine russischen Freunde da und tranken teilweise bis zur Bewusstlosigkeit. Aus ihrer Sicht ist das auch der Grund, warum er seiner Arbeit als Dachdecker nicht mehr nachgehen kann. Ich finde das schrecklich – mit nur 52 Jahren ist er ein Pflegefall, der nicht zur Ruhe kommt, abends nicht ohne Alkohol einschlafen kann und seine Ausscheidungen nicht immer im Griff hat. Er sieht keine Notwendigkeit, sich richtig zu waschen, und seine chronische Wunde am rechten Unterschenkel verheilt bei den hygienischen Zuständen auch nicht. Trotz regelmäßigen Spülens mit Prontosan, Abdecken mit Mullkompressen und Verbinden werden die Wunden am Unterschenkel immer größer und sind eitrig belegt. Wenn wir nicht wenigstens zum Verbandwechsel kommen würden, würde er noch mehr verwahrlosen, und Frau Putow scheint sich nach körperlichen Übergriffen auch nur widerwillig um ihren Exmann kümmern zu wollen. Ich finde die Situation ganz schön krass. Können wir uns darüber nachher noch mal in Ruhe unterhalten?“

Als Julia die gesammelten Beobachtungen mit ihrer Praxisanleiterin auswertet, weist sie diese darauf hin, dass jeder Pflegebedürftige gleich und ohne Vorbehalte zu pflegen ist.

Als Julia und Martina am nächsten Tag wieder zu Herrn Putow kommen, finden sie ihn bewusstlos auf dem Boden liegen, neben sich mehrere Bier- und eine Wodkaflasche. Sie müssen schnell handeln und Notfallmaßnahmen einleiten.

13.2 Aufgaben

AUFGABE 1
12 Punkte

Die Alkoholsucht ist der Ausgangspunkt für Herrn Putows gesundheitliche Einschränkungen. Nennen Sie sechs Symptome von Herrn Putow, die mit der Alkoholsucht in Verbindung gebracht werden können (6 P.), und begründen Sie diese jeweils (6 P.).

AUFGABE 2
10 Punkte

Erklären Sie, warum es oftmals schwierig ist, alkoholabhängige Menschen wie Herrn Putow bei täglichen Verrichtungen zu unterstützen und sie dazu zu beraten.

AUFGABE 3
16 Punkte

Erklären Sie die Komplikationen, die bei Herrn Putow durch die Alkoholintoxikation bereits bestehen oder noch entstehen können.

AUFGABE 4
10 Punkte

Beschreiben Sie Maßnahmen im Rahmen der Ersten Hilfe vom Auffinden des bewusstlosen Herrn Putow bis zum Eintreffen des Rettungsdienstes.

AUFGABE 5
8 Punkte

Begründen Sie den Zusammenhang zwischen der Alkoholintoxikation und der Bewusstlosigkeit in der aktuellen Situation, indem Sie auf die Wirkungsweise des Alkohols eingehen.

AUFGABE 6
8 Punkte

Ihnen ist bewusst, dass Herrn Putows täglicher Alkoholkonsum seine Gesundheit gefährdet. Beschreiben Sie die bestehende ethische Konfliktsituation unter Zuhilfenahme der passenden ethischen Prinzipien.

AUFGABE 7
6 Punkte

Julia nimmt das direkte Wohnumfeld von Herrn Putow als sehr unhygienisch wahr. Erläutern Sie die Zusammenhänge zwischen einer unhygienischen Umgebung und einer erhöhten Infektionsgefahr.

AUFGABE 8
15 Punkte

Beschreiben Sie Möglichkeiten, Herrn Putows Exfrau in die Pflege mit einzubeziehen (10 P.), und bewerten Sie, ob dies eine gute Idee ist (5 P.).

AUFGABE 9
15 Punkte

Beschreiben Sie den standardisierten Verbandwechsel am rechten Unterschenkel von Herrn Putow.

Mögliche Lösungen zu diesen Aufgaben finden Sie im Erwartungshorizont ➤ 17.10.1.

KAPITEL

14 Elftes Prüfungsbeispiel

Anke Knebel

14.1 Ⓚ Fallsituation: stationäre Akutpflege (100 Punkte)

Kind

Fallsituation

„Tooor!"

Sie arbeiten als Pflegefachperson im Städtischen Krankenhaus Görlitz. Heute, am Sonntag, haben Sie Spätdienst auf der Kinderstation. Gerade wird die zehnjährige Anni Brüdiger vom Aufwachraum auf Ihre Station gebracht.

Anni hatte sich am Nachmittag beim Fußballspiel offene Frakturen am linken Unterarm zugezogen. Da beide Knochen disloziert waren, musste sie operiert werden. Die OP verlief komplikationslos. Ihr wurden zwei Fixateure externe angebracht. Die beiden Drainagen sollen in den nächsten 2 Stunden alle 30 Minuten kontrolliert werden. Der Wechsel des Wundverbands erfolgt am 2. postoperativen Tag. Bis dahin sind eine allgemeine Beobachtung und die Sichtkontrolle des Verbands angeordnet. Bei Schmerzen kann Anni Ibuprofen® 200 mg alle 6 Stunden oral als Tabletten bekommen. Für die nächsten 2 Stunden wurde die halbstündliche Kontrolle der Vitalwerte angeordnet. Anschließend soll für 2 Stunden eine stündliche Kontrolle erfolgen.

Bevor Sie die ärztlichen Anordnungen ausarbeiten, beschließen Sie, als Erstes zu Ihrer kleinen Patientin zu gehen. Deren Eltern sind auf dem Weg, aber bislang noch nicht eingetroffen. Von der Narkose noch etwas benommen, schaut Anni Sie an und fragt: „Was ist denn mit meinem Arm passiert? Und was sind da für komische Stäbe drin? Ich habe Durst! Kann ich bitte was trinken?" Sie kontrollieren zuerst die Vitalwerte und reichen Anni anschließend ein Getränk. Aus der Übergabe vom Aufwachraum wissen Sie, dass Anni bereits dort schluckweise getrunken hat. Anni klagt nach dem Trinken über starke Schmerzen, wenn sie ihren operierten Arm bewegt, und ihr laufen ein paar Tränen übers Gesicht. Auf einer Schmerzskala von 0 bis 10 ermitteln Sie einen Wert von 8 bis 9. Die Vitalwerte befinden sich im Normbereich.

Inzwischen sind auch die Eltern eingetroffen. Der besorgte Vater bestürmt Sie mit Fragen: „Schwester, wie geht es meiner Tochter? Wird sie wieder richtig gesund? Wie lange bleiben die Stäbe im Arm? Wird sie mit diesen entlassen? Keine Ahnung, wie das gehen soll!“ Auch Anni ist ratlos, da sie sich nicht vorstellen kann, wie sie sich als Linkshänderin nun anziehen und wie sie essen soll. Ihre Eltern wollen sie gern unterstützen. Allerdings arbeitet der Vater auf Montage und ist nur an den Wochenenden zu Hause. Annis Mutter ist mit einem Geschwisterchen am Ende des achten Monats schwanger. Beide fragen Sie, inwiefern eine Unterstützung möglich wäre. „Wie sollen wir das denn machen, wenn das Baby kommt und Anni auch noch Hilfe benötigt? Wir sind ratlos. Können Sie uns nicht helfen?“

14.2 Aufgaben

AUFGABE 1
15 Punkte

Analysieren Sie die Handlungssituation hinsichtlich der akuten Schmerzen der Patientin (5 P.). Erklären Sie, wie Sie den Pflegeprozess in der aktuellen Situation gestalten werden (10 P.).

AUFGABE 2
15 Punkte

Erklären Sie den Prozess der Wundheilung (10 P.). Gehen Sie auf mögliche Komplikationen bei Anni ein (5 P.).

AUFGABE 3
15 Punkte

Arbeiten Sie die ärztlichen Anordnungen heraus (5 P.). Beschreiben Sie den Ablauf einer fachgerechten Wundversorgung bzw. eines fachgerechten Verbandwechsels (10 P.).

AUFGABE 4
20 Punkte

Während des Fußballspiels ist Anni gestürzt und hat eine Fraktur am Unterarm erlitten. Begründen Sie, warum diese Frakturform einen Notfall darstellt (10 P.). Geben Sie fünf verschiedene Frakturarten an (5 P.) und nennen Sie fünf sichere Frakturzeichen (5 P.).

AUFGABE 5
15 Punkte

Erklären Sie den Eltern Möglichkeiten, ihre Tochter nach ihrer Entlassung zu Hause bei der Körperpflege und Ernährung zu unterstützen (10 P.). Nennen Sie dabei zu beachtende hygienische Maßnahmen (5 P.).

AUFGABE 6
10 Punkte

Erläutern Sie die ethischen Prinzipien, nach denen Anni gepflegt werden soll. Beachten Sie dabei insbesondere das Prinzip von Autonomie und Selbstbestimmung.

AUFGABE 7
10 Punkte

Annis Eltern befinden sich aktuell in einer belastenden Situation. Beschreiben Sie Möglichkeiten, wie die Eltern mit dieser Situation umgehen können, und nennen Sie mögliche Lösungsansätze.

Mögliche Lösungen zu diesen Aufgaben finden Sie im Erwartungshorizont ➤ 17.11.1.

KAPITEL

15 Zwölftes Prüfungsbeispiel

Mandy Schilling

15.1 Ⓐ Fallsituation: stationäre Langzeitpflege (100 Punkte)

Älterer Mensch

Fallsituation

„Seine PEG ist ihm peinlich"

Der 76-jährige Josef Müller lebt seit dem Tod seiner Frau vor 2 Jahren im Pflegeheim. Dort wird er regelmäßig von seinen alten Freunden aus dem Kegelclub und von seinen beiden Söhnen besucht. Klaus, der ältere der beiden Söhne, hat die Vorsorgevollmacht und Betreuungsverfügung für seinen Vater. Es gibt deswegen aber keinen Streit in der Familie, alle verstehen sich gut. Überhaupt ist dem aufgeschlossenen Herrn Müller ein harmonisches Miteinander wichtig, und ohne seine Söhne hätte er den Tod seiner Frau nicht so gut verkraftet. Vor ca. 10 Wochen erlitt Herr Müller einen großen Mediainfarkt (Hirninfarkt). Er kam zur intensivmedizinischen Behandlung sofort ins örtliche Krankenhaus und wurde von dort nach 4 Wochen in eine Rehabilitationseinrichtung überführt. Nach 6 Wochen Reha ist für den heutigen Vormittag seine Rückkehr ins Pflegeheim geplant.

Bei der Übergabe des Frühdienstes geben Sie als verantwortliche Pflegefachperson die wichtigsten Details an Ihre Kolleginnen und Kollegen weiter: „Herr Müller hatte nach seinem Schlaganfall mit einer Aphasie, einer ausgeprägten rechtsseitigen arm- und beinbetonten Hemiparesesymptomatik sowie einer ausgeprägten Dysphagie zu kämpfen. Nach meinem letzten Telefonat mit der Reha weiß ich nun, dass sich die Aphasie gebessert hat und kaum noch Spracheinschränkungen vorliegen. Allerdings blieb die rechtsseitige Lähmung bestehen, und auch die Schluckbeschwerden sind so massiv geblieben, dass Herrn Müller bereits im Krankenhaus eine PEG gelegt wurde. Er wird mit dieser zu uns kommen, doch er hadert damit sehr, lehnt sie ab und zieht sich zunehmend sozial zurück, weil sie ihm peinlich ist. Um den Einstichkanal haben sich wohl auch erste Infektionszeichen gebildet. Wir müssen uns entsprechend darauf einstellen.“ Mit diesen Worten beenden Sie die Übergabe und beginnen mit den letzten Vorbereitungen für Herrn Müllers Rückkehr.

15.2 Aufgaben

AUFGABE 1
8 Punkte

Analysieren Sie tabellarisch die vorliegende Handlungssituation nach biografisch-familiären, sozialen, emotionalen und aktuellen pflegerelevanten Aspekten von Herrn Müller. Geben Sie für jeden Bereich zwei Aspekte an.

Biografisch-familiäre Aspekte	Soziale Aspekte	Emotionale Aspekte	Pflegerelevante Aspekte

AUFGABE 2
20 Punkte

Entwerfen Sie für vier aktuelle Probleme eine komplette, übersichtlich gestaltete Pflegeplanung.

Pflegeproblem	Ressource	Pflegeziel	Pflegemaßnahmen

AUFGABE 3
8 Punkte

Ordnen Sie den vier Pflegeproblemen aus Aufgabe 2 je ein passendes ganzheitliches Strukturelement (ATL, ABEDL, SIS-Modul) zu und begründen Sie Ihre Auswahl.

AUFGABE 4
4 Punkte

Herr Müller hadert mit seiner PEG-Anlage und möchte sie zeitnah wieder „loswerden". Erläutern Sie das Dilemma, in welchem sich a) Herr Müller (2 P.) und b) Sie sich als Pflegefachperson (2 P.) befinden.

AUFGABE 5
10 Punkte

Beschreiben Sie fünf wichtige Aspekte, die bei der Medikamentengabe über die PEG für Sie als Pflegefachperson zu berücksichtigen sind, und begründen Sie diese jeweils.

AUFGABE 6
8 Punkte

Erklären Sie die Grundsätze des Bobath-Konzepts bei Schlaganfallpatienten mit Hemiparese (4 P.) und nennen Sie vier Prinzipien, die bei der Pflege zu beachten sind (4 P.).

AUFGABE 7
12 Punkte

Nennen Sie die fünf typischen Anzeichen, die für eine Entzündung sprechen, in deutscher sowie lateinischer Fachsprache (10 P.) und erklären Sie den Unterschied zwischen exogener und endogener Infektion (2 P.).

AUFGABE 8
30 Punkte

Erklären Sie den standardmäßigen Verbandwechsel bei einer PEG-Anlage, indem Sie die Arbeitsschritte der Vorbereitung einschließlich der Grundsätze des Verbandwechsel bei einer PEG, die benötigten Materialien, die Durchführung in Einzelschritten und die Nachbereitung beschreiben (25 P.). Fassen Sie in einem zweiten Schritt die wichtigsten Punkte der Durchführung des PEG-Verbandwechsels bei einer entzündeten Eintrittsstelle wie bei Herrn Müller vorliegend zusammen (5 P.).

Mögliche Lösungen zu diesen Aufgaben finden Sie im Erwartungshorizont ➤ 17.12.1.

IV Trainingsfinale
Powerpack, 360 Minuten

IV

KAPITEL

16 Prüfungsbeispiele für alle drei Prüfungstage – Kompetenzbereiche

16.1 Prüfungsbeispiel Tag 1 (100 Punkte)

Maren Höpfner

Diese Aufgabe finden Sie auch im Band Bikas, Böhmer-Breuer: Prüfung Pflegefachperson schriftlich – Tag 1 (ISBN 978-3-437-25039-2).

Fallsituation

„Ich werde für immer verstümmelt aussehen"

Walli Sulaiman ist 7 Jahre alt und an einem Samstagnachmittag mit seiner Familie im städtischen Park unterwegs. Wallis Vater bereitet auf einem Grill das Abendessen vor. Da es sehr windig ist, nimmt der Vater flüssigen Grillanzünder. Beim Anzünden entsteht eine große Stichflamme, die Walli im Gesicht, an den Oberarmen und am Oberkörper trifft und zu schweren Verbrennungen führt. Sabrina Meyer, eine Pflegefachfrau im Feierabend, wird auf den Unfall aufmerksam und leistet Erste Hilfe.

Die Mutter Sakina Sulaiman wählt währenddessen den Notruf. Walli wird mit seinen Verletzungen in die nächstgrößere Kinderklinik mit einer Verbrennungseinheit geflogen. Dort wird er sofort operiert und versorgt. Noch im Operationssaal erhält Walli einen zentralen Venenkatheter, eine Magenablaufsonde und einen transurethralen Blasenkatheter.

Sie betreuen Walli Sulaiman seit ein paar Tagen auf der kinderchirurgischen Station. Sie haben Spätdienst. Walli klingelt direkt nach Ihrem Dienstbeginn und bittet um ein Schmerzmittel. Die Mutter ist seit dem Unfall nicht von Wallis Seite gewichen und schnauzt Sie an: „Nun machen Sie schon, er hat Schmerzen. Und bringen Sie das richtige Medikament mit!" Ohne eine Antwort zu geben, verlassen Sie das Zimmer.

Da in der nächsten halben Stunde der aseptische Verbandwechsel ansteht, verabreichen Sie das verordnete Bedarfsmedikament der WHO-Stufe 3. Sie bringen das Medikament ins Zimmer und versuchen Walli für den bevorstehenden Verbandwechsel zu motivieren. Walli dreht sich weg und nuschelt: „Ich werde für immer verstümmelt aussehen. Alle werden mich in der Schule als Monster bezeichnen. Lasst mich bloß alle in Ruhe." Sie zeigen Walli eine lange Narbe an Ihrem Arm und sagen: „Dann machen wir eine Monster-AG auf. Ich zeige dir gleich noch, wie du dich vor dem Verbandwechsel entspannen kannst." Walli fängt an zu lächeln. Er fragt: „Kennst du auch etwas, was gegen mein Jucken hilft?" Sie antworten direkt mit „Na klar", und dann machen Sie beide die Powerpose zur Motivationsförderung und zur Angstreduzierung. Sie bemerken, dass Walli sich entspannt hat, und fragen ihn: „Wollen wir nun mit dem Verbandwechsel loslegen?"

Als Sie sich zur Mutter umdrehen, um diese in der Pflegesituation anzuleiten, beginnt Frau Sulaiman zu weinen: „Dieser Unfall ruiniert noch meine ganze Familie! Wie lange muss mein Sohn eigentlich noch diesen Kompressionsanzug tragen?"

16.2 Aufgaben

AUFGABE 1
12 Punkte

Erläutern Sie vier vorrangige Pflegeprobleme (8 P.) und jeweils eine passende Ressource (4 P.) zu der Fallsituation von Walli Sulaiman.

AUFGABE 2
8 Punkte

Arbeiten Sie zu den in Aufgabe 1 genannten Pflegeproblemen je zwei Pflegeziele heraus (je 4 P.).

AUFGABE 3
10 Punkte

Entwickeln Sie für Walli Sulaiman aus zwei der oben genannten Pflegeprobleme (Aufgabe 1) jeweils fünf pflegerische Maßnahmen, die zum Erhalt und zur Wiedererlangung von Wallis Alltagskompetenz beitragen (je 2 P.).

AUFGABE 4
8 Punkte

Nennen Sie zwei weitere Informationen, welche Sie zur Gesamteinschätzung der Pflegesituation von Walli Sulaiman und seiner Familie benötigen (4 P.). Erläutern Sie, warum die ausgewählten Informationen handlungsrelevant sind (4 P.).

AUFGABE 5
4 Punkte

Nennen Sie vier Maßnahmen, die Sabrina Meyer im Rahmen der Ersten Hilfe bei Walli Sulaiman ergreift (4 P.).

AUFGABE 6
4 Punkte

Welches Assessment wählen Sie zur Schmerzbeobachtung und zur Schmerzeinschätzung für den siebenjährigen Walli aus (2 P.)? Wallis Bewusstseinslage ist nicht eindeutig erkennbar, da er noch am Unfallort sediert wurde. Begründen Sie Ihre Entscheidung (2 P.).

AUFGABE 7
4 Punkte

Nennen Sie zwei Opioide der WHO-Stufe 3, welche Sie Walli als Bedarfsmedikament geben dürften (4 P.).

AUFGABE 8
6 Punkte

Erläutern Sie zwei Entspannungsmethoden der nicht medikamentösen Schmerztherapie (2 P.) und wie diese jeweils wirken (2 P.). Nennen Sie zwei mögliche Indikationen (2 P.).

AUFGABE 9
10 Punkte

Definieren Sie den Unterschied zwischen akuten und chronischen Schmerzen nach dem passenden Expertenstandard (4 P.). Ermitteln Sie drei Prozesskriterien, welche Sie als Pflegefachperson bei Wallis Pflege beachten müssen (6 P.).

AUFGABE 10
4 Punkte

Listen Sie zwei Maßnahmen auf, welche Walli zur Linderung seiner juckreizbedingten Beschwerden verhelfen können (je 2 P.).

AUFGABE 11
4 Punkte

Beim Wechsel von Wallis Verband wird die Non-Touch-Technik angewendet. Erklären Sie das Prinzip.

AUFGABE 12
16 Punkte

Erörtern Sie zwei in der Fallsituation vorkommende Aspekte der gelungenen Kommunikation (je 4 P.) sowie zwei Kommunikationsbarrieren in der Interaktion und Beziehungsgestaltung (je 4 P.).

AUFGABE 13
6 Punkte

Walli Sulaiman und seine Mutter werden von Ihnen noch in der Versorgung mit dem Kompressionsanzug angeleitet. Nennen Sie eine weitere Berufsgruppe, welche Sie hinzuziehen können (2 P.), und erklären Sie vier pflegerische Maßnahmen im korrekten Umgang mit dem Kompressionsanzug (4 P.).

AUFGABE 14
4 Punkte

„Dieser Unfall ruiniert noch meine ganze Familie!" Setzen Sie sich mit dieser Aussage auseinander und geben Sie zwei verschiedene Interpretationen an (je 2 P.).

Mögliche Lösungen zu diesen Aufgaben finden Sie im Erwartungshorizont ➤ 17.13

16.3 Prüfungsbeispiel Tag 2 (100 Punkte)

Verena Bikas

Diese Aufgabe finden Sie auch im Band Bikas, Regnet: Prüfung Pflegefachperson schriftlich – Tag 2 (ISBN 978-3-437-25035-4).

Fallsituation

Wenn Helfen zum Verhängnis wird

Sie arbeiten seit 2 Jahren als Pflegefachperson beim ambulanten Pflegedienst „Pflegeengel" in Eisfeld. Seit Beginn Ihrer Tätigkeit betreuen Sie Herrn Wiedemann, einen 72-jährigen Witwer. Daher wissen Sie, dass Herr Wiedemann in einer kleinen Wohnung mitten in der Stadt lebt und von seiner Tochter, Frau Weiß, zu Hause gepflegt wird. Sie ist zu ihrem Vater gezogen, als er pflegebedürftig wurde, da sie ihn nicht in ein Pflegeheim verlegen lassen wollte. Aus diesem Grund hat sie ihre Arbeitszeit um die Hälfte reduziert.

Ein Blick in seine Akte verrät, dass bei Herrn Wiedemann vor mehr als 2 Jahren ein interkranielles Aneurysma festgestellt wurde. Er hatte damals plötzlich starke Kopfschmerzen und wurde sehr schnell in das nahe gelegene Universitätsklinikum eingeliefert, da er nicht mehr ansprechbar war. Dort stellte man eine Subarachnoidalblutung fest. Höchstwahrscheinlich eine Folge von Herrn Wiedemanns dauerhaft entgleistem Hypertonus. Das Aneurysma wurde damals umgehend im Rahmen eines operativen Eingriffs mit einem Metallklipp verschlossen. Seither hat Herr Wiedemann eine rechtsseitige Hemiparese einschließlich Fazialisparese und eine Aphasie.

Frau Weiß kann ihren Vater nicht gut verstehen und fragt sehr oft nach. Dies ärgert Herrn Wiedemann, sodass er ihr gegenüber aggressiv wird. Sie streiten deshalb sehr oft. Mitunter auch deshalb, weil Herr Wiedemann sich bei der täglichen Mobilisation in den Stuhl nicht helfen lassen will. Er hat zwar einen Rollator, allerdings nie gelernt, sich mit diesem adäquat fortzubewegen. Ebenso wenig hat er gelernt, sich selbst an den Bettrand zu setzen. Wegen seiner Ungeduld achtet er auch nicht auf mögliche Stolperfallen. Wenn ihm seine Tochter helfen will, resigniert Herr Wiedemann und bleibt im Bett. Dies führte in letzter Zeit dazu, dass er nicht mehr aus dem Bett zu bewegen war. Seine Gelenke beginnen langsam zu versteifen, und seine Haut weist deutliche Druckstellen auf. Eine weitere Folge ist, dass Herr Wiedemann das Blasentraining aufgrund seiner Dranginkontinenz aufgab und nun harninkontinent geworden ist.

Sie kennen auch Frau Weiß sehr gut, denn nahezu bei jedem Besuch sucht sie das Gespräch mit Ihnen. Sie wirkt überfordert und ausgelaugt. Frau Weiß möchte gern alles selbst für ihren Vater tun. Die tägliche Mobilisation, Bewegungsübungen und Sprechübungen führt sie mit ihrem Vater aus, obwohl Herr Wiedemann in Pflegegrad 4 eingestuft wurde und sie dadurch Anspruch auf unterschiedliche Unterstützungsangebote hätte.

Als Ihnen Frau Weiß heute die Tür öffnet, bemerken Sie, dass sie geweint hat. Als Sie sie ansprechen, sprudelt es nur so aus ihr heraus: „Gut, dass Sie da sind. Heute lässt mein Vater mich überhaupt nicht an sich ran. Ich weiß nicht, wie ich das noch schaffen soll. Mir wird hier zu Hause alles zu viel! Ich habe keine Kraft und auch keine Lust mehr! Aber er ist doch mein Vater …“

16.4 Aufgaben

AUFGABE 1
5 Punkte

Erklären Sie Frau Weiß die Entstehung der subarachnoidalen Blutung ihres Vaters.

AUFGABE 2
8 Punkte

Arbeiten Sie im Rahmen Ihrer Beratung von Frau Weiß die Unterschiede zwischen einer Aphasie und einer Dysarthrie heraus (4 P.) und ordnen Sie ein, um welche Art von Aphasie es sich bei Herrn Wiedemann handelt (4 P.).

AUFGABE 3
8 Punkte

Erläutern Sie Frau Weiß vier mögliche Verhaltensweisen im Umgang mit ihrem Vater bezüglich der Aphasie.

AUFGABE 4
8 Punkte

Analysieren Sie Herrn Wiedemanns potenzielles Problem der Sturzgefahr anhand einer Pflegeplanung, indem Sie ein Problem formulieren sowie eine Ressource, ein Ziel und fünf geeignete Maßnahmen erfassen.

AUFGABE 5
10 Punkte

Erörtern Sie Frau Weiß, weshalb es sinnvoll wäre, ihren Vater unter kinästhetischen Gesichtspunkten zu bewegen.

AUFGABE 6
8 Punkte

Ermitteln Sie mit Frau Weiß Verhaltensweisen im Umgang mit Herrn Wiedemanns derzeitiger Situation in Bezug auf seine Hemiparese, seine Demotivation und seine Non-Adhärenz.

AUFGABE 7
12 Punkte

Schildern Sie Frau Weiß die Art der Inkontinenz ihres Vaters (3 P.) und drei mögliche Maßnahmen (3 P.), dieser entgegenzuwirken, und erklären Sie ihr sechs Auswirkungen dieser Pflegediagnose auf Herrn Wiedemann (6 P.).

AUFGABE 8
12 Punkte

Begründen Sie Therapieangebote durch drei weitere Berufsgruppen des Gesundheitswesens, die Frau Weiß bei der Versorgung ihres Vaters entlasten können.

AUFGABE 9
4 Punkte

Nennen Sie Frau Weiß die Abdeckung der Kosten für die Inanspruchnahme von Therapien weiterer Berufsgruppen des Gesundheitswesens.

AUFGABE 10
9 Punkte

Setzen Sie Frau Weiß drei weitere Unterstützungsangebote auseinander, auf welche sie als pflegende Angehörige Anspruch hat.

AUFGABE 11
7 Punkte

Entwickeln Sie unter Bezugnahme der Unterstützungs- und Erholungsangebote für pflegende Angehörige mit Frau Weiß eine Strategie für ihre Gesundheitsprävention.

AUFGABE 12
9 Punkte

Beschreiben Sie Frau Weiß die Vorteile eines Kurses für pflegende Angehörige.

Mögliche Lösungen zu diesen Aufgaben finden Sie im Erwartungshorizont ➤ 17.14.

16.5 Prüfungsbeispiel Tag 3 (100 Punkte)

Erik Herrmann

Fallsituation

„Das Leben ist nicht immer süß"

Sie arbeiten als Pflegefachperson im internistischen Bereich einer Potsdamer Klinik und betreuen heute im Frühdienst die 59-jährige Christine Papenbrook, die gestern in einem kritischen Zustand in die Notaufnahme eingeliefert wurde.

Im Aufnahmebericht lesen Sie: „Wir übernehmen Frau Ulla Papenbrook, die durch den Rettungsdienst in unsere Notaufnahme gebracht wurde. Sie war nach dem Essen von drei Stück Sahnetorte am heutigen Nachmittag im heimischen Garten plötzlich zusammengebrochen. Die in der Notfallsituation anwesenden erwachsenen Kinder hatten die missliche Lage schnell erkannt und den Rettungsdienst informiert. Dieser stellte fest, dass die Patientin sehr unruhig, schlecht ansprechbar und ihre Atmung beschleunigt war. Ihr Kopf war gerötet und Azetongeruch wahrnehmbar. Laut Aussagen der Kinder hat ihre übergewichtige Mutter keine schwerwiegenden Erkrankungen. Medikamente nehme sie gegen einen Bluthochdruck und unregelmäßig Schmerzmedikamente bei Kopfschmerzen oder auftretender Migräne.

Bei Aufnahme wurden folgende Vitalzeichen gemessen: Blutdruck: 105/65 mmHg, Puls: 110/Min., BZ: 25 mmol/l (= 450 mg/dl), Atemfrequenz: 26/Min.

Angeordnet werden eine Blutentnahme (mit Blutbild, Glukose, HbA1c, Entzündungswerte), Insulininjektion mit weiterer engmaschiger Betreuung auf der internistischen Station, Flüssigkeitszufuhr und EKG.

Nach Anpassung der BZ-Werte übergeben wir die Patientin an die internistische Station und erbitten eine weitere Beobachtung der Vitalzeichen, engmaschige Kontrolle der BZ-Werte mit ggf. weiterer Insulingabe bei Bedarf. Eine medikamentöse Einstellung des Diabetes mellitus Typ 2 erscheint notwendig und sinnvoll."

Sie haben vor, Frau Papenbrook erst mal kennenzulernen, um den pflegerischen Unterstützungsbedarf zu erfassen. Des Weiteren sind sowohl der Blutzucker als auch Blutdruck und Puls 4 × täglich zu messen. Auf Ihrer Station sind in diesem Zusammenhang im Frühdienst eine Messung gegen 7:00 Uhr und eine weitere gegen 11:00 Uhr üblich. Außerdem wollen Sie versuchen, von Frau Papenbrook weitere

Informationen im Rahmen der pflegerischen Aufnahme zu erfahren, weil diese am Vortag nicht abgeschlossen werden konnte. Zudem wollen Sie Frau Papenbrook und ihre Kinder, die im Laufe des Vormittags erscheinen wollen, zum Krankheitsbild Diabetes informieren. Im Tagesverlauf ist außerdem die Durchführung des oralen Glukosetoleranztests angedacht. Diesen Test sollen Sie vorbereiten und die Patientin über die Durchführung aufklären.

Als Sie Frau Papenbrook kennenlernen, erscheint Ihnen diese mit ihrer gesundheitlichen Situation überfordert. Sie sagt zu Ihnen: „Dann muss ich wohl in Zukunft genauer aufpassen, was ich esse, damit das nicht wieder passiert. Aber ich esse doch so gern süße Sachen und werde auf das Naschen kaum verzichten können. Eines habe ich gestern gelernt: Das ist Leben ist wohl nicht immer süß.“

16.6 Aufgaben

AUFGABE 1
15 Punkte

Beraten Sie Frau Papenbrook und ihre Kinder zum Krankheitsbild Diabetes mellitus. Gehen Sie dabei nur auf Ursachen, Symptome und Komplikationen ein.

AUFGABE 2
10 Punkte

Erklären Sie therapeutische Ansätze beim Diabetes mellitus Typ 2, wie er bei Frau Papenbrook festgestellt werden kann.

AUFGABE 3
15 Punkte

Stellen Sie die Bedeutung der familiären Unterstützung bei Frau Papenbrook im Zusammenhang mit einer notwendigen Ernährungsumstellung dar.

AUFGABE 4
20 Punkte

Der Rettungsdienst fand Frau Papenbrook mit einer Überzuckerung (Hyperglykämie) auf. Begründen Sie, warum es sich bei der Hyperglykämie um einen Notfall handelt (4 P.). Bewerten Sie die in der Notaufnahme gemessenen Vitalwerte (9 P.). Beschreiben Sie den Angehörigen die Maßnahmen, die sie ergreifen müssen, wenn es erneut zu einer solchen Situation kommen sollte (7 P.).

AUFGABE 5
10 Punkte

Frau Papenbrook hat einen Konflikt, da sie sehr gern süße Lebensmittel isst, nun aber größtenteils darauf verzichten soll. Ordnen Sie beiden Argumenten jeweils ein ethisches Prinzip zu und beschreiben Sie dieses Prinzip kurz (6 P.). Beraten Sie Frau Papenbrook zur empfohlenen Ernährungsumstellung (4 P.).

AUFGABE 6
10 Punkte

Bei Frau Papenbrook soll ein oraler Glukosetoleranztest durchgeführt werden. Erklären Sie das Ziel und die Durchführung dieses Testverfahrens.

AUFGABE 7
14 Punkte

Beschreiben Sie die Durchführung der kapillaren Blutzuckermessung bei Frau Papenbrook.

AUFGABE 8
6 Punkte

Erklären Sie Frau Papenbrook die Bedeutung der hygienischen Arbeitsweise bei der kapillaren Blutzuckermessung (3 P.) und listen Sie drei Folgen einer unhygienischen BZ-Messung auf (3 P.).

Mögliche Lösungen zu diesen Aufgaben finden Sie im Erwartungshorizont ➤ 17.15.

V Zu guter Letzt – Erwartungshorizonte

KAPITEL

17 Erwartungshorizonte

17.1 Erstes Prüfungsbeispiel

Anke Knebel

17.1.1 Fallsituation: stationäre Langzeitpflege (➢ Kap. 4.1)

1. Analysieren Sie die Handlungssituation hinsichtlich der Notfallsituation, in der sich Frau Wusel befand (5 P.), und schätzen Sie mögliche Folgen für die Bewohnerin ab (5 P.). 10 Punkte

Aus folgenden Gründen handelt es sich um eine Notfallsituation:
Eine Notfallsituation stellt eine drohende Gefährdung der körperlichen Unversehrtheit des Menschen dar. Frau Wusels physische wie auch psychische Gesundheit ist durch den Sturz gefährdet bzw. beeinträchtigt. Sie erlitt dadurch Schürfwunden an beiden Knien sowie eine stark blutende Platzwunde am Kopf. Psychisch könnte sie in den „Teufelskreis" der Sturzangst rutschen.

Physische Gefahren bestehen für Frau Wusel hinsichtlich des Sturzes darin, dass die Platzwunde am Kopf auf ein mögliches Schädel-Hirn-Trauma hinweisen kann. Ein Schädel-Hirn-Trauma kann zu einem lebensbedrohlichen Ereignis werden und geht häufig mit Kopfschmerzen einher. Schmerzen

Kompetenzen und Operatoren

Diese Aufgabe besteht aus zwei Aufgabenteilen, die beide dem Kompetenzschwerpunkt I.4 (Anlage 2 PflAPrV) zugeordnet werden können.
Der Operator „Analysieren Sie" erfordert die systematische Untersuchung des Textes, wobei die Sachverhalte mit eigenen Worten in Sätzen strukturiert dargestellt werden. Der Operator „schätzen Sie … ein" fordert hingegen ein persönliches Ermessen mit fachlichem Bezug.

können Frau Wusel auch die Schürfwunden an beiden Knien bereiten. Zudem können Wunden u. U. einer Wundheilungsstörung unterliegen.

Psychische Gefahren bestehen in der Entstehung eines „Teufelskreises der Sturzangst". Frau Wusel wird sich aufgrund des Sturzereignisses weniger bewegen. Dies führt zu einer Rückbildung von Muskulatur, Sehnen und Bändern. Das Gleichgewicht wird weniger trainiert. Wenn Frau Wusel dann doch aufsteht und gehen möchte, wird sie sehr unsicher sein. Diese Unsicherheit begünstigt einen weiteren Sturz, sodass sie noch mehr Angst entwickelt, sich zu bewegen, und sich demzufolge auch weniger bewegt. Weniger Bewegung kann zu weniger sozialen Kontakten führen und dies wiederum zu Vereinsamung.

TIPP

Ein **Sturz** ist ein Ereignis, bei dem der Betroffene unbeabsichtigt auf dem Boden oder einer anderen tieferen Ebene aufkommt.

Kompetenzen und Operatoren

Diese Aufgabe besteht aus zwei Aufgabenteilen, die beide dem Kompetenzschwerpunkt II.3.a (Anlage 2 PflAPrV) zugeordnet werden können. Der Operator „Stellen Sie … dar" verlangt, die Strukturen und Zusammenhänge mit eigenen Worten zu beschreiben und zu verdeutlichen. Der Operator „Gehen Sie … ein" erfordert das Darstellen von Inhalten eines bestimmten Themas.

2. Stellen Sie die individuelle Patientenbetreuung von Frau Wusel unter Beachtung der ethischen Prinzipien dar (5 P.). Gehen Sie auf die Bedeutung der individuellen Pflege ein (5 P.). 10 Punkte

Individuelle Patientenbetreuung

Folgende vier Prinzipien gilt es aus ethischer Sicht in der Pflege zu beachten:

- Autonomieprinzip
- Wohltuens- bzw. Fürsorgeprinzip
- Nicht-Schadens-Prinzip
- Gerechtigkeitsprinzip

Individuelle Pflege bedeutet demnach – auch für Frau Wusel –, dass das Recht auf Selbstbestimmung *(Autonomie)* darin begründet liegt, dass sie selbstständig über bzw. bei ihrer Pflege entscheiden darf. So darf sie Brille und Hörgerät ablehnen, sollte aber dennoch über die Gefahren aufgeklärt werden, um dem Prinzip der Fürsorge gerecht zu werden. Dennoch darf ihr nach dem Prinzip des Nichtschadens z. B. die Brille nicht aufgezwungen werden, wenn sie dies vehement ablehnt. Frau Wusel erhält – wie alle anderen Bewohner auch – die für sie notwendigen und auf sie abgestimmten Unterstützungsmaßnahmen und pflegerischen Leistungen. Damit wird das Prinzip der Gerechtigkeit erfüllt.

Bedeutung der individuellen Pflege

Jeder Mensch hat unterschiedliche Wünsche und Bedürfnisse, die in seinen ganz individuellen Erfahrungen begründet sind. Das trifft ebenso auf Frau Wusel zu. In der Pflege sind ihre ganz individuellen Wünsche und Bedürfnisse zu berücksichtigen. Diese werden sorgsam gegen die ethischen Prinzipien der Pflege abgewogen. Sofern kein Schaden für Frau Wusel zu erwarten ist, werden ihre Wünsche entsprechend umgesetzt. Frau Wusel ist noch sehr selbstständig und kümmert sich auch um ihre Pflege selbst. Da sie nun durch die Folgen des Sturzes eingeschränkt ist, kann ihr Unterstützung in Form von Anleitung bzw. teilweiser Übernahme von Tätigkeiten während der Grundpflege angeboten werden. Somit fühlt sie sich unterstützt, aber nicht bevormundet.

TIPP

Die **vier ethischen Prinzipien** wurden von den Wissenschaftlern Tom L. Beauchamp und James F. Childress 1979 formuliert und können als Fundament der Pflegeethik angesehen werden.

3. Erklären Sie die Wirkungsweise von Schmerzmitteln (5 P.). Nennen Sie das Stufenschema der WHO (5 P.). 10 Punkte

Wirkungsweise von Schmerzmitteln

Die Wirkungsweise von Schmerzmitteln, auch Analgetika genannt, können unterschieden werden in nicht opioide und opioide Schmerzmittel. Die nicht opioiden Schmerzmittel blockieren die COX-Enzyme. Somit wird der Botenstoff Prostaglandin nicht mehr hergestellt und das Schmerzsignal zum Gehirn kann nicht ausgelöst werden. Die opioiden Schmerzmittel binden dagegen direkt an den Rezeptoren im zentralen Nervensystem wie Gehirn bzw. Rückenmark und an den Rezeptoren im peripheren Nervensystem. Opioide kann der Körper auch als sogenannte Endorphine selbst herstellen. Opioide Analgetika fallen unter das Betäubungsmittelgesetz, da sie oft ein hohes Abhängigkeitspotenzial besitzen.

Stufenschema nach WHO

Laut WHO werden auf der ersten Stufe Nicht-Opioid-Analgetika (ggf. zusätzlich Co-Analgetika) verabreicht. Sollte diese Gabe nicht (mehr) ausreichend sein, werden auf Stufe zwei niederpotente Opioid-Analgetika und Nicht-Opioid-Analgetika verordnet. Auch hier können ggf. zusätzlich Co-Analgetika verabreicht werden. Auf der dritten Stufe des WHO-Stufenschemas werden hochpotente Opioid-Analgetika und Nicht-Opioid-Analgetika verordnet. Ebenfalls ist die zusätzliche Gabe von Co-Analgetika möglich.

Kompetenzen und Operatoren

Diese Aufgabe besteht aus zwei Aufgabenteilen, die beide dem Kompetenzschwerpunkt III.2.b (Anlage 2 PflAPrV) zugeordnet werden können.
Der Operator „Erklären Sie" erfordert, die Informationen durch eigenes Wissen und eigene Einsichten in einen begründeten Zusammenhang zu stellen. Der Operator „Nennen Sie" verlangt, dass Informationen stichpunktartig aufgelistet werden.

4. Beschreiben Sie eine standardisierte Wundversorgung (5 P.). Nennen Sie die Kriterien der Wundeinschätzung (5 P.). 10 Punkte

Standardisierte Wundversorgung

Eine standardisierte Wundversorgung erfolgt nach dem Standard der jeweiligen Einrichtung und unter Berücksichtigung der ärztlichen Anordnung. Gegebenenfalls wird ein Wundmanager hinzugeholt.

Nach der ersten äußeren Einschätzung der Wunde desinfiziert sich die Pflegefachperson ihre Hände und zieht Schutzhandschuhe an. Sofern erforderlich, müssen bei einer frischen Wunde starke Blutungen gestillt werden, während bei bestehenden Wunden der alte Wundverband abgelöst und verworfen wird. Wenn nötig, wird die Wunde mit einer Wundspüllösung so lange gespült, bis z. B. keine Fremdkörper mehr sichtbar sind. Anschließend wird die Wunde mit einer geeigneten Wundauflage abgedeckt und diese fixiert, sofern sie nicht selbsthaftend ist.

Kompetenzen und Operatoren

Diese Aufgabe besteht aus zwei Aufgabenteilen, die beide dem Kompetenzschwerpunkt III.2.e (Anlage 2 PflAPrV) zugeordnet werden können.
Der Operator „Beschreiben Sie" fordert, dass wesentliche Informationen aus dem Text bzw. Ihrem Wissen zusammenhängend und schlüssig mit eigenen Worten wiedergegeben werden. Der Operator „Nennen Sie" verlangt, dass Informationen stichpunktartig aufgelistet werden.

Kriterien der Wundeinschätzung
- Wundort
- Wundart
- Wundgröße
- Wundfläche
- Wundtiefe
- Wundrand
- Wundumgebung
- Wundgeruch
- Wundexsudat
- Von der Wunde ausgehende Schmerzen

ACHTUNG
Bei der notfallmäßigen Erstversorgung einer Wunde ist keine ärztliche Anordnung notwendig. Die Wundbehandlung beschränkt sich auf das sterile Abdecken der Wunde inklusive Befestigen, z. B. mit Pflaster oder Mullbinde, und der Dokumentation. Die Wunde sollte im Anschluss schnellstmöglich einem Arzt vorgestellt werden und die weitere Versorgung entsprechend der Anordnung und dem Hausstandard zur Wundversorgung erfolgen.

Kompetenzen und Operatoren
Diese Aufgabe besteht aus zwei Aufgabenteilen, die beide dem Kompetenzschwerpunkt II.3.a, b (Anlage 2 PflAPrV) zugeordnet werden können.
Der Operator „Nennen Sie" erfordert, dass Informationen stichpunktartig aufgelistet werden. Der Operator „Erklären Sie" verlangt, die Informationen durch eigenes Wissen und eigene Einsichten in einen begründeten Zusammenhang zu stellen.

5. Mittels eines Gesprächs wollen Sie Frau Wusels aufgeregte Tochter unterstützen. Nennen Sie die Informationen, die Sie ihr geben (5 P.).
Erklären Sie, was in der Kommunikation mit ihr zu beachten ist (5 P.). 10 Punkte

ACHTUNG
Denken Sie an die rechtlichen Vorgaben, die z. B. in der Pflegecharta verankert sind. Nicht alle Daten dürfen ohne Einwilligung der Bewohnerin an die Tochter weitergegeben werden.

Informationen an die Tochter
- Allgemeines aktuelles Befinden von Frau Wusel
- Auffinden von Frau Wusel und beobachtete Folgen
- Eingeleitete Maßnahmen wie Wundversorgung und Notruf
- Krankenhausaufenthalt
- Weitere geplante Maßnahmen, z. B. Neuerfassung des Sturzrisikos
- Beratungsgespräch, z. B. zu einer Brille

Bei der Kommunikation zu beachten
Eine gute fachliche und emotionale Vorbereitung auf das Gespräch gibt Sicherheit. Beim Gespräch mit der Tochter werden die kommunikativen Grundregeln eingehalten. In einem ruhigen und separaten Raum werden der Tochter die notwendigen Informationen mitgeteilt, und es wird auf ihre Fragen eingegangen. Um Missverständnissen vorzubeugen, werden die vier Seiten einer Nachricht beachtet. Blickkontakt kann Vertrauen schaffen. Aktives Zuhören, Paraphrasieren und Verbalisieren unterstützen eine positive Kommunikation. Bei eventuellen Vorwürfen und Provokationen vonseiten der Tochter wird sachlich argumentiert. Das Gespräch wird dokumentiert.

IMPULS

Die kommunikativen Grundhaltungen sind in allen Bereichen des Lebens, nicht nur in der Pflege, anwendbar. Überprüfen Sie Ihre Kommunikation im Alltag. Wann fällt es Ihnen leicht, nach diesen Regeln zu kommunizieren, und wann nicht? Reflektieren Sie sich selbst.

Zu den **Grundregeln der Kommunikation** gehören z. B.:

- Wertschätzung gegenüber dem Gesprächspartner
- Glaubwürdige Kommunikation
- Kein Zeitdruck beim Gespräch
- Gewaltfreie Kommunikation
- Missverständnisse durch Rückfragen reduzieren

LITERATUR

1. Evangelischer Fachverband für Arbeit und soziale Integration (EFAS). Grundlagen Kommunikation und Kommunikationstechniken. Handout. Aus: www.efas-web.de/files/teges/Teges_Handout_Kommunikation_FINAL_SCREEN.pdf (letzter Zugriff: 20.7.2023).
2. Stiftung ZQP. Pflege-Charta. Schulungsmaterial. Aus: www.zqp.de/angebot/pflege-charta (letzter Zugriff: 20.7.2023).

17.1.2 Fallsituation: ambulante Langzeitpflege (➢ Kap. 4.3)

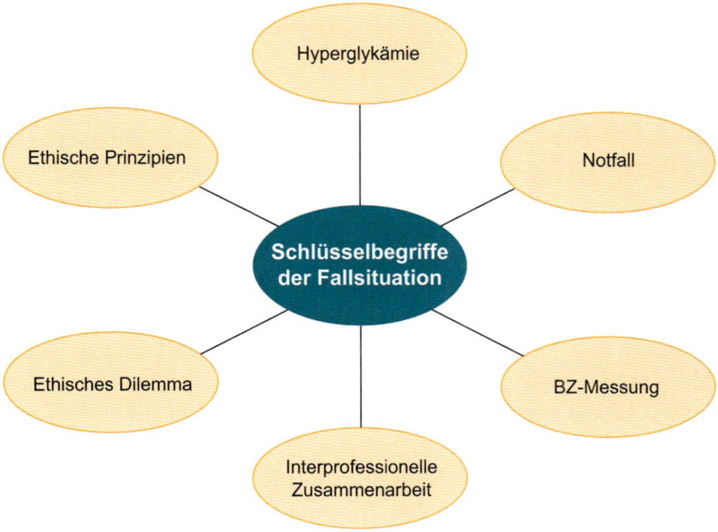

Kompetenzen und Operatoren

Diese Aufgabe besteht aus zwei Aufgabenteilen, die beide dem Kompetenzschwerpunkt I.4 (Anlage 2 PflAPrV) zugeordnet werden können. Der Operator „Erklären Sie" erfordert, die Informationen durch eigenes Wissen und eigene Einsichten in einen begründeten Zusammenhang zu stellen. Der Operator „Beschreiben Sie" verlangt, dass wesentliche Informationen aus dem Text bzw. Ihrem Wissen zusammenhängend und schlüssig mit eigenen Worten wiedergegeben werden.

1. Erklären Sie, warum eine Hyperglykämie einen Notfall darstellt (5 P.). Beschreiben Sie Ihr weiteres Vorgehen während des Notfalls (5 P.). 10 Punkte

Hyperglykämie

Hyperglykämie bezeichnet den erhöhten Blutzuckerspiegel nüchtern über 5,5 mmol/l (100 mg/dl) bzw. 2 Stunden nach dem Essen über 7,8 mmol/l (140 mg/dl). Die Klientin hat ein verstärktes Durstgefühl und einen erhöhten Harndrang, weil der Körper versucht, den hohen Zuckergehalt im Blut über vermehrtes Wasserlassen auszuscheiden. Bei zu starkem Wasserverlust kann es zu einer gefährlichen Verschiebung im Mineralhaushalt kommen. Die **diabetische Ketoazidose** ist eine schwere Stoffwechselentgleisung, die einen Notfall darstellt, da sie zu einem Koma führen kann.

Vorgehen im Notfall

Durch die Messung des BZ wurden die hohen Werte festgestellt. Als Erstes sollte die Klientin viel zu trinken angeboten bekommen. Zudem darf sie jetzt keine weiteren süßen Nahrungsmittel zu sich nehmen. Es erfolgt sofort eine telefonische Information der Hausärztin. Mit ihr werden weitere Maßnahmen abgestimmt. Der BZ muss in kurzen Abständen wiederholt gemessen und ggf. der Notarzt gerufen werden.

IMPULS

Vergleichen Sie die Ursachen und Symptome der Hyperglykämie des Diabetes mellitus Typ 1 mit denen des Typs 2.

Kompetenzen und Operatoren

Diese Aufgabe besteht aus zwei Aufgabenteilen, die beide dem Kompetenzschwerpunkt I.4 (Anlage 2 PflAPrV) zugeordnet werden können. Der Operator „Nennen Sie" erfordert, dass Informationen stichpunktartig aufgelistet werden. Der Operator „Erklären Sie" verlangt, die Informationen durch eigenes Wissen und eigene Einsichten in einen begründeten Zusammenhang zu stellen.

2. Nennen Sie die typischen Symptome einer Hyperglykämie (5 P.). Erklären Sie weitere mögliche Strategien im Umgang mit der Erkrankung Diabetes mellitus Typ 2, wie sie bei Frau Götlich entstehen kann (5 P.). 10 Punkte

Symptome

Typische Symptome sind bei Frau Götlich Müdigkeit, Erschöpfung, vermehrtes Wasserlassen, verstärktes Durstgefühl und Bauchschmerzen. Grundsätzlich können noch folgende Symptome auftreten: trockene Haut und Juckreiz, Kraftlosigkeit, Sehstörungen, Anfälligkeit für Infektionen, schlechte Wundheilung, Übelkeit, Erbrechen, Appetitlosigkeit, tiefer Atem mit Azetongeruch.

Strategien

Frau Götlich sollte einem Diabetologen vorgestellt werden, der ggf. eine medikamentöse Behandlung einleitet. Diese ist dann entsprechend einzuhalten bzw. zu kontrollieren. Zudem ist eine Nahrungsumstellung zu ausgewogener und vitaminreicher Kost zu empfehlen. Frau Götlich sollte zu mehr Bewegung im Rahmen ihrer Möglichkeiten angeregt werden. Da Frau Götlich aufgrund ihrer geistigen Einschränkung kaum in der Lage ist, diese Maßnahmen vollumfänglich zu verstehen, müssen die Eltern involviert und angeleitet werden.

3. Erklären Sie die Ziele einer BZ-Messung (5 P.). Beschreiben Sie die fachgerechte Durchführung einer BZ-Messung (5 P.). 10 Punkte

Ziele

Eine Blutzuckermessung wird nach ärztlicher Anordnung durchgeführt, um die jeweilige Stoffwechsellage darzustellen und damit einschätzen zu können. Sie dient zudem der Therapiekontrolle, ob eingeleitete Maßnahmen auch adäquat wirken. Stoffwechselschwankungen können somit erfasst und Gegenmaßnahmen eingeleitet werden. Die Darstellung der Werte unterstützt zudem bei der Änderung von Gewohnheiten. Das Erreichen bzw. Halten des angestrebten HbA1c-Werts kann ebenfalls ein Ziel der regelmäßigen BZ-Messung sein, da die Werte über einen längeren Zeitraum dokumentiert werden und somit nachweisbar sind.

Durchführung

Eine fachgerechte BZ-Messung beginnt mit der Kontrolle der ärztlichen Anordnung und erfolgt nach jeweiligem Hausstandard. Die Erlaubnis zur Messung wird vom zu pflegenden Menschen eingeholt, da ohne Einwilligung die Verletzung der Haut eine Körperverletzung darstellt. Alle benötigten Materialien werden bereitgelegt. Dazu zählen: Desinfektionsmittel, Messgerät, Teststreifen, Stechhilfe mit Lanzette, Tupfer, Dokumentationsbogen. Vorab werden alle Materialien auf eine unversehrte Verpackung und Haltbarkeit überprüft. Es erfolgt die Kontrolle, ob Messgerät und Teststreifen kompatibel sind. Die Pflegefachperson zieht unsterile Einmalhandschuhe zum Eigenschutz an. Die Einstichstelle wird mit dem zu pflegenden Menschen abgestimmt. Die Hautstelle wird desinfiziert und nach der Einwirkzeit mit der Lanzette eingestochen. Der gewonnene Blutstropfen wird auf den Teststreifen aufgebracht, nachdem dieser in das Gerät eingesteckt wurde. Wenn ein Ton erfolgt, kann das Messergebnis abgelesen und dokumentiert werden. Der zu pflegende Mensch wird über diesen Wert informiert. Die punktierte Hautstelle wird ggf. mit einem Pflaster versorgt. Alle Materialien werden anschließend fachgerecht entsorgt bzw. aufgeräumt.

IMPULS

- Mittlerweile gibt es auch Geräte, die selbstständig in vorher festgelegten Abständen den BZ messen. Informieren Sie sich über diese.
- Je nach Bundesland wird der Blutzucker in unterschiedlichen Einheiten dargestellt. Informieren Sie sich darüber.

Kompetenzen und Operatoren

Diese Aufgabe besteht aus zwei Aufgabenteilen, die beide dem Kompetenzschwerpunkt III.2.b (Anlage 2 PflAPrV) zugeordnet werden können.
Der Operator „Erklären Sie" erfordert, die Informationen durch eigenes Wissen und eigene Einsichten in einen begründeten Zusammenhang zu stellen. Der Operator „Beschreiben Sie" verlangt, dass wesentliche Informationen aus dem Text bzw. Ihrem Wissen zusammenhängend und schlüssig mit eigenen Worten wiedergegeben werden.

Kompetenzen und Operatoren

Diese Aufgabe besteht aus zwei Aufgabenteilen, die beide dem Kompetenzschwerpunkt III (Anlage 2 PflAPrV) zugeordnet werden können. Der Operator „Begründen Sie" erfordert, komplexe Grundgedanken argumentativ schlüssig zu entwickeln und im Zusammenhang mit eigenen Worten darzustellen. Der Operator „Arbeiten Sie heraus" erfordert, dass die Informationen und Sachverhalte unter bestimmten Gesichtspunkten aus dem vorgegebenen Text entnommen und wiedergegeben werden.

4. Begründen Sie die Notwendigkeit der interprofessionellen Zusammenarbeit z. B. mit der Hausärztin (5 P.). Arbeiten Sie heraus, welche Professionen zur Gesundheitsförderung von Frau Götlich hinzugezogen werden sollten, und stellen Sie dies übersichtlich dar (5 P.). 10 Punkte

Notwendigkeit interprofessioneller Zusammenarbeit

Mit interprofessioneller Zusammenarbeit ist gemeint, dass alle Professionen zusammenarbeiten und Informationen zum jeweiligen Patienten untereinander austauschen. Dies ist notwendig, um z. B. sich doppelnde Diagnostiken zu vermeiden und Therapieziele miteinander in Verbindung zu bringen. Maßnahmen können gebündelt werden und somit effektiver wirken. Medikamente können z. B. besser aufeinander abgestimmt werden und so Neben- bzw. Wechselwirkungen minimiert werden.

Mögliche Professionen

Folgende Professionen können an der Gesundheitsförderung von Frau Götlich beteiligt sein:

- Hausarzt, Diabetologe, ggf. Urologe, Psychiater bzw. Neurologe als mögliche medizinische Versorger
- Pflegedienst für die Umsetzung ärztlicher Anordnungen und pflegerischer Maßnahmen
- Ergotherapeuten und Physiotherapeuten für die ganzheitliche Betreuung der Klientin, um die geistige Einschränkung zu kompensieren und die Mobilität hinsichtlich der deformierten Füße zu fördern
- Logopäden, um das aufgrund der vergrößerten Zunge erschwerte Sprechen zu fördern
- Ernährungsberater/Ökotrophologen für eine Anpassung der Ernährung und damit u. a. einer reduzierten Aufnahme von Kohlenhydraten
- Beratungsstellen, die Familie Götlich Anregungen und Hinweise geben oder im Sinne einer Pflegeberatung Möglichkeiten der finanziellen Unterstützung durch Sozialleistungen nahebringen

5. Reflektieren Sie, wie die speziellen Wünsche und Bedürfnisse der Klientin mit der Gesundheitsprävention einhergehen (5 P.). Beachten Sie dabei die ethischen Prinzipien und gehen Sie darauf ein (5 P.). 10 Punkte

- Frau Götlich vermeidet lange Strecken und schnelles Laufen, da ihre Füße leicht deformiert sind. Dem gegenüber steht die Notwendigkeit der täglichen Bewegung, um ihren BMI zu senken. Zudem besteht der Verdacht auf Diabetes mellitus. Ein Baustein der Therapie ist ausreichend Bewegung. Dem Prinzip der Autonomie stehen die Prinzipien der Schadensvermeidung und Fürsorge entgegen. Die Eltern, Therapeuten und Pflegefachpersonen kümmern sich um die Klientin, können ihr dennoch nicht allen Willen lassen, damit sie keinen Schaden nimmt. Bewegung ist nicht zwangsläufig mit Laufen verbunden. Auch andere Bewegungsübungen können die Mobilität verbessern.
- Frau Götlich redet gern und viel. Sie ist durch ihre große Zunge in ihrer verbalen Kommunikation eingeschränkt, da sie dadurch nur undeutlich sprechen kann. Durch die Logopädie kann Frau Götlich hier gut unterstützt werden. Haben zudem alle Beteiligten Geduld, der Klientin zuzuhören, gibt es keine Konflikte bezüglich der ethischen Prinzipien.
- Die Klientin isst leidenschaftlich gern süße Speisen. Aufgrund ihrer geistigen Behinderung versteht sie die Notwendigkeit des Verzichts darauf nicht. Ihr BMI ist erhöht, und es besteht der Verdacht auf Diabetes mellitus. Ihre Mutter backt Kuchen. Dem Prinzip der Autonomie steht hier das Prinzip der Schadensvermeidung entgegen. Aus medizinischen Gründen ist es zwingend angezeigt, dass Frau Götlich ihre Ernährung umstellen muss. Dazu gehört zwar nicht der absolute Verzicht, wohl aber die Einschränkung der geliebten Süßspeisen.
- Frau Götlich ist freundlich und aufgeschlossen, umarmt alle Menschen, die sie mag. Dies steht auf Frau Götlich bezogen keinem ethischen Prinzip entgegen. Die Pflegefachpersonen sollten sich jedoch darauf gefasst machen, dass sie von der Klientin in „jeder" Lebenslage umarmt werden könnten. Wünschen einzelne Pflegefachpersonen den engen Körperkontakt nicht, ist wiederum deren Autonomie zu beachten.
- Frau Götlich mag die ärztlich angeordnete BZ-Messung nicht und versucht, sich dieser zu entziehen. Auch hier entsteht der Konflikt zwischen dem Prinzip der Autonomie und dem Prinzip der Fürsorge bzw. der Schadensvermeidung. Die tägliche und somit regelmäßige Kontrolle des BZ ist unabdingbar für die weitere Diagnostik. Diese ist wichtig, um weitere Maßnahmen in Erwägung zu ziehen, damit die Klientin gesund bleibt bzw. gesundheitliche Gefahren minimiert werden können.
- Frau Götlich muss von der Pflegefachperson zum Duschen überredet werden. Es gilt herauszufinden, warum Frau Götlich nicht duschen möchte, und abzuwägen, ob in der aktuellen Situation ein reines Waschen von Gesicht, Händen und ggf. Intimpflege ausreichend wäre. Sollte sich die Klientin nicht wohlfühlen, kann mit ihr eine alternative Lösung vereinbart werden.
- Konkurrierende Prinzipen können miteinander in Einklang gebracht werden, wenn die Priorität immer das Wohlergehen des zu pflegenden Menschen ist.

Kompetenzen und Operatoren

Diese Aufgabe besteht aus zwei Aufgabenteilen, die beide dem Kompetenzschwerpunkt II.3 (Anlage 2 PflAPrV) zugeordnet werden können.
Der Operator „Reflektieren Sie" erfordert, Behauptungen im Zusammenhang zu überdenken, zu prüfen und anhand eigenständig gewählter Kriterien eine Aussage über fachliche und sachliche Richtigkeit, Wahrscheinlichkeit und Angemessenheit zu entwickeln sowie eine konkrete Schlussfolgerung abzuleiten. Der Zusatz „Beachten Sie" gibt dabei einen Hinweis auf die gewünschte Schwerpunktsetzung. Der Operator „gehen Sie … ein" verlangt das Darstellen von Inhalten eines bestimmten Themas

IMPULS

- Nach dem deutschen Grundgesetz sind alle Menschen gleich. Demnach gelten die ethischen Prinzipien und die Pflege-Charta für alle Menschen. Recherchieren Sie, wie während des Dritten Reichs im Namen der Medizin Euthanasie insbesondere an geistig behinderten Menschen betrieben wurde, und nehmen Sie dazu Stellung.
- Vergleichen Sie die ethischen Prinzipien mit der Pflege-Charta. Zu welchen Erkenntnissen kommen Sie?

LITERATUR

1. Deutscher Berufsverband für Pflegeberufe (DBfK). Positionspapier zur Stärkung der ethischen Handlungskompetenz in der Pflege. Stuttgart: 2018. Aus: www.dbfk.de/media/docs/regionalverbaende/rvsw/Download/DBfK_Suedwest_Broschuere_Ethik_DINA5.pdf (letzter Zugriff: 20.7.2023).

17.2 Zweites Prüfungsbeispiel

Franziska Volland

17.2.1 Fallsituation: stationäre Langzeitpflege (➤ Kap. 5.1)

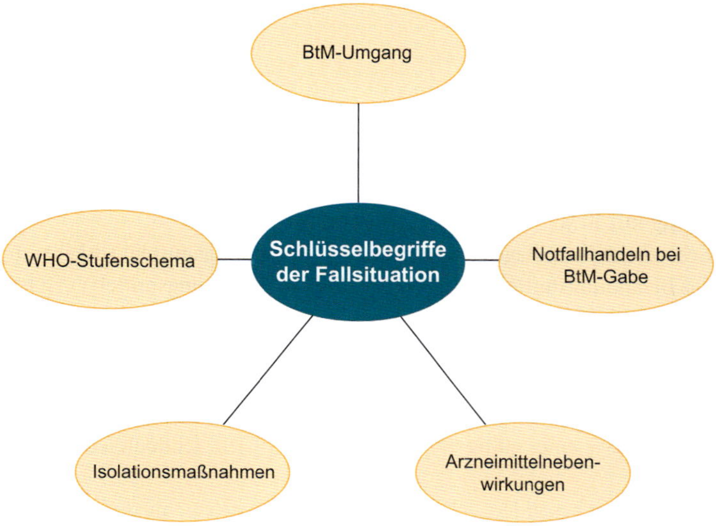

1. Stellen Sie übersichtlich die wichtigsten Schritte des Notfallvorgehens beim Auffinden von Frau Weigelt mit der angenommenen Opioid-Überdosis dar. 10 Punkte

Kompetenzen und Operatoren
Diese Aufgabe kann dem Kompetenzschwerpunkt I.4 (Anlage 2 PflAPrV) zugeordnet werden.
Der Operator „Stellen Sie … dar" erfordert, einen Sachverhalt kurz und knapp zu veranschaulichen.

- Grundsatz: Während einer Opioid-Überdosis kann die Atmung innerhalb von wenigen Minuten aussetzen. Wichtig ist, als Pflegefachperson Ruhe zu bewahren und schnell vorzugehen. Insbesondere eine frühzeitige Erhöhung der Sauerstoffzufuhr kann dazu beitragen, Frau Weigelts Leben zu retten.
- Die Pflegefachperson prüft zuerst, ob Frau Weigelt noch reagiert. Dazu schüttelt sie sie und ruft ihren Namen. Wenn Frau Weigelt darauf nicht reagiert, reibt die Pflegefachperson Frau Weigelts Brustbein 10 Sekunden lang so fest wie möglich, um eine Reaktion auf diesen Schmerzreiz hervorzurufen.
- Ist Frau Weigelt bewusstlos, bringt sie die Pflegefachperson in die stabile Seitenlage.
- Fehlt die Atmung, beginnt die Pflegefachperson mit der Notfallbeatmung oder Reanimation.
- Die Pflegefachperson ruft oder veranlasst, dass der Rettungsdienst gerufen wird. Dabei gibt die alarmierende Person die erforderlichen Informationen (Antworten auf die Fragen: Wo ist es passiert? Was ist passiert? Wie viele sind betroffen? Welche Art von Verletzungen/Veränderungen?) an

und wartet die Antwort des Rettungsdienstes ab. Währenddessen ist eine Pflegefachperson bei Frau Weigelt.

ACHTUNG

Die **Überdosierung mit einem Betäubungsmittel** kann schnell zu einer Notfallsituation führen! Dabei können die Symptome sehr vielfältig sein und sind nicht immer sofort erkennbar. Eine genaue Beobachtung des zu pflegenden Menschen mit dem Schwerpunkt Einschätzung des Bewusstseins und des Verhaltens ist daher wichtig.

Kompetenzen und Operatoren

Diese Aufgabe kann dem Kompetenzschwerpunkt III.2 (Anlage 2 PflAPrV) zugeordnet werden.
Der Operator „Beschreiben Sie" erfordert, dass wesentliche Informationen aus dem Text bzw. Ihrem Wissen zusammenhängend und schlüssig mit eigenen Worten wiedergegeben werden.

2. Beschreiben Sie jeweils fünf Hinweise, die beim Umgang mit Betäubungsmitteln im Allgemeinen (5 P.) und mit transdermalen Schmerzpflastern im Speziellen (5 P.) berücksichtigt werden müssen. 10 Punkte

Umgang mit BtM

- Gesetzliche Grundlage zum Umgang mit Betäubungsmitteln (BtM) sind das Betäubungsmittelgesetz (BtMG) und die Betäubungsmittel-Verschreibungsverordnung (BtMVV).
- Betäubungsmittel sind verschreibungspflichtig und bedürfen eines besonderen Rezepts.
- Die Ausgabe von BtM durch Apotheken erfolgt personenbezogen und ggf. nach Vorlage eines gültigen Ausweisdokuments zur eindeutigen Zuordnung.
- BtM müssen besonders gelagert werden: dreifach verschlossen mit eingeschränktem Zugriff nur für Pflegefachpersonen und Ärzte. Die Dokumentation der Verantwortlichkeit für den Schlüssel des BtM-Safes ist Pflicht.
- Die Verabreichung von BtM erfolgt mittels Handschuhen oder nach dem Non-Touch-Prinzip, damit kein Wirkstoff auf die Haut der Pflegefachperson gerät.
- Die BtM-Entnahme wird gesondert dokumentiert, und der Bestand muss im stationären Bereich regelmäßig (mindestens 1 ×/Monat) überprüft werden.
- Die Beobachtung von Wirkung und Nebenwirkungen von BtM ist eine wichtige pflegerische Aufgabe. Zur Wirkungskontrolle ist eine geeignete Form des Schmerzmanagements, z. B. durch Schmerzassessment und regelmäßige Schmerzbefragung, zu wählen.

Umgang mit transdermalen Schmerzpflastern (TTS)

- Ein TTS darf nicht auf verletzte oder hochsensible Hautareale, z. B. durch Bestrahlung oder allergischen Ausschlag, geklebt werden.
- Ein Schmerzpflaster muss faltenfrei auf die Haut geklebt werden, die Klebefläche wird dabei nicht berührt. Nach dem Aufkleben wird das Pflaster noch ca. 1 Minute mit der flachen Hand angedrückt, damit es sich richtig mit der Haut verbinden kann.
- Beim Schmerzpflasterwechsel zuerst das alte Schmerzpflaster entfernen und das neue auf eine andere Hautstelle kleben.
- Die Schmerzpflaster dürfen weder zerschnitten werden, um z. B. die Dosis zu verändern, noch beschriftet werden.

- Wird die Dosierung geändert, müssen alle aufgeklebten Schmerzpflaster entfernt werden, bevor mit der neuen Dosierung begonnen wird. Dies erfolgt immer in Absprache mit der behandelnden Ärztin.
- Die Wärme der Haut kann zu einer schnelleren und damit auch gefährlichen Dosisfreisetzung führen. Ursachen können sein: Fieber, Wärmflaschen oder Körnerkissen sowie heißes Wasser.
- Duschen/Baden und Schwimmen ist trotz Schmerzpflaster möglich, allerdings darf das Wasser nicht wärmer als 37 °C sein.
- Bei der Anwendung von Schmerzpflastern bei kognitiv beeinträchtigten (zeitweise desorientierten) Menschen den Applikationsort so wählen, dass sie nicht selbstständig entfernt werden können.
- Der Wechsel und/oder das Entfernen von Schmerzpflastern ist zum Selbstschutz mit Handschuhen durchzuführen. Denn auch gebrauchte opioidhaltige Schmerzpflaster setzen noch größere Mengen Wirkstoff frei.
- Die schmerzlindernde Wirkung tritt erst nach 12 Stunden ein und kann nach der Pflasterentfernung ebenso lange anhalten.
- Soll das Pflaster an einer stark behaarten Körperstelle angebracht werden, werden wegen der Verletzungsgefahr der Haut die Haare nicht rasiert, sondern nur mit einer Schere gekürzt.

TIPP

Betäubungsmittel stellen eine besondere Form der Arzneimittel dar, sodass auch die Regeln für den allgemeinen Umgang mit Arzneimitteln berücksichtigt werden müssen. Am wichtigsten hierbei ist die Beachtung der **6-R-Regel:**

- Richtiger zu pflegender Mensch
- Richtiges Arzneimittel
- Richtige Darreichungsform
- Richtige Dosierung
- Richtiger Zeitpunkt
- Richtige Dokumentation

Des Weiteren sind Haltbarkeit, Lagerung, Unversehrtheit und Wirkkontrolle des Arzneimittels wichtig.

3. Beschreiben Sie mögliche Probleme, die aufgrund des beschriebenen Personalmangels im Pflegeheim „Herbstsonne" auftreten können. 6 Punkte

Durch den Mangel an ausreichend Personal muss der einzelne Arbeitnehmer das zu erfüllende Arbeitspensum durch Mehrleistung abfangen. Dies führt zu Mehrarbeit und Überstunden. Hinzu kommen erschwerte Arbeitsbedingungen durch den Versuch, fehlendes Personal durch schnelleres Arbeiten auszugleichen. Bestimmte Tätigkeiten, die bei regulärer Besetzung zu zweit ausgeführt werden würden, müssen allein umgesetzt werden. Auch ein Austausch mit den anderen Mitarbeitern wird aufgrund des erhöhten Arbeitsaufkommens sehr viel schwerer. Insgesamt leidet auch die Arbeitsqualität, was sich sowohl auf die Behandlung der zu pflegenden Menschen wie auch auf die eigene Zufriedenheit auswirkt. Das hohe Arbeitspensum führt zu einem erhöhten Stresslevel. Durch die körperliche und psychische Überlastung kommt es

Kompetenzen und Operatoren

Diese Aufgabe kann dem Kompetenzschwerpunkt II.3 (Anlage 2 PflAPrV) zugeordnet werden.
Der Operator „Beschreiben Sie" fordert, dass wesentliche Informationen aus dem Text bzw. Ihrem Wissen zusammenhängend und schlüssig mit eigenen Worten wiedergegeben werden.

eher zu Krankheiten des Personals und Arbeitsunfähigkeit, was wiederum die Situation des Personalmangels noch verschärft. Es ist auch möglich, dass Pflegeeinrichtungen aufgrund des Personalmangels gewisse Mindestanforderungen nicht mehr erfüllen können. Im schlimmsten Fall droht die Schließung von Einrichtungen oder zumindest von Stationen oder Wohnbereichen oder die Reduzierung der Bettenzahl.

IMPULS

Der Personalmangel in der Pflege ist ein großes Problem, welches sich seit einigen Jahren verschärft und im Zusammenhang mit der Corona-Pandemie noch verstärkt wurde. Die Gewerkschaft ver.di geht für das Jahr 2030 prognostisch von einem Mehrbedarf von ca. 300.000 Stellen in der Pflege aus. Laut Arbeitsagentur kamen im Jahr 2021 auf 100 gemeldete Stellen in der Pflege nur 19 arbeitslose Pflegefachpersonen. Noch 10 Jahre zuvor waren es noch 68 arbeitslose Kräfte, die sich auf 100 Stellen bewerben konnten. [5]

Die Situation des Personalmangels sichert den Pflegefachpersonen von heute eine sichere Arbeitsstelle und sollte zur Verbesserung von Arbeitsbedingungen in den Betrieben führen, um Mitarbeiter zu gewinnen und im besten Fall auch langfristig zu halten. In einigen Einrichtungen gibt es gute Konzepte hierzu. Welche Maßnahmen werden in Ihrer Einrichtung diesbezüglich ergriffen?

Kompetenzen und Operatoren

Diese Aufgabe besteht aus zwei Aufgabenteilen, die beide dem Kompetenzschwerpunkt I.3.a (Anlage 2 PflAPrV) zugeordnet werden können.
Der Operator „Begründen Sie" erfordert, einen komplexen Grundgedanken argumentativ schlüssig zu entwickeln und im Zusammenhang darzustellen.
Der Operator „beraten Sie" erfordert im Zusammenhang mit dem Operator „Geben Sie … an", über Sachverhalte exakt, klar, kurz, geordnet und sachlich zu informieren.

4. Begründen Sie, warum es gerechtfertigt ist, dass Frau Weigelt isoliert untergebracht wird (2 P.), und beraten Sie sie hinsichtlich der einzuhaltenden Maßnahmen der Isolation. Geben Sie hierfür zehn Isolationsmaßnahmen an (9 P.). 11 Punkte

Begründung der Isolation

Frau Weigelt muss zwingend isoliert werden, da der Inhalt der Herpes-zoster-Bläschen infektiös ist und eine Ansteckung weiterer Personen durch direkte bzw. indirekte Kontaktinfektion verhindert werden soll.

Isolationsmaßnahmen

- Die Unterbringung erfolgt in einem Einzelzimmer mit eigenem Bad.
- Das Zimmer darf von Frau Weigelt nur verlassen werden, wenn sie entsprechende Schutzkleidung trägt und bestimmte Maßnahmen beachtet.
- Wäsche und Abfall werden im Zimmer gesammelt und täglich entsorgt.
- Benutztes Geschirr wird direkt in den Essenswagen entsorgt.
- Ein Schild an der Tür weist auf die besonderen Hygienemaßnahmen hin, die einzuhalten sind.
- Pflegeutensilien werden nur pflegeempfängerbezogen genutzt, täglich wischdesinfiziert und verbleiben im Zimmer.
- Jeder, der das Zimmer von Frau Weigelt betreten will, muss auf eine persönliche Schutzausrüstung achten. Hierzu gehören Schutzkittel und Handschuhe.
- Jeden Tag muss eine Wischdesinfektion von Nachtkästchen, Rufanlage, Türgriffen und Bad erfolgen.
- Die Anzahl der Kontaktpersonen, auch Besucher, sollte so gering wie möglich gehalten werden. Das Isolationszimmer sollte möglichst nur von einer Pflegefachperson pro Schicht versorgt werden.
- Nachdem die Isolation aufgehoben wurde, wird eine Schlussdesinfektion des Zimmers ausgeführt.

ACHTUNG

Eine Infektion (mit meldepflichtigen Erkrankungen) im beruflichen Zusammenhang stellt einen Arbeitsunfall dar. Dementsprechend ist dieser bei der Berufsgenossenschaft mittels Unfallbericht zu melden.

5. Erklären Sie das WHO-Stufenschema zur Behandlung von Schmerzen, indem Sie die einzelnen Stufen benennen, zu jeder Stufe zwei weiterführende Hinweise geben, jeweils konkrete Beispiele für Wirkstoffe aufzählen und wichtige Informationen zur kombinierten Verabreichung darstellen. 15 Punkte

- Das WHO-Stufenschema zur Schmerzerfassung wurde als Therapieschema ausgearbeitet, das es ermöglicht, Schmerzen systematisch zu behandeln.
- **Stufe 1** bilden die sogenannten Nicht-Opioid-Analgetika oder Nichtopioide. Sie werden auch als „kleine“ Analgetika bezeichnet, da es sich bei ihnen um leichte Schmerzmittel handelt mit überwiegend peripherer Wirkung, d. h., sie wirken im Bereich der Nozizeptoren, indem sie die Prostaglandinsynthese durch Blockade des Enzyms Cyclooxygenese hemmen. Typische Beispiele für Medikamente sind Acetylsalicylsäure (ASS), Ibuprofen und Paracetamol.
- Falls Medikamente der Stufe 1 zur Schmerzlinderung nicht ausreichen, werden diese mit Wirkstoffen der Stufe 2 kombiniert. Die **Stufe 2** umfasst – wie oben erwähnt – die Nichtopioide aus Stufe 1, die mit schwach wirksamen Opioiden kombiniert werden und so bei mittelstarken Schmerzen Anwendung finden. Sie wirken im Bereich der Opioidrezeptoren im zentralen Nervensystem. Vertreter der schwachen Opioide sind beispielsweise Codein, Tramadol und Tilidin.
- Ist die Linderung der Schmerzen noch nicht ausreichend, werden Schmerzmittel nach Stufe 3 verabreicht. Auf **Stufe 3** werden die Nichtopioide von Stufe 1 und stark wirksame Opioide, z. B. Morphin, Fentanyl und Oxycodon, kombiniert. Stark wirksame Opioide hemmen – wie die schwach wirksamen Opioide aus Stufe 2 – zentral die Schmerzleitung, das Schmerzempfinden und die Schmerzbewertung, indem sie die Endorphinrezeptoren (oder Opiatrezeptoren) im zentralen Nervensystem besetzen.

ACHTUNG

Die Kombination von Medikamenten aus Stufe 2 und Stufe 3 ist nicht empfehlenswert, da keine Wirkungssteigerung zu erwarten ist, dafür aber eine Zunahme der Nebenwirkungen wie ungewollte Sedierung, Reizung des Brechzentrums und Hemmung des Atemzentrums.

Kompetenzen und Operatoren

Diese Aufgabe kann dem Kompetenzschwerpunkt I.3.a (Anlage 2 PflAPrV) zugeordnet werden.
Der zentrale Operator dieser Aufgabe ist „Erklären Sie“. Dieser erfordert, Informationen auf der Grundlage eigenen Wissens in einen Zusammenhang einzuordnen und zu begründen. Die anderen Operatoren der Aufgabe – „benennen“, „geben“, „aufzählen“ und „darstellen“ – dienen zur Konkretisierung der Aufgabe und erfordern beide in diesem Kontext, wesentliche Informationen unkommentiert wiederzugeben.

LITERATUR

1. Fachgruppe Pflegeexperten Schmerz im DBfK. Leitfaden für den Umgang mit opioidhaltigen Schmerzpflastern. 3. A. Berlin: 2022. Aus: www.dbfk.de/de/expertengruppen/pflegeexperten-schmerz/Leitfaden-Schmerzpflaster-3.-Auflage_2022_-final.pdf (letzter Zugriff: 20.7.2023).
2. Kreuzer K-A et al. Rückenschmerzen. 2016. Aus: www.thieme-connect.de/products/ebooks/lookinside/10.1055/b-0036-133520 (letzter Zugriff: 17.9.2023).

3. Naumer B, Naumer M. Arzneimittel verabreichen. In: Bartoszek G, Keller C (Hrsg.). PFLEGEN. Grundlagen und Interventionen. 3. A. München: Elsevier, 2021. S. 611–626.
4. Pflege-Onkologie. Metabolische Notfälle. 2023. Aus: www.pflege-onkologie.de/infos-fuer-pflegekraefte/onkologische-notfaelle#metabolische-notfaelle (letzter Zugriff: 20.7.2023).
5. Pflegenot Deutschland. Personalmangel in der Pflege verschärft sich weiter. Arbeitsagenturen melden Engpässe. Aus: www.pflegenot-deutschland.de/ct/personalmangel-pflege (letzter Zugriff: 20.7.2023).
6. Stiehl J. Prüfungsvorbereitung in der Pflege. Mit Fallbeispielen praxisnah lernen. Hannover: Schlütersche, 2021.
7. Washington State Health Care Authority. Vorbeugung einer Opioid-Überdosierung und Gebrauchsanleitung für Naloxon. Aus: www.hca.wa.gov/assets/82-0377-opioid-overdose-prevention-naloxone-use-language-ge.pdf (letzter Zugriff: 20.7.2023).

17.2.2 Fallsituation: stationäre Akutpflege (➤ Kap. 5.3)

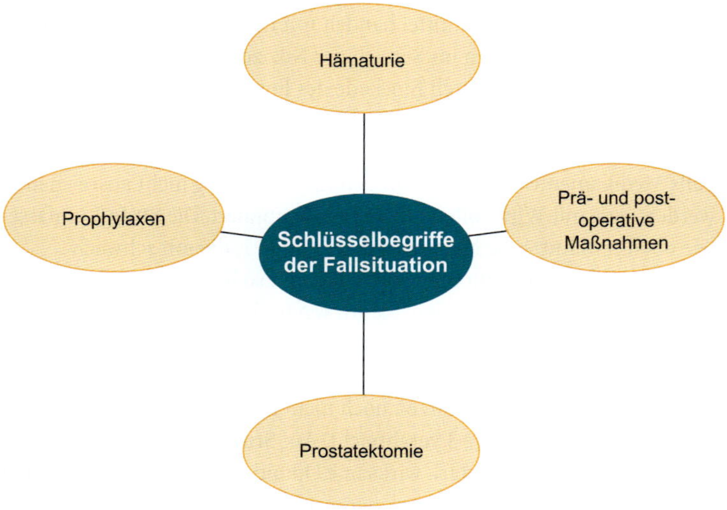

Kompetenzen und Operatoren
Diese Aufgabe kann den Kompetenzschwerpunkten I.3a und III.2.b (Anlage 2 PflAPrV) zugeordnet werden. Der Operator „Nennen Sie" erfordert, wesentliche Informationen zu einem Sachverhalt unkommentiert und unbegründet wiederzugeben.

1. Nennen Sie drei generelle Ursachen für eine Hämaturie. 3 Punkte

- Erkrankungen, z. B. Harnwegsinfekte, Divertikulitis, Endometriose
- Traumata
- Medikamente, z. B. Zytostatika und Antikoagulanzien

ACHTUNG
Bedingt durch die anatomische Nähe kann es durch die Regelblutung zu Blutbeimengungen im ausgeschiedenen Urin kommen. Dies ist ärztlich differenzialdiagnostisch abzugrenzen.

TIPP

Die Beobachtung von Ausscheidungen stellt einen wichtigen Teil der Krankenbeobachtung dar. Die Bedeutung der Krankenbeobachtung sollte jeder Pflegefachperson bewusst sein, und sie muss Auffälligkeiten möglichen Ursachen zuordnen können. In der beruflichen Praxis ist es zudem wichtig zu wissen, wann welches Personal (z. B. ärztliches) hinzuzuziehen ist.

Aspekte der Krankenbeobachtung:

- Bewusstsein, Orientierung, kognitive Fähigkeiten, Schlaf
- Kommunikation und Sprache
- Blutdruck, Puls, Temperatur, Atmung
- Hautzustand, Wunden, Eintrittsstellen von Kathetern, Sonden u. a.
- Ernährungszustand, Appetit und Durst, Verträglichkeit der Nahrung
- Ausscheidungen: Urin, Stuhl, Erbrechen, Schweiß
- Mobilität: Positionsveränderungen im Bett, Aufstehen, Sitzen und Gehen, Nutzung von Hilfsmitteln
- Verhalten und Emotionen

2. Erklären Sie kurz die Unterschiede zwischen einer Mikro- und einer Makrohämaturie. 2 Punkte

Bei der Mikrohämaturie ist der Urin makroskopisch unauffällig und normal gefärbt, aber mittels Urinteststreifen lässt sich eine erhöhte Erythrozytenzahl nachweisen. Dagegen besteht bei der Makrohämaturie eine sichtbare Rotfärbung des Urins durch Blutbeimengung.

Kompetenzen und Operatoren

Diese Aufgabe kann dem Kompetenzschwerpunkt III.2 (Anlage 2 PflAPrV) zugeordnet werden.
Der Operator „Erklären Sie" erfordert, die Informationen auf der Basis eigenen Wissens und eigener Einsichten in einen begründeten Zusammenhang zu stellen.

3. Beschreiben Sie jeweils fünf relevante pflegerische prä- und postoperative Maßnahmen bei einer Prostatektomie. 10 Punkte

Präoperative Maßnahmen

- Im Vorfeld der Operation werden nach ärztlicher Anordnung Labor- und apparative Untersuchungen durchgeführt, z. B. Blutuntersuchung/Blutgruppenbestimmung und Urinstatus.
- Am Vortag der OP erhält der Patient mittags Wunschkost und abends zwei Teller Suppe, dann setzt die Nahrungskarenz ein. Die Pflegefachperson überwacht diesen Kostabbau.
- In Abhängigkeit vom Hausstandard muss am Vortag der OP abgeführt werden. Die Pflegefachperson führt die entsprechenden Maßnahmen durch.
- Je nach Hausstandard werden im OP-Gebiet die Haare entfernt.
- Es empfiehlt sich, bereits präoperativ postoperative Fähigkeiten einzuüben, in diesem Fall Übungen der Beckenbodengymnastik zur Förderung der Kontinenz.

Kompetenzen und Operatoren

Diese Aufgabe kann den Kompetenzschwerpunkten III.2.c und III.2.d (Anlage 2 PflAPrV) zugeordnet werden.
Der Operator „Beschreiben Sie" fordert, dass wesentliche Informationen aus dem Text bzw. Ihrem Wissen zusammenhängend und schlüssig mit eigenen Worten wiedergegeben werden.

Postoperative Maßnahmen

- Die Pflegefachperson kontrolliert in den ersten 4 Stunden nach der OP alle 30 Minuten, dann für die Dauer des OP-Tags stündlich Puls und Blutdruck sowie die Temperatur, um frühzeitige Wundinfektionen zu erkennen.
- Nach ca. 6 Stunden postoperativ unterstützt die Pflegefachperson bei der Erst- und Frühmobilisation.
- Die Pflegefachperson überwacht den langsamen Kostaufbau und übernimmt insbesondere die Katheterpflege und die Obstipationsprophylaxe.
- Die Pflegefachperson übernimmt das postoperative Wundmanagement, was spätestens alle 2 Tage einen Verbandwechsel, bei Bedarf auch öfter, beinhaltet.
- Die Pflegefachperson leitet den Patienten an, informiert ihn, schult ihn insbesondere zum Verhalten bis zum Abschluss der Wundheilung und zum Umgang mit Inkontinenz und Erektionsstörungen und gibt Hinweise zu Informationsquellen u. a. im Internet.

LERNTIPP

Spätestens seit der Reformierung der Pflegeausbildung 2020 wird von den Auszubildenden erwartet, dass sie Transferleistungen erbringen können. Dies bedeutet, von einem Fall auf andere Fälle zu schließen und Handlungsalternativen abzuleiten. Damit ist es für diese Aufgabe nicht zwingend notwendig, an der prä- und postoperativen Pflege eines Patienten mit Prostatektomie beteiligt gewesen zu sein oder dieses Thema explizit in der Ausbildung besprochen zu haben, denn es lassen sich viele Maßnahmen aus anderen prä- und postoperativen Versorgungen ableiten.

Kompetenzen und Operatoren

Diese Aufgabe besteht aus zwei Aufgabenteilen, die beide dem Kompetenzschwerpunkt I.4 (Anlage 2 PflAPrV) zugeordnet werden können.
Der Operator „Erklären Sie" erfordert, Informationen mittels eigenen Wissens und eigener Einsichten in einen begründeten Zusammenhang zu stellen. Der Operator „leiten Sie ... ab" erfordert, auf der Grundlage vorhandener Ergebnisse eigene Schlussfolgerungen zu ziehen.

4. Erklären Sie unter Angabe typischer Symptome (5 P.), was man unter einer Hyperkalzämie versteht, und leiten Sie pflegerische Sofortmaßnahmen in der Notfallsituation von Herrn Nitschke ab (5 P.). 10 Punkte

Hyperkalzämie

Unter Hyperkalzämie versteht man einen erhöhten Kalziumspiegel im Blut. Kalzium gehört zu den Elektrolyten im Körper, der die Menge des im Blut zirkulierenden Kalziums genau kontrolliert. Unter anderem Krebserkrankungen können für einen Anstieg des Kalziumwerts sorgen. Zuerst treten symptomatisch Verdauungsprobleme auf, gefolgt von einem Durstgefühl und häufigem Wasserlassen. Ein schwerer Kalziumüberschuss führt zu Verwirrung und schließlich zum Koma. Die Hyperkalzämie kann lebensbedrohlich sein, wenn sie nicht erkannt und behandelt wird.

Notfallsituation von Herrn Nitschke

Zuerst muss schnellstmöglich der diensthabende Arzt (Dr. Seibt) informiert werden. Anschließend wird mit der Rehydratation von Herr Nitschke begonnen, d. h., es erfolgt eine erhöhte Flüssigkeitsgabe, in der Regel intravenös. Herr Nitschke wird dabei von einer Pflegefachperson psychisch betreut. Auf ärztliche Anordnung erfolgt die Gabe von hochpotenten Kortikoiden und Bisphosphonaten. Auch Diuretika (harntreibende Mittel) können auf ärztliche Anordnung zur Verstärkung der Ausscheidung und zum Abbau des Kalziums intravenös gegeben werden.

5. Analysieren Sie die vorliegende Fallsituation hinsichtlich fünf wesentlicher, notwendig gewordener grundpflegerischer Prophylaxen (5 P.) und geben Sie eine kausale Begründung an, weshalb diese Prophylaxen aktuell pflegerelevant sind (5 P.). 10 Punkte

- Herr Nitschke ist nach seiner vorangegangenen Prostatektomie körperlich sehr angeschlagen. Er ist seit der Operation bettlägerig und fühlt sich schwach. Aufsetzen, aufstehen und laufen scheinen ihm seit der Operation nur mit Unterstützung, wenn überhaupt, möglich zu sein. Herr Nitschke hat folglich ein erhöhtes Sturzrisiko. Verstärkt wird das Ganze durch die seit dem Vormittag bestehenden Bewusstseinsstörungen. Neben einer guten Sturzprophylaxe scheinen auch eine Kontraktur-, Dekubitus- und Thromboseprophylaxe sinnvoll, denn Herr Nitschke bewegt sich wenig, er fühlt sich schwach und Spontanbewegungen scheinen aktuell ausgeschlossen. Hier muss also pflegerisch angesetzt werden, um liegebedingte Komplikationen zu verhindern.
- Die bereits erwähnte fehlende Fähigkeit zum aufrechten Sitzen wird über kurz oder lang auch Herrn Nitschkes Aspirationsrisiko, d. h. das unabsichtliche Einatmen von Nahrung oder Flüssigkeiten bei der Atmung, vergrößern. Auch hier muss prophylaktisch gehandelt werden. Vergrößert wird dieses Risiko durch die bereits bestehende Flüssigkeitskarenz *(„[…] wirkte er […] übermäßig dehydriert“)* und die beginnende Bewusstseinsstörung.
- Die Inappetenz verstärkt schlussendlich auch das Pflegephänomen der Dehydratation und begünstigt somit Soor und Parotitis. Durch die fehlende Nahrungsaufnahme fehlte Herrn Nitschke vielleicht bislang die Motivation zum Trinken. Das fehlende Durchspülen der Mundhöhle befördert jedoch die ungestörte Ausbreitung von Bakterien, und das durch die Operation bereits geschwächte Immunsystem gewährt aktuell keine adäquate körpereigene Abwehr. Daher ist eine Soor- und Parotitisprophylaxe erforderlich.
- Auch das beeinträchtigte Immunsystem verstärkt das Pneumonierisiko. Zusätzlich wird dieses Risiko durch die Bettlägerigkeit und die fehlende Belüftung der Lunge gesteigert, sodass Maßnahmen der Pneumonieprophylaxe ergriffen werden müssen.

TIPP

Prophylaxen stellen eine wichtige Grundlage für eine präventive Pflege dar. Dabei werden gezielt Maßnahmen geplant und umgesetzt, nachdem über Assessments, Gespräche oder Krankenbeobachtung Risiken erhoben wurden.
Zu folgenden Risiken werden typischerweise Prophylaxen umgesetzt:

- Aspiration
- Dehydratation (Flüssigkeitsmangel)
- Dekubitus
- Harnwegsinfekte (z. B. Zystitis)
- Intertrigo
- Kontraktur
- Mangelernährung
- Pneumonie
- Soor und Parotitis (und weitere Munderkrankungen)
- Soziale Auffälligkeiten (Isolation, Aggression, Lauftendenzen, Verwahrlosung)
- Sturz
- Thrombose

Kompetenzen und Operatoren

Diese Aufgabe kann dem Kompetenzschwerpunkt I.3.b (Anlage 2 PflAPrV) zugeordnet werden.
Der Operator „Analysieren Sie" erfordert, einen Sachverhalt, in diesem Fall die Handlungssituation, in seine Bestandteile zu zerlegen und die wesentlichen Merkmale auf Grundlage fachlicher Kriterien zu erfassen. Der Operator „geben Sie … an" verlangt, über Sachverhalte klar, kurz und sachlich zu informieren.

Kompetenzen und Operatoren
Diese Aufgabe kann den Kompetenzschwerpunkten I.3.a und I.3.b (Anlage 2 PflAPrV) zugeordnet werden. Der Operator „Ordnen Sie … zu" erfordert, Begriffe und Sachverhalte zueinander in Beziehung zu setzen. Die Lösung der Aufgabe in Tabellenform ist daher ein adäquater Ansatz der Umsetzung.

6. Ordnen Sie jeder Prophylaxe überblicksartig drei allgemeine oder spezifische pflegerische Maßnahmen zu. 15 Punkte

Prophylaxe	Maßnahmen
Sturzprophylaxe	• Gehhilfsmittel anpassen, z. B. Rollstuhl für Herrn Nitschke • In Absprache mit Physiotherapie Übungen bezüglich Kraft, Ausdauer und Balance durchführen • Auf adäquates Schuhwerk, gute Lichtverhältnisse und Barrierefreiheit achten
Kontrakturprophylaxe	• Ressourcen des Pflegeempfängers nutzen • Aktive, assistierte bzw. passive Bewegungsübungen einplanen und bei Bedarf in Absprache mit der Physiotherapie umsetzen • Krafttraining je nach Herrn Nitschkes tagesaktuellen Möglichkeiten
Dekubitusprophylaxe	• Ein regelmäßiger Positionswechsel, z. B. alle 4 Stunden – nicht nur zu den Mahlzeiten – ist bei der Dekubitusprophylaxe von Herrn Nitschke wichtig. Positionierungshilfen sind bei Bedarf anzuwenden • Bei der Grundpflege auf nicht wegdrückbare Rötungen eines lokalen Bereichs, insbesondere über einem knöchernen Vorsprung, achten. Fingertest bei Bedarf • Angepasste Bewegungsförderung organisieren, z. B. in Absprache mit der Physiotherapie
Thromboseprophylaxe	• Mobilisation nach Herrn Nitschkes individuellen Möglichkeiten • Physikalische Thromboseprophylaxe durch Venenkompression mithilfe von Kompressionsstrümpfen oder -verbänden • Gabe von Antikoagulanzien nach ärztlicher Anordnung
Aspirationsprophylaxe	• Herr Nitschke zu den Mahlzeiten eine sitzende Position einnehmen lassen. Bei Bedarf entsprechende Positionierungshilfsmittel verwenden • Nach dem Essen für mindestens 20–30 Minuten die sitzende Haltung beibehalten lassen • Die Kostform an Herrn Nitschkes Gesundheitszustand anpassen, z. B. Andicken von Getränken und flüssigen Nahrungsmitteln, um das Risiko des Verschluckens zu vermindern
Dehydratationsprophylaxe	• Nach ärztlicher Anordnung subkutane Infusionen verabreichen • Trotz Inappetenz zum regelmäßigen Trinken auffordern und daran erinnern, z. B. mithilfe eines Lieblingsgetränks • Festlegung einer Mindesttrinkmenge und Dokumentation
Soor- und Parotitisprophylaxe	• Anregung des Speichelflusses, indem man Herrn Nitschke z. B. an einer aufgeschnittenen Zitrone oder Orange riechen lässt • Regelmäßige Durchführung der Mundpflege, z. B. nach jeder Mahlzeit • Auf eine ausreichende Flüssigkeitszufuhr achten • Massage der Ohrspeicheldrüsen

Prophylaxe	Maßnahmen
Pneumonieprophylaxe	• Atemluft anfeuchten, z. B. durch Inhalation nach ärztlicher Anordnung • Lungenbelüftung durch V-A-T-I-Positionierung verbessern • Mit Herrn Nitschke Lippenbremse als atemvertiefende Maßnahme einüben

LITERATUR

1. Antwerpes F et al. Hämaturie. 2022. Aus: https://flexikon.doccheck.com/de/Hämaturie (letzter Zugriff: 20.7.2023).
2. Chandrasekar T. Prostatakrebs. 2022. Aus: www.msdmanuals.com/de-de/heim/nieren-und-harnwegserkrankungen/krebs-der-nieren-und-des-urogenitaltrakts/prostatakrebs (letzter Zugriff: 20.7.2023).
3. Hagenberger S., Erkrankungen der Prostata In: I care. Pflege. 2. A. Stuttgart: Georg Thieme, 2020. S. 1369–1376.
4. Lewis III JL. Hyperkalzämie (hoher Kalziumspiegel im Blut). 2021. Aus: www.msdmanuals.com/de-de/heim/hormon-und-stoffwechselerkrankungen/elektrolythaushalt/hyperkalzämie-hoher-kalziumspiegel-im-blut (letzter Zugriff: 20.7.2023).

17.3 Drittes Prüfungsbeispiel

Erik Herrmann (17.3.1), Verena Bikas (17.3.2)

17.3.1 Fallsituation: stationäre Akutpflege (➤ Kap. 6.1)

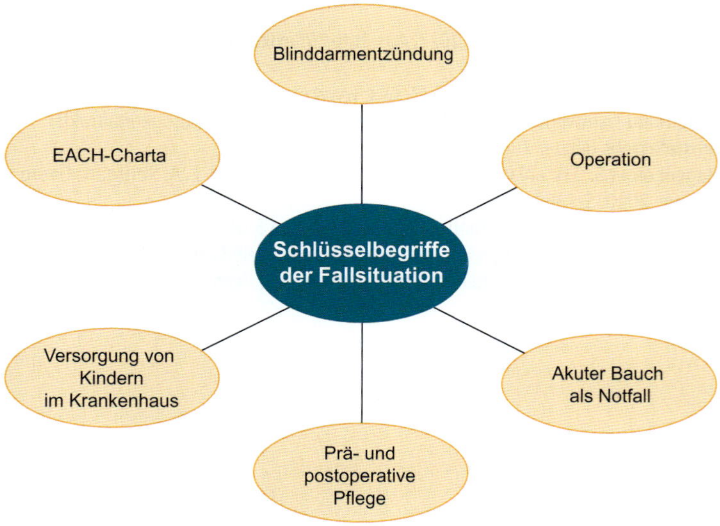

Kompetenzen und Operatoren

Diese Aufgabe besteht aus zwei Aufgabenteilen, die beide dem Kompetenzschwerpunkt I.3 (Anlage 2 PflAPrV) zugeordnet werden können.
Die Operatoren „Fassen Sie ... zusammen" und „geben Sie ... an" verlangen, dass Wesentliches in knapper Form wiedergegeben wird.

1. Fassen Sie die bei Annabell auftretenden Symptome der Appendizitis zusammen (4 P.) und geben Sie weitere Symptome an, die bei einer Blinddarmentzündung auftreten können (4 P.). 8 Punkte

Annabells Symptome
- Appetitlosigkeit
- Übelkeit und ggf. Erbrechen
- Bauchschmerzen
- Druckschmerz am Anus
- Mäßiges Fieber bis 39 °C

Allgemeine Symptome einer Appendizitis
- Ziehende kolikartige Schmerzen, insbesondere in der Nabelgegend und im Oberbauch
- Deutlicher Unterschied zwischen rektal und axiliar gemessener Körpertemperatur
- Lokale Abwehrspannung
- Geblähter Bauch
- Schmerzen bei Drücken und Klopfen des McBurney- und des Lanz-Punkts
- Blumberg-Zeichen: Schmerzen im rechten Unterbauch bei Loslassen eines Druckpunkts auf der linken Seite

2. Begründen Sie Annabells Mutter die Notwendigkeit des operativen Eingriffs. 6 Punkte

Die Entzündung des Wurmfortsatzes ist eine gefährliche Angelegenheit. Wie Sie von der Ärztin bereits erfahren haben, besteht die Gefahr, dass der Wurmfortsatz aufplatzt und eine Infektion des Bauchraums verursacht. Diese Entzündung des Bauchfells ist lebensbedrohlich und kann nur schlecht behandelt werden. Um dieses Risiko auszuschließen, empfiehlt die Ärztin die operative Entfernung des Wurmfortsatzes. Sobald dies erfolgt ist, werden die Symptome, die Annabell jetzt so quälen, langsam verschwinden, und es wird ihr bald wieder besser gehen. Diese Operation ist seit Langem ein Standardeingriff, der nur mit sehr geringen Risiken verbunden ist.

Kompetenzen und Operatoren

Diese Aufgabe kann dem Kompetenzschwerpunkt I.3 (Anlage 2 PflAPrV) zugeordnet werden.
Der Operator „Begründen Sie" erfordert, komplexe Grundgedanken argumentativ schlüssig zu entwickeln und im Zusammenhang mit eigenen Worten darzustellen.

ACHTUNG

Die akute Appendizitis kann schnell zu einem lebensbedrohlichen Notfall werden.

TIPP

In vielen Fällen besteht die Chance, dass eine Antibiotikatherapie eine Alternative zur OP darstellt und somit ein operativer Eingriff nicht mehr nötig ist [1].

3. Beraten Sie Annabells Mutter hinsichtlich des Umgangs mit den aktuellen Schmerzen und der Nahrungsaufnahme nach der Blinddarmoperation. 10 Punkte

Kompetenzen und Operatoren

Diese Aufgabe kann dem Kompetenzschwerpunkt I.3 (Anlage 2 PflAPrV) zugeordnet werden.
Der Operator „Beraten Sie" erfordert die fachliche Auseinandersetzung mit einer bestimmten Thematik, bei der Lösungsideen wertoffen vorgestellt werden.

Beratung zu den aktuellen Schmerzen

„Frau Bianchi, die Schmerzen Ihrer Tochter Annabell stammen von einer Entzündung des Wurmfortsatzes des Blinddarms. Diese Schmerzen betreffen vor allem den Bauchbereich und können dort an verschiedenen Stellen auftreten, unterschiedlich ausstrahlen und in der Stärke variieren. Oft sind die Schmerzen kolikartig, das bedeutet, sie werden als Bauchkrämpfe wahrgenommen.

Die Schmerzen Ihrer Tochter sollten Sie auf jeden Fall ernst nehmen, weshalb es auch gut war, dass Sie mit ihr zum Arzt gegangen und nun hier ins Krankenhaus gekommen sind. Gerade bei Kindern ist die Zuneigung durch Sie als Elternteil sehr wichtig, um Sicherheit und Geborgenheit zu vermitteln. Neben dieser psychisch-emotionalen Betreuung ist die Gabe von Schmerzmedikamenten eine wichtige Maßnahme, um die Schmerzen zu minimieren. Neben der schmerzreduzierenden Wirkung sind diese Medikamente oftmals gleichzeitig entzündungshemmend und fiebersenkend. Annabell kann bei starken Schmerzen Zäpfchen als Bedarfsmedikament bekommen. Da Sie Ihre Tochter am besten kennen, ist es hilfreich, wenn Sie gezielt auf Schmerzsymptome und -äußerungen Ihrer Tochter achten und uns dann darauf hinweisen.

Wenn die Schmerzen nicht ganz so stark sind, ist es möglich, diese auch ohne Medikamente etwas zu reduzieren. Sie können z. B. Annabell anleiten, ihre Beine etwas anzuziehen. In dieser Position ist der Bauch entspannter und die Schmerzen sind dadurch nicht so stark."

Beratung zur Nahrungsaufnahme nach der Blinddarmoperation
„Nach der Operation wird Annabell wahrscheinlich noch keinen Appetit haben. Der spezielle Kostaufbau wird durch das medizinische Personal festgelegt. Wenn die OP komplikationslos verlaufen ist, kann Annabell am 1. Tag nach der OP bereits Tee bekommen, in den nächsten Tagen kommen dann gut verdauliche Speisen wie Zwieback und Toastbrot dazu. Erst nach mehreren Tagen kann sie wieder essen, auf was sie Lust hat. Doch auch dann sollte sie auf sehr fettreiche Speisen noch einige Tage verzichten.

Bitte erklären Sie Ihrer Tochter diese Vorgehensweise und halten Sie sich ebenfalls an diese Vorgabe bzw. weichen Sie nur davon ab, wenn dies mit den Ärzten abgesprochen ist. Ein Abweichen von diesen Ernährungsrichtlinien kann nämlich zu Komplikationen wie Erbrechen führen und es kann zu inneren Blutungen kommen, sodass sich Annabells Entlassung verzögern würde."

ACHTUNG
Da Annabell mit 5 Jahren noch sehr jung ist und durch aufgeschnappte Gesprächsinhalte verunsichert werden könnte, empfiehlt es sich, das Beratungsgespräch allein mit der Mutter in einem ruhigen Raum durchzuführen.

Kompetenzen und Operatoren
Diese Aufgabe kann dem Kompetenzschwerpunkt I.4 (Anlage 2 PflAPrV) zugeordnet werden.
Der Operator „Erklären Sie" erfordert, die Informationen durch eigenes Wissen und eigene Einsichten in einen begründeten Zusammenhang zu stellen.

4. Erklären Sie, warum die akuten Bauchschmerzen bei Annabell einen Notfall darstellen. 6 Punkte

Akute Bauchschmerzen sind zunächst ein recht diffuses Symptom, die auf verschiedene Ursachen zurückzuführen sein können. Schmerzen sind grundsätzlich ernst zu nehmen und können sehr lebenseinschränkend sein. Allein deshalb kann man Schmerzen als Notfall betrachten. Bei Annabell sind die Schmerzen als Symptom der Blinddarmentzündung zu verstehen, wobei andere akute Erkrankungen im Bauchraum ausgeschlossen werden müssen, die selbst auch Notfälle darstellen (z. B. Darmverschluss). Die Schmerzen zählen zum einen zu den Entzündungszeichen, zum anderen weisen sie auf eine akute Verschlechterung des aktuellen Zustands hin.

Es ist wichtig, möglichst schnell zu handeln und zu reagieren, was ein Merkmal des Notfalls darstellt. Ein Notfall wird definiert als ein plötzlich eintretendes Ereignis, das eine unmittelbare Gefahr für Leben und Gesundheit bedeutet und schnell eingeleitete notfallmedizinische Maßnahmen erfordert.

Kompetenzen und Operatoren
Diese Aufgabe kann dem Kompetenzschwerpunkt III.2 (Anlage 2 PflAPrV) zugeordnet werden.
Der Operator „Beschreiben Sie" fordert, dass wesentliche Informationen aus dem Text bzw. Ihrem Wissen zusammenhängend und schlüssig mit eigenen Worten wiedergegeben werden.

5. Beschreiben Sie Maßnahmen der prä- und postoperativen Pflege bei Annabell. 10 Punkte

Präoperative Pflege
- Die geplanten Maßnahmen bis zur OP werden der Mutter erklärt, sodass diese den Pflegeprozess unterstützen kann. Für Annabell wichtige Schritte werden dieser in kindgerechter Sprache erklärt, ohne ihr dabei Angst zu machen.
- Annabell kann, wenn es ihr Zustand zulässt, mit Spielen, Malen etc. abgelenkt werden.
- Mit der Mutter klären, ob sie Annabell mit in den OP bringen möchte – sofern es die Klinikrichtlinie zulässt.

- Die Operationsvorbereitung entspricht den allgemein üblichen Regeln, wobei auf das **Abführen** wegen des Zeitdrucks bei Annabell verzichtet werden muss.
- Bis zur Operation ist eine **Nahrungskarenz** einzuhalten.
- Die **Temperaturkontrolle** ist eine wichtige diagnostische Maßnahme zur Feststellung einer Appendizitis. Um vergleichbare Werte nach der Operation zu haben, werden sowohl Temperatur als auch die **Vitalzeichen** (Blutdruck, Puls) gemessen und dokumentiert.

Postoperative Pflege

- Nach der Operation ist die **Vitalzeichenkontrolle** von besonderer Bedeutung. Neben den allgemeinen Kreislaufparametern wie Blutdruck und Puls ist vor allem auf die **Temperatur** zu achten, die aufgrund der Infektion bei der Appendizitis vor der OP in der Regel erhöht ist und danach sinken sollte. Eine weitere Temperaturerhöhung könnte ein Zeichen für eine Komplikation, z. B. eine Abszessbildung, darstellen.
- Des Weiteren ist auf die **Mobilisation** zu achten. Während am OP-Tag noch Bettruhe eingehalten werden sollte, kann ab dem 1. postoperativen Tag mit der Mobilisierung begonnen werden.
- Die **Ernährung** ist eine weitere wichtige Säule der postoperativen Versorgung bei einer Appendizitis. Nach einer laparoskopischen Appendektomie (bei nicht perforierter Appendizitis) darf Annabell am OP-Tag trinken und ab dem 1. postoperativen Tag leichte Kost essen. Nach einer konventionellen Operation darf sie am 1. postoperativen Tag trinken und erst am 2. Tag leichte Kost essen (Voraussetzung: rege Darmperistaltik). War der Appendix perforiert, wird Annabell 2–3 Tage parenteral ernährt, bevor die Kost entsprechend der ärztlichen Anordnung aufgebaut wird.
- Die durch die OP entstandene **Wunde** ist regelmäßig zu begutachten. Dabei wird der Verband auf mögliche Sekretbildung und Blutungen kontrolliert. Die Verbandwechsel erfolgen entsprechend der ärztlichen Anordnung. Sollten **Sonden oder Drainagen** gelegt worden sein, sind diese regelmäßig zu kontrollieren und entsprechend den ärztlichen Anordnungen zu versorgen.
- Um die **OP-Narbe** nicht zu belasten, darf Annabell bis ca. 2 Wochen nach der Entlassung nicht schwer heben. Sport ist etwa 2 Wochen nach einer laparoskopischen und 4 Wochen nach einer konventionellen Appendektomie erlaubt.

Kompetenzen und Operatoren

Diese Aufgabe besteht aus zwei Aufgabenteilen, bei dem der erste vorrangig dem Kompetenzschwerpunkt I.3 und der zweite dem Kompetenzschwerpunkt II.3 (Anlage 2 PflAPrV) zugeordnet werden kann.

Der Operator „Verdeutlichen Sie" verlangt, Sachverhalte, welche nicht explizit genannt werden, aus der Fallsituation herauszuarbeiten. Der Operator „benennen Sie" erfordert, wesentliche Informationen zu einem Begriff unkommentiert und unbegründet wiederzugeben.

6. Verdeutlichen Sie die Vorteile der Unterbringung im Krankenhaus (5 P.) und benennen Sie die Inhalte der EACH-Charta, die bei Annabells Versorgung im Krankenhaus von Bedeutung sind (5 P.). 10 Punkte

Vorteile der Mitaufnahme von Eltern

Zwischen Eltern und Kindern besteht eine enge Bindung, die sich über Jahre seit der Geburt (und bei Müttern teilweise schon zuvor) entwickelte. Diese Bindung führt zu einem großen Vertrauen und einem Gefühl von Geborgenheit, welches Annabell beruhigen wird und sich positiv auf ihre Heilung auswirken kann. Eltern erkennen bestimmte Besonderheiten und Verhaltensweisen ihres Kindes sehr viel eher als pflegerisches Personal. Aus diesen Gründen ist es wichtig, den Eltern oder in diesem Fall der begleitenden Mutter anzubieten, ebenfalls im Krankenhaus aufgenommen zu werden und für Annabell da zu sein. In diesem Rahmen kann Frau Bianchi besser in die Pflege einbezogen und zu verschiedenen Themen beraten werden.

Inhalte/Artikel der EACH-Charta

- Artikel 1: Aufnahme von Kindern in ein Krankenhaus nur, wenn es nötig ist und die Behandlung zu Hause nicht möglich ist.
- Artikel 2: Kinder im Krankenhaus haben das Recht, ihre Eltern oder eine andere Bezugsperson jederzeit bei sich zu haben.
- Artikel 3: Eltern soll bei der notwendigen Aufnahme des Kinds im Krankenhaus die Mitaufnahme angeboten werden, um sich um ihr Kind kümmern und mitwirken zu können. Dabei dürfen der Familie keine zusätzlichen Kosten entstehen.
- Artikel 4: Kinder haben das Recht, altersgerecht informiert zu werden. Dadurch soll Stress gemildert werden.
- Artikel 5: Kinder und Eltern haben das Recht, in Entscheidungen der gesundheitlichen Betreuung einbezogen zu werden, und jedes Kind soll vor unnötigen Behandlungen geschützt werden.
- Artikel 6: Kinder sollen mit anderen Kindern betreut werden, die entsprechend ihrer Entwicklung ähnliche Bedürfnisse haben.
- Artikel 7: Kinder haben das Recht auf eine Umgebung, die ihrem Alter und ihrem Zustand entspricht inkl. Möglichkeiten zum Spielen, zur Erholung und zur Bildung.
- Artikel 8: Kinder haben das Recht auf Betreuung durch fachliches Personal, das über ein entsprechendes Einfühlungsvermögen verfügt.
- Artikel 9: Kontinuität in der Pflege kranker Kinder soll durch ein möglichst kleines Team sichergestellt werden.
- Artikel 10: Kinder müssen mit Takt und Verständnis behandelt und ihre Intimsphäre muss jederzeit respektiert werden.

IMPULS

Neben der EACH-Charta gibt es auch weitere Rechte von Kindern, die bei ihrer Pflege und Versorgung zu beachten sind. Dabei geht es nicht darum, irgendwelche Artikel auswendig zu kennen, vielmehr ist es wichtig zu wissen, welche Rechte Kinder allgemein haben und wo passende Informationen zu finden sind.

- EACH-Charta mit Erläuterungen: www.uniklinik-ulm.de/fileadmin/default/02_Kliniken-Zentren/Downloads/EACH-CHARTA.pdf
- UN-Konvention über die Rechte des Kindes: www.kinderrechte.de/kinderrechte/un-kinderrechtskonvention-im-wortlaut

LITERATUR

1. Gießelmann K. Blinddarmentzündung: Appendektomie ist kein Muss. Deutsches Ärzteblatt. 2018; 115(31–32): A-1438/B-1210/C-1202. Aus: www.aerzteblatt.de/archiv/199358/Blinddarmentzuendung-Appendektomie-ist-kein-Muss (letzter Zugriff: 24.7.2023)
2. Huch R. Verdauungssystem. In: Huch R, Jürgens K (Hrsg.). Mensch Körper Krankheit. 9. A. München: Elsevier, 2022. S. 321–342.
3. Menche N. Pflege bei Erkrankungen des Magen-Darm-Trakts. In: Menche N, Keller C, Teigeler B (Hrsg.). PflegeHeute. 8 A. München: Elsevier, 2023. S. 606–645.
4. Aktionskomitee KIND IM KRANKENHAUS (AKIK). Die EACH Charta mit Erläuterungen. Frankfurt/M.: 2018. Aus: www.uniklinik-ulm.de/fileadmin/default/02_Kliniken-Zentren/Downloads/EACH-CHARTA.pdf (letzter Zugriff: 24.7.2023)

17.3.2 Fallsituation: ambulante Langzeitpflege (➢ Kap. 6.3)

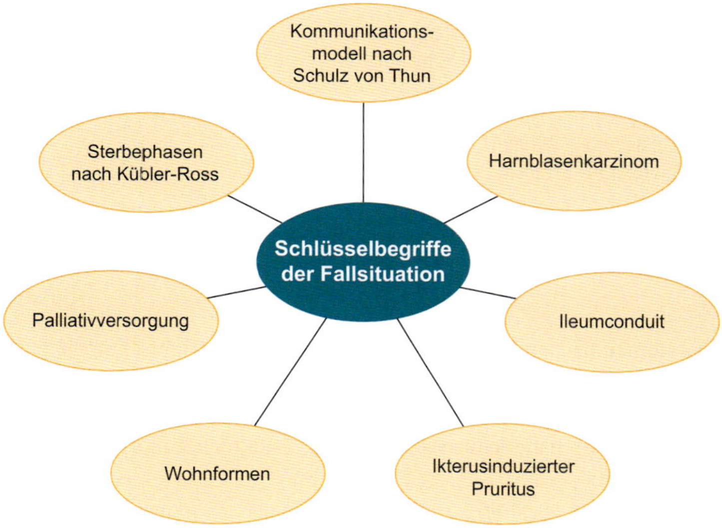

1. Ordnen Sie Frau Sinans Äußerung in das Kommunikationsmodell von Schulz von Thun ein. 8 Punkte

- Sachohr/-ebene/-seite: Ich möchte in Ruhe gelassen werden.
- Beziehungsohr/-ebene/-seite: Ich vertraue dir nicht.
- Appellohr/-ebene/-seite: Ich will, dass die Schmerzen aufhören.
- Selbstoffenbarungsohr/-ebene/-seite: Ich schaffe es nicht allein.

Kompetenzen und Operatoren

Diese Aufgabe kann dem Kompetenzschwerpunkt II.3 (Anlage 2 PflAPrV) zugeordnet werden.
Der Operator „Ordnen Sie … ein" fordert, dass eine Aussage mit einem theoretischen Hintergrund in Verbindung gebracht und dieser angewendet wird.

Kompetenzen und Operatoren
Diese Aufgabe kann dem Kompetenzschwerpunkt I.4 (Anlage 2 PflAPrV) zugeordnet werden.
Der Operator „Erläutern Sie" erfordert ein differenziertes Darstellen auf Basis von Textaussagen und eigenen Kenntnissen.

2. Erläutern Sie Ursachen für Frau Sinans starke Schmerzen. 4 Punkte

- Eine häufig auftretende Komplikation des Iluemconduits mit liegendem Splint ist die aufsteigende Harnwegsinfektion.
- Es besteht die Gefahr, dass Urin nicht richtig abfließen kann und sich dieser bis in die Nieren zurückstaut.
- Dadurch ist die Nierenfunktion stark beeinträchtigt, es können sich Nierensteine bilden, die starke Schmerzen auslösen.
- Es besteht außerdem die Gefahr des akuten Nierenversagens.
- Die Rötung der Stoma-Umgebung lässt auf eine Infektion schließen, welche ebenfalls Schmerzen verursacht.

TIPP

Viel wichtiger als das Ableiten von Ursachen für eine Schmerzsymptomatik ist das **Schmerzmanagement.** Neben dem Arzt kommt den Pflegefachpersonen dabei eine zentrale Rolle zu.
Zum Schmerzmanagement gehören:
- Feststellung, dass Schmerzen vorhanden sind (Screening)
- Beobachtung und Einschätzung von Schmerzen (Assessment)
- Schmerztherapie (medikamentös und nicht medikamentös, Beratung)
- Verlaufskontrolle (Wirkung und Nebenwirkungen)
- Evaluierung der Schmerzsituation

Kompetenzen und Operatoren
Diese Aufgabe kann dem Kompetenzschwerpunkt III.2 (Anlage 2 PflAPrV) zugeordnet werden.
Der Operator „Erklären Sie" erfordert die Darstellung eines Sachverhalts auf der Basis von eigenen Kenntnissen und dessen Einordnung in einen klaren Begründungszusammenhang.

3. Erklären Sie Frau Sinan die korrekte Stomaversorgung ihres Ileumconduits. 10 Punkte

- Die stomaumgebende Haut muss bei Anbringen der Hautschutzplatte trocken sein.
- Den Versorgungswechsel möglichst früh nach dem Aufstehen durchführen, da durch die reduzierte nächtliche Trinkmenge morgens weniger Urin abgeht.
- Zur Reinigung des Stomas und der peristomalen Haut unsterile Kompressen verwenden, die mit Leitungswasser angefeuchtet werden.
- Es wird von innen nach außen in kreisrunden Bewegungen so lange gewischt, bis alle Schleimreste entfernt sind.
- Anschließend wird mit einer trockenen Kompresse die Haut abgetupft und eine weitere trockene Kompresse auf das Stoma gelegt, um kleine Mengen austretenden Urins aufzufangen.
- Nach der Reinigung der peristomalen Haut erfolgt eine Kontrolle des Splints, des Urins und der Haut.
- Der Splint wird auf die richtige Lokalisation, stabile Fixierung und freie Durchgängigkeit geprüft.
- Sollte festgestellt werden, dass sich die Splintlage verändert hat, ist umgehend der behandelnde Urologe zu kontaktieren.
- Bei einem zweiteiligen System sind Basisplatte und Beutel getrennt und werden mit einem Schließmechanismus verbunden.
- Die Basisplatte muss alle 2–3 Tage gewechselt werden, da sie aus einem besonderen Hautschutzmaterial besteht, welches den Urin abweist.
- Der Beutel sollte aufgrund der Vermehrung der Keime täglich gewechselt werden.

4. Bewerten Sie den Vorschlag der Pflegeüberleitung, Frau Sinan einen Platz in einer betreuten Wohneinrichtung zu organisieren. 5 Punkte

Betreutes Wohnen ist für Frau Sinan nicht das Richtige, da
- betreutes Wohnen oder „Service-Wohnen" Wohnformen sind, bei denen die Bewohner zusätzliche Hilfestellungen in den Bereichen Haushalt und Betreuung erhalten können,
- es zwar betreute Wohnformen gibt, in denen auch pflegerische Unterstützung angeboten wird, allerdings müssen die Bewohner noch weitestgehend in der Lage sein, sich selbst zu pflegen,
- betreutes Wohnen sich meist an ältere Menschen richtet, die nicht oder nur in geringem Umfang pflegebedürftig sind,
- Frau Sinan mehr pflegerische Unterstützung benötigt und auch nicht mehr in der Lage ist, ihren Haushalt selbstständig zu führen.

Daher wäre für Frau Sinan eine stationäre Pflegeeinrichtung die bessere Variante.

Kompetenzen und Operatoren

Diese Aufgabe kann dem Kompetenzschwerpunkt II.3 (Anlage 2 PflAPrV) zugeordnet werden.
Der Operator „Bewerten Sie" erfordert ein selbstständiges Urteil aufgrund von Fachwissen verbunden mit der Offenlegung begründeter eigener Wertmaßstäbe.

LERNTIPP

Bei Bewertungen gibt es nicht nur eine einzige richtige Antwort. Sollten Sie aufgrund Ihrer Einschätzung anderer Meinung sein, als der Erwartungshorizont beschreibt, kann dies dennoch richtig sein. Wichtig ist, dass Sie entsprechend argumentieren, damit Ihre Einschätzung nachvollziehbar ist.

5. Beschreiben Sie die drei Formen der Palliativversorgung sowie deren Ziele (6 P.) und empfehlen Sie Frau Sinan eine geeignete Form (2 P.). 8 Punkte

Kompetenzen und Operatoren

Diese Aufgabe besteht aus zwei Aufgabenteilen, die beide dem Kompetenzschwerpunkt I.3 und II.3 (Anlage 2 PflAPrV) zugeordnet werden können.
Der Operator „Beschreiben Sie" erfordert die Darstellung von Sachverhalten in logischen Zusammenhängen, ohne Begründungszusammenhänge zu nennen. Der Operator „empfehlen Sie" verlangt eine begründete Ausführung zu einer Fragestellung, die sich aus einer bestimmten Perspektive ergibt.

Formen der Palliativversorgung
- **Allgemeine ambulante Palliativversorgung (AAPV):** Hier kann ein einzelner Akteur (z. B. der Hausarzt) die erforderliche palliativmedizinische Leistung erbringen.
  Ziel: Menschen und ihre Angehörigen so zu versorgen, dass in der vertrauten Umgebung ein würdevolles Sterben möglich ist.
- **Spezielle ambulante Palliativversorgung (SAPV):** Hier sind für die Linderung der Schmerzen und/oder Symptome spezifische palliativmedizinische und/oder palliativpflegerische Kenntnisse und Erfahrungen, eine 24-Stunden-Rufbereitschaft sowie eine besondere Zusammenarbeit der verschiedenen Akteure nötig.
  Ziel: Menschen und ihre Angehörigen so zu versorgen, dass in der vertrauten Umgebung trotz der Intensität der Symptome und Schmerzen ein würdevolles Sterben möglich ist.
- **Palliativmedizin in Krankenhäusern:** Hier sind spezialisierte palliativmedizinische Leistungen notwendig, die zum einen spezielles Fachwissen und zum anderen einen ganzheitlichen Behandlungsansatz erfordern.
  Ziel: Stabilisierung der Krankheitssymptome, damit die Betroffenen in die ambulante Palliativversorgung – also zurück in ihr vertrautes Umfeld – oder in ein stationäres Hospiz entlassen werden können.

Empfehlung für Frau Sinan

Aufgrund von Frau Sinans Prognose und ihrer Einsamkeit wäre für sie eine Stabilisierung durch Palliativmedizin in einem Krankenhaus und die anschließende Entlassung in ein Hospiz die geeignetste Variante.

Kompetenzen und Operatoren

Diese Aufgabe besteht aus zwei Aufgabenteilen, die beide dem Kompetenzschwerpunkt III.2 (Anlage 2 PflAPrV) zugeordnet werden können.
Der Operator „Definieren Sie" fordert die Erklärung eines Sachbegriffs unter Verwendung von Fachbegriffen. Der Operator „nennen Sie" bedeutet, dass Sie die Maßnahmen lediglich aufzählen sollen.

6. Definieren Sie das Leitsymptom „Ikterus" (1 P.) und nennen Sie Frau Sinan sieben Maßnahmen zur Linderung ihres Pruritus (7 P.). 8 Punkte

Definition

Als Ikterus bezeichnet man eine Gelbfärbung von Haut, Schleimhäuten und inneren Organen infolge einer Hyperbilirubinämie. Bei Frau Sinan wird diese von Lebermetastasen ausgelöst.

Maßnahmen

- Milde, nicht alkalische Seifen, rückfettende Dusch- und Badeöle und Cremes benutzen
- Lauwarmes oder kühles Wasser verwenden
- Regelmäßig feuchte und kühlende Umschläge anwenden
- Aromapflege mit gerbenden Ölen wie Lavendel- oder Antijucköl
- Weiche, luftige Kleidung, z. B. aus Baumwolle oder Seide, tragen
- Räume kühl halten
- Fingernägel kurz halten
- Nachts Baumwollhandschuhe zur Reduktion von Kratzverletzungen tragen

Kompetenzen und Operatoren

Diese Aufgabe kann dem Kompetenzschwerpunkt II.3 (Anlage 2 PflAPrV) zugeordnet werden.
Der Operator „Beurteilen Sie" erfordert ein selbstständiges Urteil unter Verwendung von Fachwissen.

7. Beurteilen Sie, in welcher Phase des Modells von Kübler-Ross sich Frau Sinan befindet und wie sich dies bei ihr bemerkbar macht. 7 Punkte

Phase, in der sich Frau Sinan befindet

- Frau Sinan befindet sich in der letzten Phase des Modells von Frau Kübler-Ross, der Akzeptanzphase.
- In dieser Phase haben Betroffene ihr Schicksal angenommen und es tritt ein ruhiger, fast gefühlsloser Zustand ein.
- Der Gesprächsbedarf nimmt ab, der Blick ist nach innen gerichtet und das Verlangen, Besuch zu bekommen, nimmt ab.

Ersichtlich an folgenden Punkten

- Ablehnung der systemischen Chemotherapie
- Beharren auf der Entlassung nach Hause statt in eine betreute Wohnform
- Ablehnung der Hilfe des Pflegedienstes
- Einsamkeit, Desinteresse an Aktivität

LITERATUR

1. Bayerisches Staatsministerium für Gesundheit und Pflege. Palliativversorgung. Aus: www.stmgp.bayern.de/gesundheitsversorgung/sterbebegleitung/palliativversorgung (letzter Zugriff: 24.7.2023).
2. DGIM Innere Medizin. Leitsymptom: Ikterus. e.Medpedia. Aus: www.springermedizin.de/emedpedia/dgim-innere-medizin/leitsymptom-ikterus?epediaDoi=10.1007%2F978-3-642-54676-1_266 (letzter Zugriff: 24.7.2023).

3. Doll A. Ikterus: wenn die Haut gelb wird. Friedrich +. 2020: Aus: www.friedrich-verlag.de/pflegen-demenz-palliativ/symptome-interventionen/wie-sie-den-juckreiz-lindern-koennen (letzter Zugriff: 24.7.2023).
4. Manski D. Harnableitung nach Zystektomie: Technik und Komplikationen. Urologielehrbuch.de. Aus: www.urologielehrbuch.de/grundlagen_harnableitung.html (letzter Zugriff: 24.7.2023).
5. Maßberg D, von dem Hagen S, Beckmann I-A. Blasenkrebs (Harnblasenkarzinom). Deutsche Krebshilfe. 2022. Aus: www.krebshilfe.de/informieren/ueber-krebs/krebsarten/blasenkrebs-harnblasenkarzinom (letzter Zugriff: 24.7.2023).
6. Ohlmann C. Blasenkrebs, Harnblasenkrebs – Erkrankungsverlauf. ONKO-Internetportal. 2021. Aus: www.krebsgesellschaft.de/onko-internetportal/basis-informationen-krebs/krebsarten/andere-krebsarten/blasenkrebs/erkrankungsverlauf.html (letzter Zugriff: 24.7.2023).
7. Parthum A. Schmerz. In: Keller C (Hrsg.). PFLEGEN. Grundlagen und Interventionen. 3. A. München: Elsevier, 2021. S. 611–634.
8. Richter J. Leitfaden zur Versorgung eines Ileum-Conduits mit liegenden Splinten. MagSi. 2012; 8(59): 14–18. Aus: www.fgskw.org/wp-content/uploads/Nr.-59-Leitfaden-z.-Versorgung-eines-Ileum-Conduits-mit-liegenden-Splinten-J.Richter.pdf (letzter Zugriff: 24.7.2023).

17.4 Viertes Prüfungsbeispiel

Mandy Schilling (17.4.1), Marina Hunziger, Erik Herrmann (17.4.2)

17.4.1 Fallsituation: stationäre Langzeitpflege (> Kap. 7.1)

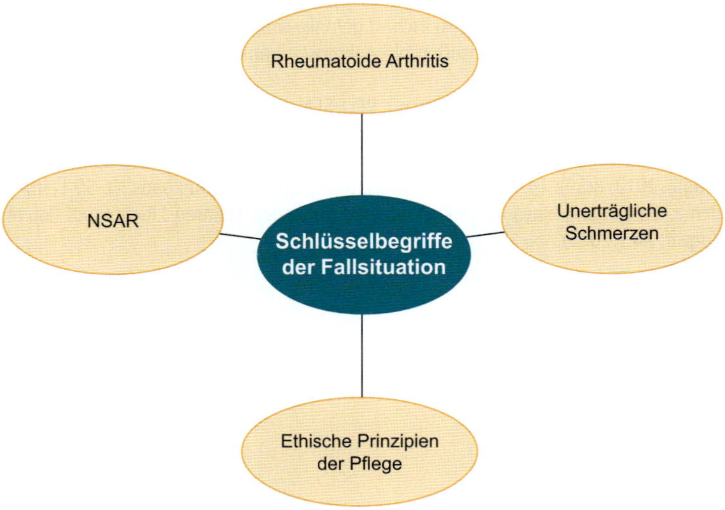

Kompetenzen und Operatoren

Diese Aufgabe aus zwei Aufgabenteilen, die beide dem Kompetenzschwerpunkt I.4 (Anlage 2 PflAPrV) zugeordnet werden können. Der Operator „Begründen Sie" erfordert, komplexe Grundgedanken argumentativ schlüssig zu entwickeln und im Zusammenhang darzustellen. Der Operator „Gehen Sie darauf ein" erfordert das Herausarbeiten der Symptome aus der Fallsituation sowie das Sammeln von Maßnahmen. Der Operator „beschreiben Sie" verlangt die Darstellung von Sachverhalten in logischen Zusammenhängen, ohne Begründungszusammenhänge zu nennen.

1. Begründen Sie, warum Pflegefachmann Alexander Holst sofort nach Feststellung der Symptome bei Frau Hansen Nina Baumann losschickt, um einen Notarzt zu rufen (3 P.). Gehen Sie darauf ein, auf welche Akutsituation Frau Hansens Symptome hinweisen, und beschreiben Sie, welche Maßnahmen der Pflegefachmann ergreifen sollte, bis der Arzt eintrifft (7 P.). 10 Punkte

Begründung und Interpretation der Symptome

Blasse Haut, Kaltschweißigkeit, Apathie und **Tachypnoe** deuten auf einen **hypovolämischen Schock** infolge eines massiven Blutverlusts hin. Unbehandelt kann dieser zum lebensbedrohlichen Zustand des Kreislaufschocks führen. Da pflegerisch nur begrenzte Behandlungsmaßnahmen zur Verfügung stehen, muss umgehend ein Arzt informiert werden.

Vorgehen bis zum Eintreffen des Arztes

Pflegefachmann Alexander Holst muss **Erste-Hilfe-Maßnahmen** ergreifen.

- Eine der wichtigsten Maßnahmen ist eine angemessene Positionierung der betroffenen Person, deshalb positioniert Alexander Holst Frau Hansen bequem mit erhöhten Beinen, um den Rückfluss des Bluts zu verbessern.
- Des Weiteren überwacht er die wichtigsten Vitalzeichen, um schnell auf Veränderungen des Herz-Kreislauf-Systems reagieren zu können. Neben dem Feststellen des Bewusstseins fühlt er den Puls und kann – bei greifbarem Blutdruckmessgerät – auch den Blutdruck bestimmen.

- Bei der Überwachung der Atmung werden neben dem Fakt, dass Frau Hansen überhaupt noch atmet, die Atemfrequenz, Atemrhythmus und Atemgeräusche eingeschätzt. Atmet Frau Hansen zu flach oder sehr unregelmäßig, macht Alexander Holst gemeinsam mit ihr Atemübungen und leitet sie so zum ruhigen Ein- und Ausatmen an.
- Sollte Frau Hansen zwischenzeitlich bewusstlos werden, bringt sie Alexander Holst in die stabile Seitenlage und stellt die Atmung sicher.
- Wenn es Frau Hansen relativ gut gehen sollte, sodass sie aufrecht sitzen kann, ist es sinnvoll, wenn Alexander Holst ihr ein Getränk anreicht, um den Flüssigkeitsmangel auszugleichen.
- Generell ist es wichtig, dass Alexander Holst beruhigend auf Frau Hansen einwirkt und sie psychisch betreut. Er macht ihr deutlich, dass er für sie da ist, sie unterstützt und weitere Hilfe unterwegs ist.

Wenn es die Situation zulässt, kann ggf. Nina Baumann im weiteren Verlauf die Betreuung von Frau Hansen übernehmen, sodass Alexander Holst schon Überleitungspapiere vorbereiten kann. Oder die Auszubildende empfängt die Rettungskräfte am Eingang und zeigt ihnen den Weg.

TIPP

Nicht steroidale Antirheumatika (NSAR) zählen zu den am häufigsten verordneten Arzneimitteln in Deutschland. Führend nach verordneten Tagesdosen waren dabei im Jahr 2011 Ibuprofen und Diclofenac [1].

2. Nennen Sie fünf typische Symptome der rheumatoiden Arthritis. 5 Punkte

- Warme, geschwollene und schmerzende Gelenke
- Steife Gelenke morgens nach dem Aufstehen
- Kraftlosigkeit
- Erschöpfung
- Rheumaknoten

TIPP

Folgende pflegerisch relevante Besonderheiten ergeben sich bei den aufgeführten Symptomen einer **rheumatoiden Arthritis:**

- Die morgendliche Steifheit der Gelenke klingt in der Regel nach einer Stunde ab, erst nach diesem Zeitraum sind die Gelenke wieder beweglich.
- Da schmerzende, steife Gelenke oft weniger bewegt werden, kommt neben einer Kraftlosigkeit auch die Gefahr hinzu, dass die Muskeln mit der Zeit schwächer werden.
- Da Rheuma eine den Körper ganzheitlich betreffende Erkrankung ist, führt dies oft zu Müdigkeit und allgemeinem Schwächegefühl.
- Wenn die Erkrankung fortschreitet, bilden sich manchmal kleine, feste Knötchen unter der Haut, die sogenannten Rheumaknoten. Sie sind meist unempfindlich gegenüber Druck oder Berührungen.

Kompetenzen und Operatoren

Diese Aufgabe kann den Kompetenzschwerpunkten I.3 und II.2 (Anlage 2 PflAPrV) zugeordnet werden.
Der Operator „Nennen Sie" erfordert, wesentliche Informationen zu einem Begriff unkommentiert und unbegründet wiederzugeben.

Kompetenzen und Operatoren
Diese Aufgabe kann den Kompetenzschwerpunkten I.3 und III.2.f (Anlage 2 PflAPrV) zugeordnet werden.
Der Operator „Zählen Sie ... auf" erfordert, wesentliche Informationen zu einem Begriff unkommentiert und unbegründet wiederzugeben.

3. Zählen Sie acht häufig von einer rheumatoiden Arthritis betroffene Gelenke auf. 8 Punkte

- Schultergelenke
- Ellbogengelenke
- Handgelenke
- Fingergelenke
- Hüftgelenke
- Kniegelenke
- Sprunggelenke
- Zehengelenke

Kompetenzen und Operatoren
Diese Aufgabe kann den Kompetenzschwerpunkten I.3 und III.2. (Anlage 2 PflAPrV) zugeordnet werden.
Der Operator „Erklären Sie" erfordert, Sachverhalte auf der Basis von Kenntnissen und Einsichten differenziert darzustellen und durch zusätzliche Informationen und Beispiele zu veranschaulichen.

4. Erklären Sie drei Wirkungsweisen und zwei häufig auftretende Nebenwirkungen von nicht steroidalen Antirheumatika (NSAR). 5 Punkte

Wirkungsweisen
NSAR greifen über die Hemmung der Cyclooxygenase in den sehr komplexen Entzündungsprozess ein. Es werden weniger Prostaglandine gebildet, was folgende Wirkungen hat:
- NSAR wirken entzündungshemmend *(antiphlogistisch)* und werden demnach bei entzündlichen Erkrankungen eingesetzt, um durch Entzündungen verursachte Symptome zu reduzieren. Dies spielt auch beim Rheuma eine wichtige Rolle.
- NSAR wirken fiebersenkend *(antipyretisch)* und sind damit in der Lage, eine erhöhte Körpertemperatur zu reduzieren. Dies spielt bei Rheuma insbesondere in akuten Phasen eine Rolle, weil Fieber eine Belastung für das Herz-Kreislauf-System sein kann.
- NSAR wirken schmerzlindernd *(analgetisch)* und können somit Schmerzrezeptoren blockieren, was zu einer zentralen Schmerzdämpfung führt. Da Menschen mit Rheuma unter erheblichen Schmerzen leiden können, ist die Schmerzreduzierung eine wichtige therapeutische Säule.

Häufige Nebenwirkungen
- Die Wirkstoffe der NSAR greifen häufig die Schleimhäute von Magen und Darm an. Damit kommt es zu Magen-Darm-Störungen und im schlimmsten Fall zu Magengeschwüren. Deshalb sollen sie möglichst nicht auf nüchternen Magen eingenommen werden.
- Ebenfalls sind zentralnervöse Störungen wie Schwindel oder Kopfschmerzen möglich. Aus diesem Grund sollte bei dauerhafter und hochdosierter Gabe die Sturzprophylaxe nicht aus den Augen verloren werden.
- Zusätzlich sind pseudoallergische Reaktionen wie Bronchospasmen, Hautausschläge und lokale Erwärmungen der Haut möglich.

ACHTUNG
Die klinisch bedeutsamste **Nebenwirkung der NSAR** ist das erhöhte Risiko einer Magenschleimhautschädigung, vor allem bei entsprechender Vorgeschichte (z. B. Ulkusleiden).

5. Ordnen Sie den aufgeführten Aktivitäten mindestens zwölf Hilfsmittel zu, die u.a. in der Rheumatherapie Anwendung finden können. 12 Punkte

Gehen und Stehen	Schuhe, Einlagen, Gehhilfe, Rollator
Essen und Trinken	Spezielle Trinkgefäße (Schnabeltasse/Schnabelbecher), Messer, Gabel und Löffel mit Schaumstoffgriff, speziell geformte Flaschen- und Dosenöffner
Anziehen	Anziehhilfen, Knöpfhilfen
Körperpflege	Duschhocker, Badewannenlifter, Haltegriffe, spezielle Bürsten und Haarkämme mit langen Griffen
Arbeiten und Hobby	Spezielle Tastaturen und Schreibhilfen, Keilkissen für den (Schreibtisch-)Stuhl, Halterung für Spielkarten
Greifen	Griffaufsätze und -verlängerungen, rutschfeste Unterlagen

Kompetenzen und Operatoren
Diese Aufgabe kann den Kompetenzschwerpunkten I.3.c und I.3.d (Anlage 2 PflAPrV) zugeordnet werden.
Der Operator „Ordnen Sie … zu" erfordert, Sachverhalte unter Verwendung von Vorwissen begründet in einen Zusammenhang zu stellen.

6. Leiten Sie mithilfe der vier ethischen Prinzipien der Pflege ab, wie Pflegefachpersonen Herrn Hansens Würde trotz fortschreitender Demenzerkrankung wahren können und warum das auch für sie selbst von Bedeutung ist. 10 Punkte

Kompetenzen und Operatoren
Diese Aufgabe kann den Kompetenzschwerpunkten II.3.a, II.3.b und II.3.c (Anlage 2 PflAPrV) zugeordnet werden.
Der Operator „Leiten Sie … ab" erfordert, auf der Grundlage vorhandener Ergebnisse eigene Schlussfolgerungen zu ziehen.

Wahrung von Herrn Hansens Würde

- Das **Prinzip der Gerechtigkeit** geht von der Gleichheit aller Menschen aus und leitet daraus die Pflicht zur Gleichbehandlung aller Pflegebedürftigen ab. Herr Hansen ist infolgedessen schon durch seine Eigenschaft des Menschseins davor geschützt, seine Würde zu verlieren. Auch Artikel 1 des Grundgesetzes führt dazu aus, dass „die Würde des Menschen unantastbar" ist und jeder Mensch wertvoll ist, allein weil er ein Mensch ist. Da Herr Hansen niemals diese Eigenschaft verliert, ergibt sich daraus folgerichtig, dass das Prinzip der Gerechtigkeit Gültigkeit hat und er entsprechend an allen Maßnahmen der Pflege und der Alltagsgestaltung in dem Umfang partizipieren (teilhaben) kann wie alle anderen nicht an Demenz erkrankten Menschen auch.
- Das **Prinzip des Respekts vor der Autonomie** bedeutet, dass der Wille des zu pflegenden Menschen und sein Selbstbestimmungsrecht gewahrt werden müssen, indem Pflegefachpersonen diese pflegerisch respektieren und keine Maßnahmen ergreifen, die dessen Willen zuwiderlaufen. Das heißt grundsätzlich, dass Herr Hansen Pflegemaßnahmen und -interventionen zustimmen, diese aber auch ablehnen kann.
- Allerdings ergibt sich durch Herr Hansens Erkrankung eine Besonderheit: Durch den zunehmenden Verlust der kognitiven Fähigkeiten wird Herr Hansen ab einem gewissen Zeitpunkt, der aufgrund des individuellen Krankheitsverlaufs nicht festzulegen ist, nicht mehr die Konsequenzen seiner Handlung abschätzen können. Im Sinne des **Nichtschadenprinzips** muss die Pflegefachperson ggf. Herrn Hansens Autonomie verletzen, um Folgeschäden zu verhindern und ihm ein längstmögliches adäquates Leben gewährleisten zu können.

- Das **Prinzip der Fürsorge** beinhaltet, das Wohl des zu pflegenden Menschen zu fördern und das professionelle Handeln so zu planen, dass es diesem nützt. Dieses Prinzip beschreibt also nichts anderes, als die Verpflichtung aller an der Pflege Beteiligten, präventiv zu arbeiten, Beschwerden zu lindern und damit das Wohlbefinden des zu pflegenden Menschen zu fördern. Die Pflegefachperson kommt diesem Prinzip nach, indem sie Herrn Hansens Pflege kurz-, mittel- und langfristig mittels Pflegeplanung entwickelt, soweit möglich interdisziplinär arbeitet und ihre Arbeit regelmäßig evaluiert, damit Herr Hansen permanent eine angemessene Unterstützung erhält.

Bedeutung der vier ethischen Prinzipien für die Pflege

Pflegeethische Aspekte wie die ethischen Prinzipien und die Auseinandersetzung mit ihnen dienen der Reflexion der persönlichen und berufseigenen Werte und Wertvorstellungen. Das hilft Pflegefachpersonen, die Pflegequalität zu sichern, Konflikte zu bewältigen und Rahmenbedingen zu analysieren.

LITERATUR

1. Arzneimittelkommission der deutschen Ärzteschaft. Wissenschaftlicher Fachausschuss der Bundesärztekammer. Nichtsteroidale Antirheumatika (NSAR) im Vergleich: Risiko von Komplikationen im oberen Gastrointestinaltrakt, Herzinfarkt und Schlaganfall (UAW-News International). Deutsches Ärzteblatt. 2013; 110(29–30). Aus: www.akdae.de/arzneimittelsicherheit/bekanntgaben/newsdetail/nichtsteroidale-antirheumatika-nsar-im-vergleich-risiko-von-komplikationen-im-oberen-gastrointestinaltrakt-herz infarkt-und-schlaganfall-uaw-news-international (letzter Zugriff: 24.7.2023).
2. Jelinek A. Aufbauwissen Pflege. Arzneimittellehre. München: Elsevier, 2022.
3. Reinicke N. Persönliche Gesundheitsförderung. In: Böhmer-Breuer R, Herrmann E (Hrsg.). PFLEGEN Fokus Alter Mensch. München: Elsevier, 2021. S. 441–450.

17.4.2 Fallsituation: ambulante Langzeitpflege (➤ Kap. 7.3)

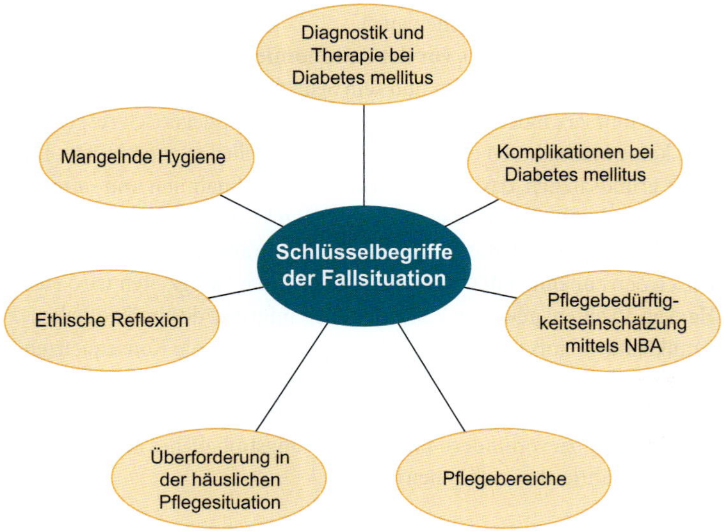

1. Erklären Sie Herrn Lehmann und seiner Mutter die Entstehung eines Diabetes mellitus Typ 2 (5 P.) und nennen Sie fünf typische Komplikationen (5 P.). 10 Punkte

Kompetenzen und Operatoren

Diese Aufgabe besteht aus zwei Aufgabenteilen, die beide dem Kompetenzschwerpunkt I.3 (Anlage 2 PflAPrV) zugeordnet werden können.
Der Operator „Erklären Sie" erfordert, die Informationen durch eigenes Wissen und eigene Einsichten in einen begründeten Zusammenhang zu stellen. Der Operator „nennen Sie" fordert die stichpunktartige Auflistung von Informationen.

Entstehung eines Diabetes mellitus Typ 2

Zur Regulierung des Blutzuckerspiegels bildet der Körper in der Bauchspeicheldrüse Insulin. Dieses ermöglicht den Zellen, Glukose als Einfachzucker aufzunehmen und diese in Energie umzuwandeln, um z. B. Muskelbewegungen durchzuführen, oder in der Leber zu Glykogen oder Fett als Speicherformen umzuwandeln.

Meistens ist der Ursprung der Erkrankung eine Über- oder Fehlernährung, gekoppelt mit einem Bewegungsmangel. Bei Herrn Lehmann scheint dies vor 10 Jahren oder darüber hinaus der Ausgangspunkt seiner Erkrankung gewesen zu sein. Es entsteht eine Insulinunempfindlichkeit *(Insulinresistenz)* in Fett-, Muskel- und Leberzellen. Dadurch muss der Körper sehr viel mehr Insulin produzieren, um den Blutzucker regulieren zu können. Auf Dauer werden die insulinproduzierenden Zellen erschöpft, und es wird zu wenig Insulin produziert. Bis zum ersten Auftreten von Symptomen können Jahre vergehen. Durch den relativen Insulinmangel steigt der Blutzuckerspiegel, vor allem nach den Mahlzeiten und wenn viele Kohlenhydrate aufgenommen werden. Mit der Zeit bilden sich viele verschiedene Komplikationen und Folgeerkrankungen.

Komplikationen und Folgeerkrankungen

- Blutzuckerentgleisungen: Hypo- und Hyperglykämie
- Durchblutungsstörungen, Thrombose, Schlaganfall
- Glaukom, Katarakt, diabetische Retinopathie, allgemeine Sehbeeinträchtigungen
- Herzrhythmus-, Blutdruckregulationsstörungen, koronare Herzerkrankungen, Herzinfarkt
- Völlegefühl, Sodbrennen, fehlender Appetit
- Nephropathie
- Verdauungsstörungen: Meteorismen, Obstipation, Diarrhö
- Blasenfunktionsstörungen bis Harninkontinenz
- Erektionsstörungen, Libidoverlust, Impotenz
- Muskelschmerzen, Muskelschwäche, Wadenkrämpfe
- Periphere Polyneuropathie, periphere arterielle Verschlusskrankheit (pAVK), diabetisches Fußsyndrom

ACHTUNG

Hypo- und **Hyperglykämien** sind Notfallsituationen mit zu niedrigen bzw. zu hohen Blutzuckerwerten. Die Symptome sind teilweise ähnlich, z. B.:
- Konzentrationsstörungen
- Unruhe, Schwitzen, Tachykardie
- Bewusstseinseintrübungen
- Mögliche Krampfanfälle, Zittern
- Übelkeit
- Veränderte Atmung

Bei Feststellung dieser Symptome bei einem Menschen mit Diabetes mellitus ist der Blutzucker zu messen und dann entsprechend zu handeln:
- Niedriger Blutzucker → Gabe von Glukose, am besten in flüssiger Form
- Hoher Blutzucker → Gabe von Insulin, reichlich trinken lassen

Kompetenzen und Operatoren

Diese Aufgabe besteht aus zwei Aufgabenteilen, die beide dem Kompetenzschwerpunkt I.3 (Anlage 2 PflAPrV) zugeordnet werden können.

Der Operator „Geben Sie ... an" erfordert, über Sachverhalte klar, kurz und sachlich zu informieren. Der Operator „ordnen Sie ... zu" verlangt, Sachverhalte in einen Zusammenhang zu bringen.

2. Geben Sie die Lebensbereiche entsprechend dem Neuen Begutachtungsassessment (NBA) an, das zur Feststellung der Pflegebedürftigkeit genutzt wird (6 P.), und ordnen Sie jedem Lebensbereich jeweils ein Problem von Herrn Lehmann zu (6 P.). 12 Punkte

Lebensbereich	Probleme
Mobilität	• Mobilisiert sich fast nur noch in der Wohnung, hält sich viel in seinem Zimmer auf • Bewegungseinschränkungen durch Adipositas
Kognitive und kommunikative Fähigkeiten	• Intelligenzminderung ohne Diagnose • Hat Schwierigkeiten, Dinge richtig zu begreifen und einzuschätzen, z. B. die Fähigkeiten seiner Mutter
Verhaltensweisen und psychische Problemlagen	• Intelligenzminderung ohne Diagnose • Ist schnell gereizt, wenn etwas nicht so funktioniert, wie er will
Selbstversorgung	• Kann seine Wunde nicht selbstständig versorgen • Geht nicht allein einkaufen • Bekommt sein Essen von seiner Mutter zubereitet • Ist nicht in der Lage, sein Zimmer sauber zu halten
Bewältigung und selbstständiger Umgang mit krankheits- und therapiebedingten Anforderungen oder Belastungen	• Ist sich des Ausmaßes seiner gesundheitlicher Einschränkungen nicht bewusst • Krankheitsbilder: Diabetes mellitus, Ulcus cruris, Intelligenzminderung
Gestaltung des Alltagslebens und sozialer Kontakte	• Hat nur Kontakt zu seiner Mutter; Freunde sind nicht bekannt • Isolation in der Wohnung

Kompetenzen und Operatoren

Diese Aufgabe kann dem Kompetenzschwerpunkt I.3 (Anlage 2 PflAPrV) zugeordnet werden.

Der Operator „Benennen Sie" erfordert, wesentliche Informationen zu einem Begriff unkommentiert und unbegründet wiederzugeben.

3. Herr und Frau Lehmann sind mit der neuen pflegerischen Situation sichtlich überfordert. Benennen Sie passend zu den Bereichen der Pflege jeweils zwei bei Herrn Lehmann notwendige Maßnahmen. 8 Punkte

Grundpflege	Behandlungspflege	Beratung und Anleitung	Hauswirtschaftliche Versorgung und Betreuung
• Unterstützung bei der Körperpflege • Unterstützung bei der Ernährung • Förderung der Mobilität	• BZ-Messung • Insulininjektion • Verbandwechsel	• Anleitung zur Körperpflege • Beratung zur diabetesgerechten Ernährung • Beratung für pflegende Angehörige • Beratung zur Hilfsmittelnutzung • Beratung zu Pflegeleistungen	• Einkäufe und Besorgungen • Unterstützung bei der Essensversorgung (z. B. Essen auf Rädern) • Wäschepflege • Spaziergänge • Begleitung zu kulturellen Angeboten

4. Reflektieren Sie ethisch, wodurch in der aktuellen Situation Probleme aus Sicht der einzelnen Beteiligten bestehen (5 P.), und erarbeiten Sie in diesem Zusammenhang Lösungsmöglichkeiten (5 P.). 10 Punkte

Ethische Reflexion – Vorgehen

- Wahrnehmung der Situation
- Analyse (beteiligte Personen)
- Moralische und ethische Bewertung
- Ermittlung von Handlungspositionen
- Auswahl der bestmöglichen Handlungsoption

Ethische Reflexion der Situation

Gleich mehrere Probleme sind erkennbar:

- Ein wichtiges ethisches Problem besteht in der widersprüchlichen Vorstellung, wo Herr Lehmann zukünftig gepflegt werden soll. In diese Konfliktsituation sind Herr Lehmann, seine Mutter und die Mitarbeitenden des Pflegedienstes involviert. Während Herr Lehmann gern alles so belassen würde, meint seine Mutter, dass es aus ihrer Sicht die beste Lösung sei, wenn beide in ein Pflegeheim ziehen würden. Auch aus pflegerischer Sicht muss die Situation geändert werden, da erkennbar ist, dass Frau Lehmann sich nicht mehr so um ihren Sohn kümmern kann wie bisher.
  Es gibt **verschiedene Lösungsmöglichkeiten:** Die Unterbringung im Heim könnte eine Lösung sein, genau wie eine ausgeweitete pflegerische Unterstützung durch den ambulanten Pflegedienst. Allein wird Herr Lehmann nicht zurechtkommen, da er an die ausgeprägte Unterstützung seiner Mutter gewohnt ist. Es könnte geprüft werden, ob Herr Lehmann kognitiv in der Lage ist, für sich relevante Entscheidungen zu treffen oder ob er einen Betreuer benötigt, der dann für ihn entscheiden würde, wie er zukünftig versorgt werden soll. Es ist wichtig, eine Lösung zu finden, die für Herrn Lehmann und seine Mutter umsetzbar ist. Dazu werden einige Gespräche nötig sein. Vielleicht ist es hilfreich, wenn sich die beiden ein Pflegeheim ansehen, eventuell steht Herr Lehmann dieser Option danach aufgeschlossener gegenüber.
- Ein zweites Problem kann in der optimalen Umsetzung der behandlungspflegerischen Maßnahmen liegen. Während Herr Lehmann der Meinung ist, dass seine Mutter sich auch um diese Dinge kümmern solle, sind sich Pflegedienst und Frau Lehmann einig, dass diese Maßnahmen vom Pflegedienst übernommen werden müssen.
  Lösungsmöglichkeit: Es ist wichtig, eine Beziehung zu Herrn Lehmann aufzubauen, sodass er in die Übernahme der Pflege weiterhin einwilligt.
- Ein weiteres Problem kann in der zukünftigen pflegerischen Versorgung von Herrn Lehmann gesehen werden. Dieses Problem ähnelt dem der zukünftigen Unterbringung. Aus pflegerischer Sicht ist die Situation aktuell unhygienisch und mehr Unterstützung für Herrn Lehmann ist notwendig. Frau Lehmann ist offensichtlich dazu nicht in der Lage, da sie körperlich und geistig eingeschränkt zu sein scheint.
  Grundsätzlich erscheinen nur **zwei Lösungen** sinnvoll: eine vollständige Versorgung im Pflegeheim oder eine Erweiterung der pflegerischen Maßnahmen durch den ambulanten Pflegedienst. Um die Finanzierung der Pflege abzusichern, ist die Einschätzung der Pflegebedürftigkeit wichtig.

Kompetenzen und Operatoren

Diese Aufgabe besteht aus zwei Aufgabenteilen, die beide dem Kompetenzschwerpunkt II.3 (Anlage 2 PflAPrV) zugeordnet werden können.
Der Operator „Reflektieren Sie" erfordert, Behauptungen im Zusammenhang zu überdenken, zu prüfen und anhand eigenständig gewählter Kriterien eine Aussage über die fachliche und sachliche Richtigkeit, die Wahrscheinlichkeit und die Angemessenheit zu entwickeln sowie eine konkrete Schlussfolgerung abzuleiten. Der Operator „erarbeiten Sie" verlangt, die Informationen und Sachverhalte unter bestimmten Gesichtspunkten wiederzugeben.

TIPP

Die **ethische Reflexion** dient der gesteuerten Entscheidungsfindung bei Fragestellungen und der Notwendigkeit, in der Pflege tagtäglich wichtige Entscheidungen treffen zu müssen. Sowohl für Pflegende als auch für Angehörige und Pflegebedürftige ist es in vielen Situationen schwierig, die passende oder gar beste Entscheidung zu treffen.

Neben dem oben angewandten Vorgehen gibt es weitere Reflexionsmodelle, z. B. die Nimwegener Methode und das Reflexionsmodell von Marianne Rabe.

Nimwegener Methode

Diese Methode wurde an einem niederländischen Krankenhaus in der klinischen Praxis durch ein Ethikkomitee entwickelt und kann für ethische Fallbesprechungen angewandt werden. Es besteht aus vier Stufen:

1. Problembestimmung
2. Inventarisieren und Verstehen der Situation
3. Ethische Bewertung
4. Beschlussfassung

Reflexionsmodell von Marianne Rabe

Das Modell von Marianne Rabe beinhaltet keine vorgegebenen Fragen. Mit drei einzelnen übergeordneten Schritten kann individuell auf bestimmte Situationen eingegangen werden.

Phase	Inhalte
1. Situationsanalyse	• Persönliche Reaktionen • Perspektivwechsel: Einnahme der Sicht aller beteiligter Personen • Alternative Handlungsmöglichkeiten und ihre Folgen für die Betroffenen
2. Ethische Reflexion	• Benennung des ethischen Problems • Formulierung der normativen Orientierungen und übergeordneten Prinzipien mit Bedeutung für die Situation • Verantwortungsebenen: persönlich, institutionell, gesellschaftspolitisch
3. Ergebnisse	• Ethisch begründete Beurteilung • Konsens/Dissens • Nötige praktische Konsequenzen und ihre Umsetzung

Kompetenzen und Operatoren

Diese Aufgabe besteht aus zwei Aufgabenteilen, die beide dem Kompetenzschwerpunkt III.2 (Anlage 2 PflAPrV) zugeordnet werden können.
Der Operator „Beschreiben Sie" fordert, dass wesentliche Informationen aus dem Text bzw. Ihrem Wissen zusammenhängend und schlüssig mit eigenen Worten wiedergegeben werden. Der Operator „nennen Sie" erfordert, wesentliche Informationen zu einem Begriff unkommentiert und unbegründet wiederzugeben.

5. Beschreiben Sie die kapillare Blutzuckermessung bei Herrn Lehmann (8 P.) und nennen Sie Gründe, die dafür sprechen, dass diese Maßnahme nicht von Herrn Lehmann selbst durchgeführt werden sollte (2 P.).

10 Punkte

BZ-Messung

Die Blutzuckermessung ist eine kapillare Blutentnahme zur Feststellung der Glukosemenge im Blut. Die Werte einer interstitiellen Messung über Sensoren in der Haut sind vergleichbar. Die Blutzuckermessung ist wichtig für die korrekte Insulineinstellung und um Folgeschäden durch dauerhaft zu hohe BZ-Werte zu vermeiden. In einigen Fällen gibt es Insulinschemen, wo die Dosierung des Insulins am BZ-Wert orientiert ist. Aus diesen Gründen ist es wichtig, die BZ-Messung vor der Insulingabe durchzuführen.

Die Häufigkeit der BZ-Messung wird ärztlich angeordnet, gleichzeitig kann im Notfall aber auch ohne Anordnung der BZ-Wert mit Zustimmung des zu pflegenden Menschen ermittelt werden. Die Durchführung der Messung findet unter möglichst aseptischen Bedingungen statt. Meist gibt es einen Einrichtungsstandard, der zu beachten ist.

Für die BZ-Messung werden folgende Materialien benötigt: BZ-Messgerät mit passenden Teststreifen, Lanzette oder Stechhilfe, Händedesinfektionsmittel, Sprühdesinfektion, Tupfer und Abwurf. Herr Lehmann soll sich in eine angenehme Position bringen (bevorzugt sitzend) und sich bei Blutentnahme an den Fingerkuppen zuvor die Hände gewaschen haben, um unnötige Verunreinigungen zu entfernen. Die durchführende Pflegefachperson desinfiziert sich die Hände und wählt eine geeignete Stelle für die kapillare Blutentnahme aus. Bevorzugt sind Mittel-, Ring- oder kleiner Finger zu nutzen oder alternativ die Ohrläppchen. Der Einstich sollte möglichst seitlich an der Fingerkuppe erfolgen, da sich dort weniger Nervenzellen befinden als zentral.

Ein Teststreifen wird in das Blutzuckermessgerät geschoben und das Gerät aktiviert. Nach dem Desinfizieren des Fingers und Abwarten der Einwirkzeit (alternativ gründliche Reinigung) wird an der ausgewählten Stelle mit der Stechhilfe oder der Lanzette eingestochen. Der erste Tropfen wird durch einen Tupfer aufgenommen und ein neuer Tropfen durch Ausstreichen des Ohrläppchens oder des Fingers gewonnen (nicht pressen!). Dieser wird auf einen Teststreifen aufgetragen. Nach Einschieben des Teststreifens zeigt das Gerät den ermittelten BZ-Wert, der in mmol/l oder mg/dl angegeben werden kann.

Der abgelesene BZ-Wert wird bewertet und dokumentiert, die benutzten Materialien werden aufgeräumt bzw. entsorgt.

Gründe für die Übernahme der Maßnahmen

- Herr Lehmann wirkt kognitiv eingeschränkt; es kann sein, dass er mit der regelmäßigen und korrekten Durchführung einer BZ-Messung überfordert wäre.
- Herr Lehmann achtet wenig auf Körperhygiene und die Hygiene in seiner Umgebung, sodass eine Infektionsgefahr besteht.

LITERATUR

1. Aspäck V. Theoretische Grundlagen von ethischen Entscheidungsfindungsmodellen unter besonderer Berücksichtigung von zwei Entscheidungsfindungsmodellen. Bachelorarbeit. MedUni Graz: Medizinische Universität, Institut für Pflegewissenschaft. 2016. Aus: https://online.medunigraz.at/mug_online/wbAbs.getDocument?pThesisNr=50964&pAutorNr=&pOrgNr=1 (letzter Zugriff: 6.8.2023).
2. Böhmer-Breuer R. Gesetzliche Pflegeversicherung. In: Böhmer-Breuer R, Herrmann E (Hrsg.). PFLEGEN. Fokus Alter Mensch. München: Elsevier, 2021. S. 347–356.
3. Kurz A. Pflege von Menschen mit endokrinologischen, stoffwechsel- und ernährungsbedingten Erkrankungen. In: Schröder S, Rey J (Hrsg.). Pflege konkret Innere Medizin. 8. A. München: Elsevier, 2022. S. 381–436.
4. Trögner J., Sänger H-C. Stoffwechsel und Hormonsystem. In: Schraut V, Trögner J. (Hrsg.). PflegeHeute. Geriatrische Pflege. München: Elsevier, 2020. S. 441–456.

17.5 Fünftes Prüfungsbeispiel

Erik Herrmann

17.5.1 Fallsituation: stationäre Akutpflege (➤ Kap. 8.1)

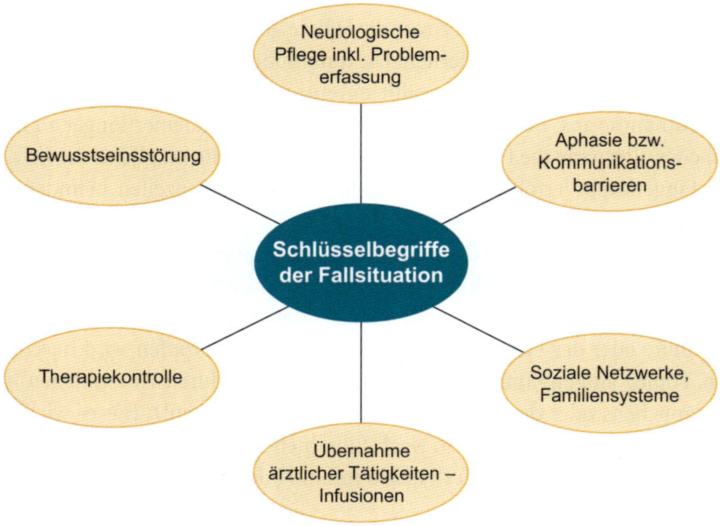

Kompetenzen und Operatoren

Diese Aufgabe besteht aus zwei Aufgabenteilen, die beide dem Kompetenzschwerpunkt I.3 (Anlage 2 PflAPrV) zugeordnet werden können. Der Operator „Erfassen Sie" erfordert das unbegründete Benennen bestimmter Inhalte. Der Operator „ordnen Sie … zu" erfordert, Sachverhalte in einen Zusammenhang zu setzen.

1. Erfassen Sie drei zentrale pflegerische Probleme bei Frau Neumann (3 P.) und ordnen Sie jeweils zwei gezielte Pflegemaßnahmen zu (6 P.). 9 Punkte

Pflegeproblem	Pflegemaßnahmen
Verständnisprobleme durch stark ausgeprägte Sprachstörung (Aphasie)	• Zeit geben bei Gesprächen, immer nur ein Gesprächspartner • Blickkontakt beim Sprechen herstellen • Alle Maßnahmen gut verständlich ankündigen • Einfache Sprache verwenden (kurze Sätze, einfache Wörter) • Wichtige Wörter wiederholen • Sprachhilfsmittel einsetzen (z. B. Bilder) • Sprech- und Sprachübungen in Absprache mit dem Logopäden durchführen
Durchfallartige Stuhlgänge → Exsikkosegefahr/erhöhter Flüssigkeitsbedarf	• Reichlich Flüssigkeit anbieten • Flüssigkeitsbilanzierung bzw. Einfuhrkontrolle • Bedarfsmedikation bei Durchfall laut ärztlicher Anordnung • Nahrungszufuhr anpassen: leicht verdauliche Lebensmittel anbieten • Unverträglichkeiten erfragen und beachten
Orientierungsstörungen	• Zeitliche Orientierungshilfen geben (Uhr, Kalender) • Örtliche Orientierungshilfen geben (Zimmer markieren, wiederholt darauf hinweisen, dass sie im Krankenhaus ist) • Situative Orientierungshilfen geben (Situation erklären, Maßnahmen genau ankündigen)

Pflegeproblem	Pflegemaßnahmen
Sturzgefahr durch Unruhe und Gangunsicherheit	• Stoppersocken für bessere Bodenhaftung anziehen • Schuhe bereitstellen und anziehen • Stolperfallen und behindernde Gegenstände entfernen/zur Seite stellen

2. Erläutern Sie die Bedeutung von sozialen Netzwerken und funktionierenden Familiensystemen am Beispiel von Frau Neumann und ihrer Familie. 6 Punkte

Kompetenzen und Operatoren

Diese Aufgabe kann dem Kompetenzschwerpunkt I.3 (Anlage 2 PflAPrV) zugeordnet werden.
Der Operator „Erläutern Sie" erfordert ein differenziertes Darstellen auf Basis von Textaussagen und eigenen Kenntnissen.

Soziale Netzwerke sind Verbindungen von Menschen, die relativ dauerhaft bestehen und gemeinsame Ziele verfolgen. Sie haben informellen Charakter und leisten nicht nur aufgabenbezogene, sondern auch emotionale Unterstützung. Soziale Netzwerke können als offene Systeme verstanden werden, aus denen man austreten kann, während das Familiensystem aufgrund der Familienzugehörigkeit relativ feststehend ist.

Bei Familien handelt es sich um ein Verwandtschaftsnetzwerk. Innerhalb von Familien sollte es eigentlich selbstverständlich sein, dass man sich gegenseitig unterstützt und hilft, wenn es notwendig ist. Familienangehörige haben gemeinsame Erfahrungen gesammelt und kennen sich gut. Für gewöhnlich verfolgen sie gemeinsame Ziele.

Im Fall von Frau Neumann und ihrer Familie kommen die Familienangehörigen täglich und unterstützen sie. Sie bringen Frau Neumann nicht nur verträgliches Essen mit, das sie gut verdauen kann, sondern unterhalten sich auch mit ihr und beschäftigen sie. Damit motivieren sie Frau Neumann auch und setzen zukünftige Ziele. Um von dieser familiären Unterstützung zu profitieren, ist ein Austausch zwischen Pflegepersonal und den Familienangehörigen wichtig.

3. Beschreiben Sie die Vorbereitung einer Elektrolytinfusion entsprechend den geltenden Regeln (8 P.). Geben Sie zudem Beobachtungsschwerpunkte bei laufenden Infusionen an (7 P.). 15 Punkte

Kompetenzen und Operatoren

Diese Aufgabe besteht aus zwei Aufgabenteilen, die beide dem Kompetenzschwerpunkt III.2 (Anlage 2 PflAPrV) zugeordnet werden können.
Der Operator „Beschreiben Sie" verlangt, dass wesentliche Informationen aus dem Text bzw. Ihrem Wissen zusammenhängend und schlüssig mit eigenen Worten wiedergegeben werden. Der Operator „Geben Sie … an" erfordert, über Sachverhalte klar, kurz und sachlich zu informieren.

Vorbereitung einer Elektrolytinfusion

Als Erstes muss die Anordnung für die Infusion in der Dokumentation geprüft werden. Zudem ist zu klären, ob Frau Neumann der Infusion zustimmt. Entsprechend der ärztlichen Anordnung ist die passende Elektrolytlösung auszuwählen. Dabei ist darauf zu achten, dass die Lösung noch nicht abgelaufen ist, nicht getrübt ist und keine Beimengungen aufweist. Das Vorbereiten der Infusion findet in einem reinen Arbeitsraum statt.

Auf einer desinfizierten Arbeitsfläche werden die benötigten Materialien vorbereitet. Dazu gehören die Infusionsflasche, das Infusionssystem, Abfalleimer und Abwurf für spitze Gegenstände. Zudem werden Infusionsständer, Händedesinfektionsmittel und ggf. Handschuhe benötigt.

Die Vorbereitung der Infusion erfolgt entsprechend dem Hausstandard und unter aseptischen Bedingungen. Beim Vorbereiten wird die 6-R-Regel unter Berücksichtigung der Anordnung beachtet.

Der Gummistopfen wird mit einem Sprühdesinfektionsmittel benetzt, das 30 Sekunden einwirken muss. Die Desinfektion des Gummistopfens ist insbesondere bei Glasflaschen wichtig.

Den Dorn des Infusionssystems durch den desinfizierten Gummistopfen stechen und die Tropfenkammer des Systems etwa zur Hälfte mit Infusionslösung füllen und dabei einen Spiegel herstellen. Die Rollklemme des Infusionssystems schließen und die Infusionsflasche in eine Halterung des Infusionsständers hängen. Die Rollklemme lösen und die Infusionslösung langsam durch das Infusionssystem laufen lassen, bis dieses komplett mit der Lösung gefüllt ist. Das gesamte System prüfen, ob es luftleer ist, und ggf. Luftblasen aus dem System entfernen. Nach erneuter Prüfung der Anordnung, die Infusion mit dem Patientennamen beschriften und das Ende des Systems in die dafür vorgesehene Einkerbung klemmen und die Infusion einem Arzt oder einer Pflegefachperson übergeben.

Neben der Infusion werden ggf. noch eine Spüllösung und ein Verschlussstopfen benötigt, die mit bereitgelegt werden.

Beobachtungsschwerpunkte bei Infusionen

- Einhaltung der angeordneten Tropfgeschwindigkeit
- Schmerzen: können Hinweis auf schlecht liegenden venösen Zugang sein
- Verhinderung des Abknickens des Infusionssystems
- Füllungszustand des Infusionssystems, um Luftinfusionen zu verhindern
- Eingelaufene Infusionsmenge ggf. im Rahmen einer Flüssigkeitsbilanzierung dokumentieren
- Allergische Reaktionen: Hautrötungen, Unruhe, Hitzewallungen, Atemnot
- Symptome einer Luftembolie: Atemnot, plötzlicher Brustschmerz, Schock
- Blutverlust: Bildung von Hämatomen
- Paravenöse Infusion: Flüssigkeitsansammlungen um die Einstichstelle
- Sepsis: hohes Fieber, Verschlechterung des Allgemeinzustands

Kompetenzen und Operatoren

Diese Aufgabe besteht aus zwei Aufgabenteilen, die beide dem Kompetenzschwerpunkt II.3 (Anlage 2 PflAPrV) zugeordnet werden können.
Der Operator „Geben Sie … an" erfordert, über Sachverhalte klar, kurz und sachlich zu informieren.
Der Operator „ordnen Sie … zu" verlangt, Sachverhalte in einen Zusammenhang zu setzen.

4. Aufgrund ihrer Sprachstörung kann Frau Neumann ihre Wünsche und Bedürfnisse nicht richtig äußern. Geben Sie drei Situationen an, in denen eine ungestörte Kommunikation mit Frau Neumann die Pflege erleichtern würde (3 P.), und ordnen Sie diesen jeweils einen Lösungsvorschlag zu (3 P.). 6 Punkte

Situation	Lösungsvorschlag
Informationen zu Unverträglichkeiten geben und damit den Durchfall verhindern	Gespräch mit den Verwandten, um die nötigen Informationen zu erhalten
Stuhldrang und der Wunsch, die Toilette aufzusuchen, mitteilen	Zur Nutzung des Patientenrufsystems anhalten. Schild mit der Aufschrift „WC" bereitlegen, auf das Frau Neumann nur zeigen muss

Situation	Lösungsvorschlag
Orientierungsprobleme, Bedarf, bei der Orientierung unterstützt zu werden	Orientierungshilfsmittel zur Verfügung stellen und in die Pflege einbauen, z. B. Kalender, große Uhr, Übersicht mit Terminen; Frau Neumann wiederholt darauf hinweisen, wo sie sich befindet
Darauf hinweisen, dass sie sich nicht gut fühlt, ihr schwindlig ist etc., z. B. bei Kreislaufproblemen	Regelmäßige Vitalzeichenkontrollen, nach dem Befinden fragen, Allgemeinzustand mittels Krankenbeobachtung einschätzen

TIPP

Eine möglichst uneingeschränkte Kommunikation ermöglicht eine optimale und individuelle pflegerische Versorgung. Das Einbeziehen und Berücksichtigen der Patientenwünsche verbessert die Adhärenz des zu pflegenden Menschen und fördert die Heilung. Doch Kommunikation findet nicht nur über Worte statt. Ist ein Kommunikationsbereich gestört – wie die verbale Kommunikation bei der Aphasie –, kann dieses Defizit mittels der anderen Bereiche (teilweise) ausgeglichen werden:

- Mimik
- Gestik
- Körperhaltung
- Vereinbarte Handzeichen und Gebärden

Kommunikationshilfsmittel:

- Stift und Papier
- Fotos, Bilder und Piktogramme
- Themenliste
- Alphabet- und Kommunikationstafeln
- Elektronische Geräte

5. Geben Sie Maßnahmen der Ersten Hilfe nach Frau Neumanns Zusammenbruch an und begründen Sie diese. 14 Punkte

- Handeln nach Auffindeschema und damit Bewusstsein und Atmung prüfen → Feststellung, welches weitere Vorgehen nötig ist, z. B. stabile Seitenlage oder Wiederbelebungsmaßnahmen
- Vitalzeichenkontrollen (Puls, Blutdruck, Atmung, O_2) → Parameter geben Auskunft über Allgemeinzustand und weitere notwendige Maßnahmen
- Psychischer Beistand: Kommunikation, Beruhigen, Orientierungshilfe → dient zur Entlastung der Gesamtsituation, verhindert weitere Angst/Unruhe
- Unterstützung bei Positionswechsel vom Boden aufs Bett oder Stuhl → bessere Weiterversorgung/Untersuchungsmöglichkeiten
- Einschätzung der Bewegungsmöglichkeiten → Einschätzung körperlicher Einschränkungen/Frakturen
- Notrufvorrichtung nutzen und Unterstützung anfordern → falls sich die Situation verschlechtert, ist Hilfe sinnvoll
- Dokumentation – Sturzprotokoll → Info an weiterführende Berufsgruppen (= auch rechtliche Absicherung)
- Arztinformation → Entscheidung weiterer notwendiger Maßnahmen der Diagnostik und Therapie

Kompetenzen und Operatoren

Diese Aufgabe besteht aus zwei Aufgabenteilen, die beide dem Kompetenzschwerpunkt I.4 (Anlage 2 PflAPrV) zugeordnet werden können.
Der Operator „Geben Sie … an" erfordert, über Sachverhalte klar, kurz und sachlich zu informieren.
Der Operator „begründen Sie" verlangt, komplexe Grundgedanken argumentativ schlüssig zu entwickeln und im Zusammenhang mit eigenen Worten darzustellen.

ACHTUNG

- Stürze können mehrere Ursachen haben. Eine Sturzrisikoerfassung kann Hinweise auf mögliche Ursachen im Einzelfall geben.
- Manche Ursachen können neben der Verletzungsgefahr Hinweise auf lebensbedrohliche Zustände sein.
- Ist es bereits vorher zu einem Sturz gekommen, kann es sein, dass die Ursache noch nicht behoben ist.

Im Fall von Frau Neumann können Sturz und Bewusstlosigkeit durch eine überlastungsbezogene erneute Hirnblutung aufgetreten sein. Es kann Lebensgefahr bestehen, sodass schnell gehandelt werden muss.

LITERATUR

1. Bender A, Keller C. Pflege von Menschen mit Erkrankungen des Nervensystems. In: Keller C (Hrsg.). PFLEGEN. Gesundheits- und Krankheitslehre. 2. A. München: Elsevier, 2021. S. 465–540.
2. Böhmer-Breuer R. Kommunikation und Beziehungen. In: Böhmer-Breuer R. Aufbauwissen Pflege. Lebensweltorientierung. München: Elsevier, 2023. S. 145–168.
3. Lauter K. Injektionen, Infusionen, Transfusionen. In: Keller C (Hrsg.). PFLEGEN. Grundlagen und Interventionen. 3. A. München: Elsevier, 2021. S. 717–750.

17.5.2 Fallsituation: ambulante Langzeitpflege (➢ Kap. 8.3)

1. Beschreiben Sie Ursachen für Finns relativ instabile Versorgungssituation bei seiner Ankunft zu Hause. 8 Punkte

- Finn ist ein 5 Monate altes Kleinkind, welches bisher nur das Krankenhaus kennt. Die dort gewonnenen Bezugspersonen im Sinne der Pflegefachpersonen und Ärzte findet er zu Hause nicht mehr vor.
- Die Ankunft des kleinen Jungen zu Hause ist für die ganze Familie aufregend, diese Aufregung überträgt sich gleichermaßen auf Finn.
- Finns Herz-Kreislauf-System ist nicht vollständig ausgebildet, zur Überwachung seiner Herztätigkeit hängt er am Monitor, was wiederum seine Bewegungsmöglichkeiten einschränkt.
- Durch den langen Krankenhausaufenthalt ist bisher nur die Mutter in seine Pflege eingewiesen, weitere Familienangehörige müssen sich erst an die Situation mit dem pflegebedürftigen Kind gewöhnen.
- Die Mutter wird im Verlauf als teilweise überfordert beschrieben. Zu Hause ist der Pflegedienst nur zeitweise zur Unterstützung da.
- Das Pflegepersonal ist Finn aktuell noch fremd. Bis hier eine funktionierende Beziehung aufgebaut wurde, vergeht eine gewisse Zeit.
- Finn nimmt weniger Milch zu sich als gewünscht. Dies kann zu Hunger und Unruhe führen, was sich ebenfalls negativ auf die allgemeine Versorgungssituation auswirkt.
- Finn hat ein eingeschränktes Immunsystem und ist deshalb besonders krankheitsanfällig. Die Eltern müssen erst noch zur Infektions- und Pneumonieprophylaxe angeleitet werden.

Kompetenzen und Operatoren

Diese Aufgabe kann dem Kompetenzschwerpunkt I.3 (Anlage 2 PflAPrV) zugeordnet werden.
Der Operator „Beschreiben Sie" fordert, dass wesentliche Informationen aus dem Text bzw. Ihrem Wissen zusammenhängend und schlüssig mit eigenen Worten wiedergegeben werden.

2. Formulieren Sie fünf konkrete Pflegeziele (5 P.) und begründen Sie jeweils welche Bedeutung diese für Finns Entwicklung haben (5 P.). 10 Punkte

- Finn in der häuslichen Situation stabilisieren → Eine stabile Situation verbessert den Allgemeinzustand, was für Finns Entwicklung wichtig ist.
- Aufbau einer Beziehung zu Finn → Durch den Beziehungsaufbau mit Finn sind pflegerische Maßnahmen einfacher umsetzbar und seine gesundheitliche Situation kann sich eher verbessern.
- Reduzierung von Finns Unruhe → Die Aufnahme von Nahrung wird verbessert, Finns Ernährungs- und Allgemeinzustand verbessert sich.
- Verbesserung der Atemsituation → Eine stabile Atmung verbessert auch Finns Nahrungsaufnahme und Entwicklung.
- Gewichtszunahme → Durch eine Erhöhung der Nahrungszufuhr wird Finns Ernährungszustand verbessert. Dies hat einen positiven Einfluss auf seine Entwicklung.
- Weitere Familienangehörige in die Pflege einbeziehen → Die Einbeziehung weiterer Personen entlastet die Mutter, deren Unruhe und Überforderung sich sonst auf Finn überträgt.

Kompetenzen und Operatoren

Diese Aufgabe besteht aus zwei Aufgabenteilen, die beide dem Kompetenzschwerpunkt I.3 (Anlage 2 PflAPrV) zugeordnet werden können.
Der Operator „Formulieren Sie" erfordert das Darstellen von Inhalten eines bestimmten Themas mit eigenen Worten. Der Operator „begründen Sie" verlangt, komplexe Grundgedanken argumentativ schlüssig zu entwickeln und im Zusammenhang mit eigenen Worten darzustellen.

Kompetenzen und Operatoren
Diese Aufgabe kann dem Kompetenzschwerpunkt III.2 (Anlage 2 PflAPrV) zugeordnet werden.
Der Operator „Begründen Sie" erfordert, komplexe Grundgedanken argumentativ schlüssig zu entwickeln und im Zusammenhang mit eigenen Worten darzustellen.

3. Begründen Sie die Bedeutung der Hygiene bei der Durchführung behandlungspflegerischer Maßnahmen bei Finn. 6 Punkte

Behandlungspflegerische Maßnahmen sind grundsätzlich unter möglichst aseptischen Bedingungen umzusetzen. Insbesondere bei Eingriffen in den menschlichen Körper kann das Einbringen von Erregern schnell zu Infektionen führen. Das Nichtbeachten von hygienischen Vorgaben kann zu einer Keimübertragung führen.

Hinzu kommt der Immunstatus des kleinen Finn. Er wurde zu früh geboren, weshalb sein Körper und Immunsystem bei der Geburt nicht altersgemäß entwickelt war. Die ersten Monate verbrachte er nur in der Klinik und hatte bereits dort mehrere Pneumonien. Dabei ist das Einhalten hygienischer Regeln im Krankenhaus noch einfacher als in der Häuslichkeit.

Würde es zu einer erneuten Infektion bei Finn kommen, würde sein mangelhaft ausgeprägtes Immunsystem ihn nicht gut schützen können und er müsste wahrscheinlich wieder ins Krankenhaus. Damit wäre seine Entwicklung erneut zurückgeworfen.

ACHTUNG

Mangelnde Hygiene kann zu Infektionen führen. Dies kann nicht nur für den betroffenen Menschen, sondern auch für die dafür Verantwortlichen ernste Konsequenzen haben. In mehreren Urteilen deutscher Gerichte wurde z. B. die unterlassene Händedesinfektion als „grobe Fahrlässigkeit" gewertet.

Kompetenzen und Operatoren
Diese Aufgabe besteht aus zwei Aufgabenteilen, die beide dem Kompetenzschwerpunkt II.3 (Anlage 2 PflAPrV) zugeordnet werden können.
Der Operator „Schätzen Sie … ein" erfordert ein persönliches Ermessen mit fachlichem Bezug.
Der Operator „nennen Sie" erfordert, wesentliche Informationen zu einem Begriff unkommentiert und unbegründet wiederzugeben.

4. Schätzen Sie Finns Selbstbestimmungsfähigkeit ein (3 P.) und nennen Sie Möglichkeiten, wie die Pflege in seinem Interesse angepasst werden kann (3 P.). 6 Punkte

Finns Selbstbestimmungsfähigkeit ist stark begrenzt. Er ist noch ein Säugling, der sich nur begrenzt mitteilen kann. Eine eindeutige Kommunikation ist entwicklungstechnisch noch nicht möglich. Finn kann sich nur mittels Mimik, Gestik, Verhaltensweisen, Weinen, Schreien, Lächeln etc. ausdrücken. Frau Merz ist als Finns Mutter die Person, die am ehesten erkennen wird, was Finn wünscht. Zudem ist sie als Elternteil der gesetzliche Vertreter und entscheidet für ihn in seinem Sinne.

Um die Wünsche von Finn erkennen und berücksichtigen zu können, ist es wichtig, ihn genau zu beobachten und Mimik, Gestik, Verhalten und Emotionen wahrzunehmen. Positive Gesichtsausdrücke wie ein Lächeln können ähnlich wie ein ruhiges Verhalten und gutes Trink- und Schlafverhalten als Bestätigung von Finn gewertet werden. Gemäß der nonverbalen Kommunikation mit Finn können pflegerische Maßnahmen angepasst werden. Auch durch Krankenbeobachtung, z. B. bei Erbrechen, brodelnder Atmung oder Veränderungen der Ausscheidungen, können entsprechende Maßnahmen eingeleitet werden.

5. Formulieren Sie Hinweise, wie die Gesprächsführung mit Frau Merz der Situation angepasst werden kann (5 P.), und beziehen Sie dabei ein passendes Kommunikationsmodell ein (5 P.). 10 Punkte

Es eignen sich grundsätzlich mehrere Kommunikationsmodelle, um die Gesprächsführung mit Frau Merz anzupassen, z. B.:

- Kommunikationstheoretischer Ansatz nach Watzlawick (fünf Axiome)
- Vier-Ohren-Modell (psychologisches Kommunikationsmodell nach Schulz von Thun)
- Klientenzentrierte Gesprächsführung nach Rogers
- Gewaltfreie Kommunikation nach Rosenberg
- Eisbergmodell nach Freud

Kommunikationstheoretischer Ansatz nach Watzlawick (fünf Axiome)

- **Fünf Axiome,** die die Grundlagen der Kommunikation beschreiben:
  1. Man kann nicht nicht kommunizieren.
  2. Jede Kommunikation hat einen Inhalts- und einen Beziehungsaspekt.
  3. Zwischenmenschliche Beziehungen sind durch die Interpunktion von Kommunikationsabläufen geprägt.
  4. Menschliche Kommunikation geschieht analog und digital.
  5. Zwischenmenschliche Kommunikation ist entweder symmetrisch oder komplementär.
- Das bedeutet u. a. für die Kommunikation mit Frau Merz:
  - Spricht man Probleme nicht an, kann sich dies negativ auf die weitere Kommunikation auswirken.
  - Bei Gesprächen ist zu unterscheiden, ob Inhalte weitergegeben werden oder die Aussagen eher einen Beziehungsaspekt betreffen. Durch **gezieltes Nachfragen** kann die Pflegefachperson klären, ob sie Frau Merz' Nachricht richtig verstanden hat.
  - In der etwas angespannten Situation sollte die Pflegefachperson Frau Merz deutlich machen, dass sie sie unterstützen möchte.
  - Persönliche Gespräche sind besser als telefonische Absprachen, da **nonverbale Aspekte** besser wahrgenommen werden können.
  - Die Pflegefachperson schätzt Frau Merz als **gleichwertige Person** und trifft Absprachen mit ihr auf einer Ebene.

Vier-Ohren-Modell (psychologisches Kommunikationsmodell nach Schulz von Thun)

- Kommunikation erfolgt auf **vier Ebenen,** es werden Informationen gesendet und empfangen. Dabei werden vier Münder (Schnäbel) dem Sender der Botschaft zugeordnet und vier Ohren dem Empfänger.
- Die vier Ebenen lauten: Sachebene, Selbstoffenbarungsebene, Beziehungsebene, Appellebene.
  Die **Sachebene** hat eine Informationsfunktion, auf der **Selbstoffenbarungsebene** werden Informationen zur eigenen Person preisgegeben (Selbstkundgabe) bzw. die persönliche Wahrnehmung in die Bewertung der Nachricht mit einbezogen, auf der **Beziehungsebene** spielen das Verhältnis der

Kompetenzen und Operatoren

Diese Aufgabe besteht aus zwei Aufgabenteilen, die beide dem Kompetenzschwerpunkt I.3 (Anlage 2 PflAPrV) zugeordnet werden können.
Der Operator „Formulieren Sie" erfordert das Darstellen von Inhalten eines bestimmten Themas mit eigenen Worten. Der Operator „beziehen Sie ... ein" verlangt das in Verbindungsetzen mit einem bestimmten fachlichen Hintergrund.

Gesprächspartner und deren frühere Erfahrungen miteinander eine Rolle, und auf der **Appellebene** werden Aufforderungen gesendet und verstanden. Wenn die Ebene des Senders nicht mit der des Empfängers übereinstimmen, kommt es zu **Missverständnissen**.

Bei Gesprächen mit Frau Merz stellt die Pflegefachperson daher sicher, dass auf der gleichen Ebene kommuniziert wird. Manchmal ist es hilfreich zu erklären, wie eine Botschaft gemeint ist, oder sich bewusst zu machen, dass Frau Merz z. B. aufgrund der Gesamtsituation gestresst und überfordert sein kann und daher ablehnend reagiert, was nichts mit der Pflegefachperson zu tun hat.

ACHTUNG
Neben der Bezeichnung Vier-Ohren-Modell sind folgende Bezeichnungen gängig: Vier-Seiten-Modell, Vier-Ebenen-Modell, Kommunikationsquadrat, Nachrichtenquadrat, Vier-Ohren-Prinzip.

Klientenzentrierte Gesprächsführung nach Rogers

- Das Kommunikationsmodell geht von einem **Beratungsgespräch** aus, bei dem eine Person berät (Pflegefachperson) und eine andere beraten wird (Frau Merz).
- Die Pflegefachperson widmet sich bewusst der **gesamten Persönlichkeit** der Klientin, diese soll Gedanken und Gefühle frei äußern können.
- Gespräche sollen geprägt sein von **Kongruenz, Wertschätzung, Akzeptanz, Echtheit** und **Empathie.**
- Im Gespräch werden Frau Merz' Worte wiederholt (**Paraphrasieren** bzw. **Spiegeln**) und verdeutlicht, ohne diese zu werten. Damit kann die Pflegefachperson Gefühle in Erfahrung bringen, die Frau Merz selbst nicht bewusst sind.
- Die Pflegefachperson **verbalisiert** die Gefühle, die sie meint, bei Frau Merz wahrgenommen zu haben.
- Durch **aktives Zuhören** liest die Pflegefachperson „zwischen den Zeilen" und verifiziert vermeintlich Wahrgenommenes durch direktes Nachfragen bei Frau Merz. Frau Merz bemerkt das Interesse an ihrer Person und kann sich so ggf. besser öffnen.
- Gesprächshemmende Faktoren wie Bagatellisieren, Dirigieren, Diagnostizieren, Identifizieren und Moralisieren werden vermieden.
- Ziel ist es, Frau Merz **wertzuschätzen** und ihre Leistung positiv zu bewerten. Durch eine wertschätzende Kommunikation wird ein positives Miteinander gefördert.

In ihrer Überforderung sind Frau Merz die eigenen Gefühle zum Teil nicht bewusst. Es kann einen befreienden Effekt haben kann, wenn ihr diese bekannt sind und sie daran arbeiten kann. Ihre Überforderung wird moralisch nicht bewertet und als Ergebnis der aktuellen Situation akzeptiert. Durch den wertschätzenden Vertrauensaufbau kann besser gemeinsam nach Lösungen gesucht werden. Die wahrgenommene Überforderung wird nicht diagnostiziert, sondern es wird nach Lösungen zur Verbesserung der Situation gesucht. Frau Merz darf sich offen und ehrlich äußern, was sie sich vielleicht gegenüber ihren Angehörigen nicht traut, da sie stark in ihrer Mutterrolle wirken möchte.

Gewaltfreie Kommunikation nach Rosenberg

- Bei diesem Kommunikationsmodell wird von einer **angespannten Situation zwischen den Gesprächspartnern** ausgegangen, ähnlich wie sie sich zwischen der Pflegefachperson und Frau Merz entwickeln könnte, wenn Letztere bemerkt, dass Finn sich bei der Pflegefachperson besser entwickelt als bei ihr.
- Möglicherweise vorhandene Muster aus Angriff, Verteidigung und Rückzug sollen aufgebrochen und vorhandene Widerstände reduziert werden, um freier kommunizieren zu können. Die Pflegefachperson bemüht sich daher, durch eine **wertschätzende Kommunikation** eventuellen Widerstand, Abwehr und Rückzug zu reduzieren und stattdessen Wertschätzung, Respekt, Aufmerksamkeit und Einfühlungsvermögen zu fördern.
- Wichtig ist, dass beide Gesprächspartner, die Pflegefachperson und Frau Merz, ihre **Gefühle ehrlich und klar äußern.**
- Die Pflegefachperson betrachtet zunächst die aktuelle Handlung, die das Wohlbefinden beeinträchtigt hat. Im zweiten Schritt drückt sie die eigenen Gefühle aus und formuliert ihre Bedürfnisse. Im letzten Schritt bittet sie um einen Vorschlag für eine konkrete Handlung. Kann diese Vorgehensweise nicht umgesetzt werden, ist dies auch in Ordnung.

Eisbergmodell nach Freud

- Kommunikation besteht aus einer **sichtbaren Sachebene** und einer **unsichtbaren Beziehungsebene.** Wie beim Eisberg ist dabei der unsichtbare Teil unter der Wasseroberfläche (Beziehungsebene) deutlich größer.
  - Sichtbare Elemente: Sprache, Mimik, Gestik, Symbole, Kleidung etc.
  - Unsichtbare Elemente: Verhalten in Konfliktsituationen, Rollenverhalten und -verständnis, Bedeutung von ethischen Werten, Umgang mit Hierarchie, Vorstellung von Gesundheit und Krankheit etc.
- Wichtig ist bei der Kommunikation mit Frau Merz, dass die Pflegefachperson erfährt, welche Emotionen Frau Merz verspürt und was sie wirklich denkt und sich wünscht. Die Pflegefachperson kann die Elemente der Beziehungsebene (verborgene Elemente) nur durch **Nachfragen** erfahren. Nimmt sie sichtbare Elemente, z. B. Tränen in den Augen, wahr, fragt sie nach der Ursache.
- Das aufmerksame Wahrnehmen von Emotionen, individuellen Besonderheiten und Bedürfnissen zeigt Frau Merz, dass die Pflegefachperson **Interesse an ihrer Situation** und deren Verbesserung hat. Dies stärkt die Bindung zwischen den Gesprächspartnern und hilft, eine **Vertrauensbasis** aufzubauen, um gemeinsam nach Lösungen zu suchen.

Kompetenzen und Operatoren

Diese Aufgabe kann dem Kompetenzschwerpunkt I.4 (Anlage 2 PflAPrV) zugeordnet werden.
Der Operator „Beschreiben Sie" fordert, dass wesentliche Informationen aus dem Text bzw. Ihrem Wissen zusammenhängend und schlüssig mit eigenen Worten wiedergegeben werden.

6. Beschreiben Sie Ihre Vorgehensweise im Rahmen der Ersten Hilfe, falls Finn erneut Nahrung aspiriert und dadurch seine Atemwege verlegt werden. 10 Punkte

- Eine Aspiration stellt für Finn ein lebensbedrohliches Ereignis dar. Daher sind sofort Notfallmaßnahmen einzuleiten.
- Als Erstes muss die Situation erkannt werden. Symptome einer Aspiration können Husten, Würgen oder im weiteren Verlauf eine zyanotische Verfärbung der Haut (Blaufärbung) sein.
- Finn muss sofort aus der Rückenlage in eine andere Position gebracht werden, damit aufgestoßene und hochgehustete Milch aus dem Mund laufen kann. Deshalb ist zumindest eine seitliche Positionierung wichtig, der Vorgang kann in Bauchlage verstärkt werden. Je nach Situation ist alternativ das Einnehmen einer aufrechten Position (Sitzen oder Oberkörperhochpositionierung) zielführend. Durch sanftes Klopfen auf den Rücken kann der Hustenreiz unterstützt werden.
- Wenn ein Absauggerät in der Häuslichkeit von Familie Merz zur Verfügung steht, kann dieses im Notfall eingesetzt werden, um oberflächlich aspirierte Nahrung abzusaugen.
- Sollte nach den oben ergriffenen Maßnahmen keine Besserung eintreten, ist der Notarzt zu rufen.

LITERATUR

1. Drees S. Hygiene. In: Menche N, Keller C, Teigeler B (Hrsg.). PflegeHeute. 8. A. München: Elsevier, 2023. S. 1236–1251.
2. Larkamp M. Kommunikation. In: Keller C. (Hrsg.). PFLEGEN. Grundlagen und Interventionen. 3. A. München: Elsevier, 2021. S. 537–556.
3. Schambortski H. Kommunikation und Konfliktmanagement. In: Menche N, Keller C, Teigeler B (Hrsg.). PflegeHeute. 8. A. München: Elsevier, 2023. S. 1198–1219.
4. Studyflix.de. 4 Ohren Modell. 2023. Aus: https://studyflix.de/biologie/4-ohren-modell-2696 (letzter Zugriff: 17.9.2023).

17.6 Sechstes Prüfungsbeispiel

Anke Knebel

17.6.1 Fallsituation: Stationäre Akutpflege (> Kap. 9.1)

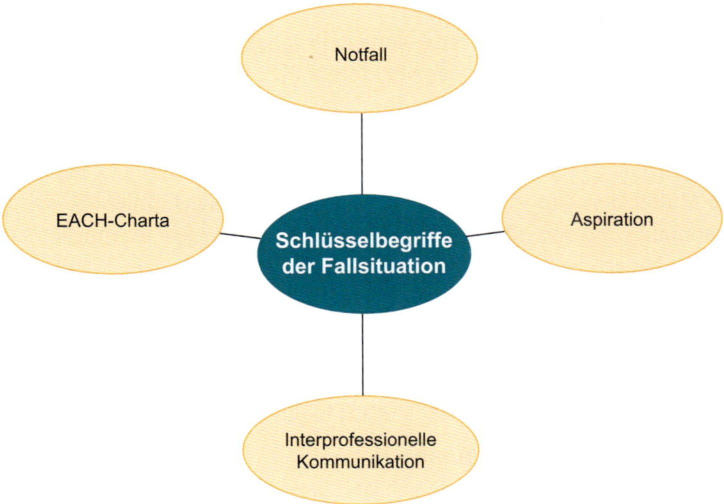

1. Analysieren Sie die Handlungssituation hinsichtlich des aktuellen Notfalls. Beziehen Sie die vorangegangenen Maßnahmen der Mutter mit ein. 10 Punkte

Der zweijährige Paul verschluckt sich zu Hause an einem Stück Würstchen, als die Mutter gerade nicht im Raum ist. Er beginnt zu würgen und zu husten. Sein Gesicht läuft rot an. Als sie es bemerkt, reißt sie Paul aus seinem Stuhl, hält ihn kopfüber und klopft so lange auf seinen Rücken, bis er das Wurststück wieder ausspuckt. Paul hat ein blau angelaufenes Gesicht, wirkt benommen und weinerlich. Er hustet immer wieder sehr stark. Die Mutter ruft den Notdienst.

Während des Transports auf Station wird das Gesicht von Paul rot. Er beginnt extrem zu husten. Seine Augen sind weit aufgerissen. Mit seinen Armen fuchtelt er in der Luft herum. Er keucht und gibt giemende Laute von sich.

Kompetenzen und Operatoren

Diese Aufgabe kann dem Kompetenzschwerpunkt I.4 (Anlage 2 PflAPrV) zugeordnet werden.
Der Operator „Analysieren Sie" erfordert die systematische Untersuchung des Textes, wobei die Sachverhalte mit eigenen Worten in Sätzen strukturiert dargestellt werden. Der Zusatz „Beziehen Sie … ein" verlangt das In-Verbindung-Setzen mit bestimmten Aspekten.

2. Arbeiten Sie für die aktuelle Notfallsituation einen Notfallplan aus (5 P.) und koordinieren Sie die Aufgaben bis zum Eintreffen des Arztes (5 P.). 10 Punkte

Notfallplan

- Ruhe bewahren, um alle Aufgaben angemessen erfüllen zu können. Die Ruhe strahlt auch auf Paul und seine Mutter aus.
- Situation einschätzen. Da Paul um Luft ringt, besteht akute Lebensgefahr.
- Notruf absetzen, damit schnell ärztliche Hilfe erfolgen kann. Dazu wird die Notrufvorrichtung gedrückt, ggf. auch das Telefon unter Angabe des Standorts genutzt.

Kompetenzen und Operatoren

Diese Aufgabe kann dem Kompetenzschwerpunkt I.4 (Anlage 2 PflAPrV) zugeordnet werden.
Der Operator „Arbeiten Sie … aus" verlangt, Sachverhalte in strukturierter Form abzubilden.

- Sollte es möglich sein, unverzüglich die nächste Station aufsuchen, damit die Erstversorgung nicht auf dem Gang erfolgen muss.
- Wenn möglich Pauls Mund nach Fremdkörpern absuchen. Sofern vorhanden, diese entfernen.
- Paul zum Abhusten auffordern. Dazu Paul auffordern, sich nach vorn zu beugen, und ihm auf den Rücken klopfen. Dabei weiter beruhigend mit ihm sprechen.
- Sollte es zum Atemstillstand kommen, Paul beatmen.
- Dem eintreffenden Arzt oder Notfallteam über das Geschehen informieren. Paul diesem übergeben und weitere Anweisungen ausführen.

Zu koordinierende Aufgaben

Um konzentriert und zielgerichtet handeln zu können, ist es notwendig, dass die Mutter beruhigt wird. Sollte sie sich nicht beruhigen, muss sie beiseite genommen und von einer weiteren Person betreut werden. Eventuelle weitere Zuschauer werden gebeten, sich zu entfernen. Nach dem Vorfall muss dieser dokumentiert werden.

Kompetenzen und Operatoren

Diese Aufgabe besteht aus zwei Aufgabenteilen. Der erste Teil kann dem Kompetenzschwerpunkt I.4, der zweite Teil dem Kompetenzschwerpunkt III.2.f (Anlage 2 PflAPrV) zugeordnet werden. Der Operator „Stellen Sie … dar" erfordert, spezifische Textaussagen oder Sachverhalte in eigenen Worten strukturiert und fachsprachlich ggf. unter Zuhilfenahme eigenen Vorwissens darzustellen. Der Operator „Begründen Sie" verlangt, komplexe Grundgedanken argumentativ schlüssig zu entwickeln und im Zusammenhang mit eigenen Worten darzustellen.

3. Stellen Sie relevante Informationen für den Arzt dar (5 P.). Begründen Sie die Bedeutung der interprofessionellen Kommunikation (5 P.). 10 Punkte

Relevante Informationen für den Notarzt

Der Junge ist 2 Jahre alt. Er hatte sich zu Hause an einem Stückchen Wurst verschluckt. Daraufhin hatte er einen starken Hustenreiz, der nicht produktiv war. Erst das Kopfüberhalten und das Auf-den-Rücken-Klopfen der Mutter brachte das Wurststück wieder hervor. Der herbeigerufene Notarzt stellte einen Abfall der Sauerstoffsättigung fest. Im Krankenhaus weitere Untersuchungen laut Akte. Während des Transports erneuter Hustenanfall mit deutlicher Erstickungsnot.

Bedeutung der interprofessionellen Kommunikation

Unter interprofessioneller Kommunikation ist zu verstehen, dass sich Pflegefachpersonen, ärztliches Personal bzw. Vertreter der unterschiedlichsten Professionen, die gemeinsam am bzw. mit dem Patienten arbeiten, über diesen verständigen. Dies kann z. B. in Übergabegesprächen, Visiten, Fallbesprechungen etc. erfolgen. Patienten und Angehörige sollen in diese Kommunikation eingebunden werden, damit eine gute Adhärenz bzw. Zusammenarbeit gefördert wird. Dazu müssen Sachverhalte den Patienten und ihren Angehörigen transparent und verständlich dargestellt werden.

Im Notfall wie in diesem Beispiel benötigt der Notarzt/das Notfallteam die relevanten Informationen von der Pflegefachperson, die kurz und prägnant über das vorangegangene Geschehen und ergriffene Maßnahmen informieren muss, da in einer akuten Notsituation keine Zeit ist, um diese Informationen den Unterlagen zu entnehmen. Um weitere medizinische Maßnahmen abschätzen und einleiten zu können, sind diese Informationen u. U. existenziell.

4. Beurteilen Sie aus ethischer Sicht die Tatsache, dass Pauls Mutter bei den Untersuchungen nicht bei ihrem Kind sein durfte. 10 Punkte

Zum einen trägt die Mutter die Verantwortung für ihr Kind. Es ist anzunehmen, dass sie auch das Sorgerecht für ihr Kind besitzt. Demnach hat sie grundsätzlich ein Anrecht auf die vollständigen Informationen über ihr Kind. Des Weiteren muss sie bei medizinischen Eingriffen, die nicht unmittelbar im Zusammenhang mit dem Notfall stehen, um ihr Einverständnis gefragt werden. Vielleicht fühlt sich Paul im Beisein seiner Mutter auch beschützt und wohler. Schließlich ist er erst 2 Jahre alt und seine Mutter die Vertrauens- und Bezugsperson. Ihre Anwesenheit könnte auf Paul beruhigend wirken. Paul bekommt keine Luft, ist einer fremden Umgebung, in der viele unbekannte Menschen um ihn herum sind. Diese machen Dinge, die er nicht versteht und kennt. Das könnte Paul Angst machen, und in dieser Situation wäre die Anwesenheit seiner Mutter von Vorteil.

Zum anderen wirkt Pauls Mutter sehr angespannt und aufgeregt. Dies könnte sich auf Paul auswirken und ihn noch mehr beunruhigen. Instinktiv erfasst er die Emotionalität seiner Mutter und könnte diese übernehmen. Pauls Mutter will bei ihrem Kind sein und könnte mit diesem Wunsch den notwendigen medizinischen Eingriffen im Weg stehen.

Aufgrund der Emotionalität der Mutter, die sich in aufgeregtem Verhalten und schriller Stimme äußert, ist die Entscheidung, dass sie nicht mit zu den Untersuchungen durfte, nachvollziehbar. Die notwendigen medizinischen Eingriffe erfolgen im Zusammenhang mit dem Notfall. Somit ist ihr Einverständnis nicht zwingend notwendig. Alle anderen Informationen kann sie auch nach Abschluss der Untersuchungen erhalten.

Die **EACH-Charta** als ethische Orientierungshilfe für Kinder im Krankenhaus gibt weitere Hinweise, dass die Anwesenheit der Mutter sinnvoll gewesen wäre. Der zweite Artikel beinhaltet das Recht der Kinder, ihre Eltern im Krankenhaus stets bei sich zu haben, um mehr Nähe und Sicherheit zu verspüren. Im fünften Artikel ist zudem geregelt, dass die Eltern mitbeteiligt werden sollen und mitentscheiden dürfen.

IMPULS

Reflektieren Sie, ob die ethischen Prinzipien der Pflege für das Beispiel anwendbar sind, und begründen Sie dies.

Ethische Prinzipien:

- Autonomieprinzip
- Schadensvermeidungsprinzip
- Fürsorgeprinzip
- Gerechtigkeitsprinzip

Kompetenzen und Operatoren

Diese Aufgabe kann dem Kompetenzschwerpunkt II.3 (Anlage 2 PflAPrV) zugeordnet werden kann.

Der Operator „Beurteilen Sie" erfordert, dass Aussagen, Behauptungen, Vorschläge oder Maßnahmen im Zusammenhang auf ihre Stichhaltigkeit bzw. Angemessenheit geprüft und dabei die angewandten Kriterien genannt werden.

Kompetenzen und Operatoren
Diese Aufgabe besteht aus zwei Aufgabenteilen, die beide dem Kompetenzschwerpunkt II.3 (Anlage 2 PflAPrV) zugeordnet werden können.
Der Operator „Beschreiben Sie" fordert, dass wesentliche Informationen aus dem Text bzw. Ihrem Wissen zusammenhängend und schlüssig mit eigenen Worten wiedergegeben werden. Der Operator „Arbeiten Sie ... aus" verlangt, Sachverhalte in strukturierter Form abzubilden.

5. Beschreiben Sie, in welchem Dilemma sich Frau Gärtner befand, als sie in die Küche ging und Paul unbeaufsichtigt ließ (5 P.). Arbeiten Sie in diesem Zusammenhang Hinweise für die Mutter für den weiteren Umgang mit ihrem Kind aus (5 P.). 10 Punkte

Frau Gärtners Dilemma
Pauls Mutter erledigt mehrere Aufgaben parallel. Damit kann sie sich nicht auf die effiziente Erledigung einer Aufgabe konzentrieren. In der Küche brennt die Milch an, während Paul in seinem Hochstuhl ein Würstchen isst. Die Mutter ist sich der möglichen Gefahr nicht bewusst. Sie verletzt dabei ihre Aufsichtspflicht ihrem Sohn gegenüber.

Hinweise für den weiteren Umgang mit Paul
Frau Gärtner soll zukünftig ...

- darauf achten, dass Paul kleine Bissen zu sich nimmt und die Nahrung vor dem Schlucken gut kaut,
- bei den Mahlzeiten für eine ruhige Atmosphäre sorgen,
- sich dazusetzen und keine anderen Tätigkeiten nebenbei erledigen,
- sich ihrer Vorbildwirkung bewusst sein,
- eine Esskultur einführen,
- sich auf eine Sache konzentrieren,
- Paul beim Essen nicht allein lassen.

LITERATUR

1. Pasch W. Pflegeethik – Wenn Pflege rationiert wird. Bibliomed Pflege. 2016 Aus: www.bibliomed-pflege.de/news/29652-pflegeethik-wenn-pflege-rationiert-wird (letzter Zugriff: 7.8.2023).
2. PQSG. Notfallstandard „Verhalten bei Aspiration". Version 1.05. Aus: https://pqsg.de/seiten/openpqsg/hintergrund-standard-notfall-aspiration.htm. (letzter Zugriff: 7.8.2023).
3. Mentz S. Mit Menschen kommunizieren. In: I Care Pflege. 2. A. Stuttgart: Georg Thieme, 2020. S. 248–265.
4. Münch T. Pflege in Notfallsituationen. In: Menche N, Keller C, Teigeler B. (Hrsg.). PflegeHeute. 8. A. München: Elsevier, 2023. S. 306–367.
5. Schmal J. Aufbauwissen Pflege. Berufliches Selbstverständnis. München: Elsevier, 2022.

17.6.2 Fallsituation: stationäre Langzeitpflege (➤ Kap. 9.3)

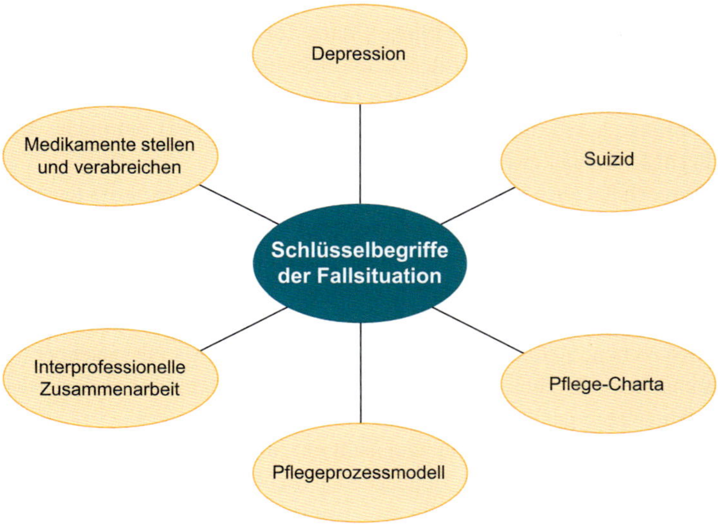

1. Erklären Sie Ihr Vorgehen in dieser Akutsituation, insbesondere was Erstmaßnahmen und die Koordination der Aufgaben bis zum Eintreffen des Rettungsdienstes betrifft. 10 Punkte

Es wird der hausinterne Standard angewendet. Wichtig ist, selbst die Ruhe zu bewahren. Die leere Schachtel Schlafmittel lässt auf einen Notfall schließen. Dennoch muss die Pflegefachperson Herrn Braun fragen, ob er alle Tabletten auf einmal genommen hat. Bejaht er dies, fragt Sie nach, ob er sich das Leben nehmen wollte. Damit signalisiert sie, dass sie seine Situation wahrgenommen hat und sich um ihn sorgt.

Per Patientenrufvorrichtung oder Telefon holt sich die Pflegefachperson Kollegen zur Unterstützung. Sie veranlasst, dass sofort der Notarzt verständigt wird und eventuell weitere anwesende Bewohner aus dem Zimmer gebracht werden.

Die Pflegefachperson kontrolliert Herrn Brauns Vitalwerte (Puls, Blutdruck, Atmung und Bewusstsein) und dokumentiert diese. Außerdem fragt sie ihn nach Verletzungen. Dabei spricht sie ruhig und empathisch mit Herrn Braun und signalisiert Gesprächsbereitschaft. Bis der Notarzt eintrifft, ist immer eine Pflegefachperson bei Herrn Braun (Eins-zu-eins-Betreuung) und gewährt ihm so psychischen Beistand. Gegenstände, mit denen sich Herr Braun verletzen könnte, werden von anderen Mitarbeitern außer Reichweite gebracht.

ACHTUNG

Ein Suizidversuch stellt immer einen psychiatrischen Notfall dar. Auch für hinzukommende Personen ist diese Situation eine extreme Belastung. Lassen Sie sich anschließend professionell helfen. Die Situation kann z. B. mithilfe der Supervision verarbeitet werden. Achten Sie auf Ihre psychische Gesundheit!

Kompetenzen und Operatoren

Diese Aufgabe kann dem Kompetenzschwerpunkt I.4 (Anlage 2 PflAPrV) zugeordnet werden.
Der Operator „Erklären Sie" erfordert, Informationen durch eigenes Wissen und eigene Einsichten in einen begründeten Zusammenhang zu stellen.

Kompetenzen und Operatoren
Diese Aufgabe besteht aus zwei Aufgabenteilen, die beide dem Kompetenzschwerpunkt II.3.a (Anlage 2 PflAPrV) zugeordnet werden können. Der Operator „Erläutern Sie" erfordert die zusammenhängende Beschreibung von Sachverhalten, die mit eigenen Worten und mittels Beispielen anschaulich erklärt werden. Der Operator „Erklären Sie" verlangt, die Informationen durch eigenes Wissen und eigene Einsichten in einen begründeten Zusammenhang zu stellen.

2. Erläutern Sie, wie Sie die in der Pflege-Charta formulierten Rechte bei der Pflege von Herrn Braun berücksichtigen (5 P.). Erklären Sie dabei die Bedeutung der Selbstbestimmung und Selbstverwirklichung (5 P.). 10 Punkte

Berücksichtigung der in der Pflege-Charta formulierten Rechte

- In Artikel 1 der Charta der Rechte für hilfe- und pflegebedürftige Menschen wird das Recht auf ein möglichst selbstbestimmtes und selbstständiges Leben benannt. Jeder Mensch, auch Herr Braun, hat das Recht so zu leben, wie er möchte.
- Dennoch hat auch jeder hilfe- und pflegebedürftige Mensch das Recht darauf, dass Leib und Seele vor Gefahren geschützt werden (Artikel 2). Somit muss Herrn Braun verdeutlicht werden, welche Konsequenzen seine Weigerung haben können.
- Da Herr Braun auf seiner Weigerung besteht, ist es eine Möglichkeit, ihn entsprechend Artikel 5 zu beraten und aufzuklären. Da Pflegefachpersonen keine Psychologen oder Psychiater sind, sollten diese als Spezialisten hinzugezogen werden.
- Eine grundsätzliche Haltung und nicht nur in Artikel 6 verankert, ist die Wertschätzung, die jedem zu pflegenden Menschen entgegengebracht werden soll. Wertschätzung kann Vertrauen wecken und damit vielleicht auch neuen Lebensmut, indem dem zu pflegenden Menschen vermittelt wird, dass es jemanden gibt, der ihm zuhört und ihn ernst nimmt. In Gesprächen wird versucht, Herrn Braun die Sinnhaftigkeit seines Lebens nahezubringen, damit er weiterhin am Leben teilhaben kann. Mit der Zuteilung einer Aufgabe könnte Herr Braun wieder Mut schöpfen und das Leben bejahen. Er möchte gebraucht werden.
- Nach Artikel 8 hat jeder das Recht, in Würde zu sterben, somit auch Herr Braun. Der Tod könnte eine Folge der Ablehnung aller pflegerischen und therapeutischen Maßnahmen sein.

Bedeutung der Selbstbestimmung und Selbstverwirklichung

- Selbstbestimmung bedeutet, Entscheidungen eigenständig und unabhängig zu treffen. Dies betrifft alle Lebensbereiche und ist ein Grundsatz, der in verschiedenen ethischen und rechtlichen Grundsatzpapieren verankert ist. In Artikel 2 GG ist z. B. das Recht auf die „freie Entfaltung der Persönlichkeit" benannt.
- Selbstbestimmung im Sinne der ethischen Grundprinzipien meint eine Anerkennung der Autonomie jedes Einzelnen und damit das Recht, eigenständig Entscheidungen treffen zu dürfen. Dies beinhaltet, dass pflegerische Maßnahmen angekündigt werden müssen und abgelehnt werden dürfen, was bei Herrn Braun der Fall ist.
- Selbstbestimmung kann auf verschiedenen Wegen erfolgen – neben der meist mündlichen Willensbekundung können Wünsche auch schriftlich in einer Patientenverfügung festgehalten sein. In manchen Fällen werden Entscheidungen im Sinne des zu pflegenden Menschen getroffen, wenn dessen Selbstbestimmungsfähigkeit eingeschränkt ist (Vorsorgevollmacht, Betreuungsverfügung).
- Selbstverwirklichung beinhaltet die Realisierung eigener Ziele, Sehnsüchte und Wünsche. Dabei ist die Entfaltung der eigenen Persönlichkeit ein wichtiger Grundgedanke.

- Zur Selbstbestimmung gehören u. a. eine selbst gestaltete Lebensweise, das Verfolgen eigener Ziele und für das eigene Leben Verantwortung zu übernehmen. Dafür ist das Vorhandensein von vielfältigen Ressourcen und Fähigkeiten von Vorteil.
- Im Rahmen der Maslow'schen Bedürfnispyramide stellt die Selbstverwirklichung das höchste Bedürfnis dar, welches dann umgesetzt werden kann, wenn alle darunter liegenden Bedürfnisse wie Grund- und Sicherheitsbedürfnisse befriedigt sind.
- In der Fallsituation wird deutlich, dass die Selbstverwirklichung bei Herrn Braun stark eingeschränkt ist, was sich u. a. durch seine Depression erklären lässt. Er sieht alles sehr negativ und scheint sich keine Ziele mehr im Leben zu setzen. Eher scheint für ihn das Lebensende ein Ziel zu sein.

LERNTIPP

Um die **Kompetenz II.3.a** (Anlage 2 PflAPrV) „Die Absolventen setzen sich für die Verwirklichung von Menschenrechten, Ethikkodizes und die Förderung der spezifischen Bedürfnisse und Gewohnheiten von zu pflegenden Menschen aller Altersstufen und ihren Bezugspersonen ein" nachweisen zu können, empfiehlt sich im Rahmen der Prüfungsvorbereitung eine Auseinandersetzung mit der **Pflege-Charta,** dem **ICN-Ethikkodex** und der Umgang mit dem **Selbstbestimmungsrecht** des Pflegebedürftigen. Die acht Artikel der **Pflege-Charta** sollten bekannt sein und deren Anwendung in bestimmten Situationen der beruflichen Praxis möglich sein.

Artikelnummer	Inhalt
Artikel 1	Selbstbestimmung und Hilfe zur Selbsthilfe
Artikel 2	Körperliche und seelische Unversehrtheit, Freiheit und Sicherheit
Artikel 3	Privatheit
Artikel 4	Pflege, Betreuung und Behandlung
Artikel 5	Information, Beratung und Aufklärung
Artikel 6	Wertschätzung, Kommunikation und Teilhabe an der Gesellschaft
Artikel 7	Religion, Kultur und Weltanschauung
Artikel 8	Palliative Begleitung, Sterben und Tod

3. Beschreiben Sie Ziele und Maßnahmen entsprechend einem Pflegeprozessmodell. 10 Punkte

Kompetenzen und Operatoren

Diese Aufgabe kann dem Kompetenzschwerpunkt I.3 (Anlage 2 PflAPrV) zugeordnet werden.
Der Operator „Beschreiben Sie" fordert, dass wesentliche Informationen aus dem Text bzw. Ihrem Wissen zusammenhängend und schlüssig mit eigenen Worten wiedergegeben werden.

Im Folgenden werden die Ziele und Maßnahmen nach dem Pflegeprozessmodell von Fiechter und Meier aufgeführt und für eine gute Übersichtlichkeit nach den 13 ABEDL von Monika Krohwinkel strukturiert. *(Alternativ wäre z. B. auch die Zuordnung ATL nach L. Juchli möglich. Die SIS stellt hingegen KEIN Pflegeprozessmodell dar!)*

ABEDL	Pflegeziel	Pflegemaßnahmen
1 – Kommunizieren können	Herr Braun kommuniziert im Rahmen seiner Möglichkeiten	Regelmäßig werden Gespräche angeboten. Grundlage dafür ist Herrn Brauns Biografie. Themen können z. B. Holzarbeiten sein
2 – Sich bewegen können	Herr Braun ist mobil	Herrn Braun werden tägliche, witterungsabhängige Spaziergänge angeboten

ABEDL	Pflegeziel	Pflegemaßnahmen
4 – Sich pflegen können	Herr Braun fühlt sich sauber und gepflegt. Er legt Wert auf sein äußeres Erscheinungsbild	Bei der Grundpflege erhält Herr Braun Anleitung und ggf. teilweise Unterstützung. Gepflegt wird nach seinen Wünschen und Bedürfnissen, die vorher erfragt und dokumentiert werden
5 – Essen und trinken können	Herr Braun ist in einem guten Ernährungszustand	Entsprechend seinen Vorlieben werden Herrn Braun Nahrung und Getränke appetitlich angerichtet angeboten
8 – Ruhen und schlafen können	Herr Braun hat einen geregelten Schlaf-wach-Rhythmus	Die bisherigen Schlafgewohnheiten werden erfragt und analysiert. Auf dieser Grundlage wird Herrn Braun der bisherige Rhythmus ermöglicht
9 – Sich beschäftigen, lernen, sich entwickeln können	Herr Braun beschäftigt sich	Herrn Braun werden ergotherapeutische Angebote zur Holzgestaltung unterbreitet
11 – Für eine sichere/fördernde Umgebung sorgen können	Herr Braun fühlt sich sicher	Herrn Brauns Medikamente werden durch das Pflegepersonal gestellt und verabreicht. Mögliche Hinweise auf einen Suizidversuch werden ernst genommen
12 – Soziale Kontakte und Beziehungen sichern und gestalten können	Die sozialen Bereiche seines Lebens sind für Herrn Braun gesichert	In Gesprächen mit anderen Bewohnern und dem Personal der Einrichtungen werden Herrn Braun die Vorzüge der Unterbringung verdeutlicht. Ggf. wird ein Sozialarbeiter hinzugezogen
13 – Mit existenziellen Erfahrungen des Lebens umgehen und sich dabei entwickeln	Herr Braun lernt, mit den existenziellen Erfahrungen seines Lebens umzugehen. Er sieht positiver in seine Zukunft	Durch Angebote bekommt Herr Braun Gelegenheit, seinen bisherigen Hobbys nachzugehen, seine Interessen auszuleben und neue zu entwickeln. Das Kennenlernen der anderen Bewohner kann Herrn Braun neuen Lebensmut fassen lassen. Ggf. wird eine Psychologin hinzugezogen

LERNTIPP

Zur Bearbeitung dieser Aufgabe findet das sechsphasige Pflegeprozessmodell nach Fiechter und Meier Anwendung:

- In der ersten Phase werden alle relevanten **Informationen** zur Person **erhoben bzw. zusammengetragen.**
- In der zweiten Phase werden aus diesen Informationen **Ressourcen und Probleme analysiert.**
- Die Probleme bilden die Grundlage für die **Formulierung der Ziele** in der dritten Phase.
- Aufbauend auf diesen werden in der vierten Phase entsprechende **Maßnahmen festgelegt.**
- Die fünfte Phase bestimmt die **Durchführung der Maßnahmen.**
- In der sechsten Phase werden diese **evaluiert.** Ggf. muss der Prozess neu durchlaufen und entsprechende Module angepasst werden.

4. Erstellen Sie eine Übersicht, wie Sie Herrn Braun bei der Bewältigung seiner Situation unterstützen können. Beziehen Sie dabei auch externe Möglichkeiten zur interprofessionellen Zusammenarbeit ein. 10 Punkte

- Medizinische Unterstützung erhält Herr Braun durch Ärzte wie z. B. Hausarzt, Neurologen und Psychiater. Durch die Einstellung mit entsprechenden Medikamenten kann seine Stimmung aufgehellt werden.
- Ein Psychologe bzw. Psychotherapeut führt eine individuell ausgerichtete Psychotherapie mit Herrn Braun durch, um Gründe und Lösungsmöglichkeiten herauszufinden.
- Pflegerische und seelische Unterstützung erhält Herr Braun durch die Mitarbeiter der Einrichtung. Eine saubere und gepflegte Erscheinung trägt zu mehr Wohlbefinden bei. Die Lebensqualität nimmt zu, was lebensbejahend wirken kann.
- Soziale Unterstützung erhält Herr Braun durch den Sozialdienst bzw. die Pflegedienstleitung der Einrichtung. Ebenfalls kann Herrn Brauns Betreuer ihm unterstützend zur Seite stehen und in seinem Namen die Dinge regeln, für die er bevollmächtigt ist.
- Für die tägliche Betreuung und Aktivierung des Bewohners arbeiten Alltagsgestalter und Ergotherapeuten zusammen. Sie können Herrn Braun gezielt eine sinnvolle Aufgabe anbieten, sodass er sich gebraucht fühlt und neuen Lebensmut schöpfen kann.
- Physiotherapeuten tragen zu Herrn Brauns Aktivierung und Mobilisierung bei. Nachweislich steigert Bewegung das Wohlbefinden und trägt zu einer Erhöhung der Lebensqualität bei.
- Alle genannten Professionen arbeiten zusammen. Dies geschieht z. B. über regelmäßige Fallberatungen. So kann die Wirksamkeit der eingeleiteten Maßnahmen evaluiert und diese ggf. angepasst werden. So werden z. B. auch Wirkung und Nebenwirkungen von Medikamenten vom Pflegefachpersonal beobachtet, sodass die Medikation nach erfolgter Information des ärztlichen Personals durch dieses optimiert werden kann.

Kompetenzen und Operatoren

Diese Aufgabe kann dem Kompetenzschwerpunkt III.2 (Anlage 2 PflAPrV) zugeordnet werden.
Der Operator „Erstellen Sie" verlangt, die Strukturen und Zusammenhänge mit eigenen Worten zu beschreiben und zu verdeutlichen.

5. Führen Sie eine Regel für das Stellen und Verabreichen von Arzneimitteln auf (6 P.). Begründen Sie, welche Besonderheiten beim Verabreichen der Medikamente bei Herrn Braun zu beachten sind (4 P.). 10 Punkte

Regeln

6-R-Regel	10-R-Regel
• Richtiger Patient • Richtiges Arzneimittel • Richtige Dosierung/Konzentration • Richtige Applikationsart • Richtiger Zeitpunkt • Richtige Dokumentation	• Richtiger Patient • Richtiges Arzneimittel • Richtige Dosierung/Konzentration • Richtige Applikationsart • Richtiger Zeitpunkt • Richtige Dokumentation • Richtige Anwendungsdauer • Richtige Aufbewahrung • Richtige Entsorgung • Richtiges Risikomanagement (z. B. Hygienestandard)

Kompetenzen und Operatoren

Diese Aufgabe besteht aus zwei Aufgabenteilen, die beide dem Kompetenzschwerpunkt III.2.b (Anlage 2 PflAPrV) zugeordnet werden können.
Der Operator „Führen Sie … auf" verlangt eine stichpunktartige Auflistung passender Inhalte. Der Operator „Begründen Sie" verlangt, komplexe Grundgedanken argumentativ schlüssig zu entwickeln und mit eigenen Worten im Zusammenhang darzustellen.

Bei Herrn Braun zu beachtende Besonderheiten

Bei Herrn Braun wurde eine Depression diagnostiziert. Da er bereits einen Suizidversuch hinter sich hat, ist es notwendig, dass er alle seine Medikamente gestellt bekommt. Diese dürfen nicht in seinem Zimmer aufbewahrt werden. Die Pflegefachperson stellt die entsprechenden Medikamente und bringt sie direkt zu Herrn Braun, der sie unter Aufsicht einnimmt. Die Medikamente dürfen nicht im Zimmer stehen gelassen werden. Eine Mundkontrolle bringt Sicherheit, dass Herr Braun die Medikamente auch geschluckt hat. Ausreichend Wasser erleichtert das Schlucken und beugt einer Aspiration vor.

TIPP

Mittlerweile werden in verschiedenen Einrichtungen verblisterte Medikamente eingesetzt. Dabei werden die Medikamente von der Apotheke portioniert und verpackt. Damit entfällt zwar das Stellen der Medikamente, aber nicht die Kontrolle dieser. Auch hier gilt im Umgang mit den Medikamenten die 6- oder 10-R-Regel.

LITERATUR

1. Böhmer-Breuer R. Aufbauwissen Pflege. Lebensweltorientierung. München: Elsevier, 2023.
2. Bundesministerium für Familie, Frauen, Senioren und Jugend. Die Pflege-Charta. Aus: www.wege-zur-pflege.de/pflege-charta (letzter Zugriff: 7.8.2023).
3. Gügel M, Schlieben S, Reuschenbach B. Vorbehaltsaufgaben und Pflegeprozesssteuerung. In: Menche N, Keller C, Teigeler B. (Hrsg.). PflegeHeute. 8. A. München: Elsevier, 2023. S. 1–23.
4. Heffels W. Ethisches Handeln. In: Menche N, Keller C, Teigeler B. (Hrsg.). PflegeHeute. 8. A. München: Elsevier, 2023. S. 1434–1453.
5. Kamphausen U, Protz K, Keller C. Heilmethoden und Therapie. In: Menche N, Keller C, Teigeler B. (Hrsg.). PflegeHeute. 8. A. München: Elsevier, 2023. S. 1276–1331.

17.7 Siebtes Prüfungsbeispiel

Agnes Müller

17.7.1 Fallsituation: stationäre Akutpflege (➢ Kap. 10.1)

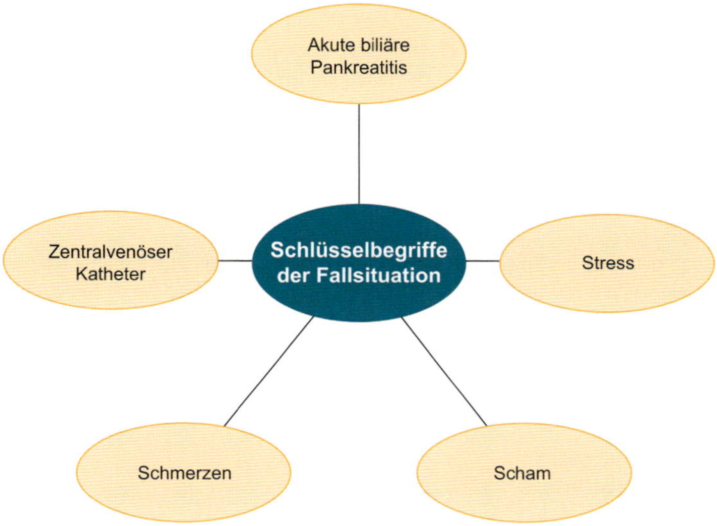

1. Frau Schlosser antwortet auf die Frage nach ihrer aktuellen Schmerzsituation: „5". Nennen Sie das Instrument der Schmerzeinschätzung, das Frau Schlosser im Verlauf ihres Krankenhausaufenthalts kennengelernt hat (1 P.), und erklären Sie dieses und seine Anwendung (6 P.). Verdeutlichen Sie auch, was Frau Schlosser mit „Ständig fragt mich das jemand" meint (2 P.) und welcher Sinn hinter dieser Art der Erhebung steht (3 P.). 12 Punkte

Kompetenzen und Operatoren
Diese Aufgabe besteht aus vier Aufgabenteilen, die alle dem Kompetenzschwerpunkt I.3 (Anlage 2 PflAPrV) zugeordnet werden können.
Der Operator „Nennen Sie" erfordert, dass Informationen stichpunktartig aufgelistet werden. Der Operator „erklären Sie" fordert eine Darstellung des Sachverhalts auf der Basis von eigenen Kenntnissen. Der Operator „Verdeutlichen Sie" weist darauf hin, dass Sie hier Sachverhalte, welche nicht explizit genannt werden, aus der Fallsituation herausarbeiten sollen.

Instrument der Schmerzeinschätzung
Numerische Ratingskala (NRS).

Erklärung und Anwendung der NRS
- Die numerische Ratingskala ist ein Assessmentinstrument zur Schmerzeinschätzung. Anhand einer Skala von 0 bis 10 wird die Schmerzsituation des Patienten erhoben, wobei 0 kein Schmerz und 10 als am stärksten vorstellbaren Schmerz beschrieben wird. Innerhalb dieser Skala kann Frau Schlosser ihre Schmerzsituation anhand von Zahlen einschätzen.
- Die NRS wird in regelmäßigen Abständen (z. B. einmal pro Schicht, vor und nach einer Mobilisation, 1 × täglich) angewendet. Sie kann verbal abgefragt oder auf einer Skala (Lineal) angezeigt werden.

Sinn und Zweck der Schmerzerhebung
Frau Schlosser wird regelmäßig gefragt, um ihren Schmerzverlauf und die Schmerzintensität festzustellen. Denn z. B. am Waschbecken äußert sie erst

auf erneute Nachfrage, „dass der Bauch doch noch ganz schön zwickt". Dank der regelmäßigen Schmerzerhebung können z. B. bei der Visite der Verlauf der Schmerzen, das Ansprechen auf Schmerzmittel und eine Verbesserung bzw. Verschlechterung der Krankheitssituation besprochen und entsprechende Maßnahmen ergriffen werden.

ACHTUNG

- **Schmerz** ist per Definition ein subjektiv wahrgenommenes unangenehmes Sinnes- und Gefühlserlebnis. Damit kann die Wahrnehmung der Schmerzen von Mensch zu Mensch stark variieren. Schmerzen sind immer ernst zu nehmen!
- Bei auftretenden Schmerzen ist ein umfangreiches **Schmerzassessment** nötig, das neben der Schmerzbefragung auch die Schmerztherapie inklusive der Kontrolle von Wirkung und Nebenwirkungen zur Folge hat. Bei der Erfassung von Schmerzen wird ein geprüftes Schmerzassessmentverfahren empfohlen.

TIPP

Neben dem hier beschriebenen Schmerzassessment „numerische Ratingskala" gibt es viele weitere Schmerzerfassungsinstrumente. Es ist in der jeweiligen Situation zu prüfen, welches Assessmentinstrument geeignet ist.
Beispiele für **Schmerzerfassungsinstrumente:**

- Numerische Ratingskala
- Visuelle Analogskala
- Dolometer
- Verbale Ratingskala
- Gesichter-Ratingskalen
- Beurteilung von Schmerzen bei Demenz (BESD)
- Beobachtungsinstrument für das Schmerzassessment bei alten Menschen mit Demenz (BISAD)

Kompetenzen und Operatoren

Diese Aufgabe kann dem Kompetenzschwerpunkt I.3 (Anlage 2 PflAPrV) zugeordnet werden.
Der Operator „Nennen Sie" erfordert eine Aufzählung ohne weitere Erklärung. Aus diesem Grund wird mit dem Operator „erklären Sie" verdeutlicht, dass Sie die Prozesskriterien inhaltlich und anhand der Fallsituation erklären sollen.

2. Im Expertenstandard „Schmerzmanagement in der Pflege" werden Prozesskriterien beschrieben. Nennen (3 P.) und erklären Sie (3 P.) die drei Prozesskriterien, die Sie im Rahmen der Versorgung von Frau Schlosser erfüllen. 6 Punkte

- Die Pflegefachperson führt bei festgestellten Schmerzen, zu erwartenden Schmerzen oder schmerzbedingten Problemen ein Assessment mittels geeigneter Instrumente durch, bei dem auch zu klären ist, ob es sich um akute und/oder chronische Schmerzen handelt. *([…] fragen Sie Frau Schlosser nach ihrer aktuellen Schmerzsituation.)*
- Die Pflegefachperson beteiligt sich aktiv und gemeinsam mit den an der Versorgung beteiligten Berufsgruppen und dem Menschen mit Schmerzen und ggf. seinen Angehörigen unter Berücksichtigung seines individuellen Bedarfs und seiner Selbstmanagementkompetenzen an der Entwicklung oder Überprüfung eines individuellen Behandlungsplans, der medikamentöse und/oder nicht medikamentöse Maßnahmen enthält. *([…] dass Sie ihre Schmerzsituation bei der am Vormittag stattfindenden Visite mit der behandelnden Ärztin besprechen.)*
- Die Pflegefachperson koordiniert die Maßnahmen des interprofessionellen Teams. Sie stellt die Durchführung der medikamentösen Maßnahmen auf Basis der ärztlichen Verordnung sicher. *(Bevor Sie Frau Schlosser bei*

der Körperpflege unterstützen, verabreichen Sie ihr noch die verordneten Schmerzmittel über den ZVK [...])

LERNTIPP

Neben dem hier angesprochenen Expertenstandard gibt es weitere, die pflegewissenschaftliche Erkenntnisse sowie pflegepraktische Erfahrungen beinhalten. Es ist unabdingbar, als Pflegefachperson Kenntnis von den Inhalten der Expertenstandards zu haben, weil diese Grundlage von hauseigenen Standards und in die Pflege zu integrieren sind.
Aktuelle **Expertenstandards** (Stand: Oktober 2023):

- Dekubitusprophylaxe in der Pflege
- Entlassungsmanagement in der Pflege
- Schmerzmanagement in der Pflege
- Sturzprophylaxe in der Pflege
- Förderung der Harnkontinenz in der Pflege
- Pflege von Menschen mit chronischen Wunden
- Ernährungsmanagement zur Sicherung und Förderung der oralen Ernährung in der Pflege
- Förderung der physiologischen Geburt
- Erhaltung und Förderung der Mobilität
- Beziehungsgestaltung in der Pflege von Menschen mit Demenz
- Erhaltung und Förderung der Hautintegrität

3. Sie ergänzen die Pflegeinformationen von Frau Schlosser und beschreiben das Pflegephänomen „Scham" bei ihr. Erklären Sie, was unter Scham verstanden wird (4 P.), und benennen Sie im Sinne einer prozesshaften Pflege Ressourcen, mögliche Ziele und Pflegemaßnahmen (je 2 P.), um diesem Pflegephänomen zu begegnen. 10 Punkte

Kompetenzen und Operatoren

Diese Aufgabe besteht aus zwei Aufgabenteilen. Der erste Aufgabenteil kann dem Kompetenzschwerpunkt II.3, der zweite dem Kompetenzschwerpunkt I.3 (Anlage 2 PflAPrV) zugeordnet werden.
Der Operator „Erklären Sie" fordert in Satzform eine Darstellung des Sachverhalts auf der Basis von eigenen Kenntnissen. Der Operator „benennen Sie" erfordert eine Aufzählung ohne weitere Erklärung.

Scham

Scham ist ein Gefühl, das entsteht, wenn sich eine Person in Verlegenheit gebracht, herabgewürdigt oder missverstanden fühlt. Insbesondere in der Pflege kommt es durch ein hohes Maß an Intimität, Vertrauen und Verletzlichkeit zu Situationen, die schambehaftet sein können.

Zu ermittelnde Schritte im Rahmen der prozesshaften Pflege

- **Ressourcen:**
  - Frau Schlosser kann ihre Gefühle äußern.
  - Frau Schlosser erkennt ihr Hilfebedürfnis in der Krankheitssituation und lässt Unterstützung zu.
- **Ziele:**
  - Frau Schlossers Privatsphäre ist in allen Pflegesituationen für sie zufriedenstellend gewahrt.
  - Frau Schlosser kann selbst bestimmen, wer sie in Pflegesituationen unterstützt.
- **Pflegemaßnahmen:**
  - Bei jeder körpernahen bzw. entblößenden Pflegemaßnahme werden abschirmende bzw. abdeckende Materialien verwendet wie z. B. Stellwände, Handtücher etc.
  - Frau Schlosser wird für jede Pflegemaßnahme nur so weit wie nötig entkleidet.
  - Frau Schlosser kann ihre eigene Kleidung anziehen.

Kompetenzen und Operatoren

Diese Aufgabe besteht aus drei Aufgabenteilen, die alle dem Kompetenzschwerpunkt III.2 (Anlage 2 PflAPrV) zugeordnet werden können. Der Operator „Erklären Sie" fordert eine Darstellung des Sachverhalts auf der Basis von eigenen Kenntnissen. Der Operator „begründen Sie" erfordert, komplexe Grundgedanken argumentativ schlüssig zu entwickeln und im Zusammenhang mit eigenen Worten darzustellen.

4. Frau Schlosser hat eine akute biliäre Pankreatitis. Erklären Sie, was darunter zu verstehen ist (3 P.) und welche möglichen Ursachen es gibt (4 P.), und begründen Sie, welche Ursache auf Frau Schlosser zutrifft (2 P.). 9 Punkte

Akute biliäre Pankreatitis

Die akute biliäre Pankreatitis ist eine plötzlich einsetzende Entzündung des Pankreas mit Selbstandauung *(Autolyse)* des Organs und Beeinträchtigung seiner Funktion. Sie ist oft Folge von Gallensteinen im Gallengang. Dadurch kommt es zum Verschluss des gemeinsamen Ausführungsgangs von Pankreas und Galle. Das enzymreiche Pankreassekret kann nicht ablaufen, und die Enzyme verbleiben zu lange in den Pankreasgängen und aktivieren sich, sodass es zur Selbstverdauung des Pankreas und damit auch zur Entzündung des Gewebes kommt.

Mögliche Ursachen

- Alkoholabusus
- Gallensteine
- Fettreiches Essen
- Medikamente
- Erhöhte Blutfettwerte
- …

Ursache bei Frau Schlosser

Bei Frau Schlosser sind Gallensteine die Ursache. Dies geht aus dem Begriff „biliär" in der Diagnose hervor.

Kompetenzen und Operatoren

Diese Aufgabe besteht aus drei Aufgabenteilen, die alle den Kompetenzschwerpunkten I.3 und III.2 (Anlage 2 PflAPrV) zugeordnet werden können. Der Operator „Erklären Sie" fordert eine begründete Auseinandersetzung in Satzform. Der Operator „Begründen Sie" verlangt, komplexe Grundgedanken argumentativ schlüssig zu entwickeln und im Zusammenhang mit eigenen Worten darzustellen. Der Zusatz „anhand der Symptome" fordert zum fallbezogenen Begründen auf.

5. Das Pankreas erfüllt wesentliche Funktionen im menschlichen Körper. Erklären Sie die zwei wesentlichen Funktionen des Pankreas (6 P.), und welche Funktion bei Frau Schlosser gestört ist (1 P.). Begründen Sie Ihre Ausführungen anhand von Frau Schlossers Symptomen (8 P.). 15 Punkte

Funktionen des Pankreas

- **Exokrine Funktion:** Produktion von Verdauungssäften, die für die Aufschlüsselung und Zerkleinerung der Nahrung im Darm notwendig sind.
- **Endokrine Funktion:** Hormonbildung: Insulin und Glukagon zur Regulation des Blutzuckerspiegels.

Bei Frau Schlosser ist die exokrine Funktion gestört.

Bei Frau Schlosser auftretende Symptome

- Heller *(acholischer)* Stuhl, da Gallenflüssigkeit, welche den Stuhl dunkel färbt, im Darm fehlt und Bilirubin nicht über den Stuhl ausgeschieden wird *(„[…] hatte ich gestern endlich wieder Stuhlgang, und der sah ganz komisch aus")*.
- Dunkler bis brauner Urin, da überschüssiges Bilirubin über die Nieren ausgeschieden wird *(„Ständig sehe ich meinen eigenen Urin, und der ist auch noch so eklig braun")*.
- Gelbfärbung der Haut aufgrund von Bilirubinablagerungen *(„Ich bin nicht nur gelb geworden […]")*.

- Juckende Haut entsteht als „cholestatischer Juckreiz“ durch Bilirubin und Gallensalze, die über die Blutbahnen überall im Körper und damit auch in der Haut verteilt werden *(„Ständig juckt die Haut am ganzen Körper“).*
- Vorrangig im Oberbauch auftretende Bauchschmerzen werden von den Entzündungsprozessen im Pankreas ausgelöst *(„Der Bauch zwickt doch noch ganz schön“).*

6. Frau Schlosser freut sich auf den bevorstehenden Kostaufbau. Begründen Sie anhand der Krankheitssituation, warum Frau Schlosser eine Nahrungskarenz hat (2 P.), und nennen Sie Frau Schlosser fünf Ernährungsratschläge (5 P.) für die Zukunft. 7 Punkte

Kompetenzen und Operatoren

Diese Aufgabe besteht aus zwei Aufgabenteilen, die beide dem Kompetenzschwerpunkt I 3 (Anlage 2 PflAPrV) zugeordnet werden können.
Der Operator „Begründen Sie“ verlangt, komplexe Grundgedanken argumentativ schlüssig zu entwickeln und im Zusammenhang mit eigenen Worten darzustellen. Der Operator „nennen Sie“ erfordert eine Aufzählung ohne weitere Erklärung.

Begründung der Nahrungskarenz

Bei der biliären Pankreatitis sind die Gänge zwischen Pankreas und Zwölffingerdarm stark verengt oder gar verschlossen. Setzt sich die Verstopfung an der Vaterschen Papille fest, kann es zusätzlich zum Rückstau von Gallensaft zur Leber kommen. Bei der Zufuhr von Nahrungsmitteln werden Pankreas und Leber zur Produktion von Verdauungssäften angeregt. Wenn diese nicht ablaufen können, stauen sie sich zurück und führen zu weiteren Entzündungen und im schlimmsten Fall zur Selbstverdauung empfindlicher Gewebsstrukturen.

Ernährungsratschläge

- Verzicht auf Alkoholkonsum
- Fettreduzierte Ernährung
- Verzicht auf stark verarbeitete Lebensmittel
- Ausreichende Flüssigkeitszufuhr
- Ballaststoffreiche Lebensmittel
- Reduzierter Konsum zuckerhaltiger Lebensmittel

7. Frau Schlosser klagt über Juckreiz am ganzen Körper. Erklären Sie, wie der Juckreiz zustande kommt (3 P.), und führen Sie zwei Pflegemaßnahmen auf, die den Juckreiz lindern (2 P.). 5 Punkte

Kompetenzen und Operatoren

Diese Aufgabe besteht aus zwei Aufgabenteilen, die beide dem Kompetenzschwerpunkt I.3 (Anlage 2 PflAPrV) zugeordnet werden können.
Der Operator „Erklären Sie“ erfordert, die Informationen durch eigenes Wissen und eigene Einsichten in einen begründeten Zusammenhang zu stellen. Der Operator „führen Sie … auf“ verlangt eine stichpunktartige Aufzählung passender Inhalte.

Entstehung des Juckreizes

Da das Bilirubin nicht ausreichend über den Stuhl ausgeschieden werden kann, verteilt es sich über die Blutbahn im ganzen Körper und lagert sich auch in der Haut ab. Dies führt zu Gelbfärbung *(Ikterus)* und Juckreiz *(Pruritus)*. Der Juckreiz entsteht durch die Ablagerung von Substanzen wie Bilirubin und Gallensalzen und den Abbauprozess dieser Stoffe, die vom Körper als Giftstoffe wahrgenommen und normalerweise über die Gallenflüssigkeit ausgeschieden werden.

Pflegemaßnahmen

- Kühlende Waschungen mit kaltem Wasser, Pfefferminztee oder Essigwasser
- Hautpflege mit gekühlter Creme, um den Hautzustand intakt und widerstandsfähig zu halten und die Elastizität sicherzustellen
- Keine beengende Kleidung tragen und natürliche Materialien gegenüber synthetischen Stoffen bevorzugen

Kompetenzen und Operatoren
Diese Aufgabe besteht aus zwei Aufgabenteilen, die beide dem Kompetenzschwerpunkt II.3 (Anlage 2 PflAPrV) zugeordnet werden können. Der Operator „Nehmen Sie Stellung" benötigt eine Antwort in ganzen Sätzen, um eine in der Sache fundierte, differenzierte und wertende Einsicht zu formulieren und diese dann anhand des geforderten ethischen Modells schrittweise zu belegen. Der Operator „beschreiben Sie" erfordert, dass wesentliche Informationen aus dem Text bzw. Ihrem Wissen zusammenhängend und schlüssig mit eigenen Worten wiedergegeben werden.

8. Die Auszubildenden Julia meint, dass man ja mal eine Ausnahme hätte machen und Frau Schlossers Tochter an Weihnachten zu ihr auf die Intensivstation hätte lassen können. Nehmen Sie Stellung zu dieser Aussage (2 P.) und beschreiben Sie den Prozess Ihrer ethischen Entscheidungsfindung anhand eines von Ihnen gewählten Modells (8 P.). 10 Punkte

Stellungnahme
Auch wenn das Krankenhaus vermutlich gute Gründe hatte, keinen Besuch zu Frau Schlosser zu lassen, wäre dieser für sie sicher gut gewesen und hätte den Heilungsprozess unterstützen können. Wichtig wäre gewesen, Frau Schlosser die Maßnahme zu begründen, da sie offensichtlich nicht verstanden hat, warum ihre Tochter nicht zu ihr kommen konnte.
Modell der ethischen Entscheidungsfindung
Prinzipienorientierte Ethik (vier Dimensionen):

- **Selbstbestimmung:** Frau Schlosser hat das Recht auf Besuch und kann für sich entscheiden, ob dieser unterstützend oder schädigend ist.
- **Schadensvermeidung:** Frau Schlosser erlebt die Krankheitssituation als sehr belastend. Hier würde ein Besuch der Tochter zur Verbesserung der Stimmung beitragen. Zu den Gründen des Krankenhauses, keinen Besuch zuzulassen, wird in der Fallsituation keine Angabe gemacht. Möglich wäre z. B., Frau Schlosser zu schonen oder sowohl die Patienten als auch die Angehörigen zu schützen (z. B. vor einer Corona-Infektion).
- **Fürsorge:** Pflegerisches Fachwissen und Handlungen sollen auf den Einzelfall ausgerichtet werden und nicht von Routinehandlungen beeinflusst werden. Frau Schlosser vermisst ihre Tochter, und der Kontakt zu ihr hilft Frau Schlosser, die Erkrankungssituation zu verarbeiten.
- **Gerechtigkeit:** Der Besuch von Kindern unter einer festgelegten Altersgrenze ist für alle Patienten auf der Intensivstation verboten.

Kompetenzen und Operatoren
Diese Aufgabe kann dem Kompetenzschwerpunkt I.3 (Anlage 2 PflAPrV) zugeordnet werden. Der Operator „Erklären Sie" verlangt eine Antwort in ganzen Sätzen, in welchen die Zusammenhänge eingeordnet und begründet werden.

9. „Entschuldigen Sie, ich höre mir gerade selbst beim Meckern zu. Ich bin eigentlich ein ganz umgänglicher Mensch, aber diese blöde Pankreatitis hat mich vollkommen aus der Bahn geworfen. Ich weiß gar nicht mehr, wie ich mich verhalten soll." Frau Schlossers Verhalten deutet daraufhin, dass sie unter Stress steht. Erklären Sie die Stresssituation, in der sich Frau Schlosser befindet, anhand eines Stressbewältigungsmodells. 10 Punkte

Herangezogen wird beispielhaft das transaktionale Stressmodell nach Lazarus, das versucht, die individuellen Unterschiede im Stresserleben zu erklären.

- Ein Stressor trifft auf einen Menschen: Erkrankung Pankreatitis.
- Die primäre Bewertung beantwortet die Frage: „Ist der Stimulus für mich eine Bedrohung (noch nicht eingetretene Schädigung), eine Schädigung (bereits eingetreten) oder eine Herausforderung (etwas Zukünftiges, kann negativ oder positiv sein)?"
  Frau Schlossers primäre Bewertung ist, dass der Stressor für sie eine Schädigung darstellt, da sie bereits an der Pankreatitis erkrankt ist und

dies negativ wahrnimmt *(„[...] aber diese blöde Pankreatitis hat mich vollkommen aus der Bahn geworfen“).*

- Die sekundäre Bewertung ist die Antwort auf die Frage, ob genügend Ressourcen für die Bewältigung des Stressors vorhanden sind.
  Frau Schlosser hat nicht genügend Ressourcen, um den Stressor Pankreatitis zu bewältigen *(„Ich weiß gar nicht mehr, wie ich mich verhalten soll“).*
- Es kann keine Bewältigung stattfinden und dadurch entsteht Stress.

Weitere mögliche Stressmodelle, die herangezogen werden können:

- Reiz-Reaktions-Theorie (nach Walter Cannon)
- Theorie des individuellen Gleichgewichts
- Anpassungstheorie nach Selye

LERNTIPP

Sollte Ihnen in der Prüfung kein Stressbewältigungsmodell einfallen, versuchen Sie, die Frage mithilfe Ihres Erfahrungswissens zu beantworten.

10. Die Auszubildende Julia Burkhart fragt Sie, was man alles beim Umgang mit dem zentralvenösen Katheter beachten muss. Erklären Sie ihr fünf Empfehlungen des RKI im Umgang mit zentralvenösen Kathetern, welche für die Pflege relevant sind. 10 Punkte

Kompetenzen und Operatoren

Diese Aufgabe kann dem Kompetenzschwerpunkt III.2 (Anlage 2 PflAPrV) zugeordnet werden.
Der Operator „Erklären Sie" fordert eine Darstellung des Sachverhalts auf der Basis von eigenen Kenntnissen.

- Schulung: Vermittlung von Wissen und Training von Fähigkeiten
- Maßnahmen bei Anlage eines ZVK → maximale Barrieremaßnahmen und Hautantiseptik
- Verband an der Kathetereintrittsstelle: Antisepsis und Verbandwechselintervalle
- Manipulation und Antisepsis an Hubs und Zuspritzstellen
- Wechselintervall von Infusionssystemen (Aspekt der Infektionsprävention)
- Infektionsprävention bei der Zubereitung/Herstellung von intravenösen Arzneimitteln/Infusionslösungen

LERNTIPP

Die vom Robert Koch-Institut (RKI) stammenden Empfehlungen sind in die Standards der Kliniken und der häuslichen Intensivpflege integriert. Damit kann die Frage mit den allgemein bekannten Empfehlungen beantwortet werden, ohne dass man zwingend die konkrete Empfehlung des RKI kennen muss.

11. Sie möchten Frau Schlosser hinsichtlich ihrer Fatigue-Symptomatik beraten. Stellen Sie sechs Maßnahmen dar, welche sie zur Reduzierung dieser Symptomatik durchführen könnte. 6 Punkte

Kompetenzen und Operatoren

Diese Aufgabe kann dem Kompetenzschwerpunkt III.2 (Anlage 2 PflAPrV) zugeordnet werden.
Der Operator „Stellen Sie ... dar" verlangt, die Strukturen und Zusammenhänge mit eigenen Worten zu beschreiben und zu verdeutlichen.

- Frau Schlosser sollte informiert sein, dass die Fatigue eine normale Symptomatik bei ihrem Krankheitsbild und bei der Einnahme von Schmerzmedikamenten sein kann.
- Frau Schlosser sollte genügend Ruhe und Schlaf erhalten, so fühlt sie sich ausgeruhter und entspannter.
- Entspannungstechniken können ihr helfen, um sich selbst besser wahrzunehmen und Energie zu sammeln.

- Bewegung und Aktivität in angemessenem Rahmen sind wichtig, um den Kreislauf in Schwung zu bringen.
- Frau Schlosser sollte sich beschäftigen und ablenken, sodass sie nicht zu sehr ins Grübeln kommt. So kann verhindert werden, dass sie zusätzlich depressiv wird.

LITERATUR

1. Deutsches Netzwerk für Qualitätsentwicklung in der Pflege (DNQP) (Hrsg.). Expertenstandard Schmerzmanagement in der Pflege. 2020. Aus: www.dnqp.de/fileadmin/HSOS/Homepages/DNQP/Dateien/Expertenstandards/Schmerzmanagement_2020/Schmerz-Akt2020_Auszug.pdf (letzter Zugriff: 7.8.2023).
2. Herrmann E. Geriatrische Assessments. In: Böhmer-Breuer R, Herrmann E (Hrsg.). PFLEGEN. Fokus Alter Mensch. München: Elsevier, 2021. S. 43–70.
3. Kommerell T et al. Gesundheitsförderung und Prävention. In: Menche N, Keller C, Teigeler B (Hrsg.). PflegeHeute. 8. A. München: Elsevier, 2023. S. 368–399.
4. Kommission für Krankenhaushygiene und Infektionsprävention (KRINKO) beim Robert Koch-Institut. Prävention von Infektionen, die von Gefäßkathetern ausgehen. Teil 1 – Nichtgetunnelte zentralvenöse Katheter. Bundesgesundheitsblatt. 2017; 60: 171–296. Aus: www.rki.de/DE/Content/Infekt/Krankenhaushygiene/Kommission/Downloads/Gefaesskath_Inf_Teil1.pdf?__blob=publicationFile (letzter Zugriff: 7.8.2023).
5. Lexa N. Schmerzmanagement. In: I care. Pflege. 2. A. Stuttgart: Georg Thieme, 2020. S. 530–542.
6. Parthum A. Schmerz. In: Keller C (Hrsg.). PFLEGEN. Grundlagen und Interventionen. 3. A. München: Elsevier, 2021. S. 611–634.
7. Sulmann D, Väthjunker D. Scham in der Pflege. Zentrum für Qualität in der Pflege (ZQP). 2018. Aus: www.zqp.de/scham-pflege/ (letzter Zugriff: 7.8.2023).
8. Wommelsdorf N. Pflege bei Schmerzen In: Menche N, Keller C, Teigeler B (Hrsg.). PflegeHeute. 8. A. München: Elsevier, 2023. S. 286–305.

17.8 Achtes Prüfungsbeispiel

Erik Herrmann

17.8.1 Fallsituation: ambulante Langzeitpflege (➤ Kap. 11.1)

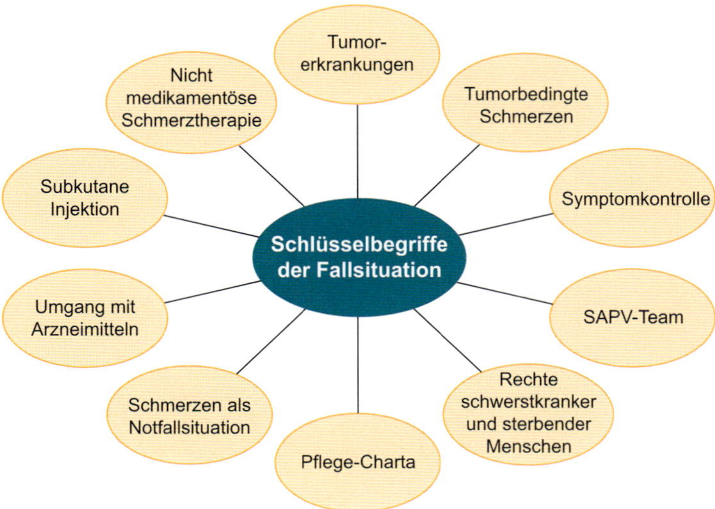

1. Beraten Sie Herrn Bodes Familienangehörige bezüglich fünf seiner tumorbedingten Symptome (inklusive Erklärung) (10 P.) und ordnen Sie diesen Symptomen jeweils zwei mögliche therapeutische Maßnahmen zu (10 P.). 20 Punkte

Tumorbedingte Symptome	Kurze Erklärung	Therapeutische Maßnahmen
Appetitlosigkeit	Eine wichtige Ursache ist die Tumorerkrankung selbst, insbesondere weil bei einem Dickdarmtumor oft auch ein Völlegefühl wahrgenommen wird. Bei Herrn Bode hat auch die Übelkeit Einfluss darauf	• Wunschessen anbieten • Essen appetitanregend anrichten
Gewichtsverlust	Ein typisches Symptom bei Tumorerkrankungen, da das Tumorgewebe einen großen Energiebedarf aufzeigt und auch für die Zellneubildung Nährstoffe und Energie benötigt werden	• Regelmäßige Gewichtskontrolle • Hochkalorische Nahrung • Leicht verdauliche Nahrung

Kompetenzen und Operatoren

Die Aufgabe besteht aus zwei Aufgabenteilen, die sich beide dem Kompetenzschwerpunkt I.3 (Anlage 2 PflAPrV) zuordnen lassen.
Der Operator „Beraten Sie" erfordert die fachliche Auseinandersetzung mit der Beantwortung einer Frage- oder Problemstellung gegenüber konkreten Personen. Der Operator „ordnen Sie … zu" erfordert, Dinge in einen Zusammenhang zu setzen.

Tumorbedingte Symptome	Kurze Erklärung	Therapeutische Maßnahmen
Schmerzen	Tumorbedingte Schmerzen sind keine Seltenheit. Anfangs verläuft Darmkrebs symptomfrei, durch verlegte Darmabschnitte und zeitweise auftretende Darmverschlüsse kommt es später zu einer übermäßigen Aktivität der Peristaltik und kolikartigen Bauchschmerzen	• Schmerzreduzierende Medikamente • Anwendung von Wärme • Beruhigende Maßnahmen • Schmerzreduzierende Positionierung
Stuhlbeimengungen	Aufgrund des durch die Teilentfernung des Dickdarms verkürzten Verdauungstrakts können unvollständig verdaute Nahrungsmittelbestandteile im Stuhl auftreten. Zudem kann es zu Blutbeimengungen aufgrund des gut durchbluteten Tumorgewebes im Darm kommen	• Stuhlbeobachtung • Ursachen herausfinden (z. B. Lebensmittel)
Übelkeit und Erbrechen	Können sowohl durch die Tumorerkrankung selbst als auch durch die Medikamente bedingt sein	• Medikamente gegen Übelkeit • Frischluftzufuhr • Leicht verdauliche Nahrung • Wunschkost anbieten
Veränderte Stuhlfrequenz und/oder -konsistenz	Tumorbedingt verändertet sich der Aufbau der Darmschleimhaut, aber auch die Darmperistaltik. Verengungen können zeitweise Darmverschlüsse verursachen, die zu Obstipation und Diarrhö im Wechsel führen können. Durch ein Stoma ausgeschiedener Stuhl ist im Vergleich zu anal ausgeschiedenem Stuhl zudem etwas weicher, die Frequenz ist häufiger und die Ausscheidung ist nicht zu kontrollieren	• Stuhlbeobachtung • Bei Obstipation: – Gabe von Laxanzien (nach ärztlicher Anordnung) oder abführend wirkenden Lebensmitteln, z. B. Buttermilch, Leinsamen, Obst, Gemüse – Auf ausreichend Flüssigkeitszufuhr achten • Bei Diarrhö: – Vermehrte Flüssigkeitszufuhr – Anbieten von stopfenden Lebensmitteln, z. B. Banane, Schokolade, Zwieback – Beachtung des Elektrolythaushalts und ggf. Gabe von Infusionen (nach ärztlicher Anordnung) oder gesalzenen Lebensmitteln, z. B. Salzstangen oder gesalzenem Tee – Ggf. Gabe von Antidiarrhoika (nach ärztlicher Anordnung), z. B. Loperamid

ACHTUNG

Bei der Auswahl der Maßnahmen für Herrn Bode ist darauf zu achten, dass er bereits palliativ versorgt wird und z.B. die Reduzierung von Schmerzen eine größere Rolle spielt als eine Reaktion auf seinen Gewichtsverlust. In Rücksprache mit dem zu pflegenden Menschen und auch dessen Angehörigen und ggf. Betreuer ist zu entscheiden, welche Ziele primär erreicht werden sollen.

TIPP

Um die Familienangehörigen passend **beraten** zu können, empfiehlt es sich, dafür einen Termin zu vereinbaren und sich auf diesen gründlich vorzubereiten. Es ist auch zu prüfen, ob es sinnvoll ist, Herrn Bode in dieses Beratungsgespräch mit einzubeziehen. Ziel ist es, den Angehörigen fachlich wichtige Informationen zu vermitteln und für diese nutzbar zu machen. Auch das Einbeziehen von Fachliteratur oder geeigneten Informationsbroschüren ist denkbar.

2. Beschreiben Sie Aufgaben und Arbeitsweise eines SAPV-Teams (6 P.) und deren Bedeutung für die palliative Versorgung (3 P.) und vergleichen Sie diese mit der stationären Palliativversorgung (6 P.). 15 Punkte

Kompetenzen und Operatoren

Diese Aufgabe besteht aus zwei Aufgabenteilen, die beide dem Kompetenzschwerpunkt I.3 (Anlage 2 PflAPrV) zugeordnet werden können.
Der Operator „Beschreiben Sie" fordert, dass wesentliche Informationen aus dem Text bzw. Ihrem Wissen zusammenhängend und schlüssig mit eigenen Worten wiedergegeben werden. Der Operator „vergleichen Sie" verlangt das In-Zusammenhang-Bringen mit einer anderen Thematik unter Abwägen von Gemeinsamkeiten und Unterschieden.

TIPP

Die **spezialisierte ambulante Palliativversorgung (SAPV)** ist eine wichtige Säule in der Palliativmedizin und Palliativpflege, die im ambulanten Bereich aktiv ist. Das SAPV-Team ist ein multidisziplinäres Team, welches eine optimierte Versorgung für sterbende Menschen zu Hause zum Ziel hat. Eine Versorgung wird nach Diagnose einer lebensverkürzenden Erkrankung durch den Hausarzt möglich und finanziert.

Aufgaben und Arbeitsweise

Die Aufgaben des SAPV-Teams erstrecken sich über:

- Schmerzreduzierung
- Begleitung in der Sterbephase
- Beschäftigung
- Entlastung und Entspannung
- Einbeziehen und Unterstützen von Angehörigen (über den Tod hinaus)
- Alternative Therapieformen
- Spirituelle Unterstützung
- Angst und Qualen nehmen

Das multidisziplinäre SAPV-Team arbeitet mit der ambulanten Pflege und den Haus- und Fachärzten zusammen und konzentriert sich dabei auf seinen Aufgabenbereich. Die Pflege des SAPV-Teams ist stark bedürfnisorientiert und weicht bei Bedarf von den zuvor geplanten und angeordneten Therapiemaßnahmen (z.B. Standardmedikation) ab. Die Symptomkontrolle ist ein wichtiger Bestandteil, das Lebensende soll so angenehm wie möglich gestaltet werden. Das SAPV-Team bezieht die Angehörigen im jeweils angemessenen Umfang in die Pflege mit ein. Dies ist wichtig, um den zu pflegenden Menschen rund um die Uhr versorgen zu können, zudem haben Angehörige die engste Beziehung zu diesem. Ihnen steht das SAPV-Team rund um die Uhr telefonisch zur Verfügung.

Bedeutung für die palliative Versorgung

- Die Palliativversorgung kann im vertrauten häuslichen Umfeld erfolgen.
- Das SAPV-Team ist für den zu pflegenden Menschen und dessen Angehörige fester Ansprechpartner.
- Ermöglicht eine individuellere Versorgung als in einem Hospiz.

Vergleich mit stationärer Palliativversorgung

- **Gemeinsamkeiten:**
  - Gleiche Ziele: Symptomkontrolle, Schmerzreduzierung, Unterstützung
  - Bedürfnisorientierung steht im Vordergrund
  - Pflegebedürftige mit lebensverkürzenden Erkrankungen werden versorgt
  - Arbeit in interdisziplinären Teams
- **Unterschiede:**
  - Ort der Versorgung: Klinik (stationär), Hospiz versus Häuslichkeit (ambulant)
  - Stationäre Versorgung meist zeitlich begrenzt
  - Ambulante Palliativversorgung schließt sich der stationären in einigen Fällen an
  - Mehr ambulante Versorgungsplätze als stationäre
  - Vollumfängliche Versorgung (stationär) versus Unterstützung der Versorgung (ambulant)

IMPULS

Selbst wenn in Deutschland das Angebot in der Palliativversorgung zunimmt und dessen Nutzung aufgrund des jeweils bevorstehenden Lebensendes zeitlich begrenzt ist, können nicht alle palliativ zu pflegenden Menschen solchermaßen versorgt werden. Das bedeutet, dass der Gedanke und die Ziele der Palliativpflege auch in allgemeine Versorgungsstrukturen integriert werden sollten. Dies geschieht in einigen Fällen über spezielle Pflegestandards zur Versorgung Sterbender (z. B. „Finalpflege"). Gibt es in Ihrer Einrichtung einen solchen Standard, dann sollten Sie dessen Inhalt kennen. Gibt es keinen, überlegen Sie sich, was ein Standard zur Versorgung Sterbender als Besonderheiten beinhalten sollte, und prüfen Sie deren Umsetzbarkeit in der pflegerischen Praxis.

Kompetenzen und Operatoren

Diese Aufgabe besteht aus zwei Aufgabenteilen, die dem Kompetenzschwerpunkt II.3 (Anlage 2 PflAPrV) zugeordnet werden können.
Der Operator „Gehen Sie … ein" erfordert das Darstellen von Inhalten eines bestimmten Themas. Der Operator „vergleichen Sie" verlangt das In-Zusammenhang-Bringen mit einer anderen Thematik unter Abwägen von Gemeinsamkeiten und Unterschieden.

3. Gehen Sie auf die Rechte schwerstkranker und sterbender Menschen (Charta zur Betreuung schwerstkranker und sterbender Menschen) ein (5 P.) und vergleichen Sie diese mit den entsprechenden Ansätzen der Pflege-Charta (Charta der Rechte hilfe- und pflegebedürftiger Menschen) (5 P.). 10 Punkte

Rechte schwerstkranker und sterbender Menschen

1. Recht auf ein Sterben unter würdigen Bedingungen
2. Recht auf eine umfassende medizinische, pflegerische, psychosoziale und spirituelle Betreuung und Begleitung
3. Recht auf angemessene, qualifizierte und bei Bedarf multiprofessionelle Behandlung und Begleitung
4. Recht, nach dem allgemein anerkannten Stand der Erkenntnisse behandelt und betreut zu werden

5. Recht auf Berücksichtigung etablierter und anerkannter internationaler Empfehlungen und Standards zur Palliativversorgung

Vergleich der beiden ethischen Verständnisgrundlagen (Charta zur Betreuung schwerstkranker und sterbender Menschen und Charta der Rechte hilfe- und pflegebedürftiger Menschen [Pflege-Charta])

Gemeinsamkeiten:

- Beides sind Anweisungen zu ethischem Handeln in Pflegesituationen.
- Beide sollen Rahmenbedingungen schaffen, die die pflegerische Versorgung verbessern.
- Beide benennen Rechte von Menschen mit pflegerischem Unterstützungsbedarf.
- Beide beinhalten das Recht auf ein würdevolles Sterben und qualitativ hochwertige Pflege.

Unterschiede:

- Die Pflege-Charta bezieht sich auf die Pflege aller Menschen mit Pflegebedarf, während sich die Charta zur Betreuung schwerstkranker und sterbender Menschen auf diese Personengruppe beschränkt.
- Die Charta zur Betreuung schwerstkranker und sterbender Menschen beschränkt sich auf fünf Artikel, während die Pflege-Charta insgesamt acht Artikel beinhaltet.
- Während in der Charta zur Betreuung schwerstkranker und sterbender Menschen das würdevolle Sterben der erste zentrale Punkt ist, ist dieser in der Pflege-Charta als letzter Punkt aufgeführt.
- Während die Pflege-Charta ein ganzheitliches Pflegeverständnis widerspiegelt, steht das würdevolle Sterben im Mittelpunkt der Charta zur Betreuung schwerstkranker und sterbender Menschen.
- In der Charta zur Betreuung schwerstkranker und sterbender Menschen wird eine international anerkannte Pflege mittels Empfehlungen und Standards thematisiert, während die Pflege-Charta sich auf eine „qualifizierte Pflege" beschränkt. Dies liegt vermutlich daran, dass die Pflege-Charta älter ist als die Charta zur Betreuung schwerstkranker und sterbender Menschen.

LERNTIPP

Wenn Ihnen die genauen Inhalte der beiden Chartas nicht bekannt sind, versuchen Sie, hier und in der Prüfung aus Ihrem Wissen zu dem Thema und Ihren persönlichen Erfahrungen Schlussfolgerungen zu ziehen.

4. Erläutern Sie die Vorgehensweise in der Notfallsituation, in der Sie Herrn Bode mit stärksten Tumorschmerzen vorfinden. 10 Punkte

- **Erfassen der Situation:** Hinweise auf eine Notfallsituation werden durch die Krankenbeobachtung bei der Begrüßung festgestellt:
  - Schmerzverzerrtes Gesicht
  - Stark gekrümmte Körperhaltung
  - Stöhn- und Schmerzlaute
- **Anwenden eines Notfallschemas,** z. B. des xABCDE-Schemas, um die Schwere der Situation einzuschätzen und strukturiert vorzugehen:

Kompetenzen und Operatoren

Diese Aufgabe kann dem Kompetenzschwerpunkt I.4 (Anlage 2 PflAPrV) zugeordnet werden.
Der Operator „Erläutern Sie" erfordert, dass ein Sachverhalt oder ein Vorgang durch zusätzliche Informationen verständlich gemacht wird.

- **x = sofort nötige Interventionen** → Situation erkennen, vitale Bedrohung (z. B. Blutung) ausschließen
  Die Schmerzen können für Herrn Bode eine äußerst unangenehme Belastung darstellen und Einfluss auf die Atmung und das Herz-Kreislauf-System nehmen. Eine vitale Bedrohung besteht nicht.
- **A = Störung der Atemwege** → Sichtung der Atemwege
  Atemwege prüfen, diese sollten bei Herrn Bode frei sein.
- **B = Störung der Atmung** → Atemfrequenz, -geräusche, Zyanose, Dyspnoe
  Herrn Bodes Atmung könnte durch die starken Schmerzen beschleunigt sein, Atemgeräusche sind als Stöhn- und Schmerzlaute hörbar → Herrn Bode beruhigen, wenn möglich in eine aufrechte Position bringen, Frischluft durch Fensteröffnen zuführen, später Schmerzmedikation verabreichen
- **C = Störung der Herz-Kreislauf-Funktion** → Puls, Blässe, Schwindel, Dyspnoe
  Aufgrund der starken Schmerzen sind Veränderungen von Puls und Blutdruck zu erwarten → Vitalzeichenkontrolle für weitere Diagnostik und Dokumentation
- **D = neurologische Störung** → Bewusstsein, Krämpfe, Schwindel, Gangunsicherheit, Sprachstörung etc.
  Liegen bei Herrn Bode nicht vor.
- **E = Schmerzen** → Schmerzäußerung, Mimik, Körperhaltung, Tachykardie
  Dass Herr Bode starke Schmerzen hat, ist an seiner Mimik, Gestik, Körperhaltung und seinen Schmerzäußerungen erkennbar → Schmerzmanagement

• Bei Unsicherheiten ggf. das **SAPV-Team anrufen:**
Das SAPV-Team kann in dieser Situation unterstützen. Gemäß Herrn Bodes Wunsch kommen das Alarmieren des Rettungsdienstes und eine eventuelle Weiterversorgung im Krankenhaus nicht infrage.

• **Schmerzmanagement durchführen:**
Auf diesem liegt bei der Notfallversorgung das Hauptaugenmerk. Es beinhaltet eine Schmerzbefragung (Intensität und Qualität der Schmerzen), das Prüfen möglicher schmerzreduzierender Interventionen und die Verlaufskontrolle. Bei Herrn Bode ist für die Bedarfssituation „Schmerzen" die Gabe von Morphin s. c. angeordnet. Dies kann gemäß Anordnung verabreicht werden. Gleichzeitig ist zu prüfen, ob Herr Bode unruhig ist und damit auch die Verabreichung von Tavor sinnvoll ist. Hierbei ist aber zusätzlich zu klären, ob beide Medikamente zeitgleich verabreicht werden dürfen.
Nach der Gabe der Bedarfsmedikamente ist im weiteren Verlauf zu prüfen, ob die Schmerzen nachgelassen haben und/oder ob andere Symptome auftreten. Dafür ist Herr Bode während der weiteren Tour eventuell noch einmal anzufahren oder die Angehörigen werden mit einbezogen.

5. Zählen Sie die einzelnen Punkte der 6-R-Regel auf (6 P.) und ordnen Sie diesen die Informationen zur Medikation von Herrn Bode zu (14 P.). 20 Punkte

6-R	AZM 1	AZM 2	AZM 3
Richtiger Patient	Herr Bode		
Richtiges Medikament	Durogesic Schmerzpflaster	Morphin	Tavor
Richtiger Zeitpunkt	Alle 3 Tage	Bei Bedarf: bei starken Schmerzen	Bei Bedarf: bei Unruhe
Richtige Dosierung	25 µg/h	10 mg	1 mg
Richtige Applikationsform	Pflaster, TTS	Subkutan (s. c.)	Sublingual (s. l.)
Richtige Dokumentation	Nach Gabe des Arzneimittels in der Klientenakte/dem digitalen Dokumentationssystem		

Kompetenzen und Operatoren

Diese Aufgabe besteht aus zwei Aufgabenteilen, die beide dem Kompetenzschwerpunkt III.2 (Anlage 2 PflAPrV) zugeordnet werden können.
Der Operator „Zählen Sie … auf" fordert das stichpunktartige Aufführen passender Faktoren.
Der Operator „ordnen Sie … zu" setzt voraus, dass Begriffe und Sachverhalte zueinander in Beziehung gesetzt werden.

ACHTUNG

- Bei **Bedarfsmedikamenten** ist stets genau darauf zu achten, dass die ärztliche Anordnung eindeutig ist. Dies betrifft vor allem die Indikation, aber auch die Maximaldosis pro Tag und ggf. einzuhaltende zeitliche Abstände, insbesondere bei Betäubungsmitteln.
- **Morphin** wird zudem eine Reduzierung der Atemstimulierung (bzw. verstärkte Atemdepression) zugeordnet. Nach Diskussionen in der Vergangenheit, dass daher die Verabreichung von Morphin eine (verbotene) aktive Sterbehilfe sein könnte, spricht der aktuelle Forschungsstand eher für die Gabe von BtM. Zum einen ist bei beachteter Dosierung von keiner erhöhten Gefahr für einen Atemstillstand auszugehen, zum anderen verringert das Opiat die Kurzatmigkeit, sodass durch tiefere Atemzüge mehr Luft in die Lungenflügel gelangt.

6. Beschreiben Sie die subkutane Injektion des Bedarfsmedikaments bei Herrn Bode inklusive Vorbereitung, Durchführung und Nachbereitung. 17 Punkte

Kompetenzen und Operatoren

Diese Aufgabe kann dem Kompetenzschwerpunkt I.3 (Anlage 2 PflAPrV) zugeordnet werden.
Der Operator „Beschreiben Sie" erfordert, dass wesentliche Informationen aus dem Text bzw. Ihrem Wissen zusammenhängend und schlüssig mit eigenen Worten wiedergegeben werden.

Vorbereitung

- Vor der Gabe die ärztliche Anordnung und in diesem Fall die Indikation prüfen. Diese ist durch die starken Schmerzen von Herrn Bode erfüllt.
- Prüfen, ob eine Unverträglichkeit bzw. Allergie bekannt ist.
- Herr Bode muss mit der Injektion einverstanden sein.
- Bereitstellung der Materialien:
  - Tablett als Ablagefläche, wenn vorhanden
  - Händedesinfektionsmittel, ggf. unsterile Handschuhe
  - Hautdesinfektionsmittel
  - (Sterile) Tupfer
  - Spritze
  - Passende Kanüle für s. c. Injektion
  - Kanüle zum Aufziehen des Medikaments
  - Ampulle mit Morphin 10 mg

  - Spritzenabwurf
  - Ggf. Pflaster
- Aufziehen der Injektionslösung:
  - Händedesinfektion
  - Ampulle vorsichtig und mittels eines Tupfers, um eine Verletzung zu vermeiden, aufbrechen
  - Kontrolle der Injektionslösung auf Beimengungen oder Glassplitter (in beiden Fällen muss die Lösung verworfen werden)
  - Lösung unter Abgleich der Anordnung mittels Aufziehkanüle in die Spritze aufziehen
  - Aufziehkanüle sachgerecht im Spritzenabwurfbehälter entsorgen
  - Injektionskanüle (am besten Sicherheitskanüle) auf die Spritze aufsetzen

Durchführung

- Händedesinfektion
- Wahl der Injektionsstelle:
  - Injektionsstellen erster Wahl: zwei Finger breit unterhalb des Bauchnabels, lateraler Oberschenkel
  - Kommen diese Stellen aufgrund von Hämatomen, Verletzungen oder des Stomas nicht infrage, alternativ eine Injektionsstelle im mittleren Drittel des äußeren Oberarms, an den Flanken oder ober- und unterhalb der Schulterblätter wählen
  - Ausgewählte Hautstelle desinfizieren, Einwirkzeit abwarten
  - Mit Daumen und Zeigefinger der nicht injizierenden Hand eine Hautfalte bilden, zu pflegenden Menschen über den folgenden Einstich informieren und Kanüle je nach Kanülenlänge und Konstitution des zu pflegenden Menschen im 90°- oder 45°-Winkel ins Unterhautfettgewebe einstechen
  - Mit dem Daumen der injizierenden Hand den Spritzenkolben langsam herunterdrücken, sodass die Lösung langsam ins Unterhautfettgewebe fließt
  - Sobald das Medikament vollständig appliziert wurde, noch etwa 10 Sekunden warten
  - Kanüle entgegen der Einstichrichtung entfernen, Hautfalte loslassen und Injektionsstelle vorsichtig mit einem trockenen Tupfer komprimieren
  - Kanüle sachgemäß im Spritzenabwurfbehälter entsorgen
  - Bei evtl. Nachblutung Pflaster auf die Injektionsstelle kleben

Nachbereitung

- Gebrauchte Materialien verwerfen, ggf. Tablett säubern und desinfizieren
- Injektion dokumentieren
- Wirkung kontrollieren, auf mögliche Nebenwirkungen achten; im Fall von Morphin insbesondere auf Bewusstsein, Müdigkeit, Atmung und Hämatombildung

7. Nennen Sie neben der Medikation weitere schmerzreduzierende Maßnahmen für Herrn Bode. 8 Punkte

- Wärmeanwendung (insbesondere bei Verspannungsschmerzen)
- Kälteanwendung (insbesondere bei akuten Schmerzen)
- Entspannungsübungen, z. B. tiefes Bauchatmen
- Entspannungstraining, z. B. progressive Muskelrelaxation nach Jacobson oder autogenes Training
- Wohltuende Berührungen
- Naturheilverfahren wie Akupunktur und Naturheilmittel
- Ablenkung durch Fantasiereisen und Stressbewältigungsverfahren
- Physiotherapeutische Maßnahmen, z. B. manuelle Therapie und Massagen
- Physikalische Anwendungen, z. B. Elektrotherapie

Kompetenzen und Operatoren

Diese Aufgabe kann dem Kompetenzschwerpunkt I.3 (Anlage 2 PflAPrV) zugeordnet werden.
Der Operator „Nennen Sie" erfordert die stichpunktartige Auflistung von Informationen.

LITERATUR

1. Böhmer-Breuer R, Werner J, Herrmann E. Unterstützung bei der Lebensgestaltung. In: Böhmer-Breuer R, Herrmann E. PFLEGEN. Fokus Alter Mensch. München: Elsevier, 2021. S. 85–134.
2. Bundesministerium für Familie, Senioren, Frauen und Jugend, Bundesgesundheitsministerium (Hrsg.). Charta der Rechte hilfe- und pflegebedürftiger Menschen. Aus: www.bmfsfj.de/resource/blob/93450/be474bfdb4016bbbca9bf87b4cb9264b/charta-der-rechte-hilfe-und-pflegebeduerftiger-menschen-data.pdf (letzter Zugriff: 9.8.2023).
3. Deutsche Gesellschaft für Palliativmedizin, Deutscher Hospiz- und Palliativverband e.V. (Hrsg.). Charta zur Betreuung schwerstkranker und sterbender Menschen in Deutschland. 2017. Aus: www.bundesaerztekammer.de/fileadmin/user_upload/_old-files/downloads/pdf-Ordner/Hospiz/charta_flyer.pdf (letzter Zugriff: 9.8.2023).
4. Keller C, Menche N. Pflege von Menschen mit Magen-Darm-Erkrankungen. In: Keller C, Menche N (Hrsg.). PFLEGEN. Gesundheits- und Krankheitslehre. 2. A. München: Elsevier, 2021. S. 191–264.
5. Münch T. Pflege in Notfallsituationen. In: Menche N, Keller C, Teigeler B. PflegeHeute. 8. A. München: Elsevier, 2023. S. 306–335.
6. Schmal J. Ethisch reflektiert handeln. In: Schmal J. Aufbauwissen Pflege. Berufliches Selbstverständnis. München: Elsevier, 2021. S. 77–104.
7. Schubert A, Koch T. Subkutane Injektionen. In: Schubert A, Koch T. Infusionen und Injektionen. München: Elsevier, 2019. S. 31–38.
8. Tietz R. Ethik – Verantwortlich handeln. In: Stanjek K (Hrsg.). Altenpflege konkret. Sozialwissenschaften. 6. A. München: Elsevier, 2020. S. 197–248.

17.9 Neuntes Prüfungsbeispiel

Erik Herrmann

17.9.1 Fallsituation: stationäre Langzeitpflege (➤ Kap. 12.1)

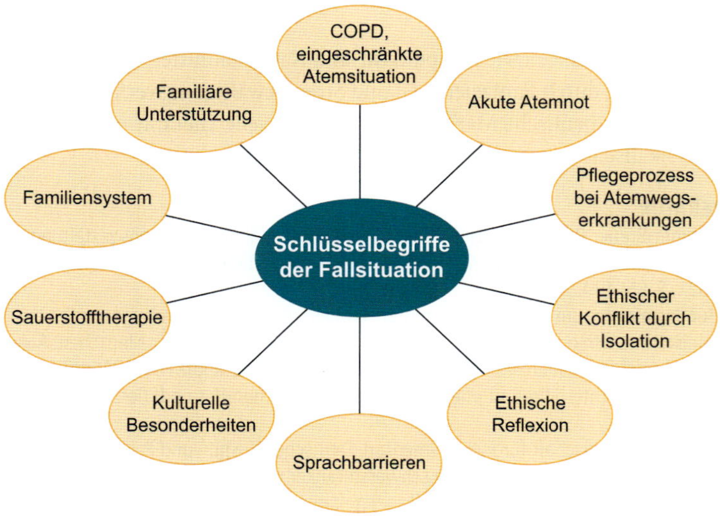

Kompetenzen und Operatoren

Diese Aufgabe besteht aus zwei Aufgabenteilen, die beide dem Kompetenzschwerpunkt I.3 (Anlage 2 PflAPrV) zugeordnet werden können. Der Operator „Analysieren Sie" verlangt die systematische Untersuchung des Textes, wobei die Sachverhalte mit eigenen Worten in Sätzen strukturiert dargestellt werden. Der Operator „ordnen Sie … zu" erfordert, Dinge in einen Zusammenhang zu setzen.

1. Analysieren Sie fünf Pflegeprobleme bei Frau Özdemir aufgrund ihres Krankheitsbilds (5 P.) und ordnen Sie jedem Problem jeweils ein Pflegeziel (5 P.) und zwei Pflegemaßnahmen zu (10 P.). 20 Punkte

Pflegeproblem	Pflegeziel	Pflegemaßnahmen
Frau Özdemir benötigt nahezu durchgängig Sauerstoff, um atmen zu können	Frau Özdemir kann frei atmen und erstickt nicht	• Sauerstoffgabe laut ärztlicher Anordnung • Regelmäßige Wartung des Sauerstoffgeräts • Überprüfen der Atemsituation von Frau Özdemir • Verbesserung der Atemsituation durch Atemtrainer und spezielle Atemübungen
Frau Özdemirs Beweglichkeit ist durch die Schläuche der Sauerstoffversorgung stark eingeschränkt	Frau Özdemir kann sich in ihrem Zimmer möglichst frei bewegen	• Nutzung besonders langer Schläuche für die Sauerstoffversorgung • Begleitung ins Bad • Besorgen eines mobilen Sauerstoffgeräts, mit dem sie das Zimmer verlassen kann

Pflegeproblem	Pflegeziel	Pflegemaßnahmen
Frau Özdemir ist traurig, weil sie ihr Zimmer nicht verlassen kann	Frau Özdemir fühlt sich wohl und spricht über ihre Wünsche und Gefühle	• Beschäftigungsmöglichkeiten im Zimmer als Ablenkung anbieten • Mobile Sauerstoffversorgung organisieren, damit sie ihr Zimmer verlassen kann • Begleitung organisieren, damit sie mit ihrem Sauerstoffgerät den Gemeinschaftsraum aufsuchen kann • Gespräche anbieten
Frau Özdemir ist in ihrem Zimmer isoliert	Frau Özdemir kann ihr Pflegezimmer verlassen	• Mobile Sauerstoffversorgung organisieren, damit sie ihr Zimmer verlassen kann • Begleitung organisieren, damit sie mit ihrem Sauerstoffgerät den Gemeinschaftsraum aufsuchen kann • Frau Özdemir mit Rollstuhl außerhalb des Zimmers mobilisieren
Frau Özdemir nimmt immer mehr ab	Frau Özdemir hat einen normalen BMI (> 19)	• Gewichtskontrolle mindestens 1 × pro Woche • Lebensmitteleinfuhrprotokoll • Lieblingsspeisen anbieten • Hochkalorische Trinknahrung anbieten • Psychosoziale Unterstützung • Assessment: MNA
Frau Özdemir ist sturzgefährdet	Frau Özdemir stürzt nicht	• Sturzrisiko minimieren: festes Schuhwerk, Stolperfallen wegräumen, trockene Böden … • Begleitung anbieten • Hilfsmittel nutzen

2. Arbeiten Sie fünf typische Symptome der COPD heraus (5 P.) und ordnen Sie diesen therapeutische Maßnahmen zu (5 P.). 10 Punkte

Typische Symptome	Therapeutische Maßnahmen
Dyspnoe mit zunehmendem Atemwiderstand	• Spezielle Atemtherapie • Nutzung von Atemtrainern • Körperliches Training
Obstruktive Atmung mit Überblähung	• Reduzierung von Noxen (z. B. Rauchen) als Prävention • Prophylaktische Impfungen gegen Pneumokokken und Influenza
Chronischer produktiver Husten	• Hustentraining – richtiges Abhusten • Inhalation • Sekretfördernde Medikation
Störung der Sekretbeförderung	• Förderung der Sekretbildung durch erhöhte Flüssigkeitsaufnahme • Inhalation • Sekretmanagement

Kompetenzen und Operatoren

Diese Aufgabe besteht aus zwei Aufgabenteilen, die beide dem Kompetenzschwerpunkt I.3 (Anlage 2 PflAPrV) zugeordnet werden können.
Der Operator „Arbeiten Sie … heraus" erfordert, die Informationen und Sachverhalte unter bestimmten Gesichtspunkten aus dem vorgegebenen Text zu entnehmen und wiederzugeben.
Der Operator „ordnen Sie … zu" erfordert, Sachverhalte in einen Zusammenhang zu setzen.

Typische Symptome	Therapeutische Maßnahmen
Gestörter Gasaustausch mit arteriellem Sauerstoffmangel *(Hypoxie)*	Sauerstofftherapie
Mangelernährung, Muskelabbau und Gebrechlichkeit bei älteren COPD-Patienten	• Ernährungsberatung • Bewegungsförderung

Kompetenzen und Operatoren

Diese Aufgabe kann dem Kompetenzschwerpunkt I.4 (Anlage 2 PflAPrV) zugeordnet werden.
Der Operator „Beschreiben Sie" fordert, dass wesentliche Informationen aus dem Text bzw. Ihrem Wissen zusammenhängend und schlüssig mit eigenen Worten wiedergegeben werden.

3. Beschreiben Sie Ihr Handeln in der Notfallsituation von Frau Özdemir von Ihrem Eintreffen im Bad bis zum Eintreffen des Rettungsdienstes. 10 Punkte

- **Erfassen der Situation:** Frau Özdemir liegt mit akuter Atemnot auf dem Badezimmerfußboden. Die Pflegehelferin Magda scheint mit ihr ohne Sauerstoffversorgung ins Bad gegangen zu sein. Durch einen erhöhten Sauerstoffbedarf kam es zur akuten Atemnot.
- **Einschätzen der Notfallsituation,** z. B. mittels xABCDE-Schema.
  - Kontrolle, ob Blutungen vorhanden sind *(Exsanguination)*
  - Kontrolle, ob die Atemwege frei sind *(Airway)*
  - Einschätzung der Atemqualität *(Breathing)*
  - Einschätzung der Kreislaufsituation durch Messen von Puls und Blutdruck *(Circulation)*
  - Einschätzung von Bewusstsein und Orientierung *(Disability)*
  - Einschätzung des Hautzustands und der Temperatur *(Environment)*
- Nach der Einschätzung der Notfallsituation erfolgen passende **Erste-Hilfe-Maßnahmen:**
  - Bei vorhandenen Blutungen werden die Wunden steril abgedeckt und später dokumentiert und dem Hausarzt mitgeteilt.
  - Verlegte Atemwege sind im Fall von Frau Özdemir eher unwahrscheinlich, sollte sich jedoch ein Fremdkörper im Mundraum befinden, wird versucht, diesen zu entfernen.
  - Magda Koslowski anweisen, Sauerstoffgerät und Sauerstoffsonde zu bringen, und unverzüglich Frau Özdemir Sauerstoff verabreichen.
  - Auf Frau Özdemir beruhigend einwirken und sie zu langsamem und tiefem Ein- und Ausatmen anleiten.
  - Frau Özdemir in eine sitzende Position bringen.
  - Magda Koslowski das Blutdruckmessgerät holen lassen; Blutdruck und Puls kontrollieren. Bei Schocksymptomatik (niedriger Blutdruck, schneller Puls) Beine erhöht positionieren, falls es die Atemnot zulässt.
- Falls sich Frau Özdemirs Zustand nicht bessert, **Rettungsdienst alarmieren** (lassen).
- Bis zum Eintreffen des Rettungsdienstes weiterhin beruhigend auf Frau Özdemir einwirken, Blutdruck, Puls, Atmung und Bewusstseinslage kontrollieren.
- Bewusstsein und Orientierung könnten in der Notfallsituation eingeschränkt sein; das Führen eines Gesprächs mit Orientierungshilfen (Was passiert gerade? Wo befindet sie sich? Wie spät ist es? Was war geplant?) kann helfen.
  - Sollte Frau Özdemir das **Bewusstsein verlieren,** ist eine stabile Seitenlage durchzuführen, wenn die Atmung weiterhin vorhanden ist.

Sollten **Bewusstsein und Atmung versagen,** ist eine Herz-Lungen-Wiederbelebung angezeigt.
  - Bei der Beobachtung weiterer Faktoren wie dem Hautzustand wird vermutlich eine Blässe oder Zyanose auffallen. Durch die Umsetzung der benannten Maßnahmen bei Atmung und Kreislauf wird sich dieser Zustand bessern.
- Beim Eintreffen des Rettungsdienstes erhält dieser eine kurze Übergabe, u. a. eine Beschreibung, wie Frau Özdemir vorgefunden wurde, die ermittelten Vitalzeichen, ihre bekannten Diagnosen, eine Einschätzung der derzeitigen Situation.
- Im Anschluss Vorfall dokumentieren, bei Verlegung ins Krankenhaus Angehörige und nachfolgende Dienste informieren.

ACHTUNG

Die Alarmierung des Rettungsdienstes erfolgt nach den **5 W:**
- Wo ist der Notfall? – Im Pflegeheim XY im Bad einer Bewohnerin.
- Was ist passiert? – Bewohnerin am Boden liegend aufgefunden.
- Wie viele Betroffene? – Eine ältere Dame.
- Welche Veränderungen/Symptome? – Akute Atemnot.
- Warten auf Rückfragen – Gewünschte Informationen (Namen, Krankenkasse, Grunderkrankungen) nennen.

TIPP

In Notfallsituationen ist man oft aufgeregt, und es kann schwerfallen, dem Rettungsdienst die Notfallsituation strukturiert zu schildern. Das Personal des Rettungsdienstes ist in der Kommunikation in solchen Situationen geschult und wird versuchen, die passenden Fragen zu stellen. Für eine strukturierte Kommunikation mit dem Rettungsdienst vor Ort kann das **SBAR-Schema** (siehe Tabelle) eine gute Orientierung sein.
Wichtig: Für die Beantwortung von Prüfungsfragen im Zusammenhang mit Notfallsituationen kann dieses Schema ebenfalls genutzt werden.

SBAR-Schema	
S = Situation (Situation)	• Kurze Vorstellung zur eigenen Person und Position • Beschreibung der vorgefundenen Situation • Schilderung wichtiger Parameter wie Bewusstsein und Atmung oder entsprechend xABCDE-Schema
B = Background (Hintergrund)	• Medizinisch-pflegerische Hintergründe zur verunfallten Person bzw. zur Situation, z. B. Diagnosen • Ggf. Hinweis zur Patientenverfügung
A = Assessment (Einschätzung)	• Einschätzung der aktuellen Situation • Einschätzung des Verlaufs vom Auffinden bis jetzt
R = Recommendation (Empfehlung)	• Empfehlungen zur weiteren Versorgung • Evtl. Absprache mit verunfallter Person oder Angehörigen, was im weiteren Verlauf gewünscht wird

Kompetenzen und Operatoren
Diese Aufgabe besteht aus drei Aufgabenteilen, die alle dem Kompetenzschwerpunkt II.3 zugeordnet werden können. Der Operator „Erklären Sie" erfordert, die Informationen durch eigenes Wissen und eigene Einsichten in einen begründeten Zusammenhang zu stellen. Der Operator „Arbeiten Sie ... heraus" erfordert, dass die Informationen und Sachverhalte unter bestimmten Gesichtspunkten aus dem vorgegebenen Text entnommen und wiedergegeben werden. Der Operator „bewerten Sie" erfordert ein selbstständiges Urteil aufgrund von Fachwissen verbunden mit der Offenlegung begründeter eigener Wertmaßstäbe.

4. Erklären Sie den ethischen Konflikt, der aufgrund von Frau Özdemirs Wunsch, das Pflegeheim zu verlassen, um mehr von der Außenwelt zu sehen, für die beteiligten Personen besteht (2 P.). Arbeiten Sie im Rahmen einer ethischen Reflexion Lösungsideen aus verschiedenen Perspektiven heraus und bewerten Sie diese (10 P.). 12 Punkte

Ethischer Konflikt

Frau Özdemirs Wunsch, das Pflegeheim zu verlassen, um sich Sehenswürdigkeiten in Berlin anzusehen, ist absolut nachvollziehbar. Dass ihre Kinder dieses Vorhaben ebenfalls befürworten, ist verständlich. Dem gegenüber steht die fachliche Einschätzung des Pflegepersonals, dass ein Verlassen des Pflegeheims ohne Sauerstoffversorgung nicht möglich ist. Damit besteht der Konflikt in dem Widerspruch zwischen Wunsch des zu pflegenden Menschen und dessen Angehörigen und der pflegefachlichen Einschätzung, also zwischen dem Autonomie- und dem Fürsorgeprinzip.

Durch die fehlende Sauerstoffzufuhr kann es zu Atemnot und Bewusstseinsstörung kommen, weshalb das Verlassen der Pflegeeinrichtung ohne Sauerstoff nicht befürwortet werden kann – Nichtschadensprinzip.

Ethische Reflexion

- **Benennung des ethischen Problems:** Das ethische Problem besteht in dem nicht so einfach erfüllbaren Wunsch von Frau Özdemir und ihren Kindern, Ausflüge mit Frau Özdemir innerhalb Berlins zu machen. Doch ohne technische Geräte zur Sauerstoffversorgung ist Frau Özdemir nicht in der Lage, das Heim zu verlassen. Der Vorfall im Bad verdeutlicht, wie sehr sie auf den Sauerstoff angewiesen ist und dass ein Sauerstoffmangel bei ihr schnell zu einer lebensbedrohlichen Situation führen kann.
- **Beschreibung aus verschiedenen Perspektiven:**
  - **Frau Özdemir:** Sie möchte das Pflegeheim verlassen, um die Welt außerhalb des Hauses zu sehen und sich schöne Momente zu schaffen. Sie ist krankheitsbedingt zunehmend isoliert und würde gern raus aus dieser Situation und der immer gleichen Umgebung. Die Situation macht sie bereits traurig.
  - **Frau Özdemirs Kinder:** Sie unterstützen den Wunsch ihrer Mutter und würden ihr gern helfen. Sie machen sich Sorgen um ihre Mutter und bemerken, dass es ihr nicht gut geht und sie immer dünner wird.
  - **Pflegepersonal:** Eine zunehmende räumliche Isolation von Frau Özdemir fällt auf, und zugleich sind die Erhöhung des Sauerstoffbedarfs durch die COPD und die schnell auftretende Atemnot besorgniserregend. Pflegefachlich kann aktuell eingeschätzt werden, dass nur kurze Strecken ohne Sauerstoffgerät möglich sind. Die Notfallsituation im Bad zeigt, was passieren kann, wenn auf das Sauerstoffgerät verzichtet wird. Ein Verlassen des Pflegeheims scheint aktuell nur sehr schwer möglich.
- **Formulierung übergeordneter Prinzipien:**
  - **Autonomieprinzip:** Frau Özdemirs Wunsch ist selbstbestimmt und im Sinne ethischer Handlung in der Pflege zu prüfen oder gar zu unterstützen.
  - **Nichtschadensprinzip:** Ein Schaden im Sinne einer Gefahr für Leib und Leben kann beim Verlassen des Pflegeheims nicht ausgeschlossen werden. Es ist mit einem hohen Risiko verbunden.

- **Fürsorgeprinzip:** Durch das hohe Risiko, das beim Verlassen des Heims für Frau Özdemir besteht, ist die Empfehlung, das Heim nicht zu verlassen, aktuell angezeigt, um sie hier weiterhin bestmöglich unterstützen zu können.
- **Gerechtigkeitsprinzip:** Andere Bewohner können das Pflegeheim verlassen, während dies für Frau Özdemir aktuell nahezu unmöglich erscheint. Bei anderen zu pflegenden Menschen werden bei Problemen Lösungen gesucht, z. B. Nutzung eines Rollstuhls. Dies steht Frau Özdemir gleichermaßen zu.

• **Handlungsmöglichkeiten als Alternativen:**
  - Beratung von Frau Özdemir und ihren Kindern zu den Risiken beim Verlassen des Heims und Empfehlung, dies nicht zu tun.
  - Zeigen einer Dokumentation über Berlins schönste Orte im Zimmer.
  - Besorgen eines mobilen Sauerstoffgeräts und Begleitung von Frau Özdemir im Rollstuhl oder alternativ Einweisung der Kinder als Begleiter.
  - Einbeziehen alternativer Helfer (z. B. Wünschewagen), die Frau Özdemir unter Beachtung nötiger Sicherheitsbestimmungen nach draußen begleiten.

• **Bewertung der Handlungsmöglichkeiten und Auswahl einer möglichen Lösung:** Die Beantragung eines mobilen Sauerstoffgeräts ist eine sinnvolle Maßnahme. Das Vorhandensein eines solchen Geräts gibt Frau Özdemir die Möglichkeit, sich zukünftig wieder mehr mobilisieren zu können und ihre Wünsche mit Unterstützung Dritter erfüllen zu können. Dies dürfte Frau Özdemir motivieren und ihr neue Lebensenergie spenden. Es wäre eine passende Maßnahme, um Frau Özdemirs aktuell negative Stimmungslage zu verbessern.

5. Geben Sie mögliche Schwierigkeiten an, die aufgrund der Sprachbarriere bei Frau Özdemir auftreten können (4 P.), und ordnen Sie jeweils Lösungsideen zu (8 P.). 12 Punkte

Schwierigkeiten	Lösungsideen
Aussage von Pflegepersonal wird nicht verstanden	• Laut, deutlich und in kurzen, einfachen Sätzen sprechen • Auf Gegenstände zeigen, die gemeint sind • Mimik und Gestik unterstützend einsetzen
Frau Özdemir kann ihren Wunsch nicht gut verständlich ausdrücken	• Gezieltes Nachfragen bei Missverständnissen • Dolmetscher einbeziehen (z. B. eine andere türkische Bewohnerin, die besser deutsch spricht)
Sprichwörter werden nicht verstanden	• Keine Sprichwörter nutzen • Sprichwörter erklären • Türkische Sprichwörter erklären lassen und in die Kommunikation einfließen lassen
Kulturbezogene Besonderheiten werden nicht verstanden	• Nach Wünschen fragen • Besonderheiten erklären lassen
Isolation aufgrund der Sprachbarriere	• Integration von Frau Özdemir • Gespräche anbieten • Gespräche mit anderen türkischsprachigen Bewohnern vermitteln

Kompetenzen und Operatoren

Diese Aufgabe besteht aus zwei Aufgabenteilen, die beide dem Kompetenzschwerpunkt I.3 und II.3 (Anlage 2 PflAPrV) zugeordnet werden können. Der Operator „Geben Sie … an" erfordert, über Sachverhalte klar, kurz und sachlich zu informieren. Der Operator „ordnen Sie … zu" verlangt, Sachverhalte in einen Zusammenhang zu setzen.

Kompetenzen und Operatoren
Diese Aufgabe kann dem Kompetenzschwerpunkt I.3 (Anlage 2 PflAPrV) zugeordnet werden.
Der Operator „Erläutern Sie" erfordert ein differenziertes Darstellen auf Basis von Textaussagen und eigenen Kenntnissen.

6. Erläutern Sie, warum das Einbeziehen von kulturellen Besonderheiten in die Pflege aus ethischer Sicht wichtig ist. 8 Punkte

- Pflege sollte individuell erfolgen, was jegliche Besonderheiten und spezielle Wünsche von allen zu pflegenden Menschen mit einbezieht, damit auch kulturelle Besonderheiten.
- Ein Grundsatz, der u. a. die Beachtung kultureller Besonderheiten fordert, sind die Menschenrechte. Das Recht auf Freiheit und Gleichheit macht deutlich, dass alle Menschen unabhängig von Religion, Sprache, Kultur und Geschlecht gleich zu behandeln sind. Gedanken und Meinungen dürfen entsprechend den Menschenrechten ebenfalls frei ausgesprochen und gelebt werden, wenn dabei niemand anderem geschadet wird. Das Recht auf Freiheit des Kulturlebens unterstreicht zusätzlich die kulturelle Bedeutung im Rahmen der Menschenrechte.
- Im ICN-Ethikkodex wird ebenfalls auf die Einhaltung der Menschenrechte verwiesen. Neben der Achtung dieser Rechte sollen Wertevorstellungen, Sitten, Gewohnheiten und der Glaube des Einzelnen, von Familien und Gemeinschaften geachtet werden. Das persönliche Verhalten der Pflegefachpersonen soll (auch in Bezug auf die kulturellen Besonderheiten) reflektiert werden, und pflegewissenschaftliche Erkenntnisse und Theorien (wie z. B. „transkulturelle Pflege") sollen in die praktische Pflege mit einfließen.
- Die Rahmen-Berufsordnung für professionell Pflegende des Deutschen Pflegerats beinhaltet unter den Aufgabenbereichen (§ 2) die Formulierung „Pflege ohne Wertung von Alter, Behinderung, Geschlecht, Kultur, Nationalität, sexueller Orientierung etc." Damit wird die Achtung der Kultur ebenfalls gewürdigt.
- Des Weiteren verweist Artikel 7 der Pflege-Charta auf die Beachtung von Religion, Kultur und Weltanschauung als wichtige Güter.
- Damit wird deutlich, dass kulturbezogenes Verhalten einen wichtigen Punkt in der professionellen Pflege darstellt. Nimmt man das Verständnis der individuellen Pflege ernst, schließt dies bereits sämtliche kulturelle Besonderheiten mit ein, da diese Teil der Persönlichkeit sind.
- Insbesondere religionsspezifische Besonderheiten sind u. a. in folgenden Punkten zu erwarten:
  - Familienzusammenhalt und Ausleben von Traditionen
  - Krankheits- und Gesundheitsverständnis
  - Umgang mit erkrankten Menschen
  - Ernährung
  - Ausscheidung, Intimpflege und Hygiene
  - Sterben und Tod inklusive der Vorstellung von dem, was nach dem Tod kommt

TIPP

Im pflegerischen Alltag gibt es bei der Versorgung von Menschen aus anderen Kulturen viele kulturspezifische Besonderheiten zu beachten. Mit dem Grundsatz einer individuellen Gestaltung der Pflege werden kulturelle Besonderheiten mit einbezogen.

Die Theorie der kulturspezifischen Fürsorge von *Madeleine Leininger* stellt den kulturellen, religiösen und sozialen Hintergrund des Pflegebedürftigen in den Mittelpunkt. Während die Pflege grundlegend universell abläuft, gibt es kulturspezifische Unterschiede bei Begrifflichkeiten, Abläufen und bestimmten Pflegeverständnissen. Die pflegerische Fürsorge ist aber grundsätzlich in allen Kulturen verankert.
Pflegefachpersonen verbinden das Wissen der kulturellen/traditionellen Pflege mit ihrem in der Ausbildung und Weiterbildung erlernten Wissen. Wichtig für diese Verankerung ist eine wertschätzende und weltoffene Kommunikation mit den Pflegebedürftigen und das gezielte Erfragen von Wünschen.
Neben der Theorie der transkulturellen Pflege von Leininger gibt es auch das transkulturelle Kompetenzprofil nach *Ewald Kiel.* Entsprechend seinem Konzept setzen sich Pflegefachpersonen mit transkultureller Kompetenz für folgende Dinge ein:

- Eine respektierende und die Menschenwürde achtende Grundhaltung
- Chancengleichheit
- Nichtdiskriminierung
- Dialog und Verständigung

7. Entwerfen Sie eine Liste mit zehn wichtigen Hinweisen zur Sauerstofftherapie und deren Umsetzung. 10 Punkte

Kompetenzen und Operatoren

Diese Aufgabe kann dem Kompetenzschwerpunkt III.2 (Anlage 2 PflAPrV) zugeordnet werden.
Der Operator „Entwerfen Sie" erfordert, einen Entstehungsprozess zu visualisieren und das Ergebnis abzubilden. Bei Listen ist eine stichpunktartige Übersicht zielführend.

- Ziel der Sauerstofftherapie ist es, die Sauerstoffkonzentration im Blut zu erhöhen.
- Eine ärztliche Anordnung zur Sauerstofftherapie muss vorliegen, nur im Notfall ist alternativ eine Sauerstoffgabe bis zum Eintreffen eines Arztes möglich.
- Die ärztliche Anordnung sollte den Patientennamen, die Sauerstoffquelle, Art der Verabreichung, Dosierung und die Dauer der Verabreichung beinhalten.
- Im Notfall darf bis zum Eintreffen des Arztes maximal 2–3 l/Min. Sauerstoff verabreicht werden.
- Sauerstoff wird aus Sauerstoffgeräten, im Krankenhaus teilweise auch aus Wandarmaturen entnommen.
- Die Dosierung erfolgt über ein Flowmeter. Die Einhaltung der verordneten Menge/Dosis ist zu beachten.
- Ab einer Sauerstoffdosis von 6 l/Min. muss der Sauerstoff angewärmt werden, dies erfolgt über spezielle Sauerstoffsysteme.
- Sauerstoff ist ein trockenes Gas, welches in hoher Konzentration die Schleimhäute der Atemwege angreifen und austrocknen kann. Deshalb ist ein Anfeuchten der Luft sinnvoll.
- Auf eine hygienische Arbeitsweise ist im Umgang mit der Sauerstofftherapie zu achten, dazu gehört auch der Austausch der zuführenden Systeme und Masken.
- Die Sauerstoffgabe erfolgt über Maske, Nasensonde, Tubus oder Trachealkanüle.
- Bei der Verwendung von Masken oder Nasensonden kann es im Gesichtsbereich zu Dekubitus kommen, deshalb ist eine Dekubitusprophylaxe wichtig.
- Sauerstoffflaschen müssen je nach System in bestimmten Abständen ausgetauscht werden. Wann dies erforderlich ist, wird vom Gerät mittels

einer Anzeige oder eines hohen Tons signalisiert. Eine neue Flasche sollte zu diesem Zeitpunkt schon bereitstehen.
- Ein sorgfältiger Umgang mit Sauerstoffflaschen und -systemen ist wichtig: Sie dürfen nicht umfallen, es darf in ihrer Nähe nicht geraucht werden, sie dürfen weder Hitze noch direkter Sonneneinstrahlung ausgesetzt sein.
- Die Sauerstoffflaschen dürfen nicht gewaltsam oder mit fettigen Fingern aufgedreht werden.

Kompetenzen und Operatoren
Die Aufgabe kann dem Kompetenzschwerpunkt III.2 (Anlage 2 PflAPrV) zugeordnet werden.
Der Operator „Beschreiben Sie" fordert, dass wesentliche Informationen aus dem Text bzw. Ihrem Wissen zusammenhängend und schlüssig mit eigenen Worten wiedergegeben werden.

8. Beschreiben Sie die Umsetzung der Mucosolvan-Inhalation mit einem elektrischen Inhalationsgerät als behandlungspflegerische Maßnahme bei Frau Özdemir. 8 Punkte

- **Vorbereitung:**
  - Anordnung prüfen.
  - Materialien vorbereiten. Benötigt werden Inhalationsgerät, Mucosolvan als Inhalationslösung, Zuleitungsschlauch, Mund-Nasen-Maske, Papiertaschentücher oder Zellstoff.
  - Frau Özdemir bitten, sich in eine bequeme sitzende Position zu begeben. Bei Bedarf dabei unterstützen.
  - Das Inhalat (Mucosolvan) in der verordneten Dosis in den Zerstäuber des Inhalationsgeräts geben, Zuleitung und Maske anschließen.
- **Durchführung:**
  - Frau Özdemir informieren und bitten, die Maske aufzusetzen. Bei Bedarf dabei unterstützen.
  - Frau Özdemir bitten, durch den Mund tief ein- und auszuatmen, damit das Inhalat tief in die Bronchien gelangen kann.
  - Die Inhalation ist abgeschlossen, wenn die angeordnete Zeit abgelaufen oder das Inhalat komplett aufgebraucht ist.
- **Nachbereitung:**
  - Frau Özdemir bitten, die Maske abzusetzen und kräftig abzuhusten. Taschentücher oder Zellstoff zur Aufnahme des Sputums und ggf. Abtrocknen des Gesichts reichen.
  - Maske und Zerstäuber mit Wasser abspülen, Materialien aufräumen.
  - Durchführung dokumentieren.

Kompetenzen und Operatoren
Die Aufgabe besteht aus zwei Aufgabenteilen, die beide dem Kompetenzschwerpunkt I.3 (Anlage 2 PflAPrV) zugeordnet werden können.
Der Operator „Schätzen Sie … ein" fordert ein persönliches Ermessen mit fachlichem Bezug.
Der Operator „erstellen Sie" verlangt, einen Entstehungsprozess zu visualisieren und das Ergebnis abzubilden.

9. Schätzen Sie die Bedeutung von Familiensystemen im Fall der Familie Özdemir ein (4 P.) und erstellen Sie konkrete Unterstützungsmöglichkeiten für Frau Özdemir in der aktuellen Situation (6 P.). 10 Punkte

Bedeutung von Familiensystemen für Familie Özdemir
- Familiensysteme sind Personengruppen, deren Mitglieder durch Geburt oder Heirat miteinander verbunden sind. Die Familienbeziehungen werden durch die Mitglieder etabliert, aufrechterhalten und erkennbar gemacht, indem sie miteinander kommunizieren.
- Die Familie wird als festes Gefüge von mehreren Personen betrachtet, die sich gegenseitig beistehen. Insbesondere bei türkischen Familien ist dieses Gefüge besonders stark ausgeprägt, und die Familienehre stellt einen wichtigen Baustein ihres Persönlichkeitsverständnisses dar.

- Innerhalb der Familie herrschen gewisse Regeln und Hierarchien. Der Respekt vor dem Alter spielt bei türkischstämmigen Familien eine größere Rolle als in den meisten deutschstämmigen Familien. Zwischen den Familienmitgliedern bestehen wechselseitige Interaktionen und Abhängigkeiten: Während Frau Özdemir ihre Kinder, als sie noch klein waren, versorgt und gepflegt hat, sehen diese es nun als Selbstverständlichkeit, ihre Mutter bestmöglich zu unterstützen.

Insbesondere südländische Familien versuchen, sich familienintern zu organisieren (im Sinne der Familienehre) und grenzen sich ggf. eher gegenüber anderen Familien und Systemen ab. Im Lauf der Zeit können sich familienspezifische interne Erfahrungsmodelle entwickeln: Im Fall von Familie Özdemir haben die Mitglieder bereits die Erfahrung machen müssen, Frau Özdemirs Ehemann und damit zugleich den Familienvater durch eine schwere Krankheit verloren zu haben. Diese Erfahrung ist negativ geprägt, und daher werden Vermeidungstaktiken bevorzugt. Das bedeutet, dass die Familienangehörigen motiviert sind, Frau Özdemir so zu versorgen, dass sie wieder fitter wird und länger lebt.

Unterstützungsmöglichkeiten der Kinder

- Telefonate, um für Abwechslung im Tagesablauf zu sorgen
- Besuche, um längere Gespräche zu führen
- Gezielte Beschäftigungsangebote (ggf. traditionell geprägte)
- Mit Frau Özdemir für gemeinsame Unternehmungen das Pflegeheim verlassen, sobald ein mobiles Sauerstoffgerät zur Verfügung steht
- Ggf. auch für einen längeren Ausflug oder einen Kurzurlaub
- Gemeinsame Familienfeiern

LITERATUR

1. Böhmer-Breuer R. Familie. In: Böhmer-Breuer R. Aufbauwissen Pflege. Lebensweltorientierung. München: Elsevier, 2022. S. 119–144.
2. Bundesministerium für Familie, Senioren, Frauen und Jugend, Bundesgesundheitsministerium (Hrsg.). Charta der Rechte hilfe- und pflegebedürftiger Menschen. Aus: www.bmfsfj.de/resource/blob/93450/be474bfdb4016bbbca9bf87b4cb9264b/charta-der-rechte-hilfe-und-pflegebeduerftiger-menschen-data.pdf (letzter Zugriff: 9.8.2023).
3. Deutscher Pflegerat. Rahmen-Berufsordnung für professionell Pflegende. 2004. Aus: https://deutscher-pflegerat.de/wp-content/uploads/2020/04/Rahmenberufsordnung.pdf (letzter Zugriff: 18.9.2023).
4. International Council of Nurses. Der ICN-Ethikkodex für Pflegefachpersonen. Überarbeitet 2021. Aus: www.wege-zur-pflege.de/fileadmin/daten/Pflege_Charta/Schulungsmaterial/Modul_5/Weiterführende_Materialien/M5-ICN-Ethikkodex-DBfK.pdf (letzter Zugriff: 9.8.2023).
5. Keller C. Atmung. In: Keller C (Hrsg.). PFLEGEN. Grundlagen und Interventionen. 3. A. München: Elsevier, 2021. S. 235–280.
6. Pilz S et al. SBAR als Tool zur fokussierten Kommunikation. Arbeitshilfe Bessere Kommunikation. Gesellschaft für Qualitätsmanagement in der Gesundheitsversorgung e.V. 2020. Aus: www.gqmg.de/media/redaktion/Publikationen/Arbeitshilfen/GQMG_ABK_02.2a._SBAR_16.08.20.pdf (letzter Zugriff: 9.8.2023).
7. Röhm-Kleine S, Altmann K. Inhalationen. In: Regnet N (Hrsg.). Pflegetechniken. Von Absaugen bis ZVK. 4. A. München: Elsevier, 2022. S. 284–289.
8. Werner J. Kultursensible Pflege. In: Böhmer-Breuer R, Herrmann E. PFLEGEN. Fokus alter Mensch. München: Elsevier, 2021. S. 121–126.

17.10 Zehntes Prüfungsbeispiel

Erik Herrmann

17.10.1 Fallsituation: ambulante Langzeitpflege (➤ Kap. 13.1)

Kompetenzen und Operatoren

Diese Aufgabe besteht aus zwei Aufgabenteilen, die beide dem Kompetenzschwerpunkt I.3 (Anlage 2 PflAPrV) zugeordnet werden können. Der Operator „Nennen Sie" erfordert, wesentliche Informationen zu einem Begriff unkommentiert und unbegründet wiederzugeben. Der Operator „begründen Sie" verlangt, komplexe Grundgedanken argumentativ schlüssig zu entwickeln und im Zusammenhang mit eigenen Worten darzustellen.

1. Die Alkoholsucht ist der Ausgangspunkt für Herrn Putows gesundheitliche Einschränkungen. Nennen Sie sechs Symptome von Herrn Putow, die mit der Alkoholsucht in Verbindung gebracht werden können (6 P.), und begründen Sie diese jeweils (6 P.). 12 Punkte

Symptom	Begründung
Verwahrlosung	Die Alkoholsucht tritt bei Herrn Putow so in den Vordergrund, dass alles andere nebensächlich wird und er sich nicht mehr um sich und seine Wohnung kümmert. Es zählt nur noch der Genussmittelmissbrauch
Körperliche Einschränkungen, die zur Arbeitsunfähigkeit führen	Die Alkoholsucht hat Herrn Putow so geschädigt, dass er aufgrund hirnorganischer Veränderungen arbeitsunfähig geworden ist. Zum Beispiel sind neben Denk- und Konzentrationsstörungen Zittern in den Händen und eine eingeschränkte Koordination zu erwarten
Einschlafstörung	Alkoholkonsum wurde zum beruhigenden Einschlafritual, ohne fühlt sich Herr Putow unruhig
Inkontinenz	Fehlende Selbstkontrolle durch übermäßigen Alkoholkonsum, Harn- und Stuhldrang werden nicht mehr wahrgenommen
Chronische Wunde	Alkohol als toxischer Stoff stört das Immunsystem, und es kann zu Durchblutungsstörungen kommen

Symptom	Begründung
Aggression und körperliche Übergriffe	Eingeschränkte Selbstbeherrschung
Bewusstlosigkeit	Vergiftungserscheinungen aufgrund von übermäßigem Alkoholkonsum

2. Erklären Sie, warum es oftmals schwierig ist, alkoholabhängige Menschen wie Herrn Putow bei täglichen Verrichtungen zu unterstützen und sie dazu zu beraten. 10 Punkte

Kompetenzen und Operatoren

Diese Aufgabe kann dem Kompetenzschwerpunkt I.3 (Anlage 2 PflAPrV) zugeordnet werden.

Der Operator „Erklären Sie" erfordert, die Informationen mithilfe eigenen Wissens und eigener Einsichten in einen begründeten Zusammenhang zu stellen.

- Herr Putow ist übermäßigen Alkoholkonsum seit Jahren gewöhnt; bereits seit seiner Jugend konsumiert er regelmäßig hochprozentigen Alkohol wie Wodka. Sowohl kulturell als auch durch seinen Freundes- und Bekanntenkreis wird es als „normal" betrachtet, hochprozentigen Alkohol in größeren Mengen zu konsumieren. Vermutlich haben auch schon seine Eltern Alkohol getrunken, was zur erhöhten Akzeptanz des Konsums geführt haben kann. Zudem ist eine erbliche Veranlagung möglich. Es gibt und gab in Herrn Putows sozialen Umfeld also kaum Hinweise, dass sein Verhalten falsch sein könnte. Wenn der Pflegedienst ihm dies nun deutlich machen will, wird er es ggf. nicht glauben. Die zuvor durch eine veränderte Sicht und Bewertung aufgebaute Scheinwelt kann nicht so einfach zerstört werden.
- Für Herrn Putow ist der Alkoholkonsum Ritual und fester Lebensinhalt. Viele andere Dinge haben sich in seinem Leben dem Konsum bzw. Missbrauch von Alkohol untergeordnet. Es besteht kein oder maximal ein sehr geringes Verständnis dafür, dass seine gesundheitlichen Einschränkungen in einem direkten Zusammenhang mit seinem Alkoholmissbrauch stehen. Durch diese fehlende Einsicht ist für ihn auch nicht nachvollziehbar, warum er keinen Alkohol mehr trinken sollte.
- Herr Putow ist alkoholsüchtig und befindet sich in einer körperlichen und psychischen Abhängigkeit. Die Angst vor Entzugssymptomatiken ist meist größer als der Wunsch und die Erkenntnis, etwas verändern zu müssen. Der Entzug wäre aus pflegerischer Sicht aber ein wichtiger Punkt, um eine Verbesserung der gesundheitlichen Situation erreichen zu können. Diesen Beratungsinhalt durch den Pflegedienst wird Herr Putow also vermutlich eher ablehnen.
- Herrn Putows Exfrau scheint sich in einer Co-Abhängigkeit zu befinden. Sie hat sein Verhalten über Jahre akzeptiert und wohnt trotz Scheidung und körperlicher Übergriffe gegen sie noch bei ihm. Dies zeigt eine gewisse Akzeptanz der Situation oder zumindest eine Unfähigkeit, aktiv etwas zu verändern.
- Die körperlichen Übergriffe stellen für das Pflegepersonal ebenfalls ein Risiko dar. Gewalt scheint für Herrn Putow eine Reaktionsstrategie zu sein, wenn er etwas nicht wahrhaben oder umsetzen will. Diese Wahrnehmung ist auch bei pflegerischer Unterstützung und vor allem der Beratung durch den Pflegedienst möglich. Hier ist der Eigenschutz sehr wichtig.

- Der Alkohol wirkt als Giftstoff im Körper, der u. a. Hirnzellen zerstört. Dadurch wird ein logisches Verständnis zunehmend schwieriger. Das Verstehen von Beratungsinhalten kann stark eingeschränkt sein.

Kompetenzen und Operatoren
Diese Aufgabe kann dem Kompetenzschwerpunkt I.3 (Anlage 2 PflAPrV) zugeordnet werden.
Der Operator „Erklären Sie" erfordert, die Informationen mittels eigenen Wissens und eigener Einsichten in einen begründeten Zusammenhang zu stellen.

3. Erklären Sie die Komplikationen, die bei Herrn Putow durch die Alkoholintoxikation bereits bestehen oder noch entstehen können. 16 Punkte

- **Vergiftungserscheinungen,** die das Gehirn und das dort befindliche Atemzentrum beeinträchtigen, akut zu Bewusstlosigkeit führen und lebensbedrohlich sein können.
- Der Körper kann den Alkohol als Giftstoff erkennen und löst als natürliche Schutzreaktion einen Brechreiz aus. Bei Erbrechen unter Alkoholeinfluss ist die Gefahr einer **Aspiration** stark erhöht, selbst eine **Erstickung** ist in der Folge möglich.
- Durch dauerhaften Konsum prägt sich eine **Sucht** aus. Diese besteht bei Herrn Putow aufgrund jahrelangen Alkoholmissbrauchs. Einfach mit dem Trinken aufzuhören ist nicht mehr möglich.
- **Verwahrlosung,** da die Aufmerksamkeit irgendwann nur noch auf dem Alkoholkonsum liegt und sowohl die Körperpflege wie auch das Sauberhalten des Wohnumfelds eine untergeordnete Rolle spielen.
- **Gesundheitliche Komplikationen in verschiedenen Organsystemen.** Dazu gehören u. a. Erkrankungen der Leber, der Bauchspeicheldrüse, des Magens, des Herzens und der Muskulatur. Der Alkohol als Giftstoff schädigt das Gewebe vieler Organe, und es kommt zu Entzündungen und anderen Erkrankungen.
- Alkoholmissbrauch ist einer der häufigsten Auslöser von **Krebserkrankungen.**
- Durch Verringerung des Reaktionsvermögens, des Gleichgewichtssinns und der Koordinationsfähigkeit ist die **Sturzgefahr** deutlich erhöht.
- **Verhaltensänderungen:** Stimmungsschwankungen, Aggression und Gewalt sind oft die Reaktion in Situationen, die von den Betroffenen als unangenehm wahrgenommen werden. Dadurch kann es auch zu **Veränderungen im Sozialverhalten** kommen. Zunächst schränkt sich oft der Freundeskreis ein, später ist in vielen Fällen eine komplette **Isolation** erkennbar.
- Alkoholmissbrauch führt oft zu **eingeschränkter Leistungsfähigkeit** und Fehlern, die im **Verlust des Arbeitsplatzes** enden können.

ACHTUNG

Alkohol ist ein Giftstoff, der Schäden in allen Organen verursachen und sowohl zur körperlichen als auch psychischen Abhängigkeit führen kann. Neben der Trinkhäufigkeit ist die Trinkmenge ein entscheidender Faktor für die Einschätzung, ob es sich um eine Alkoholabhängigkeit handelt.

TIPP

Zu einer Alkoholabhängigkeit können verschiedene Ursachen und Verhaltensweisen führen. Diesen entsprechend sind die geeigneten Therapieansätze zu wählen. Die unterschiedlichen Trinkmuster werden nach *Jellinek* folgendermaßen eingeteilt:

- **Alpha-Trinker** oder Sorgen- bzw. Erleichterungstrinker: Diese trinken, um zu entspannen, Angst, Verstimmungen oder Ärger zu beseitigen. Der Alkoholgenuss baut bei ihnen Hemmungen ab. Sie entwickeln eine psychische Abhängigkeit, gelten aber noch nicht als alkoholkrank.
- **Beta-Trinker** oder Gelegenheitstrinker: Der Alkoholgenuss wird durch das soziale Umfeld mitbestimmt, und das Trinken wird zur Gewohnheit. Beta-Trinker sind weder körperlich noch psychisch abhängig, aber gefährdet.
- **Gamma-Alkoholiker:** Betroffene können ihren Alkoholkonsum nicht steuern und erleiden einen Kontrollverlust. Sie müssen trinken, da der Körper nach Alkohol verlangt (körperliche Abhängigkeit), es gibt jedoch auch alkoholfreie Episoden.
- **Delta-Alkoholiker** oder Spiegeltrinker: Die Betroffenen entwickeln sich von gewohnheitsmäßigen Trinkern zu Spiegeltrinkern. Sie brauchen einen gewissen Alkoholpegel, um sich wohlzufühlen und im sozialen Umfeld nicht aufzufallen. Eine Abstinenz ist nicht mehr möglich.
- **Epsilon-Alkoholiker** oder Quartalstrinker: Die Betroffenen haben in zeitlichen Abständen einen unwiderstehlichen Drang, Alkohol zu konsumieren. Dies kündigt sich bereits Tage zuvor durch Unruhe und Reizbarkeit an. Nach tagelangem Rauschzustand mit Kontrollverlust folgen wieder wochenlange Phasen ohne das Bedürfnis nach Alkohol.

4. Beschreiben Sie Maßnahmen im Rahmen der Ersten Hilfe vom Auffinden des bewusstlosen Herrn Putow bis zum Eintreffen des Rettungsdienstes. 10 Punkte

- Beim Auffinden Vitalzeichen (Bewusstsein, Atmung) prüfen, um davon alle weiteren Maßnahmen abhängig zu machen.
  - Prüfen des Bewusstseins: Beobachten, ob sich Herr Putow bewegt und ob es Auffälligkeiten gibt. Ist keine Bewegung erkennbar oder diese anders als erwartet, wird Herr Putow laut angesprochen und seine Reaktion wird abgewartet. Reagiert er darauf nicht, wird er leicht an den Schultern gerüttelt und erneut laut angesprochen. Erfolgt auch hier keine Reaktion, wird ein Schmerzreiz gesetzt (z. B. Reiben mit den Fingerknöcheln am Brustbein). Bleiben alle drei Schritte reaktionslos, ist Herr Putow tatsächlich bewusstlos.
  - Prüfen der Atmung nach dem Schema „sehen – hören – fühlen“: Zunächst beobachten, ob sich der Brustkorb hebt und senkt oder anderweitig eine Atemtätigkeit zu sehen ist. Im zweiten Schritt wird das Ohr über Mund und Nase von Herrn Putow gelegt, um zu prüfen, ob Atemgeräusche zu hören sind. Eventuell sind diese sehr leise, aber der Atemzug am Ohr zu spüren. Schließlich wird mit der Hand auf dem Brustkorb gefühlt, ob sich dieser hebt und senkt als Hinweis darauf, dass die Person atmet.
    – Ist die Atmung vorhanden, wird Herr Putow in die stabile Seitenlage gebracht.
    – Ist keine Atmung vorhanden oder diese sehr instabil, ist eine Herz-Lungen-Wiederbelebung nötig.

Kompetenzen und Operatoren

Diese Aufgabe kann dem Kompetenzschwerpunkt I.4 (Anlage 2 PflAPrV) zugeordnet werden.
Der Operator „Beschreiben Sie“ fordert, dass wesentliche Informationen aus dem Text bzw. Ihrem Wissen zusammenhängend und schlüssig mit eigenen Worten wiedergegeben werden.

- Davon ausgehend, dass Herr Putow atmet, aber bewusstlos ist, wird er in die stabile Seitenlage gebracht und der Notruf getätigt, um professionelle Unterstützung durch den Rettungsdienst zu erhalten. Danach ist die Pflegedienstleitung des ambulanten Pflegedienstes zu informieren, da sich der Ablauf der weiteren Tour ändern wird.
- Herr Putow wird nicht allein gelassen, und In regelmäßigen Abständen (Zeitabstand je nach Situation ca. 2–5 Min.) werden erneut Bewusstsein und Atmung geprüft. Sollte er langsam zu sich kommen, wird mit ihm gesprochen und ihm die Situation erklärt. Nebenbei kann ein Überleitungsbogen für Rettungsdienst und Krankenhaus ausgefüllt werden.
- Da in der Fallsituation zwei Ersthelferinnen vor Ort sind, kann eine von ihnen die Haustür öffnen, damit der Rettungsdienst den Notfallort schneller findet und eintreten kann.
- Nach Eintreffen des Rettungsdienstes wird Herr Putow diesem übergeben. Der Rettungsdienst entscheidet über weitere Maßnahmen.
- Notfall und weitere Maßnahmen werden dokumentiert und innerhalb des Pflegedienstes übergeben.

ACHTUNG

Im Rahmen der Notfallversorgung gibt es verschiedene Merksätze und Schemen.

Zur Feststellung des Bewusstseins die 3 As:
- **A**nschauen
- **A**nsprechen
- **A**nfassen

Zur Feststellung der Atmung:
- Sehen (Heben und Senken des Brustkorbs)
- Hören (Atemgeräusche)
- Fühlen (Atemluft bzw. Heben und Senken des Brustkorbs durch aufgelegte Hand)

xABCDE-Schema:
- **x** – Exsanguination (Ausblutung)
- **A** – Airway (Atemweg)
- **B** – Breathing (Beatmung)
- **C** – Circulation (Kreislauf)
- **D** – Disability (Defizit, neurologisches)
- **E** – Exposure/Environment (Exposition)

Kompetenzen und Operatoren

Diese Aufgabe kann den Kompetenzschwerpunkten I.3 und I.4 (Anlage 2 PflAPrV) zugeordnet werden. Der Operator „Begründen Sie" erfordert, komplexe Grundgedanken argumentativ schlüssig zu entwickeln und im Zusammenhang mit eigenen Worten darzustellen.

5. Begründen Sie den Zusammenhang zwischen der Alkoholintoxikation und der Bewusstlosigkeit in der aktuellen Situation, indem Sie auf die Wirkungsweise des Alkohols eingehen. 8 Punkte

- Trinkalkohol (Ethanol) ist ein farbloser, brennbarer Stoff mit scharf brennendem Geschmack. Alkohol wird vor allem als Genussmittel konsumiert und zeichnet sich je nach Situation durch eine dämpfende oder belebende Wirkung aus. Diese Wirkung wird durch bestimmte Prozesse im Gehirn ausgelöst.
- Grundsätzlich ist Alkohol ein Zellgift, welches sich nach der Aufnahme im Körper verteilt. Verschiedene Botenstoffe, die dafür verantwortlich sind, Informationen zwischen Zellen auszutauschen, werden durch den Alkohol beeinflusst. Dadurch werden Wahrnehmung und Reaktionsver-

mögen verlangsamt. Zusätzlich wird das Belohnungssystem im Gehirn aktiviert, neben einer dämpfenden Wirkung stellt sich ein Wohlgefühl ein. Das Gehirn speichert diese positiven Erfahrungen, und in der Folge können schon bestimmte Gerüche oder Situationen den Wunsch steigern, erneut Alkohol zu konsumieren. Dies macht es Süchtigen sehr schwer, vom Alkohol wegzukommen.
- In großen Mengen wirkt Alkohol betäubend. Diese betäubende Wirkung entsteht durch das Ausschalten bestimmter Informationsübertragungen und zum Teil werden durch den Giftstoff Alkohol Nervenzellen abgetötet.
- Der Alkohol wird zum größten Teil über die Leber abgebaut. Nachdem zuvor der Alkoholspiegel im Körper über viele Minuten (maximale Blutalkoholkonzentration etwa 45–75 Min. nach oraler Aufnahme) aufgebaut wurde, wird dieser durch Ab- und Umbauprozesse wieder reduziert (etwas mehr als 0,1 Promille/Std.). Dabei wird reichlich Flüssigkeit verbraucht.
- Die Bewusstlosigkeit ist vermutlich auf eine übermäßige Einnahme von Alkohol zurückzuführen, wodurch das Hirngewebe geschädigt wurde. Durch den dauerhaften Konsum von Alkohol können bereits andere Organe geschädigt sein, was den Alkoholabbau einschränken kann. Während geringe Alkoholmengen selektiv auf bestimmte Hirnregionen wirken, wird durch höhere Dosen das gesamte zentrale Nervensystem gelähmt. Orientierungsstörungen und ein vermindertes Reaktionsvermögen sind erste Symptome einer Bewusstseinseinschränkung. Bei gesteigerter Alkoholaufnahme setzen bestimmte Funktionen komplett aus. Es kommt zu Störungen der Denkfunktion, Störungen der Wahrnehmung und Bewusstseinsstörungen oder Bewusstlosigkeit.

ACHTUNG

Bei Bewusstlosigkeit oder alkoholischem Koma kommt es zu einem Ausfall der Schutzreflexe, und ein Atemstillstand ist möglich. Ohne schnelle Hilfe kann die Alkoholvergiftung auch zum Tod führen.

6. Ihnen ist bewusst, dass Herrn Putows täglicher Alkoholkonsum seine Gesundheit gefährdet. Beschreiben Sie die bestehende ethische Konfliktsituation unter Zuhilfenahme der passenden ethischen Prinzipien. 8 Punkte

Die ethischen Prinzipien in der Pflege lauten:
- Autonomieprinzip
- Fürsorgeprinzip
- Schadensvermeidungsprinzip
- Gerechtigkeitsprinzip

Auf Herrn Putows Position passt das **Autonomieprinzip,** das den zu pflegenden Menschen und seine Autonomie in den Vordergrund stellt. Herr Putow möchte selbst entscheiden, was gut für ihn ist. Für ihn gehört der Alkoholkonsum zu seinem Alltag. Durch seine Abhängigkeit kann er auch nicht mehr ohne Alkohol leben. Selbst wenn er zeitweise feststellen sollte, dass der Alkohol einen negativen Einfluss auf ihn hat, überwiegt dennoch seine Vorstel-

Kompetenzen und Operatoren

Diese Aufgabe kann dem Kompetenzschwerpunkt II.3 (Anlage 2 PflAPrV) zugeordnet werden.
Der Operator „Beschreiben Sie" fordert, dass wesentliche Informationen aus dem Text bzw. Ihrem Wissen zusammenhängend und schlüssig mit eigenen Worten wiedergegeben werden. Der Zusatz „unter Zuhilfenahme" gibt einen konkreten Hinweis, welcher fachliche Inhalt bei der Bearbeitung der Aufgabe mit einbezogen werden soll.

lung, dass ein Entzug eine zu große Hürde für ihn darstellen und ihn im ersten Moment „schaden" würde, da die Entzugssymptomatik negativ wahrgenommen wird. Vielleicht hat er bereits negative Symptome durch einen Entzug in der Vergangenheit erlebt.

Dem gegenüber stehen das Schadensvermeidungs- und Fürsorgeprinzip. Unter das **Schadensvermeidungsprinzip** fällt, dass dem Pflegepersonal bewusst ist, dass der Alkohol Herrn Putow und seinem Körper schadet. Alkohol ist ein Giftstoff, der in entsprechender Konzentration, Menge und Häufigkeit Zellen verschiedener Organe schädigt, abhängig machen kann und Risiken auslöst. Um Schaden von Herrn Putow abzuwenden, wäre eine sofortige Alkoholkarenz wichtig.

Das **Fürsorgeprinzip** hat zum Ziel, das individuelle Wohlergehen zu fördern. Das Pflegepersonal erkennt, dass es Herrn Putow nicht gut geht. Verschiedene Maßnahmen sind notwendig, um sein Wohlbefinden zu steigern. Dazu würde auch der Alkohol als Ursache vieler Pflegeprobleme reduziert oder entfernt werden müssen.

Damit besteht der **Hauptkonflikt** in der Fragestellung, ob der Alkohol weiterhin wichtigster Bestandteil im Leben von Herrn Putow bleiben soll. Hierzu haben Herr Putow und die Mitarbeiter des Pflegedienstes vermutlich komplett widersprüchliche Meinungen. Im Sinne des **Gerechtigkeitsprinzips** ist Herr Putow dabei genauso zu versorgen, wie jeder andere zu pflegende Mensch, selbst dann wenn die Frage einer Schuldzuweisung für das Pflegepersonal ggf. recht eindeutig ist.

ACHTUNG

Ethische Konflikte können in der Pflege aus verschiedenen Gründen auftreten. Aus der Wahrnehmung verschiedener ethischer Prinzipien können unterschiedliche Wünsche und Ziele resultieren. So können – wie im Beispiel – Herr Putow und das Pflegepersonal jeweils nur das Beste wollen und trotzdem völlig unterschiedliche Ansätze verfolgen.

Kompetenzen und Operatoren
Diese Aufgabe kann dem Kompetenzschwerpunkt III.2 (Anlage 2 PflAPrV) zugeordnet werden.
Der Operator „Erläutern Sie" erfordert ein differenziertes Darstellen auf Basis von Textaussagen und eigenen Kenntnissen.

7. Julia nimmt das direkte Wohnumfeld von Herr Putow als sehr unhygienisch wahr. Erläutern Sie die Zusammenhänge zwischen einer unhygienischen Umgebung und einer erhöhten Infektionsgefahr. 6 Punkte

Herrn Putows Wohnumgebung wird als sehr unhygienisch beschrieben. Dies ist auf eine beschriebene Verwahrlosung mit eingeschränkter oder eingestellter Haushaltsführung zurückzuführen. Ebenfalls wird in der Wohnung geraucht, was die Situation verschlimmert. Durch die fehlende Grundreinigung in der Wohnung kommt es zu einer Ansammlung verschiedener Keime, die Krankheiten auslösen können. Herrn Putows Inkontinenz führt zu einer weiteren Verkeimung der Wohnung mit Anstieg der Infektionsgefahr.

Neben der erhöhten Keimbelastung in der Wohnung ist das Immunsystem von Herrn Putow durch den jahrelangen Alkoholkonsum und dessen negative Auswirkung auf seine Gesundheit eingeschränkt.

Je höher die Keimbelastung in der Wohnumgebung ist, umso größer ist die Infektionsgefahr für die darin lebenden Menschen. Diese Gefahr wird noch erhöht, wenn diese – wie Herr Putow – eine offene Wunde besitzen.

17.10.1 FALLSITUATION: AMBULANTE LANGZEITPFLEGE (KAP. 13.1)

ACHTUNG

Der Infektionsschutz in der ambulanten Versorgung ist generell sehr stark von der individuellen Einstellung des Klienten abhängig. Dies betrifft sowohl die Lebensweise und Haushaltsführung als auch die persönliche Hygiene und Maßnahmen des Infektionsschutzes. Meist sind die hygienischen Möglichkeiten in der ambulanten Versorgung im Vergleich zu stationären Einrichtungen deutlich eingeschränkt. Allerdings ist im Gegensatz dazu das Auftreten von multiresistenten Erregern in Krankenhäusern viel wahrscheinlicher.

TIPP

Für die Umsetzung hygienischer Maßnahmen gibt es zahlreiche Hinweise von verschiedenen Instituten, die sich mit Hygienethemen beschäftigen.
Informationen erhält man z. B. auf folgenden Seiten:

- Deutsche Gesellschaft für Krankenhaushygiene: www.dgkh.de
- Deutsche Gesellschaft für Hygiene und Mikrobiologie: www.dghm.org
- Robert Koch-Institut: www.rki.de
- Kommission für Krankenhaushygiene und Infektionsprävention (KRINKO): www.rki.de/DE/Content/Kommissionen/KRINKO/krinko_node.html

8. Beschreiben Sie Möglichkeiten, Herrn Putows Exfrau in die Pflege mit einzubeziehen (10 P.), und bewerten Sie, ob dies eine gute Idee ist (5 P.). 15 Punkte

Möglichkeiten der Einbeziehung von Frau Putow

- Grundsätzlich ist Frau Putow eine in der Wohnung lebende Angehörige, der einfache pflegerische Aufgaben zugemutet werden könnten. Eine Anleitung dieser pflegerischen Verrichtungen durch die Mitarbeitenden des Pflegedienstes ist empfehlenswert.
- Folgende pflegerische Maßnahmen könnten durch Frau Putow umgesetzt werden:
  - Unterstützung bei der Körperpflege, z. B. Waschen des Rückens
  - Unterstützung beim Duschen oder Baden mit dem Fokus auf ausreichende Reinigung und Sturzvermeidung
  - Zubereitung von Mahlzeiten, die gemeinsam eingenommen werden
  - Anbieten alkoholfreier Getränke, um sicherzustellen, dass Herrn Putows Flüssigkeitsbedarf gedeckt wird
  - Gemeinsame Spaziergänge
  - Gemeinsames Erledigen der Einkäufe mit dem Fokus, dass möglichst geringe Mengen an alkoholischen Getränken gekauft werden
  - Begleitung in der Wohnung, um die Sturzgefahr zu minimieren
  - Unterstützung beim Erbrechen, z. B. Bereitstellung von Eimer und Taschentüchern
  - Unterstützung beim Gang zur Toilette, bei Bedarf Bereitstellung und Unterstützung beim Gebrauch von Inkontinenzprodukten
  - Entwickeln von gemeinsamen Einschlafritualen, sodass Herr Putow auf Alkohol verzichten bzw. diesen reduzieren kann
  - Gemeinsame Beschäftigungen, gemeinsame Gespräche
  - In Notfallsituationen Information des Pflege- oder Rettungsdienstes, Ergreifen von Erste-Hilfe-Maßnahmen, z. B. Kontrolle von Bewusstsein und Atmung, Positionierung in stabiler Seitenlage

Kompetenzen und Operatoren

Diese Aufgabe besteht aus zwei Aufgabenteilen, die beide dem Kompetenzschwerpunkt I.3 (Anlage 2 PflAPrV) zugeordnet werden können.
Der Operator „Beschreiben Sie" fordert, dass wesentliche Informationen aus dem Text bzw. Ihrem Wissen zusammenhängend und schlüssig mit eigenen Worten wiedergegeben werden. Der Operator „bewerten Sie" erfordert ein selbstständiges Urteil aufgrund von Fachwissen, verbunden mit der Offenlegung begründeter eigener Wertmaßstäbe.

Bewertung der Einbeziehung von Frau Putow
Es ist bekannt, dass Herr Putow gegenüber seiner Exfrau übergriffig geworden war und diese ihm grundsätzlich nur widerwillig hilft. Ohne die Bereitschaft ihrerseits ist es nicht sinnvoll, Frau Putow von der Übernahme pflegerischer Maßnahmen an ihrem Exmann zu überzeugen oder sie dazu anzuleiten. Es scheint, als ob Frau Putow in eine Co-Abhängigkeit verfallen wäre. Sie hat über Jahre das Verhalten ihres Mannes miterlebt und geduldet bzw. dulden müssen. Aus der Fallsituation geht auch hervor, dass es der Auszubildenden Julia Schwartzkopf nicht klar ist, warum die beiden überhaupt noch zusammen leben. Die Situation wird von ihr als „krass“ empfunden. Herr Putow könnte in Situationen, in denen ihm seine Frau aus pflegerischen Gründen nahekommen müsste, ggf. wieder übergriffig werden. Um sie zu schützen, sollte die Idee, sie in die Pflege mit einzubeziehen, besser nicht weiter verfolgt werden.

Kompetenzen und Operatoren
Diese Aufgabe kann dem Kompetenzschwerpunkt III.2 (Anlage 2 PflAPrV) zugeordnet werden.
Der Operator „Beschreiben Sie" fordert, dass wesentliche Informationen aus dem Text bzw. Ihrem Wissen zusammenhängend und schlüssig mit eigenen Worten wiedergegeben werden.

9. Beschreiben Sie den standardisierten Verbandwechsel am rechten Unterschenkel von Herrn Putow. 15 Punkte

- **Vorbereitung:**
  - Ärztliche Anordnung prüfen und das Einverständnis von Herr Putow einholen.
  - Standards zur Durchführung von Verbandwechseln sowie Hygienestandard des Pflegedienstes beachten.
  - Die Materialien werden entsprechend der Anordnung bereitstellen: Prontosan-Wundspüllösung, sterile Mullkompressen, Mullverband, Abwurf, Unterlage, Händedesinfektionsmittel, Handschuhe. Ggf. sterile oder sterile Handschuhe (gemäß Standard).
  - Die Materialien so anordnen, dass sterile Materialien näher an der Wunde sind (Schwarz-Weiß-Trennung)
  - Herrn Putow bitten, sich so positionieren bzw. ihn dabei zu unterstützen, dass es für ihn bequem ist und gleichzeitig die Wunde gut erreichbar und einsehbar ist
- **Durchführung:**
  - Hände desinfizieren und Handschuhe anziehen
  - Saubere Unterlage unter die Wunde am rechten Unterschenkel legen
  - Alten Wundverband entfernen, auf Wundabsonderungen (Blut, Eiter, Wundexsudat, Durchfeuchtungsgrad) inspizieren und in den Abwurf werfen
  - Wunde begutachten (Größe, Wundgrund, Wundrand, Exsudat, Geruch) und nach Wundschmerz fragen
  - Handschuhwechsel inklusive Händedesinfektion
  - Reinigung der Wundumgebung und Wunde mit Prontosan-Wundspüllösung und sterilen Mullkompressen
  - Ggf. weiterer Handschuhwechsel inklusive Händedesinfektion
  - Wunde mit sterilen Mullkompressen abdecken
  - Kompressen mit Mullverband fixieren
  - Handschuhe ausziehen, Hände desinfizieren

- **Nachbereitung:**
  - Herrn Putow nach Wunsch beim Positionieren unterstützen
  - Materialien entsorgen bzw. aufräumen. Dabei Bestand prüfen und ggf. Materialien nachbestellen
  - Alle benutzten Flächen desinfizieren
  - Hände desinfizieren
  - Durchführung des Verbandwechsels, Wundzustand und Auffälligkeiten dokumentieren

LITERATUR

1. Bergen P. Hygiene in ambulanten Pflegediensten. In: Hygiene für Pflegeberufe. 5. A. München: Elsevier, 2015. S. 183–186.
2. Felchner C, Fromm A. Alkoholvergiftung. Netdoktor.de. 2021. Aus: www.netdoktor.de/krankheiten/alkoholvergiftung (letzter Zugriff: 10.8.2023).
3. Gatterer G. Gerontopsychiatrische Erkrankungen. In: Böhmer-Breuer R. Altenpflege konkret. Gesundheits- und Krankheitslehre. 6. A. München: Elsevier, 2020. S. 423–524.
4. Gesundheit.gv.at – Öffentliches Gesundheitsportal Österreichs. Was ist eine Alkoholabhängigkeit? 2022. Aus: www.gesundheit.gv.at/krankheiten/sucht/alkoholismus/alkohol-substanz-wirkung.html (letzter Zugriff: 10.8.2023).
5. Renz-Polster H. Notfälle. In: Huch R, Jürgens KD (Hrsg.). Mensch Körper Krankheit. 9. A. München: Elsevier, 2022. S. 463–476.
6. Schmitz-Eggen L. ABCDE-Schema: Das kleine Einmaleins für Rettungskräfte. Rettungsdienst.de. 2019. Aus: www.rettungsdienst.de/tipps-wissen/abcde-schema-das-kleine-einmaleins-fuer-rettungskraefte-52845 (letzter Zugriff: 10.8.2023).
7. Stiftung Gesundheitswissen. Risikofaktor Alkohol. 2020. Aus: www.stiftung-gesundheitswissen.de/wissen/risikofaktor-alkohol/hintergrund (letzter Zugriff: 10.8.2023).

17.11 Elftes Prüfungsbeispiel

Anke Knebel

17.11.1 Fallsituation: stationäre Akutpflege (> Kap. 14.1)

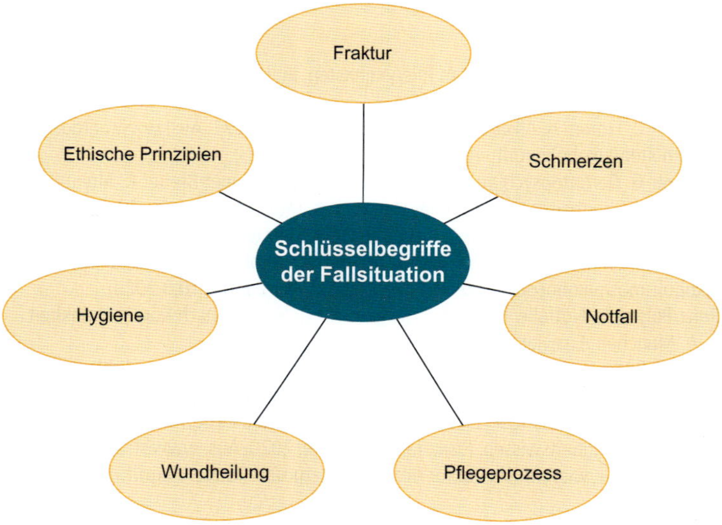

Kompetenzen und Operatoren

Diese Aufgabe besteht aus zwei Aufgabenteilen, die beide den Kompetenzschwerpunkten I.3.c und III.2.c, d (Anlage 2 PflAPrV) zugeordnet werden können. Der Operator „Analysieren Sie" erfordert die systematische Untersuchung des Textes, wobei die Sachverhalte mit eigenen Worten in Sätzen strukturiert dargestellt werden. Der Operator „Erklären Sie" erfordert, die Informationen durch eigenes Wissen und eigene Einsichten in einen begründeten Zusammenhang zu stellen.

1. Analysieren Sie die Handlungssituation hinsichtlich der akuten Schmerzen der Patientin (5 P.). Erklären Sie, wie Sie den Pflegeprozess in der aktuellen Situation gestalten werden (10 P.). 15 Punkte

Analyse der Situation

Anni leidet aufgrund der Fraktur unter akuten Schmerzen in ihrem linken Arm. Hinzu kommen die Schmerzen aufgrund der Wunde durch die Operation sowie die Verankerung der Fixateure in den Knochen. Anni bekommt nach ärztlicher Anordnung Analgetika. Dazu muss sie ihre Schmerzen auf einer Skala von 0 bis 10 einordnen. Bei Bewegung schmerzt der Arm mit einem Wert von 8 bis 9. Nonverbal teilen Annis Tränen ein starkes Schmerzempfinden mit.

Gestaltung des Pflegeprozesses

- Mittels Schmerzeinschätzung und -medikation wird für Annis Sicherheit gesorgt. Bei den angegebenen Schmerzwerten und unter Berücksichtigung von Annis Zustand und Mimik benötigt sie die angeordneten Analgetika, u. a. ca. 30 Minuten vor Pflegehandlungen.
- Da Annis Schmerzen bei Bewegung zunehmen, wird sie angewiesen, ihren linken Arm so wenig wie möglich zu bewegen. Bei der Grundpflege erhält Anni demnach Unterstützung bzw. eine teilweise Übernahme der pflegerischen Maßnahmen, da sie als Linkshänderin nun stark ein-

geschränkt ist. Mit der rechten unverletzten Hand kann Anni mundgerecht zubereitete Nahrung und Getränke zu sich nehmen. Auch beim Kleiden erhält Anni Unterstützung, um den betroffenen Arm zu schonen und möglichst wenig zu bewegen.

- Damit Anni einen ruhigen und erholsamen Schlaf hat, wird sie vor dem Schlafen nach Schmerzen gefragt und bei Bedarf werden Analgetika nach ärztlicher Anordnung verabreicht.
- Sobald die Schmerzen abklingen, kann eine Mobilisation im Rahmen der gegebenen Möglichkeiten stattfinden und Anni können Beschäftigungsangebote gemacht werden, z. B. ein Buch über Fußball zu lesen.
- In Gesprächen kann mit Anni der Sturz, der zur Verletzung führte, aufgearbeitet werden. Wenn möglich, sollte so oft wie möglich ein Elternteil für Anni zur Verfügung stehen, damit sie einen vertrauten Menschen um sich hat. Um die Absicherung der sozialen Bereiche kümmern sich neben Annis Eltern die Sozialarbeiter des Krankenhauses, die u. a. Unterstützungsmöglichkeiten für die Familie identifizieren und organisieren.

IMPULS

Die Weltschmerzorganisation (IASP) definiert Schmerz als „ein unangenehmes Sinnes- und Gefühlserlebnis, das mit einer tatsächlichen oder drohenden Gewebeschädigung verknüpft ist oder mit Begriffen einer solchen Schädigung beschrieben wird" [3]. Lesen Sie nach und unterscheiden Sie akuten und chronischen Schmerz und die Funktionen von Schmerz.
Des Weiteren empfiehlt sich ebenfalls ein Blick in den Expertenstandard „Schmerzmanagement in der Pflege" [2].

2. Erklären Sie den Prozess der Wundheilung (10 P.). Gehen Sie auf mögliche Komplikationen bei Anni ein (5 P.). 15 Punkte

Kompetenzen und Operatoren

Diese Aufgabe besteht aus zwei Aufgabenteilen, die beide dem Kompetenzschwerpunkt III.2 (Anlage 2 PflAPrV) zugeordnet werden können.
Der Operator „Erklären Sie" erfordert, die Informationen durch eigenes Wissen und eigene Einsichten in einen begründeten Zusammenhang zu stellen. Der Operator „Gehen Sie … ein" verlangt das In-Zusammenhang-Bringen mit einem bestimmten Aspekt.

Der Prozess der Wundheilung erfolgt in drei Phasen:

- **1. Phase = Exsudationsphase:**
  - Bakterien und Zelltrümmer werden durch Blutungen aus der Wunde herausgeschwemmt. Damit nicht zu viel Blut verloren geht, aktiviert der Körper die Prozesse der Blutstillung und Blutgerinnung: Die verletzten Kapillaren ziehen sich zusammen, die Gefäße verengen sich. An den Ort der Verletzung strömen Blutplättchen *(Thrombozyten)* und haften sich an die Kollagenfasern. Der Gerinnungsfaktor Fibrinogen verklebt die Thrombozyten untereinander. Es entsteht eine Art Pfropf. Während dieser Vorgänge setzt gleichzeitig die Kaskade der Blutgerinnung ein. Fibrinogen wird in Fibrin umgewandelt und ein stabiles Netz aus Fibrinfasern gebildet. Es entsteht ein stabiler Thrombus. Anschließend erfolgt die Reinigung. Durch die sich nun weitenden Blutgefäße dringen Makrophagen und weiße Blutkörperchen in den Wundbereich vor. Sie dienen der Abwehr von Keimen und entfernen abgestorbenes Gewebe. Die physiologische Entzündungsreaktion ist durch die Exsudation von Wundsekret erkennbar. Zellen und Hormone des Immunsystems sind nicht nur an der Abtötung eingedrungener Keime, sondern auch an der Stimulation des Heilungsprozesses beteiligt.

- **Mögliche Komplikationen:** bisher unerkannte Störungen der Gerinnungsfaktoren oder Schwächung des Immunsystems, z. B. durch eine starke Erkältung, was zu einer zeitlichen Verzögerung dieser Phase führen würde.
  Zudem besteht die Gefahr einer Wundinfektion, da durch die Fixateure externe die Wunde nach außen nicht abgeschlossen ist und somit dauerhaft eine mögliche Eintrittspforte besteht. Außerdem kann es durch Abwehrreaktionen gegen den Fremdkörper (Fixateure) zu Entzündungsreaktionen kommen.

- **2. Phase = Granulationsphase:**
  - Sie beginnt ca. 24 Stunden, nachdem die Wunde entstanden ist, und dauert maximal 72 Stunden. Mit neu gebildetem Granulationsgewebe wird die Wunde aufgefüllt und die Wundränder zusammengezogen. Aus den eingewanderten Endothelzellen entstehen Kapillaren, die für die Durchblutung der Wunde sorgen. Das Granulationsgewebe ist an hellroten, glasig-transparenten Körnchen *(Granula)* zu erkennen.
  - **Mögliche Komplikationen:** wie in der Exsudationsphase. Außerdem können äußere Einwirkungen, z. B. eine Manipulation an der Wunde durch Anni, zu Störungen der Wundheilung führen.
- **3. Phase = Epithelisierungsphase:**
  - Diese Phase dauert u. U. bis zu mehreren Wochen. Dabei wird das Granulationsgewebe zum endgültigen Ersatzgewebe umgebaut. Die Wunde schließt sich durch Gewebeschrumpfung und -neubildung. Neu gebildete Kollagenfasern vernetzen sich dazu bündelförmig und stabilisieren so das Gewebe. Epithelzellen verschließen die Oberfläche.
  - **Mögliche Komplikationen:** Beeinträchtigungen an den neu entstehenden Wundrändern, wenn Anni z. B. an den Rändern des sich ablösenden Granulationsgewebes (Grind, Schorf) manipuliert.
- Bei Anni wird es zu einer **sekundären Wundheilung** kommen, da die Fixateure externe an den Knochen ansetzen und so durch alle Haut- und Muskelschichten dringen.

ACHTUNG

- Unabdingbar für eine physiologische Heilung der Wunde ist eine fach- und sachgerechte Wundversorgung unter hygienischen Bedingungen.
- Wunden mit glatten Wundrändern heilen besser.
- Die Ursachen einer gestörten oder ausbleibenden Wundheilung, der sogenannten Wundheilungsstörungen, können in ungünstigen Wundverhältnissen wie z. B. Verunreinigungen liegen. Auch Vorerkrankungen wie Diabetes mellitus führen zu einer Verzögerung der Wundheilung. Alter, ungesunde Ernährung, Nikotinkonsum und bestimmte Medikamente können ebenfalls Ursachen darstellen.

3. Arbeiten Sie die ärztlichen Anordnungen heraus (5 P.). Beschreiben Sie den Ablauf einer fachgerechten Wundversorgung bzw. eines fachgerechten Verbandwechsels (10 P.). 15 Punkte

Ärztliche Anordnung

- Medikation: Ibuprofen 200 mg alle 6 Stunden
- Vitalwerte: alle 30 Minuten messen, für 2 Stunden
- Drainagen: alle 30 Minuten kontrollieren, für 2 Stunden
- Wundverband: Sichtkontrolle bis zum 2. postoperativen Tag, dann Verbandwechsel

Verbandwechsel

- Eine fachgerechte Wundversorgung erfolgt durch eine Pflegefachperson.
- **Vorbereitung:**
  - Einholen aller notwendigen Informationen, z. B. aus der ärztlichen Anordnung.
  - Zeitpunkt planen und Patienten mitteilen. Ggf. Patienten Analgetikum verabreichen.
  - Hygienische Schutzkleidung anlegen und hygienische Händedesinfektion durchführen. Bei Bedarf Unterstützung organisieren. Ggf. Besucher hinausbitten, Fenster und Türen schließen. Bei Bedarf Sichtschutz aufstellen.
  - Ablageflächen desinfizieren, Abwurf bereitstellen.
  - Benötigte Materialien vorbereiten und auf der desinfizierten Fläche bereitstellen. Dabei steriles von unsterilem Material trennen und steriles Material näher am Patienten platzieren.
  - Patienten positionieren.
- **Durchführung:**
  - Das Vorgehen erfolgt aseptisch mittels Non-Touch-Technik.
  - Hygienische Händedesinfektion durchführen.
  - Sterile Verpackungen öffnen und ggf. Tupfer mit Wundantiseptikum tränken.
  - Keimarme Einmalhandschuhe anziehen.
  - Alten Verband behutsam entfernen. Mit der Wunde verklebte Verbände z. B. mit Wundantiseptikum anfeuchten.
  - Alten Verband und Wunde inspizieren und einschätzen.
  - Handschuhe ausziehen, hygienische Händedesinfektion durchführen.
  - Sterile Handschuhe anziehen und Wunde von innen nach außen säubern.
  - Handschuhe aus- und frische sterile Handschuhe anziehen.
  - Neue sterile Wundauflage auf die Wunde legen und fixieren.
  - Handschuhe ausziehen, hygienische Händedesinfektion durchführen.
- **Nachbereitung:**
  - Patienten bequem positionieren und über die Wunde informieren, darauf achten, dass Rufvorrichtung und benötigte Gegenstände für ihn erreichbar sind.
  - Benutzte Materialien sachgerecht entsorgen bzw. säubern und wegräumen.
  - Benutzte Flächen desinfizieren.

Kompetenzen und Operatoren

Diese Aufgabe besteht aus zwei Aufgabenteilen, die beide dem Kompetenzschwerpunkt III.2 (Anlage 2 PflAPrV) zugeordnet werden können.
Der Operator „Arbeiten Sie … heraus" erfordert, die Informationen und Sachverhalte unter bestimmten Gesichtspunkten aus dem vorgegebenen Text zu entnehmen und wiederzugeben.
Der Operator „Beschreiben Sie" verlangt, dass wesentliche Informationen aus dem Text bzw. Ihrem Wissen zusammenhängend und schlüssig mit eigenen Worten wiedergegeben werden.

- Auf Wunsch des Patienten Fenster öffnen. Rufvorrichtung und benötigte Gegenstände für ihn erreichbar platzieren.
- Verbandwechsel, Wundstatus und ggf. Besonderheiten (z. B. starke Schmerzen beim Verbandwechsel) dokumentieren.

Kompetenzen und Operatoren
Diese Aufgabe besteht aus drei Aufgabenteilen, die alle dem Kompetenzschwerpunkt I.4 (Anlage 2 PflAPrV) zugeordnet werden können. Der Operator „Begründen Sie" erfordert, komplexe Grundgedanken argumentativ schlüssig zu entwickeln und im Zusammenhang mit eigenen Worten darzustellen. Der Operator „Geben Sie ... an" verlangt, über Sachverhalte klar, kurz und sachlich zu informieren. Der Operator „nennen Sie" erfordert die stichpunktartige Auflistung von Informationen.

4. Während des Fußballspiels ist Anni gestürzt und hat eine Fraktur am Unterarm erlitten. Begründen Sie, warum diese Frakturform einen Notfall darstellt (10 P.). Geben Sie fünf verschiedene Frakturarten an (5 P.) und nennen Sie fünf sichere Frakturzeichen (5 P.). 20 Punkte

Begründung des Notfalls
Eine offene Fraktur stellt einen Notfall dar, weil sie mit einem erhöhten Risiko für eine spätere Infektion einhergeht. Zudem sind neben der Verletzung von Weichteilen wie Sehnen, Bändern und Muskeln auch Blutgefäße verletzt. Ebenfalls können u. U. Organe verletzt sein. Ein hoher Blutverlust stellt eine lebensbedrohliche Situation dar, die schnellstmöglich behandelt werden muss. Extreme Schmerzen können zu einem lebensbedrohlichen Schock führen. Bei unvollständiger Heilung können Spätfolgen mit Funktionseinschränkungen auftreten.

Anni hat offene Frakturen des Unterarms erlitten. Beide Knochen des linken Unterarms sind betroffen. Da die Fraktur offen war, ist davon auszugehen, dass Sehnen und Muskeln ebenfalls verletzt wurden. Es dürfte zu Blutungen gekommen sein. Zudem hatte Anni starke Schmerzen.

Einteilung von Frakturen
- Grundsätzlich werden Frakturen in **offen** und **geschlossen** unterteilt.
- Frakturarten: Querfraktur, Längsfraktur, Schrägfraktur (verschoben oder unverschoben), Torsionsfraktur, Grünholzfraktur, Trümmerfraktur, Abscherfraktur.

Sichere Frakturzeichen
- Sichtbare Knochenfragmente
- Abnorme Beweglichkeit
- Krepitation (Knirschen an der Bruchstelle)
- Stufenbildung in der Knochenstruktur
- Teilweise oder vollständige Amputation
- Nachweis im Röntgenbild

Kompetenzen und Operatoren
Diese Aufgabe besteht aus zwei Aufgabenteilen, die beide dem Kompetenzschwerpunkt III.2 (Anlage 2 PflAPrV) zugeordnet werden können. Der Operator „Erklären Sie" erfordert, die Informationen durch eigenes Wissen und eigene Einsichten in einen begründeten Zusammenhang zu stellen. Der Operator „Nennen Sie" verlangt die stichpunktartige Auflistung von Informationen.

5. Erklären Sie den Eltern Möglichkeiten, ihre Tochter nach ihrer Entlassung zu Hause bei der Körperpflege und Ernährung zu unterstützen (10 P.). Nennen Sie dabei zu beachtende hygienische Maßnahmen (5 P.). 15 Punkte

Unterstützung bei der Körperpflege durch die Eltern
„Als Eltern können Sie Ihre Tochter bei der Pflege gut unterstützen. Nehmen Sie ihr nicht alles ab, sondern lassen Sie sie alles, was möglich ist, allein machen. Verwenden Sie zur Körperpflege Annis Lieblingsprodukte. Lassen Sie sie sich am Waschbecken waschen. Vielleicht haben Sie einen Hocker oder Stuhl, damit sich Anni davorsetzen kann. An den Stellen, an denen sich ihre Tochter nicht richtig waschen oder abtrocknen kann, dürfen Sie gern übernehmen. Helfen Sie auch beim Eincremen, wenn Anni das mag. Ihr Lieblings-

duft hilft ihr, sich zu entspannen und Schmerzen weniger stark wahrzunehmen. Achten Sie auf eine regelmäßige Pflege."

Unterstützung bei der Ernährung durch die Eltern

„Eine ausgewogene und vitaminreiche Kost unterstützt den Heilungsprozess und sorgt für einen guten Allgemeinzustand. Bieten Sie Anni immer wieder ihre Lieblingsspeisen und -getränke an und fragen Sie sie, worauf sie Appetit hat. Natürlich sollte sie nicht täglich Schnitzel mit Pommes essen. Essen Sie gemeinsam. Das regt den Appetit an und fördert das Familiengefühl und soziale Bindungen. So können Sie Anni auch die Nahrung mundgerecht anrichten, sodass sie mit der rechten Hand gut allein essen und trinken kann."

Hygienische Maßnahmen

„Das Einhalten bestimmter hygienischer Regeln ist wichtig, damit Anni schnell und komplikationslos wieder gesund wird. Die Versorgung der Wunden übernimmt am besten ein Pflegedienst. Der Sozialdienst unseres Hauses wird sich dazu mit Ihnen in Verbindung setzen und bei der Beantragung helfen. Bitte lassen Sie Anni sich regelmäßig die Hände mit Seife und warmen Wasser waschen. Versuchen Sie die Wundumgebung, das heißt die Haut um den Verband, so sauber wie möglich zu halten. Vermeiden Sie körpernahen Kontakt zu Menschen mit ansteckenden Krankheiten, wie z. B. einer Erkältung. Damit kann auch Anni gesund bleiben. Eine Infektion wie eine Erkältung würde das Immunsystem zusätzlich belasten. Lüften Sie aus diesem Grund auch regelmäßig die Räume, achten Sie aber darauf, Zugluft zu vermeiden."

6. Erläutern Sie die ethischen Prinzipien, nach denen Anni gepflegt werden soll. Beachten Sie dabei insbesondere das Prinzip von Autonomie und Selbstbestimmung. 10 Punkte

Kompetenzen und Operatoren

Diese Aufgabe kann dem Kompetenzschwerpunkt II.3 (Anlage 2 PflAPrV) zugeordnet werden.
Der Operator „Erläutern Sie" erfordert die zusammenhängende Beschreibung von Sachverhalten, die mit Beispielen anschaulich mit eigenen Worten erklärt werden.

Die vier **ethischen Prinzipien** heißen:

- Autonomieprinzip
- Wohltuens-/Fürsorgeprinzip
- Nicht-Schadens-Prinzip
- Gerechtigkeitsprinzip

Alle Prinzipien sind miteinander verknüpft und bedingen sich untereinander gegenseitig.

- Nach dem **Autonomieprinzip** wird Annis Selbstbestimmungsrecht gefördert, respektiert und es ihr ermöglicht, danach zu handeln. Anni ist durchaus in der Lage, ihren eigenen Willen zu bekunden und auch umzusetzen. Da sie aber als zehnjähriges Kind auch dem erzieherischen Einfluss ihrer Eltern unterliegt, müssen diese hier einen entsprechenden Konsens zum Wohl ihres Kindes finden. Anni kann ihre Wünsche und Bedürfnisse äußern, kann diese aber nur umsetzen, wenn es augenscheinlich zu ihrem eigenen Wohl geschieht. Wünscht sie sich etwas, was ihr, ihrer Gesundheit oder ihrer Entwicklung schaden würde, kann das schon aus den Prinzipien des Wohltuens bzw. Nicht-Schadens heraus nicht zwangsläufig umgesetzt werden. Wenn sie, weil sie es irgendwo gesehen hat, zur „Schmerzlinderung" ein Glas Schnaps wünscht, wird ihr dies ganz sicher nicht gewährt. Doch wenn Anni am 1. postoperativen Tag keine Grundpflege wünscht, so kann ihr dies im Einklang mit den drei erstgenannten Prinzipien durchaus gewährt werden. Da ihr es „wohltut", ist der Verzicht auf die Grundpflege an diesem Tag sogar angezeigt. Sollte dieser Wunsch jedoch bestehen bleiben, so kann ihm bereits nach wenigen Tagen nicht mehr stattgegeben werden. Hier ist ein aufklärendes Gespräch mit Anni vonnöten.

- Im **Wohltuens-/Fürsorgeprinzip** ist ebenfalls die Wahrung der Patientenwürde verankert. Auch wenn Anni noch ein Kind ist, ist sie würdevoll zu behandeln. Dazu zählt z. B. bei der Pflege im Krankenhaus auf die Wahrung ihrer Intimsphäre zu achten, indem z. B. bei der Grundpflege im Bett für einen Sichtschutz gesorgt wird, wenn andere Patienten im Raum sind.
- Das **Nicht-Schadens-Prinzip** verlangt, dass alle Handlungen unterlassen werden, die dem Patienten schaden würden. Bei Maßnahmen zur Unterstützung, die dennoch für den Patienten belastend sein können, muss zwischen positiven und negativen Effekten abgewogen werden. Soll Anni im Anschluss physiotherapeutische Maßnahmen bekommen, damit die Funktionsfähigkeit des Arms wiederhergestellt werden kann, dies ihr aber enorme Schmerzen bereitet, muss in Erwägung gezogen werden, ob die therapeutischen Maßnahmen zeitlich verschoben werden oder unter Schmerzmedikation erfolgen sollen.
- Beim **Gerechtigkeitsprinzip** geht es um die faire Verteilung von knappen Ressourcen. Der Umgang sollte transparent, verantwortungsvoll und reflektiert geschehen. Weil Anni ein Kind ist, darf sie weder bevorzugt noch benachteiligt werden. Sollte z. B. die Physiotherapie keine Kapazitäten für Anni haben, wird sie entweder wie alle anderen Patienten auch auf eine Warteliste gesetzt oder es muss für alle Patienten eine andere Lösung gefunden werden.

Kompetenzen und Operatoren

Diese Aufgabe kann dem Kompetenzschwerpunkt II.3 (Anlage 2 PflAPrV) zugeordnet werden.
Der Operator „Beschreiben Sie" fordert, dass wesentliche Informationen aus dem Text bzw. Ihrem Wissen zusammenhängend und schlüssig mit eigenen Worten wiedergegeben werden. Der Operator „nennen Sie" verlangt, dass Informationen stichpunktartig aufgelistet werden.

7. Annis Eltern befinden sich aktuell in einer belastenden Situation. Beschreiben Sie Möglichkeiten, wie die Eltern mit dieser Situation umgehen können, und nennen Sie mögliche Lösungsansätze (10 P.). 10 Punkte

Wie die Eltern mit der momentan belastenden Situation umgehen, ist abhängig von ihren Persönlichkeitsstrukturen und Resilienzfaktoren. Sie können z. B. verzweifeln und sehr emotional werden. Der Vater kann zudem der Situation leicht aus dem Weg gehen, da er auf Montage arbeitet. Oder die Eltern gehen die Probleme der Situation lösungsorientiert an. Lösungsansätze können z. B. innerhalb der Familie gesucht werden. Gibt es Familienangehörige wie Großeltern, können diese evtl. Annis Mutter stundenweise unterstützen, bis es Anni wieder besser geht bzw. bis sie keinen Unterstützungsbedarf mehr hat. Vielleicht gibt es im Haus auch hilfsbereite Nachbarn, die z. B. Einkäufe erledigen oder sich mit Anni beschäftigen. An den Wochenenden könnten die Eltern gemeinsam „vorarbeiten", z. B. Speisen vorbereiten und einfrieren, die vor dem Verzehr nur erwärmt werden müssen, auf Vorrat einkaufen oder Wäsche waschen. Sicher gibt es auch im Freundeskreis helfende Hände. Eventuell finanziert auch die Krankenkasse eine stundenweise Betreuung. Zudem kann über einen Pflegedienst, der die Wundversorgung übernimmt, auch die Erledigung von Haushaltstätigkeiten wie Saubermachen oder eine soziale Betreuung z. B. für einen begleiteten Spaziergang etc. in Anspruch genommen werden.

TIPP

Neben der Unterstützung und Lösungssuche innerhalb der Situation und der Familie gibt es auch zahlreiche professionelle Organisationen, die zur Unterstützung herangezogen werden können. Beispiele dafür sind sowohl ambulante Pflegeeinrichtungen, die auf Kinder spezialisiert sind, als auch Selbsthilfegruppen. Weitere Hinweise können bei Kinderärzten, dem Sozialdienst im Krankenhaus oder dem Jugendamt eingeholt werden.

LITERATUR

1. Arbeitsgruppe Ethik im DBfK Südwest e.V. Positionspapier zur Stärkung der ethischen Handlungskompetenz in der Pflege. Stuttgart: 2018. Aus: www.dbfk.de/media/docs/regionalverbaende/rvsw/Download/DBfK_Suedwest_Broschuere_Ethik_DINA5.pdf (letzter Zugriff: 10.8.2023).
2. Deutsches Netzwerk für Qualitätsstandards in der Pflege (DNQP) (Hrsg.). Expertenstandard Schmerzmanagement in der Pflege. Aktualisierung 2020. Osnabrück: 2020. Aus: www.dnqp.de/fileadmin/HSOS/Homepages/DNQP/Dateien/Expertenstandards/Schmerzmanagement_2020/Schmerz-Akt2020_Auszug.pdf (letzter Zugriff: 10.8.2023).
3. Deutsche Schmerzliga e.V. Was ist Schmerz? 2019. Aus: www.schmerzgesellschaft.de/patienteninformationen/herausforderung-schmerz/was-ist-schmerz (letzter Zugriff: 12.8.2023).
4. Robert Koch-Institut. Schmerzen. 2023. Aus: www.rki.de/DE/Content/GesundAZ/S/Schmerzen/Schmerzen_inhalt.html (letzter Zugriff: 10.8.2023).

17.12 Zwölftes Prüfungsbeispiel

Mandy Schilling

17.12.1 Fallsituation: stationäre Langzeitpflege (➢ Kap. 15.1)

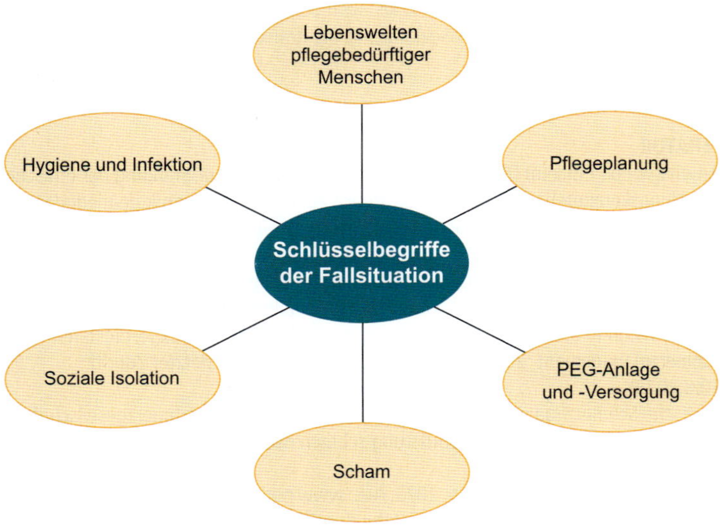

Kompetenzen und Operatoren
Diese Aufgabe kann dem Kompetenzschwerpunkt I.3 (Anlage 2 PflAPrV) zugeordnet werden kann. Der Operator „Analysieren Sie" erfordert, einen Sachverhalt, in diesem Fall die Handlungssituation, in seine Bestandteile zu zerlegen und die wesentlichen Merkmale auf Grundlage fachlicher Kriterien zu erfassen. Der Operator „Geben Sie …an" verlangt, über Sachverhalte klar, kurz und sachlich zu informieren.

1. Analysieren Sie tabellarisch die vorliegende Handlungssituation nach biografisch-familiären, sozialen, emotionalen und aktuellen pflegerelevanten Aspekten von Herrn Müller. Geben Sie für jeden Bereich zwei Aspekte an. 8 Punkte

Biografisch-familiäre Aspekte	Soziale Aspekte	Emotionale Aspekte	Pflegerelevante Aspekte
• Verwitwet seit 2 Jahren • Zwei Söhne	• Lebt seit 2 Jahren im Pflegeheim • Vorsorge- und Betreuungsverfügung vorhanden (beim ältesten Sohn Klaus) • Söhne besuchen ihren Vater regelmäßig im Pflegeheim • Viele Freunde aus dem Kegelclub, die ihn besuchen	• Harmonisches Miteinander ist Herrn Müller wichtig • Hat den Tod seiner Frau gut verarbeitet • Hadert mit der PEG, sie ist ihm peinlich, und er zieht sich deshalb sozial immer mehr zurück	• Großer Mediainfarkt vor 10 Wochen • Aktuelle Folgen: wenig ausgeprägte Aphasie, rechtsseitige Lähmung, massive Schluckbeschwerden, PEG, Versorgung der PEG durch Pflegefachperson und Ablehnung der PEG durch Herrn Müller

IMPULS

Die pflegerische Betreuung und Versorgung von hilfs- und pflegebedürftigen Menschen ist immer individuell und ganzheitlich zu planen und umzusetzen. Machen Sie sich dazu die Bedeutung der einzelnen lebensweltlichen Aspekte für sich selbst bewusst und versuchen Sie, sich gezielt in die Rolle des zu pflegenden Menschen zu versetzen. Achten Sie im Alltag auf die Berücksichtigung von Wünschen und Bedürfnissen in den verschiedenen Bereichen und beziehen Sie diese in die Feststellung von Pflegeproblemen so weit wie möglich mit ein.

2. Entwerfen Sie für vier aktuelle Probleme eine komplette, übersichtlich gestaltete Pflegeplanung. 20 Punkte

Pflegeproblem	Ressource	Pflegeziel	Pflegemaßnahmen
Undeutliche Aussprache und mögliche sprachliche Missverständnisse infolge der Aphasie	Patienten-Adhärenz bei den Übungen vorhanden	Noch vorhandene Spracheinschränkungen werden kompensiert	• B. Bed. Rückfragen stellen • Durch aktives Zuhören Missverständnisse ausräumen und nicht persönlich nehmen • Weitere logopädische Betreuung über Hausarzt organisieren
Erhöhte Aspirationsgefahr infolge der Dysphagie	Herr Müller äußert seine Bedürfnisse	Herr Müller aspiriert nicht	• Erhöhte Oberkörperpositionierung mit leicht nach vorn geneigtem Kopf • Ggf. pürierte Kost oder angedickte Getränke reichen • Ggf. Anpassung der Zahnprothese • Logopäde hinzuziehen und dessen Hinweise beachten
Sozialer Rückzug, da sich Herr Müller für seine PEG schämt	Herr Müller ist aufgeschlossen gegenüber seinen Mitmenschen und sehr sozial eingestellt	Herr Müller ist weiterhin sozial integriert und nimmt seine Sozialkontakte wahr	• Herr Müller wird zur PEG beraten und offene Fragen werden geklärt, um mehr Akzeptanz zu schaffen • Freunde, Angehörige und Bewohner der Etage des Pflegeheims werden in Absprache mit Herrn Müller über die neue Situation mit der PEG informiert, sodass für sie der „Überraschungsmoment" entfällt

Kompetenzen und Operatoren

Diese Aufgabe kann dem Kompetenzschwerpunkt I.3.a (Anlage 2 PflAPrV) zugeordnet werden.
Der Operator „Entwerfen Sie" erfordert, einen Entstehungsprozess zu visualisieren und das Ergebnis abzubilden. Hier ist damit vor allem eine arbeitsfähige, kausale und übersichtliche Variante der Pflegeplanung gemeint, weshalb die Aufgabe am besten tabellarisch gelöst wird.

Pflegeproblem	Ressource	Pflegeziel	Pflegemaßnahmen
Erhöhte Kontraktur-, Intertrigo-, Sturz- und Dekubitusgefahr infolge der erhöhten Immobilität aufgrund der rechtsseitigen Hemiparese	Herrn Müllers linke Körperhälfte funktioniert uneingeschränkt	• Haut ist intakt • Sturz wird vermieden • Gelenke sind frei beweglich	• Durchführung aller Prophylaxen laut Standard • Anpassung der Positionierung • Hautpflege • Sturzgefahren minimieren, z. B. Stolperfallen beseitigen, Licht anlassen • Gelenke im Rahmen der Grundpflege durchbewegen

LERNTIPP

Sollte Ihnen das Formulieren von Pflegezielen schwerfallen, hilft es Ihnen vielleicht, wenn Sie den Pflegeproblemen zunächst Maßnahmen zuordnen und anhand dieser passende Pflegeziele nennen.

Kompetenzen und Operatoren

Diese Aufgabe kann dem Kompetenzschwerpunkt I.3 (Anlage 2 PflAPrV) zugeordnet werden.

Der Operator „Ordnen Sie zu" erfordert, Begriffe und Sachverhalte zueinander in Beziehung zu setzen. Der Operator „begründen Sie" verlangt, komplexe Grundgedanken argumentativ schlüssig zu entwickeln und im Zusammenhang mit eigenen Worten darzustellen.

3. Ordnen Sie den vier Pflegeproblemen aus Aufgabe 2 je ein passendes ganzheitliches Strukturelement (ATL, ABEDL, SIS-Modul) zu und begründen Sie Ihre Auswahl. 8 Punkte

Pflegeproblem	Zugeordnetes Strukturelement	Begründung
Aphasie	• Kommunizieren (ATL, ABEDL) • Kognitive und kommunikative Fähigkeiten (SIS)	Die vom Schlaganfall betroffenen Gehirnareale schließen auch das Sprachzentrum mit ein, sodass Herr Müller Schwierigkeiten beim Sprechen hat. Sprechen als Ausdrucksform gehört in den Bereich „Kommunizieren" bzw. „Kognitive und kommunikative Fähigkeiten"
Dysphagie	• Essen und Trinken (ATL, ABEDL) • Selbstversorgung (SIS)	Die Fähigkeit, Speichel, Nahrung oder Getränke sicher von der Mundhöhle zum Magen zu befördern, ist bei Herrn Müller aufgrund des Schlaganfalls beeinträchtigt. Infolgedessen wurde eine PEG angelegt, um die ausreichende Versorgung mit Nahrung und Flüssigkeit zu sichern, daher Zuordnung in den Bereich „Essen und Trinken" bzw. „Selbstversorgung"

Pflegeproblem	Zugeordnetes Strukturelement	Begründung
Sozialer Rückzug/ Scham	• Sinn finden (ATL) • Sich beschäftigen (ABEDL) • Krankheitsbezogene Anforderungen und Belastungen bzw. Leben in sozialen Beziehungen (SIS)	Herr Müller hadert mit der PEG, sie ist ihm so peinlich, dass er sich zurückzieht. Teilweise rührt dieses Gefühl der Peinlichkeit oder Scham auch aus der eigenen Unwissenheit im Umgang mit der PEG. Unwissenheit mündet meist in eine Form der Angst, und Angst ist als Primäremotion am ehesten dem Bereich „Sinn finden" zugeordnet. Angst als Primäremotion und Scham als sekundäre Emotion sind beide der ATL „Sinn finden" zuzuordnen. Der soziale Rückzug passt in den ABEDL-Bereich „Sich beschäftigen" bzw. in das SIS-Themenfeld „Krankheitsbezogene Anforderungen und Belastungen bzw. Leben in sozialen Beziehungen"
Rechtsseitige Hemiparese	• Sich bewegen (ATL, ABEDL) • Mobilität und Beweglichkeit (SIS)	Die rechtsseitige Hemiparese hat Auswirkungen auf viele ATLs, auch auf die ATL „Für Sicherheit sorgen". Allerdings erfolgte die Zuordnung in die ATL/ABEDL „Sich bewegen", da in diese ATL/ABEDL sämtliche Bewegungsabläufe, die das Stehen, Sitzen, Sehen und Laufen ermöglichen, fallen, ebenso wie in das SIS-Themenfeld „Mobilität und Beweglichkeit". Herr Müller verfügt momentan nicht im gewohnten Umfang über diese Fähigkeiten, was einige pflegerische Probleme zur Folge hat

4. Herr Müller hadert mit seiner PEG-Anlage und möchte sie zeitnah wieder „loswerden". Erläutern Sie das Dilemma, in welchem sich a) Herr Müller (2 P.) und b) Sie sich als Pflegefachperson (2 P.) befinden. 4 Punkte

Kompetenzen und Operatoren

Diese Aufgabe kann dem Kompetenzschwerpunkt II.3.c (Anlage 2 PflAPrV) zugeordnet werden.
Der Operator „Erläutern Sie" erfordert, einen Sachverhalt, Gegenstand oder Vorgang anhand von Beispielen oder zusätzlichen Informationen verständlich zu machen.

LERNTIPP

Ein **Dilemma** bezeichnet eine Situation, die mindestens zwei Möglichkeiten der Entscheidung bietet, die beide zu einem unerwünschten Resultat führen. Dilemma wird umgangssprachlich auch als Zwickmühle bezeichnet.

Das Dilemma aus Herrn Müllers Sicht

Herr Müller befindet sich in dem Dilemma zwischen der Notwendigkeit, über die PEG mit Nahrung und Flüssigkeit versorgt zu werden, und der Scham, von dieser für seine Umwelt offensichtlichen medizinischen Maßnahme abhängig zu sein. Diese Abhängigkeit führt bei ihm zu einem Gefühl des Unwohlseins, und er fühlt sich in seiner gesellschaftlichen Wahrnehmung – wenn auch auf vor allem auf subjektiver Ebene – negativ beeinträchtigt. Allerdings ist ein Entfernen der PEG zum jetzigen Zeitpunkt nicht möglich, da sich Herr Müller aufgrund der Dysphagie oral nicht ausreichend ernähren kann.

Das Dilemma aus Sicht der Pflegefachperson
Sie als Pflegefachperson befinden sich in dem Dilemma zwischen der ärztlichen Anordnung, die PEG behandlungspflegerisch zu versorgen, damit sie komplikationslos funktioniert, und dem Anspruch von Herrn Müller, von dieser schnellstmöglich befreit zu werden. Als Pflegefachperson stehen Sie Herrn Müller als Bewohner des Pflegeheims aufgrund ihres täglichen Umgangs mit ihm nahe und können seine Wünsche und Bedürfnisse eher wahrnehmen als der behandelnde Arzt. Gegebenenfalls möchten Sie dem Bewohnerwunsch nach Entfernung auch nachkommen. Allerdings können Sie die PEG nicht entfernen und schon gar nicht ohne Rücksprache mit dem behandelnden Arzt. Das bedeutet, Sie müssen gezwungenermaßen die Behandlungspflege fortsetzen und versuchen, das Unwohlsein von Herrn Müller zu lindern.

Kompetenzen und Operatoren
Diese Aufgabe kann dem Kompetenzschwerpunkt III.2.b (Anlage 2 PflAPrV) zugeordnet werden.
Der Operator „Beschreiben Sie" erfordert, dass wesentliche Informationen aus dem Text bzw. Ihrem Wissen zusammenhängend und schlüssig mit eigenen Worten wiedergegeben werden. Der Operator „begründen Sie" verlangt, komplexe Grundgedanken argumentativ schlüssig zu entwickeln und im Zusammenhang mit eigenen Worten darzustellen.

5. Beschreiben Sie fünf wichtige Aspekte, die bei der Medikamentengabe über die PEG für Sie als Pflegefachperson zu berücksichtigen sind, und begründen Sie diese jeweils. 10 Punkte

- Die Eignung der Medikamente für die Gabe über die PEG muss durch den verordneten Arzt überprüft werden, denn nicht jedes Medikament darf gemörsert werden, da bei einigen die Wirkung verloren gehen oder verändert werden könnte.
- Medikamente nach Möglichkeit in flüssiger Darreichungsform verabreichen, weil sie so bereits in der passenden Flüssigkeit gelöst sind und nicht gemörsert werden müssen (durch das Mörsern besteht eine geringe Gefahr des Wirkstoffverlusts).
- Bei flüssigen Arzneimitteln pH-Wert und Osmolalität berücksichtigen, da diese Faktoren einen Einfluss auf die Wirkungsweise haben können.
- Lösliche Tabletten vorab in 15–30 ml frischem Trinkwasser auflösen, damit diese in flüssiger Form verabreicht werden können.
- Tabletten vor dem Auflösen mörsern, denn nur gemörserte Tabletten lösen sich zeitnah auf.
- Falls möglich und erlaubt: Kapseln öffnen und Kapselinhalt mörsern, damit sich der Inhalt in der Flüssigkeit auflösen kann.
- Arzneimittel und Sondenkost getrennt voneinander verabreichen, da es sonst zu unerwünschten Veränderungen der Wirkungsweise kommen kann.
- Medikamente getrennt voneinander verabreichen und zwischen den einzelnen Medikamenten mit mind. 5–10 ml frischem Trinkwasser nachspülen, damit die Arzneimittel einzeln im Magen landen und es nicht zu Wechselwirkungen kommt.
- Vor und nach der Medikamentengabe PEG mit 20–40 ml frischem Trinkwasser spülen, um das Verkleben der Sonde zu verhindern.

ACHTUNG
- Der vorangestellte Grundsatz, auch bei Vorhandensein einer PEG, lautet: Medikamente, wenn möglich, oral verabreichen.
- Bei der Gabe von Arzneimitteln sind unabhängig von der Eintrittspforte in den Körper Regeln zum Umgang mit Medikamenten wie die 6-R-Regel zu beachten!

6. Erklären Sie die Grundsätze des Bobath-Konzepts bei Schlaganfallpatienten mit Hemiparese (4 P.) und nennen Sie vier Prinzipien, die bei der Pflege zu beachten sind (4 P.). 8 Punkte

Grundsätze

Das Bobath-Konzept bzw. die Bobath-Therapie ist ein therapeutischer Ansatz zur Behandlung von Menschen mit neurologischen Erkrankungen. Nach der Befundaufnahme kann die Bobath-Therapie z. B. bei Menschen mit einer Halbseitenlähmung *(Hemiplegie)* als Folge eines Schlaganfalls in der Rehabilitation angewendet werden. Das Bobath-Konzept nutzt die Lernfähigkeit des Gehirns, um verloren gegangene Funktionen wiederzuerlangen oder durch andere natürliche Bewegungsmuster zu kompensieren.

Ziel ist es, die Selbstständigkeit wiederzuerlangen und die Lebensqualität zu steigern. Hierzu werden die Bobath-Prinzipien in den Tag-Nacht-Rhythmus integriert, um einen konstanten Therapieerfolg zu gewährleisten.

Prinzipien in der Versorgung von Menschen mit Schlaganfall

- Die aktive Mitarbeit des Patienten fordern und fördern
- Die aktuelle Leistungsgrenze als Orientierungsgröße ermitteln, sodass Fortschritte ersichtlich werden
- Ein Vertrauensverhältnis zum Patienten aufbauen
- Das Zusammenspiel von Nerven und Muskeln erleichtern, um so natürliche Bewegungsmuster zu fördern *(Fazilitation)*
- Bewegungsabläufe wiederholt einüben

Kompetenzen und Operatoren

Diese Aufgabe besteht aus zwei Aufgabenteilen, die beide dem Kompetenzschwerpunkt I.3 (Anlage 2 PflAPrV) zugeordnet werden können.
Der Operator „Erklären Sie" erfordert, die Informationen durch eigenes Wissen und eigene Einsichten in einen begründeten Zusammenhang zu stellen. Der Operator „nennen Sie" verlangt die Aufzählung von Begriffen oder Sachverhalten ohne Begründung.

7. Nennen Sie die fünf typischen Anzeichen, die für eine Entzündung sprechen, in deutscher sowie lateinischer Fachsprache (10 P.) und erklären Sie den Unterschied zwischen exogener und endogener Infektion (2 P.). 12 Punkte

Typische Infektionszeichen

- Rötung *(rubor)*
- Eingeschränkte Funktion *(functio laesa)*
- Schmerz *(dolor)*
- Schwellung *(tumor)*
- Überwärmung *(calor)*

Bei einer **exogenen Infektion** stammt der Erreger aus der Umgebung und wird beispielsweise mittels Kontaktinfektion übertragen.

Bei einer **endogenen Infektion** handelt es sich um körpereigene Erreger, die im oder auf dem menschlichen Körper vorkommen und durch Selbstinfektion in andere Körperbereiche übertragen werden.

Kompetenzen und Operatoren

Diese Aufgabe besteht aus zwei Aufgabenteilen, die beide dem Kompetenzschwerpunkt III.2.a (Anlage 2 PflAPrV) zugeordnet werden können.
Der Operator „Nennen Sie" verlangt, dass Begriffe/Sachverhalte ohne Begründung wiedergegeben werden.
Der Operator „erklären Sie" erfordert, die Informationen mithilfe eigenen Wissens und eigener Einsichten in einen begründeten Zusammenhang zu stellen.

ACHTUNG

Zur Feststellung und Einschätzung einer Infektionsgefahr wurden für die pflegerische Praxis noch keine Assessmentinstrumente entwickelt. Aufmerksames Beobachten sowie eine medizinische Untersuchung, z. B. ein Wundabstrich, können den Verdacht bestätigen.

Kompetenzen und Operatoren

Diese Aufgabe besteht aus zwei Aufgabenteilen, die beide dem Kompetenzschwerpunkt III.2.a (Anlage 2 PflAPrV) zugeordnet werden können. Der Operator „Erklären Sie" erfordert, die Informationen mithilfe eigenen Wissens und eigener Einsichten in einen begründeten Zusammenhang zu stellen. Der Operator „Fassen Sie ... zusammen" verlangt, Wesentliches in knapper Form wiederzugeben.

8. Erklären Sie den standardmäßigen Verbandwechsel bei einer PEG-Anlage, indem Sie die Arbeitsschritte der Vorbereitung einschließlich der Grundsätze des Verbandwechsel bei einer PEG, die benötigten Materialien, die Durchführung in Einzelschritten und die Nachbereitung beschreiben (25 P.). Fassen Sie in einem zweiten Schritt die wichtigsten Punkte der Durchführung des PEG-Verbandwechsels bei einer entzündeten Eintrittsstelle wie bei Herrn Müller vorliegend zusammen (5 P.). 30 Punkte

Standardmäßiger Verbandwechsel

- **Vorbereitung:**
  - Desinfektion der Arbeitsfläche.
  - Information und entsprechende Positionierung (in der Regel Rückenlage) des zu pflegenden Menschen.
  - Ist die Arbeitsfläche getrocknet, die benötigten Materialien bereitstellen. Für den routinemäßigen PEG-Verbandwechsel werden sterile Kompressen, sterile Schlitzkompressen, (hautfreundliches) Pflaster zum Fixieren, unsterile Handschuhe, Händedesinfektionsmittel, Hautdesinfektionsmittel und ein Müllabwurf benötigt.
- **Durchführung:**
  - Hygienische Händedesinfektion, unsterile Handschuhe anziehen.
  - Bestehenden Verband vorsichtig lösen und entfernen. Dabei Wunde und entfernte Wundauflage auf Wundsekret inspizieren und beurteilen.
  - Äußere Hautplatte öffnen und nach oben schieben, um die Schlitzkompresse zu entfernen.
  - Entfernte Wundauflage und Handschuhe entsorgen.
  - Hygienische Händedesinfektion, frische unsterile Handschuhe anziehen.
  - Eintrittsstelle der Sonde mittels Sprüh- und Wischdesinfektion der Haut von innen nach außen mit sterilen Kompressen mittels Non-Touch-Technik reinigen.
  - Sonde in Höhe der Eintrittsstelle mobilisieren, indem man sie vorsichtig in das Gastrostoma schiebt und anschließend um maximal 180° zwischen Daumen und Zeigefinger dreht. Danach Sonde in die ursprüngliche Position zurückbringen, ohne dabei zu fest anzuziehen, um das Risiko eines innenwandigen Dekubitus nicht zu erhöhen.
  - Unsterile Handschuhe entsorgen, erneute hygienische Händedesinfektion.
  - Frische sterile Schlitzkompressen zwischen Halteplatte und Bauchwand legen und die Halteplatte wieder verschließen.
  - Über die Halteplatte eine sterile Kompresse legen, um zu vermeiden, dass das Fixierungspflaster am Schlauch festklebt, und die Kompresse fixieren.
- **Nachbereitung:**
  - Bequeme Positionierung des Patienten, ggf. Bereitlegen der Rufvorrichtung und benötigter Gegenstände.
  - Entsorgen bzw. Aufräumen der benötigten Arbeitsmaterialien, Desinfektion der Arbeitsfläche.

- Verbandwechsel mit beobachteten Besonderheiten aus der Beobachtung, z. B. Austritt von Wundsekreten, Infektionszeichen, Nachblutungen etc. dokumentieren. Ggf. Arzt informieren.

Verbandwechsel bei entzündeter Eintrittsstelle

Bei einer entzündeten Eintrittsstelle muss ein täglicher aseptischer Verbandwechsel durchgeführt werden. Die Eintrittsstelle der PEG wird dabei nach Hausstandard gereinigt, z. B. mit einer polyhexanidhaltigen Lösung. Auch hier muss darauf geachtet werden, dass der Bereich zwischen der äußeren Halteplatte und der Haut trocken bleibt und kein feuchtes Milieu entsteht. Eventuell werden die sterilen Standard-Schlitzkompressen durch Schlitzkompressen mit Silber- oder Aluminiumbeschichtung für den antiphlogistischen Effekt ersetzt.

ACHTUNG

Herr Müller kommt mit einer entzündeten Eintrittsstelle aus der Reha zurück. Die Pflegefachperson muss deshalb zunächst den Arzt verständigen, denn nur dieser kann entscheiden, ob eine Stichkanalinfektion vorliegt und die PEG entfernt werden muss oder nicht.

TIPP

- Das Legen einer PEG ist grundsätzlich eine nicht delegierbare ärztliche Tätigkeit. Die pflegerischen Aufgaben beziehen sich hier insbesondere auf die Assistenz während des Legens und die behandlungspflegerische Versorgung der PEG nach der Anlage.
- In den ersten 10 Tagen nach Anlage einer PEG erfolgt täglich ein Verbandwechsel unter aseptischen Bedingungen. Ggf. muss dieser fortgesetzt werden, sollte die Wunde nach 10 Tagen noch nicht reizlos und trocken sein.
- Sobald die Wunde die erforderlichen Kriterien aufweist, reichen weitere aseptische Verbandwechsel im Abstand von 2 bis 3 Tagen aus. Bei komplett abgeheilter Wunde kann die Eintrittsstelle bei Bedarf mit klarem Wasser und milder Seife gesäubert werden. Auf eine tägliche Desinfektion der Eintrittsstelle ist zu verzichten, da sonst Mykosen oder Ekzeme drohen.
- Für die Durchführung eines standardisierten Verbandwechsels ist das Vorhandensein eines Standards die Voraussetzung. Gleichzeitig muss der Standard den Mitarbeitern bekannt sein und diese müssen in der Lage sein, diesen umzusetzen.
- Manchmal gibt es inhaltliche Unterschiede zwischen Standard und ärztlicher Anordnung. Maßgeblich sind die Anweisungen in folgender Reihenfolge (niedrigere Zahl hat gegenüber der höheren Priorität):
  1. Spezifische ärztliche Anordnung
  2. Hausstandard bzw. Dienstanweisung
  3. Expertenstandard

LITERATUR

1. Böhmer-Breuer R. Gesundheitsförderung, Prävention und Prophylaxen. In: Borgiel U (Hrsg.). Altenpflege Heute. 4. A. München: Elsevier, 2021. S. 131–184.
2. Böhmer-Breuer R. Aufbauwissen Pflege. Lebensweltorientierung. München: Elsevier, 2023.
3. Herrmann E. Spezielle Konzepte der Altenpflege. In: Böhmer-Breuer R, Herrmann E. (Hrsg.). PFLEGEN. Fokus Alter Mensch München: Elsevier, 2021: S. 191–205.
4. Schröder S. Einführung in die Pflege von Menschen mit internistischen Erkrankungen. In: Schröder S, Rey J. (Hrsg.). Pflege konkret. Innere Medizin. 8. A. München: Elsevier, 2022. S. 1–34.

17.13 Trainingsfinale Powerpack Tag 1 (➤ Kap. 16.1)

Maren Höpfner

Kompetenzen und Operatoren

Diese Aufgabe besteht aus zwei Aufgabenteilen, die beide dem Kompetenzschwerpunkt I.1 (Anlage 2 PflAPrV) zugeordnet werden können. Der Operator „Erläutern Sie" erfordert eine ausführliche Antwort in Sätzen mit Bezug zur Fallsituation.

1. Erläutern Sie vier vorrangige Pflegeprobleme (8 P.) und jeweils eine passende Ressource (4 P.) zu der Fallsituation von Walli Sulaiman. 12 Punkte

- **Pflegeproblem 1:** Bei Walli besteht aufgrund der Hautschädigung eine hohe Infektionsgefahr.
- **Ressource:** Bei Veränderungen an der Wunde oder an den diversen Kathetern und Einstichstellen kann Walli die Veränderung äußern.

Oder:

- **Pflegeproblem 2:** Walli hat starke Schmerzen.
- **Ressource:** Walli kann Schmerzen mitteilen und Hilfe einfordern.

Oder:

- **Pflegeproblem 3:** Aufgrund der bevorstehenden Narbenbildung kann es zu einer erhöhten Kontrakturgefahr im Oberkörperbereich kommen.
- **Ressource:** Walli versteht die Bewegungsübungen und kann bei diesen mithelfen.

Oder:

- **Pflegeproblem 4:** Walli hat durch den Volumenmangel eine Ausscheidungsstörung.
- **Ressource:** Walli kann trinken.

Oder:

- **Pflegeproblem 5:** Aufgrund der Verbrennungen besteht die Gefahr einer Hypothermie.
- **Ressource:** Walli kann Unwohlsein oder Kälteanzeichen äußern.

2. Arbeiten Sie zu den in Aufgabe 1 genannten Pflegeproblemen je zwei Pflegeziele heraus (je 4 P.). 8 Punkte

- **Pflegeproblem 1:**
  - Intakte Wundheilung.
  - Walli akzeptiert die Verbandsmaterialien.
- **Pflegeproblem 2:**
  - Walli akzeptiert die Maßnahmen der medikamentösen und nicht medikamentösen Schmerztherapie.
  - Walli kann seine Schmerzen auf der NRS-/VRS-Skala einschätzen.
- **Pflegeproblem 3:**
  - Die Gelenke am Oberkörper sind in ihren Freiheitsgraden weiterhin beweglich.
  - Walli ist bei Bewegungen schmerzfrei.
- **Pflegeproblem 4:**
  - Die Flüssigkeitszufuhr ist gewährleistet.
  - Walli erkennt die Notwendigkeit zu trinken und schafft mindestens 2 l pro Tag.
- **Pflegeproblem 5:**
  - Eine Körpertemperatur von 36,5 °C wird gehalten.
  - Walli akzeptiert die Pflegemaßnahmen.

Kompetenzen und Operatoren

Diese Aufgabe kann dem Kompetenzschwerpunkt I.1 (Anlage 2 PflAPrV) zugeordnet werden.
Der Operator „Arbeiten Sie … heraus" erfordert, dass aus der Fallsituation Sachverhalte oder Leitgedanken verdeutlicht und in einen Zusammenhang gebracht werden.

3. Entwickeln Sie für Walli Sulaiman aus zwei der oben genannten Pflegeprobleme (Aufgabe 1) jeweils fünf pflegerische Maßnahmen, die zum Erhalt und zur Wiedererlangung von Wallis Alltagskompetenz beitragen (je 2 P.). 10 Punkte

- **Pflegeproblem 1:**
  - Vor jeglicher Manipulation an den Verbänden oder Zugängen Hände desinfizieren
  - Wundverbände auf Durchnässung und/oder Abschnürung beobachten
  - In keimarmer Umgebung unterbringen
  - Sterile Materialien beim Verbandwechsel und an den Zugängen benutzen
  - Lage der Zugänge bei Schichtbeginn kontrollieren
- **Pflegeproblem 2:**
  - Wallis Mimik und Gestik beobachten
  - Medikamente nach ärztlicher Anordnung geben
  - Körperwahrnehmung ermöglichen und verbessern
  - Schmerz mithilfe eines Schmerzassessments für Kinder erfassen
  - Basale Stimulation und/oder Kinästhetikkonzepte anwenden
- **Pflegeproblem 3:**
  - Krankengymnastik nach ärztlicher Anordnung ermöglichen, um Narbenkeloiden vorzubeugen
  - Bei jeder pflegerischen Handlung die Gelenke am Oberkörper durchbewegen
  - Aktive und assistive Bewegungsübungen anbieten

Kompetenzen und Operatoren

Diese Aufgabe kann den Kompetenzschwerpunkten I.1 und I.6 (Anlage 2 PflAPrV) zugeordnet werden.
Der Operator „Entwickeln Sie" erfordert, dass Sie fallbezogen begründete Aussagen erstellen und diese miteinander in Verbindung setzen.

- Narbenpflege ermöglichen (wenn die Wundheilung abgeschlossen ist)
- Ergotherapie nach ärztlicher Anordnung ermöglichen

- **Pflegeproblem 4:**
  - Bilanzierung durchführen
  - Getränkeprotokoll führen
  - Haut auf Ödeme beobachten
  - Intravenöse Volumensubstitution überwachen
  - Lieblingsgetränke von Walli erfragen und von den Eltern bringen lassen
- **Pflegeproblem 5:**
  - Kontrolle der Temperatur (1 × pro Schicht)
  - Hohe Raumtemperatur einstellen
  - Hohe Luftfeuchtigkeit ermöglichen
  - Ausreichend Decken bereitlegen
  - Walli auf Hypothermiezeichen beobachten

Kompetenzen und Operatoren

Diese Aufgabe besteht aus zwei Aufgabenteilen, die beide dem Kompetenzschwerpunkt I.6 (Anlage 2 PflAPrV) zugeordnet werden können. Der Operator „Nennen Sie" fordert, dass Kenntnisse, Daten und Aussagen zielgerichtet zusammengetragen werden. Der Operator „Erläutern Sie" erfordert eine ausführliche Antwort in Sätzen mit Fallbezug.

4. Nennen Sie zwei weitere Informationen, welche Sie zur Gesamteinschätzung der Pflegesituation von Walli Sulaiman und seiner Familie benötigen (4 P.). Erläutern Sie, warum die ausgewählten Informationen handlungsrelevant sind (4 P.). 8 Punkte

Information	Handlungsrelevanz
Bei der Familie Sulaiman ist unklar, wie der Unfall sich auf die familiäre Situation auswirkt und wie der Vater den Unfall verarbeitet	Die Familie kann als Ressource für den Heilungsprozess eingesetzt werden. Wenn der Unfall von den Eltern noch nicht verarbeitet wurde, kann es sein, dass diese Ressource frühzeitig erschöpft ist, weil einer der Elternteile die Pflege nicht mehr mit übernehmen kann
Es ist ebenfalls unklar, inwieweit Walli mit den Langzeitfolgen seines Unfalls zurechtkommt	Die Motivation, bei der Pflege zu unterstützen oder mitzuhelfen, ist bei Walli reduziert. Da Verbrennungen zu einem langfristigen Pflegebedarf führen, ist es wichtig, die Unterstützung des zu pflegenden Kindes weiterhin zu fördern, sodass dieses gewillt ist, mitzuhelfen und seine Autonomie weiter auszubauen und Folgeschäden zu minimieren
Es ist unklar, inwieweit ein anschließendes weiteres Versorgungssystem eingesetzt werden kann	Es ist wichtig, Walli auf die weiteren Behandlungsschritte vorzubereiten, z. B. ob eine Rehabilitationsmaßnahme folgt oder ein ambulanter Akut-/Langzeitpflegedienst eingesetzt wird

Kompetenzen und Operatoren

Die Aufgabe kann den Kompetenzschwerpunkten I.1 und IV.1 (Anlage 2 PflAPrV) zugeordnet werden. Der Operator „Nennen Sie" fordert, dass Kenntnisse, Daten und Aussagen zielgerichtet zusammengetragen werden.

5. Nennen Sie vier Maßnahmen, die Sabrina Meyer im Rahmen der Ersten Hilfe bei Walli Sulaiman ergreift. 4 Punkte

- Kind aus der Gefahrenzone bringen
- Oberkörperbekleidung entfernen (nur wenn möglich)
- Wunde nach Möglichkeit kühlen (s. Kasten „Achtung")
- Kind beobachten und beruhigen
- Wunde nach Möglichkeit steril abdecken
- Kind in eine warme Decke wickeln, wenn vorhanden

ACHTUNG

Die neuen ERC-Leitlinien mit dem Themenschwerpunkt Erste Hilfe (Stand: 2021) zeigen auf, dass die betroffene Stelle für 20 Minuten mit kühler oder kalter Flüssigkeit gekühlt werden sollte – nach Möglichkeit mit steriler Kochsalzlösung, denn diese minimiert Schmerzen, Ödeme und die Verbrennung in der Tiefe.
Bei großflächigen Verbrennungen besteht besonders bei Säuglingen und Kindern die Gefahr der Unterkühlung, da über die betroffenen Körperregionen Wärme verloren geht.

6. Welches Assessment wählen Sie zur Schmerzbeobachtung und zur Schmerzeinschätzung für den siebenjährigen Walli aus (2 P.)? Wallis Bewusstseinslage ist nicht eindeutig erkennbar, da er noch am Unfallort sediert wurde. Begründen Sie Ihre Entscheidung (2 P.). 4 Punkte

Assessment: Kindliche Unbehagens- und Schmerzskala (KUS-Skala).
Begründung: Walli Sulaiman ist zwar schon 7 Jahre alt, aber durch die Sedierung ist eine Selbsteinschätzung nur bedingt möglich. Die KUS-Skala ist eigentlich nur bis zum 4. Lebensjahr ausgelegt, kann hier aber aufgrund der Bewusstseinseinschränkung noch eingesetzt werden. Mit der KUS-Skala als Fremdeinschätzungsinstrument können Wallis Verhalten (Weinen, Gesichtsausdruck) sowie seine Haltung und Motorik beobachtet und bewertet werden.

Kompetenzen und Operatoren

Diese Aufgabe kann den Kompetenzschwerpunkten I.1 und IV.1 (Anlage 2 PflAPrV) zugeordnet werden.
Der Operator „Begründen Sie" erfordert, dass komplexe Grundgedanken oder Argumente zu einem Sachverhalt schlüssig ausgeführt werden. Zudem ist die Einbeziehung der Fallsituation erforderlich.

IMPULS

Für verschiedene Gruppen von zu pflegenden Menschen gibt es unterschiedliche Assessmentinstrumente zur Erfassung von Unbehagen und Schmerzen. Pflegefachpersonen haben einen Überblick über diese spezifischen Instrumente, um ein individuelles Pflegeangebot zu gestalten.

7. Nennen Sie zwei Opioide der WHO-Stufe 3, welche Sie Walli als Bedarfsmedikament geben dürften. 4 Punkte

- Fentanyl
- Morphin
- Oxycodon

Kompetenzen und Operatoren

Diese Aufgabe kann dem Kompetenzschwerpunkt I.1 (Anlage 2 PflAPrV) zugeordnet werden.
Der Operator „Nennen Sie" fordert, dass Kenntnisse, Daten und Aussagen zielgerichtet zusammengetragen werden.

8. Erläutern Sie zwei Entspannungsmethoden der nicht medikamentösen Schmerztherapie (2 P.) und wie diese jeweils wirken (2 P.). Nennen Sie zwei mögliche Indikationen (2 P.). 6 Punkte

Entspannungsmethoden
- Atementspannung
- Autogenes Training
- Massage
- Meditation

Kompetenzen und Operatoren

Diese Aufgabe besteht aus drei Aufgabenteilen, die alle dem Kompetenzschwerpunkt I.6 (Anlage 2 PflAPrV) zugeordnet werden können.
Der Operator „Erläutern Sie" erfordert, dass der Sachverhalt mit Beispielen veranschaulicht wird.

Wirkung
- Stress- und Schmerzreduktion
- Entspannungszeichen im vegetativen Nervensystem
- Stimmungsaufhellung
- Verbesserte Selbstkontrolle

Indikation
- Angst
- Innere Unruhe
- Chronische Schmerzzustände
- Präventiv (z. B. vor Operationen)

ACHTUNG
Entspannungsmethoden müssen meist erlernt werden, da nicht alle Menschen über geeignete Techniken verfügen.

Kompetenzen und Operatoren
Diese Aufgabe besteht aus zwei Aufgabenteilen die beide den Kompetenzschwerpunkten II.1 und IV.1 (Anlage 2 PflAPrV) zugeordnet werden können. Der Operator „Definieren Sie" fordert eine begründete Auseinandersetzung in Satzform. Der Operator „Ermitteln Sie" erfordert, dass aus dem Fall Sachverhalte oder Leitgedanken herausgearbeitet und diese in einen Zusammenhang gebracht werden.

9. Definieren Sie den Unterschied zwischen akuten und chronischen Schmerzen nach dem passenden Expertenstandard (4 P.). Ermitteln Sie drei Prozesskriterien, welche Sie als Pflegefachperson bei Wallis Pflege beachten müssen (6 P.). 10 Punkte

Definitionen von akuten und chronischen Schmerzen [3]

Akuter Schmerz	Chronischer Schmerz
„Akuter Schmerz ist ein plötzlich auftretender und über einen begrenzten Zeitraum andauernder Schmerz, der durch eine tatsächliche oder drohende Gewebeschädigung verursacht wird. Er nimmt eine lebenserhaltende Warn- und Schutzfunktion ein, die sich auch durch physiologische Begleiterscheinungen zeigt. Dazu gehören u. a. der Anstieg des Blutdrucks, des Pulses und der Atemfrequenz."	*„Von chronischem Schmerz spricht man, wenn dieser dauerhaft oder wiederkehrend für mindestens drei Monate vorhanden ist und die akute Warnfunktion der physiologischen Schmerzwahrnehmung fehlt. Wichtig ist, dass dies nicht im Sinne eines exakten Zeitpunktes verstanden wird, sondern der Übergang von akutem zu chronischem Schmerz als fließend und am individuellen Schmerz- und Krankheitserleben ausgerichtet erkannt wird. Eine kontinuierliche Betrachtung der Kriterien ‚Intensität der Pathologie' und ‚Dauer' sowie das wechselseitige und dynamische Zusammenspiel physiologischer und psychologischer Faktoren werden als wichtige Besonderheit der Chronifizierung identifiziert."*

Prozesskriterien
- Die Pflegefachperson ermittelt mithilfe geeigneter Assessments die zu erwartenden Schmerzen. Am Anfang benötigt Walli durch die Sedierung eine Fremdeinschätzung, und im weiteren Verlauf der Behandlung kann er die Schmerzen mithilfe der Visuellen Analogskala (VAS) oder der Numerischen Rating-Skala (NRS) selbstständig mitteilen.

- Die Pflegefachperson und alle weiteren Berufsgruppen beteiligen sich aktiv an einem individuellen Behandlungsplan für Walli und binden medikamentöse sowie nicht medikamentöse Maßnahmen in die Pflegeprozessplanung ein.
- Walli wird von der Pflegefachperson über seine Schmerzsituation und über sein Selbstmanagementkonzept informiert, geschult oder beraten.
- Die Pflegefachperson gewährleistet und koordiniert das Angebot sowie die Durchführung von medikamentösen Maßnahmen nach ärztlicher Anordnung und die nicht medikamentösen Maßnahmen.
- Die Pflegefachperson überprüft in regelmäßigen Abständen die Wirksamkeit der Maßnahmen und bespricht diese mit Walli und seinen Eltern. Bei Änderungen werden diese in der Pflegeprozessplanung dokumentiert und die Maßnahmen angepasst.

10. Listen Sie zwei Maßnahmen auf, welche Walli zur Linderung seiner juckreizbedingten Beschwerden verhelfen können (je 2 P.). 4 Punkte

- Linderung des Juckreizes durch bedarfsorientierte Gabe von Antipruriginosa, z. B. Fenistil®, nach ärztlicher Anordnung
- Ablenkung

Kompetenzen und Operatoren

Diese Aufgabe kann dem Kompetenzschwerpunkt I.1 (Anlage 2 PflAPrV) zugeordnet werden.
Der Operator „Listen Sie … auf" erfordert, dass Kenntnisse und Informationen zielgerichtet zusammengetragen werden.

ACHTUNG

Eine pflegerische physikalische Maßnahme wie Kühlung etc. ist kontraindiziert, denn die Wunden sind steril mit Verbänden versorgt. Eine Kühlung verlangsamt die Neubildung von Hautzellen, was wiederum die Wundheilung verzögert.

11. Beim Wechsel von Wallis Verband wird die Non-Touch-Technik angewendet. Erklären Sie das Prinzip. 4 Punkte

Non-Touch-Technik oder berührungsfreies Arbeiten: Das Prinzip dieser Arbeitsmethode besteht darin, dass das Entfernen des Verbands mit sterilen Handschuhen oder einer sterilen Pinzette durchgeführt wird, ohne die Wunde mit der Hand oder dem Instrument zu berühren.

Kompetenzen und Operatoren

Diese Aufgabe kann dem Kompetenzschwerpunkt I.1 (Anlage 2 PflAPrV) zugeordnet werden.
Der Operator „Erklären Sie" erfordert, dass Sie die Leitgedanken der Technik präzise aufführen.

12. Erörtern Sie zwei in der Fallsituation vorkommende Aspekte der gelungenen Kommunikation (je 4 P.) sowie zwei Kommunikationsbarrieren in der Interaktion und Beziehungsgestaltung (je 4 P.). 16 Punkte

Gelungene Kommunikation

Zuerst dreht die Pflegefachperson langsam das Gesicht von Walli in ihr Blickfeld, um ganz sicherzugehen, dass er auch hinschaut und ihr zuhört. Dann äußert sie folgende Sätze: *„Dann machen wir eine Monster-AG auf. Ich zeige dir gleich noch, wie du dich vor dem Verbandwechsel entspannen kannst."* Durch die kindgerechte Sprache erreicht sie, dass Walli ihr zuhört und sich trotz seiner Narben erstmals sicher fühlt. Durch das Lächeln und den dankbaren Blick von Walli ist diese Kommunikationssituation gelungen.

Kompetenzen und Operatoren

Diese Aufgabe besteht aus zwei Aufgabenteilen, die beide dem Kompetenzschwerpunkt II.1 (Anlage 2 PflAPrV) zugeordnet werden können.
Der Operator „Erörtern Sie" fordert, dass Sie zu einer vorgegebenen Problemstellung oder zu einer gelungenen Kommunikation eine reflektierte Rückmeldung gegeben. Zudem wird diese von Ihnen begründet und bewertet.

Die zweite gelungene Beziehungsgestaltung und Kommunikationssituation zeigt sich durch das gemeinsame „Powerposing“ von Walli und der Pflegefachperson. Mithilfe von Powerposing kann man sich bei Nervosität oder Ängsten selbst stärken. Die beiden Betroffenen stellen sich wie Helden hin und sagen laut: *„Wir schaffen das!“* Dadurch werden Selbstwirksamkeit und das Selbstwertgefühl gestärkt.

Kommunikationsbarrieren

Die Mutter startet an dem Tag in der Pflegesituation mit folgendem Satz: *„Nun machen Sie schon, er hat Schmerzen. Und bringen Sie direkt das richtige Medikament mit.“* Die Anspielung darauf, dass die Pflegefachperson ein falsches Medikament mitbringen könnte, führt zu einem Bruch in der Kommunikationssituation. Außerdem wählt die Mutter direkt zum Start der Kommunikation einen „motzigen“ Ton und schnauzt die Pflegefachperson an.

Die Pflegefachperson reagiert darauf nicht adäquat. Anstatt das Gespräch zu suchen, dreht diese sich frustriert um und verlässt ohne Antwort das Zimmer. Das ist keine professionelle Kommunikation.

Kompetenzen und Operatoren

Diese Aufgabe besteht aus zwei Aufgabenteilen, welche beide den Kompetenzschwerpunkten I.1 und II.1 (Anlage 2 PflAPrV) zugeordnet werden können. Der Operator „Nennen Sie“ fordert, dass Kenntnisse, Daten und Aussagen zielgerichtet zusammengetragen werden. Der Operator „erklären Sie“ erfordert, dass Sachverhalte korrekt eingeordnet und diese in einen begründeten und fallorientierten Zusammenhang gebracht werden.

13. Walli Sulaiman und seine Mutter werden von Ihnen noch in der Versorgung mit dem Kompressionsanzug angeleitet. Nennen Sie eine weitere Berufsgruppe, welche Sie hinzuziehen können (2 P.), und erklären Sie vier pflegerische Maßnahmen im korrekten Umgang mit dem Kompressionsanzug (4 P.). 6 Punkte

Berufsgruppe

- Orthopädietechniker
- Sanitätsfachangestellte
- Physiotherapeuten

Pflegerische Maßnahmen

- Kompressionsanzüge müssen maßgefertigt sein.
- Kompressionsanzüge müssen gut sitzen.
- Oben genanntes Fachpersonal misst den Kompressionsanzug aus.
- Der Kompressionsanzug muss immer getragen werden (außer zur Körperpflege, Narbenmassage).
- Erst wenn die Narben ausgereift sind, Kompressionstherapie langsam reduzieren.
- Mindestens zwei passende Garnituren anfertigen lassen, um einen Wechsel der Garnitur zu ermöglichen.
- Anpassungen je nach Wachstum frühzeitig dem Fachpersonal aufzeigen.

14. „Dieser Unfall ruiniert noch meine ganze Familie!" Setzen Sie sich mit dieser Aussage auseinander und geben Sie zwei verschiedene Interpretationen an (je 2 P.). 4 Punkte

Die Mutter kann diesen Satz geäußert haben, da sie mit dem Unfall und den Langzeitfolgen überfordert ist und nicht weiß, wie ihr neuer Familienalltag aussehen könnte. Aktuell ist noch nicht abzuschätzen, inwieweit ihr Kind pflegebedürftig bleibt und sie weitere Hilfen in Anspruch nehmen muss.

Der Satz kann auch von der Mutter geäußert worden sein, da ihr Mann ursächlich für den Unfall war. Viele Familien zerbrechen an den Schuldzuweisungen, die gegenseitig gemacht werden.

IMPULS

Bei thermisch verletzten Kindern sollten Sie als Pflegefachperson auf jeden Fall psychologisches Fachpersonal, Mitarbeitende der Seelsorge oder Selbsthilfegruppen, z. B. Paulinchen e.V., hinzuziehen. Die Fachkräfte kümmern sich um die betroffenen zu pflegenden Kinder und deren Familien, damit sie das psychische Trauma gemeinsam bewältigen können.

Kompetenzen und Operatoren

Diese Aufgabe kann den Kompetenzschwerpunkten I.1 und I.1 (Anlage 2, PflAPrV) zugeordnet werden.
Der Operator „Setzen Sie sich … auseinander" fordert eine begründete Bewertung in ganzen Sätzen, während der Operator „geben Sie an" selbstständige Ausführungen in Bezug auf die Fallsituation erfordert.

LITERATUR

1. Cordes C. Verbrennungen bei Kindern und Jugendlichen. ProCare. 2021; 5: 30–23.
2. Deutsche Gesellschaft für Verbrennungsmedizin e.V. (DGV e.V.). AWMF-S2k-Leitlinie: Leitlinie zur Behandlung brandverletzter Kinder – Thermische Verletzungen im Kindesalter (Verbrennung, Verbrühung). 2015. Aus: https://register.awmf.org/assets/guidelines/006-128l_S2K_Thermische_Verletzungen_Kinder_2015-04-abgelaufen.pdf (letzter Zugriff: 8.4.2023).
3. Deutsches Netzwerk für Qualitätsentwicklung in der Pflege (DNQP). Expertenstandard Schmerzmanagement in der Pflege. 1. Aktualisierung. Osnabrück: DNQP, 2020.
4. Zideman DA et al. Erste Hilfe. Leitlinien des European Resuscitation Council 2021. Notfall + Rettungsmedizin. 2021; 24(4): 577–602.
5. Carney DR, Cuddy AJC, Yap AJ. Power posing: brief nonverbal displays affect neuroendocrine levels and risk tolerance. Psychol Sci. 2010; 21(10): 1363-8. DOI: 10.1177/0956797610383437
4. Smith KM, Apicella CL. Winners, losers, and posers: The effect of power poses on testosterone and risk-taking following competition. Horm Behav. 2017, 92(6): 172-181. DOI: 10.1016/j.yhbeh.2016.11.003

17.14 Trainingsfinale Powerpack Tag 2 (➢ Kap. 16.3)

Verena Bikas

Kompetenzen und Operatoren

Diese Aufgabe kann dem Kompetenzschwerpunkt II.2 (Anlage 2 PflAPrV) zugeordnet werden.

Der Operator „Erklären Sie" erfordert das Darstellen eines Sachverhalts auf der Basis von eigenen Kenntnissen.

1. Erklären Sie Frau Weiß die Entstehung der subarachnoidalen Blutung ihres Vaters. 5 Punkte

- Herr Wiedemann hatte ein interkranielles Aneurysma.
- Dies ist eine Gefäßaussackung, die hauptsächlich an der Aufzweigung von Blutgefäßen auftritt.
- Ein Aneurysma besteht aus einem Hals und einem Sack. Die Blutung tritt normalerweise an der dünnsten Stelle des Sacks auf.
- Der dauerhafte Hypertonus von Herrn Wiedemann übte Druck auf das Gehirn aus, sodass letztendlich das Aneurysma geplatzt ist.
- Dadurch kam es zu einer Subarachnoidalblutung, welche mit plötzlichen schweren Symptomen wie Kopfschmerzen und Bewusstseinseintrübung einherging.

2. Arbeiten Sie im Rahmen Ihrer Beratung von Frau Weiß die Unterschiede zwischen einer Aphasie und einer Dysarthrie heraus (4 P.) und ordnen Sie ein, um welche Art von Aphasie es sich bei Herrn Wiedemann handelt (4 P.). 8 Punkte

Unterschiede zwischen Aphasie und Dysarthrie

- Aphasie
  - Bei der Aphasie handelt sich es um eine Schädigung der Sprachzentrale, eine sogenannte Sprachstörung.
  - Die Planung der Wörter im Kopf ist beeinträchtigt, d. h., die Fähigkeit, Sprache zu erzeugen und ihren Sinn zu verstehen, ist gestört.
- Dysarthrie
  - Bei der Dysarthrie handelt es sich um eine Sprechstörung.
  - Das Ausführen der Bewegungen der Sprechmuskulatur, um das Geplante zu artikulieren, ist beeinträchtigt, d. h., der Prozess der Wortbildung und Artikulation ist gestört.

Art der Aphasie

- Herr Wiedemann leidet an einer Broca-Aphasie.
- Bei dieser Form der Sprachstörung ist überwiegend das Formulieren gestört.
- Die Betroffenen verstehen ihren Gesprächspartner oftmals recht gut, können selbst jedoch nur sehr mühsam und stockend formulieren.
- Bei Herrn Wiedemann ist es daran zu bemerken, dass er ungeduldig und teilweise aggressiv wird, wenn seine Tochter ihn nicht versteht und nicht schnell genug antwortet.

Kompetenzen und Operatoren

Diese Aufgabe besteht aus zwei Aufgabenteilen, die beide dem Kompetenzschwerpunkt I.2 (Anlage 2 PflAPrV) zugeordnet werden können.
Der Operator „Arbeiten Sie … heraus" verlangt eine Gegenüberstellung unter Erklärung der Definition und des Sachverhalts. Der Operator „ordnen Sie … ein" erfordert das In-Beziehung-Setzen zu einer Position anhand der bekannten Informationen.

3. Erläutern Sie Frau Weiß vier mögliche Verhaltensweisen im Umgang mit ihrem Vater bezüglich der Aphasie. 8 Punkte

- Geduldig bleiben, einfache Sätze benutzen und Gesprächspausen einlegen.
  Herr Wiedemann benötigt Zeit zum Sprechen.
- Nicht das „Wort aus dem Mund nehmen".
  Herr Wiedemann sucht oftmals lange nach Worten. Es ist für ihn ein Erfolgserlebnis, selbst auf die richtigen Worte zu kommen.
- Die Kommunikation erleichtern. Hierbei helfen einfache Fragen, die mit „Ja/Nein" beantwortet werden können. Gesten und entsprechende Mimik können beim Verstehen helfen.
  Herrn Wiedemann wird so die Unterhaltung erleichtert.
- Nicht zu viel korrigieren.
  Herr Wiedemann könnte Angst haben, beim Sprechen Fehler zu machen. Zu häufiges Korrigieren kann dazu führen, dass sich er sich nicht mehr traut zu sprechen.
- Störquellen wie Hintergrundgeräusche von Radio oder TV beseitigen.
  Herrn Wiedemann fällt es sicherlich schwer, sich auf mehrere Dinge gleichzeitig zu konzentrieren. Wenn nur einer spricht bzw. keine anderen Geräusche stören, kann er sich besser konzentrieren.

Kompetenzen und Operatoren

Diese Aufgabe kann dem Kompetenzschwerpunkt II.2 (Anlage 2 PflAPrV) zugeordnet werden.
Der Operator „Erläutern Sie" erfordert das Darstellen eines Sachverhalts auf der Basis von eigenen Kenntnissen und die Veranschaulichung dieser durch zusätzliche Informationen und Beispiele.

Kompetenzen und Operatoren
Diese Aufgabe kann dem Kompetenzschwerpunkt I.2 (Anlage 2 PflAPrV) zugeordnet werden.
Der Operator „Analysieren Sie" erfordert das Herausarbeiten von Sachverhalten, Hintergründen und Beziehungen und das Einordnen in systematische Zusammenhänge.

4. Analysieren Sie Herrn Wiedemanns potenzielles Problem der Sturzgefahr anhand einer Pflegeplanung, indem Sie ein Problem formulieren sowie eine Ressource, ein Ziel und fünf geeignete Maßnahmen erfassen. 8 Punkte

- **Problem:** Herr Wiedemann ist aufgrund seiner Hemiparese, steifen Gelenke und Non-Adhärenz sturzgefährdet.
- **Ressource:** Herr Wiedemann ist orientiert und kann Erklärungen sowie Anweisungen folgen.
- **Ziel:** Herr Wiedemann bleibt sturzfrei.
- **Maßnahmen:**
  - Tägliche Bewegungsübungen durchführen, die gezielt Gleichgewicht, Gang und Muskelkraft trainieren.
  - Tägliches Üben von regelmäßigen Bewegungsabläufen wie aufstehen, nachts den Toilettenstuhl erreichen oder den Rollator lenken.
  - Freihalten von Laufwegen, z. B. von Teppichen, Kabeln.
  - Platz schaffen, z. B. Möbel umstellen oder abbauen, damit sich Herrn Wiedemann mit dem Rollator in der Wohnung frei bewegen kann.
  - Feststellen der Bremsen am Rollator, wenn dieser abgestellt wird.
  - Entsprechende Auswahl der Kleidung, insbesondere der Hose, die wegen der Dranginkontinenz leicht und schnell an- und auszuziehen sein sollte → Reduzierung der Sturzgefahr beim Toilettengang

Kompetenzen und Operatoren
Diese Aufgabe kann dem Kompetenzschwerpunkt V.2 (Anlage 2 PflAPrV) zugeordnet werden.
Der Operator „Erörtern Sie" verlangt eine reflektierte Auseinandersetzung und abschließende Bewertung zu einer vorgegebenen Problemstellung.

5. Erörtern Sie Frau Weiß, weshalb es sinnvoll wäre, ihren Vater unter kinästhetischen Gesichtspunkten zu bewegen. 10 Punkte

- Unter Kinästhetik versteht man die Lehre von der Bewegungsempfindung. Das Prinzip der Kinästhetik beruht auf der unbewussten Kontrolle und Steuerung der Bewegungen.
- Mithilfe der Kinästhetik können Bewegungen intensiver wahrgenommen werden und so die Bewegungsempfindung verbessert werden. Frau Weiß kann ihren Vater aktiv in die Bewegungsmuster mit einbinden und so dessen Bewegungsfreiheit und Kontrolle über seinen Körper steigern.
- Die Ziele der Kinästhetik liegen in der Verbesserung der Bewegungsfreiheit und Selbstständigkeit. Herr Wiedemann soll seine Bewegungen insbesondere während der Pflege bewusst wahrnehmen und mit unterstützen, um sich so seine Mobilität zu bewahren.
- Außerdem bietet die Kinästhetik bietet eine Grundlage für Kommunikation und Vertrauensaufbau, auch wenn die kognitiven Fähigkeiten langsam abnehmen oder – wie bei Herrn Wiedemann – die Kommunikation erschwert ist.
- Durch Kinästhetik wird die Eigenaktivität von Herrn Wiedemann verbessert und seine Bewegungsmöglichkeiten voll ausgeschöpft. Dadurch werden seine Selbstständigkeit und sein Selbstwertgefühl verbessert. Dies hat wiederum einen positiven Einfluss auf die Motivation und den Gemütszustand von Herrn Wiedemann.
- Zusätzlich hat die Kinästhetik auch eine prophylaktische Wirkung. Durch regelmäßige und selbstständige Mobilisation kann Dekubitus und Thrombosen vorgebeugt werden, und durch die aktive Mitarbeit von Herrn Wiedemann wird Frau Weiß körperlich entlastet.

6. Ermitteln Sie mit Frau Weiß Verhaltensweisen im Umgang mit Herrn Wiedemanns derzeitiger Situation in Bezug auf seine Hemiparese, seine Demotivation und seine Non-Adhärenz. 8 Punkte

- Frau Weiß' Unterstützung ist Herrn Wiedemann enorm wichtig und kann großen Einfluss auf den Verlauf der Erkrankung nehmen.
- Es ist wichtig, dass Frau Weiß Herrn Wiedemann dazu motiviert, Übungen und Therapien umzusetzen.
- Frau Weiß sollte Herrn Wiedemann auch für kleine Erfolge loben, um die Motivation hochzuhalten.
- Herrn Wiedemann muss das Gefühl vermittelt werden, dass er nicht allein ist, sondern sich auf Hilfe und liebevolle Pflege verlassen kann.
- Frau Weiß sollte Herrn Wiedemann nicht den Eindruck vermitteln, dass er ihr zur Last fällt.
- Wichtig ist, dass die richtigen und geeigneten Hilfsmittel vorhanden sind, um eine gute Versorgung zu ermöglichen. Frau Weiß sollte sich überlegen, Pflegebett, Toilettenstuhl oder -sitzerhöhung und Rollstuhl zu beantragen.
- Frau Weiß berücksichtigt bei der Versorgung ihres Vaters folgende Prinzipien:
  - Die gelähmte Seite immer zuerst: Alle Aktivitäten passieren von der gelähmten Körperseite aus.
  - Die gelähmte Seite anregen: Menschen mit einer Hemiparese vernachlässigen oftmals ihre gelähmte Seite. Daher sollten Reize (Ansprache, Pflegemaßnahmen, entsprechende Position von Bildern, Pflegebett im Zimmer) immer von der betroffenen Seite ausgehen, damit die Wahrnehmung dieser Körperseite angeregt wird.
- Frau Weiß sollte einen Kurs für pflegende Angehörige machen, um die Verhaltensweisen und pflegerischen Grundlagen zu lernen.

Kompetenzen und Operatoren

Diese Aufgabe kann dem Kompetenzschwerpunkt I.2 (Anlage 2 PflAPrV) zugeordnet werden.
Der Operator „Ermitteln Sie" verlangt das Entwickeln von Strategien aus vorhandenen Informationen.

7. Schildern Sie Frau Weiß die Art der Inkontinenz ihres Vaters (3 P.) und drei mögliche Maßnahmen (3 P.), dieser entgegenzuwirken, und erklären Sie ihr sechs Auswirkungen dieser Pflegediagnose auf Herrn Wiedemann (6 P.). 12 Punkte

Definition

Dranginkontinenz ist eine Form der Harninkontinenz. Dabei verspüren Betroffene ganz plötzlich, ohne vorherige Anzeichen einen starken Harndrang. Dieser kann auch auftreten, wenn die Harnblase nur wenig gefüllt ist. Die Blase entleert sich dann, ohne dass man es kontrollieren kann.

Maßnahmen im Alltag

- Regulation der Trinkmenge
- Entleerung der Blase nach der Uhr statt nach Harndrang oder nach Aufforderung
- Blasenberuhigende Medikamente, um die Entleerung der Blase zu verzögern, bis die Toilette erreicht ist
- Gezieltes Beckenbodentraining

Kompetenzen und Operatoren

Diese Aufgabe besteht aus zwei Aufgabenteilen, die beide den Kompetenzschwerpunkten I.2 und II.2 (Anlage 2 PflAPrV) zugeordnet werden können.
Der Operator „Schildern Sie" erfordert das Darstellen von Sachverhalten in logischen Zusammenhängen unter Verwendung von fachsprachlich richtigen Worten. Der Operator „erklären Sie" verlangt das Darstellen eines Sachverhalts auf der Basis von eigenen Kenntnissen.

Auswirkungen
- Hautentzündungen im Intimbereich durch ständige Feuchtigkeit
- Zunahme des Sturzrisikos durch rasches Aufsuchen einer Toilette
- Vollständige Harninkontinenz bei Non-Adhärenz und ausschließlicher Inkontinenzversorgung im Bett
- Beeinträchtigung der Teilhabe am gesellschaftlichen Leben durch Angst vor unkontrollierbarem Einnässen in Anwesenheit von anderen Personen oder bei körperlichen Aktivitäten
- Entstehung von Depressionen
- Herabsetzen der Lebensqualität der Betroffenen und Gefahr der Vereinsamung durch sozialen Rückzug
- Beschleunigung des körperlichen und geistigen Abbaus

Kompetenzen und Operatoren
Diese Aufgabe kann dem Kompetenzschwerpunkt II.2 (Anlage 2 PflAPrV) zugeordnet werden.
Der Operator „Begründen Sie" verlangt eine argumentativ nachvollziehbare Herleitung von Einschätzungen.

8. Begründen Sie Therapieangebote durch drei weitere Berufsgruppen des Gesundheitswesens, die Frau Weiß bei der Versorgung ihres Vaters entlasten können. 12 Punkte

- **Physiotherapeuten/-innen**
  - Sie helfen dabei, dass Herr Wiedemanns Gleichgewicht und Koordination verbessert wird und Bewegungsabläufe wieder erlernt werden, die für das Sitzen, Stehen und Gehen erforderlich sind.
  - Dabei achten sie vor allem darauf, übermäßige Verkrampfungen der gelähmten Muskeln *(Spastiken)* und Fehlbelastungen von Gelenken zu vermeiden sowie die eingeschränkte Körperseite speziell zu fördern.
  - Die betroffene Körperseite wird mit Bewegungsübungen und verschiedenen Maßnahmen der physikalischen Therapie gefördert und aktiviert, die gesunde Seite auf die Übernahme von Funktionen geschult.
  - Physiotherapeuten/-innen haben gelernt, Bewegungsübungen mit Betroffenen durchzuführen, ohne sich selbst einer allzu starken eigenen körperlichen Belastung auszusetzen. Sie würden Frau Weiß auf diese Weise körperlich entlasten.
  - Falls erforderlich, schulen sie Herrn Wiedemann im richtigen Umgang mit dem Rollator unter Einbeziehung von Frau Weiß.
- **Ergotherapeuten/-innen**
  - Sie helfen dabei, dass Herr Wiedemann alltägliche Dinge wie Essen, Anziehen, Waschen wieder so selbstständig wie möglich durchführen kann. So wird Herrn Wiedemanns Unselbstständigkeit verringert und somit seine Frustation, weil er diese nicht mehr so ausführen kann wie gewohnt, und Frau Weiß wird entlastet, weil sie weniger Alltagshandlungen übernehmen muss.
  - Mit den Ergotherapeuten/-innen trainiert Herrn Wiedemann die notwendigen Handlungsschritte, um sich beispielsweise wieder allein an- und auszuziehen oder zu essen.
  - Je nach Einschränkung schulen Ergotherapeuten/-innen auch den Umgang mit diversen Hilfsmitteln wie einer Greifzange oder einem

Badewannenlifter, die Herrn Wiedemann helfen, selbstständiger zu werden, und Frau Weiß entlasten.
  - Sie geben auch hilfreiche Anregungen in Bezug auf bestimmte Hilfsmittel, die Frau Weiß nicht bekannt sind, wie Griffverdickungen für ein besseres Handling.
- **Logopäden/-innen**
  - Sie helfen Herrn Wiedemann, seine Sprachstörungen durch eine gezielte Sprachtherapie wieder auszugleichen bzw. zu reduzieren.
  - Je nach Ausprägung der Störung leiten sie Übungen im Bereich Sprechen, Verstehen, Schreiben und Lesen an.
  - Sie unterstützen außerdem bei Schluckstörungen und gestörtem Atemrhythmus.
  - Logopädische Therapien sind oft langfristig notwendig, Frau Weiß würde in die Therapie einbezogen werden.
  - Wenn die Sprachstörungen länger andauern, üben Logopäden/-innen mit Herrn Wiedemann auch nonverbale Kommunikationsformen wie Gestik und Körpersprache, damit er sich im Alltag verständlich machen kann.

LERNTIPP

Wie sich die Punkte für die Bearbeitung einer Aufgabe im Einzelnen verteilen, lässt sich anhand der Angaben in der Fragestellung gut erkennen. Wenn drei Angaben begründet werden müssen und es dafür insgesamt zwölf Punkte gibt, ist es offensichtlich, dass pro Angabe vier inhaltliche Aspekte aufgezählt werden müssen.

9. Nennen Sie Frau Weiß die Abdeckung der Kosten für die Inanspruchnahme von Therapien weiterer Berufsgruppen des Gesundheitswesens. 4 Punkte

Kompetenzen und Operatoren

Diese Aufgabe kann dem Kompetenzschwerpunkt I.2 (Anlage 2 PflAPrV) zugeordnet werden.
Der Operator „Nennen Sie“ verlangt das zielgerichtete, stichpunktartige Zusammentragen von Kenntnissen ohne Kommentierung.

- Die gesetzlichen Krankenkassen übernehmen bei Erwachsenen 90 % der Kosten für logopädische Therapien.
- 10 % der Behandlungskosten muss die versicherte Person selbst tragen, es sei denn, sie ist von der Zuzahlung befreit.
- Auch eine Rezeptgebühr von 10 Euro ist von der versicherten Person zu entrichten.
- Spezielle Behandlungseinheiten werden nur auf einem Privatrezept verordnet, hier müssen die Kosten vollständig selbst getragen werden.

10. Setzen Sie Frau Weiß drei weitere Unterstützungsangebote auseinander, auf welche sie als pflegende Angehörige Anspruch hat. 9 Punkte

Kompetenzen und Operatoren

Diese Aufgabe kann dem Kompetenzschwerpunkt I.2 (Anlage 2 PflAPrV) zugeordnet werden.
Der Operator „Setzen Sie … auseinander“ verlangt, dass Argumente und Beispiele zu einer Aussage gegenübergestellt werden und eine begründete Bewertung herbeigeführt wird.

- **Hilfe in der Hauswirtschaft**
  - Frau Weiß bekäme Unterstützung bei der Reinigung der Wohnung, der Wäschepflege, beim Einkaufen und Kochen.
  - Frau Weiß könnte gegen Bezahlung eine Person für diese Tätigkeiten einstellen oder z. B. eine Reinigungsfirma beauftragen.
  - Zur Finanzierung kann das Pflegegeld genutzt werden, das Herrn Wiedemann aufgrund von Pflegegrad 4 zusteht.

- **Unterstützung bei Betreuung und Beschäftigung**
  - Frau Weiß kann bei der örtlichen Gemeinde anfragen, ob es Ehrenamtliche, Nachbarschaftshilfe, Angebote der Kirchengemeinde oder einen Besuchsdienst gibt.
  - Diese Dienste könnten mit Herrn Wiedemann z. B. spazieren gehen/fahren, ihm vorlesen, mit ihm spielen oder ihn beaufsichtigen, sodass Frau Weiß wieder Zeit für sich hat.
  - Außerdem besteht die Möglichkeit, dass Herr Wiedemann eine Tagespflegeeinrichtung besucht. Bei Pflegegrad 4 beteiligt sich die Pflegekasse.
- **Übernahme von Fahrten**
  - Für Fahrten zu Arztpraxen oder Krankenhäusern besteht die Möglichkeit, dass die Krankenkasse die Fahrtkosten trägt.
  - Frau Weiß benötigt hierfür eine ärztliche Verordnung. Diese kann allerdings nur ausgestellt werden, wenn die Fahrt medizinisch notwendig ist.
  - Die Fahrt in die Tagespflege würde für Herrn Wiedemann von der Tagespflegeeinrichtung organisiert werden. Die Kosten des Transports von der Wohnung zur Einrichtung und zurück sind in den Pflegekosten für die Tagespflege enthalten. Sie werden von der Pflegekasse getragen.
- **Kurzzeitpflege**
  - Frau Weiß steht aufgrund des Pflegegrads 4 von Herrn Wiedemann die Inanspruchnahme einer Kurzzeitpflege zu.
  - Dabei zieht Herr Wiedemann zeitweise in eine Kurzzeitpflegeeinrichtung und wird dort gepflegt.
  - Die Pflegekasse übernimmt die Kosten für Pflege und Betreuung für maximal 8 Wochen und bis zu 1.774 Euro im Jahr.
- **Verhinderungspflege**
  - Hier kann eine andere Person oder Institution, z. B. der ambulante Pflegedienst, die Pflege und Betreuung übernehmen.
  - Die Pflegekasse übernimmt nachgewiesene Kosten für die Verhinderungspflege (Ersatzpflege) für maximal 6 Wochen pro Jahr. Sie zahlt dafür maximal 1.612 Euro je Kalenderjahr.
  - Voraussetzung für die Leistung ist, dass die verhinderte Pflegeperson vor der erstmaligen Verhinderung die pflegebedürftige Person mindestens 6 Monate gepflegt hat, bevor sie erstmalig ausfällt. Dies trifft bei Frau Weiß zu.

Kompetenzen und Operatoren
Diese Aufgabe kann dem Kompetenzschwerpunkt II.2 (Anlage 2 PflAPrV) zugeordnet werden.
Der Operator „Entwickeln Sie" verlangt die Konzeption einer begründeten Ausführung zu einer Fragestellung, die sich aus einer bestimmten Perspektive ergibt.

11. Entwickeln Sie unter Bezugnahme der Unterstützungs- und Erholungsangebote für pflegende Angehörige mit Frau Weiß eine Strategie für ihre Gesundheitsprävention. 7 Punkte

- Frau Weiß hat die Möglichkeit, von der kurzzeitigen Arbeitsverhinderung Gebrauch zu machen. Dies bedeutet, dass sie sich für maximal 10 Arbeitstage von der Arbeit freistellen lassen kann.
- Frau Weiß kann Pflegezeit nehmen. Sie kann sich bis zu 6 Monate von der Arbeit vollständig freistellen lassen.

- Frau Weiß kann ebenso Familienpflegezeit beanspruchen, d. h., sie könnte 2 Jahre teilweise aus dem Job aussteigen. Teilweise bedeutet, dass sie noch mindestens 15 Stunden pro Woche arbeiten muss.
- Frau Weiß sollte einen Pflegekurs für pflegende Angehörige besuchen. Dieser ist kostenlos.
- Frau Weiß kann sich von einem Pflegestützpunkt beraten und unterstützen lassen, z. B. beim Beantragen von Leistungen, Schriftwechsel mit der Pflegekasse oder der Abrechnung von Leistungen. Diese ist kostenlos bei Antrag auf Leistungen der Pflegeversicherung.
- Auch rechtliche Beratung kann Frau Weiß unterstützen. Diese erhält man bei einigen Verbraucherzentralen.
- Frau Weiß könnte sich darüber hinaus informieren, ob die Kranken- oder Pflegekasse spezielle Kuraufenthalte für sie und ihren Vater finanziert. Die Krankenkassen müssen bei der Bewilligung von Kuren und Vorsorgeleistungen die besonderen Belastungen pflegender Angehöriger berücksichtigen.
- Auch über kostengünstige Urlaubsangebote von z. B. Wohlfahrtsverbänden, spezialisierten Reiseanbietern oder Organisationen der Behindertenhilfe sollte Frau Weiß sich informieren.

12. Beschreiben Sie Frau Weiß die Vorteile eines Kurses für pflegende Angehörige. 9 Punkte

- Die Teilnahme kostenlos. Die Kosten trägt die Pflegekasse.
- Frau Weiß lernt aktuelles pflegerisches Wissen direkt von Fachpersonen.
- In einem Pflegekurs werden praktische Übungen gemacht, sodass sie Gelegenheit hat, die gelernten Pflegetechniken auszuprobieren.
- Frau Weiß würde sich zukünftig sicherer fühlen.
- Die Qualität ihrer Pflege verbessert sich, was positive Auswirkungen auf Herrn Wiedemann hat.
- Experten beraten auch zu Hilfsmitteln und Reha-Maßnahmen.
- Frau Weiß würde erfahren, wie sie die körperlichen und seelischen Belastungen durch die Pflege ihres Vaters mildern könnte – sowohl bei sich selbst als auch bei ihrem Vater.
- In einem Pflegekurs wird auch über Grundlagen der Pflegeversicherung aufgeklärt. Beispielsweise mit welchem Pflegegrad man welche Pflegeleistungen aus der Pflegeversicherung erhält.
- Außerdem erfährt Frau Weiß, wie wichtig es ist, ihr eigenes Wohlbefinden nicht zu vernachlässigen.
- Frau Weiß trifft auf Gleichgesinnte und hat Kontakt mit Menschen, die Ähnliches erleben.

Kompetenzen und Operatoren

Diese Aufgabe kann dem Kompetenzschwerpunkt I.2 (Anlage 2 PflAPrV) zugeordnet werden.
Der Operator „Beschreiben Sie" erfordert die Darstellung von Sachverhalten in sachlich und fachsprachlich richtigen eigenen Worten.

LITERATUR

1. Garay S et al. Stürze Vermeiden. Tipps gegen Stürze. Stiftung ZQP. 2021. Aus: www.pflege-praevention.de/tipps/stuerze-pflegebeduerftige (letzter Zugriff: 13.7.2023).
2. Gesundheit.GV.AT. Schlaganfall: Reha-Maßnahmen im Überblick. 2020. Aus: www.gesundheit.gv.at/krankheiten/gehirn-nerven/schlaganfall/rehabilitative-massnahmen.html (letzter Zugriff: 13.7.2023).

3. Liebeskind J. Kinästhetik in der Pflege – Konzepte und Einsatzmöglichkeiten. Pflegebox. 2022. Aus: www.pflegebox.de/ratgeber/pflege/kinaesthetik/?nowprocket=1 (letzter Zugriff: 13.7.2023).
4. Lötzerich U. Pflegegrad 4: Geld, Leistungen und Voraussetzungen. Pflege.de. 2023. Aus: www.pflege.de/pflegekasse-pflegerecht/pflegegrade/pflegegrad-4 (letzter Zugriff: 13.7.2023).
5. Neurochirurgie Uniklinik Tübingen. Intrakranielle Aneurysmen. Aus: www.neurochirurgie-tuebingen.de/de/spezialgebiete/vaskulaere-neurochirurgie/intrakranielle-gefaessmissbildungen/intrakranielle-aneurysmen (letzter Zugriff: 13.7.2023).
6. Özdemir E. Pflegekurse für Angehörige. Pflege.de. 2023. Aus: www.pflege.de/pflegende-angehoerige/pflegewissen/pflegeberatung/pflegekurse (letzter Zugriff: 13.7.2023).
7. Rückert C. Lähmung (Hemiparese). 2022. Aus: www.schlaganfallbegleitung.de/folgen/hemiparese (letzter Zugriff: 13.7.2023).
8. Rückert C. Aphasie nach einem Schlaganfall. 2023. Aus: www.schlaganfallbegleitung.de/folgen/aphasie (letzter Zugriff: 13.7.2023).
9. Stiftung Gesundheitswissen. Dranginkontinenz. 2019. Aus: www.stiftung-gesundheitswissen.de/wissen/dranginkontinenz/hintergrund (letzter Zugriff: 13.7.2023).
10. Verbraucherzentrale. Entlastung und Hilfe für pflegende Angehörige. 2022. Aus: www.verbraucherzentrale.de/wissen/gesundheit-pflege/alles-fuer-pflegende-angehoerige/entlastung-und-hilfe-fuer-pflegende-angehoerige-13922 (letzter Zugriff: 13.7.2023).

17.15 Trainingsfinale Powerpack Tag 3 (➤ Kap. 16.5)

Erik Herrmann

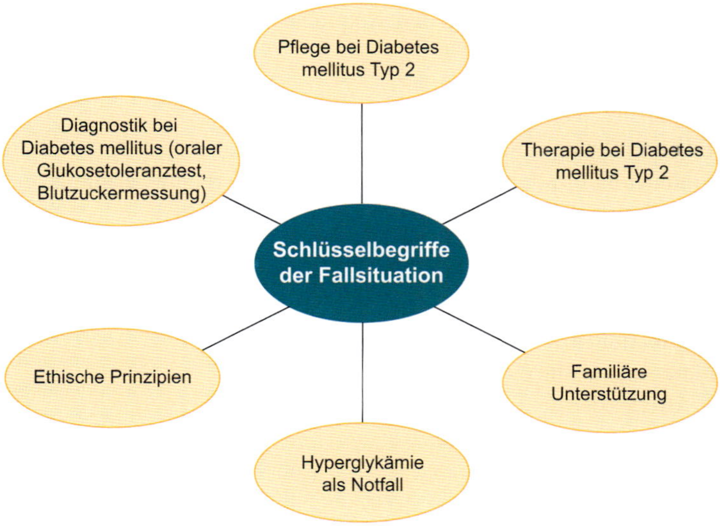

1. Beraten Sie Frau Papenbrook und ihre Kinder zum Krankheitsbild Diabetes mellitus. Gehen Sie dabei nur auf Ursachen, Symptome und Komplikationen ein. 15 Punkte

Ursachen

Es gibt verschiedene Typen des Diabetes mellitus, die auf unterschiedliche Ursachen zurückzuführen sind:

- Diabetes mellitus Typ 1: absoluter Insulinmangel durch eine gestörte Immunreaktion z. B. nach Virusinfekt, die die insulinproduzierenden B-Zellen im Pankreas angreifen; meist in der Kindheit
- Diabetes mellitus Typ 2: verminderte Insulinempfindlichkeit durch längere Über- und Fehlernährung in Kombination mit Bewegungsmangel; eher im höheren Alter, aber zunehmend auch bei übergewichtigen Kindern → *Bei Frau Papenbrook zu erwarten*
- Gestationsdiabetes: in der Schwangerschaft durch vermehrten Insulinbedarf und Hormonumstellung bedingt
- Andere Formen: z. B. durch Entzündung der Bauchspeicheldrüse *(Pankreatitis)*

Die weitere Ursachenerklärung im Rahmen dieses Beratungsgesprächs bezieht sich auf den Diabetes mellitus Typ 2, da dieser bei Frau Papenbrook zu erwarten ist:

- Fehlernährung und Bewegungsmangel über einen längeren Zeitraum führen zu Übergewicht *(Adipositas)* und einer verminderten Insulinempfindlichkeit *(Insulinresistenz)* der Fett-, Muskel- und Leberzellen. Auch das Lebensalter und genetische Faktoren spielen bei der Entstehung des Diabetes mellitus Typ 2 eine Rolle.

Kompetenzen und Operatoren

Diese Aufgabe besteht aus zwei Aufgabenteilen, die beide dem Kompetenzschwerpunkt I.3 (Anlage 2 PflAPrV) zugeordnet werden können.
Der Operator „Beraten Sie" erfordert die fachliche Auseinandersetzung mit einer bestimmten Thematik, bei der Lösungsideen wertoffen vorgestellt werden. Der Operator „Gehen Sie … ein" erfordert das Darstellen von Inhalten eines bestimmten Themas.

- Aufgrund der Insulinresistenz ist eine erhöhte Insulinproduktion notwendig, um die hohen Blutzuckerwerte auszugleichen.
- Die insulinproduzierenden B-Zellen kommen mit der Produktion nicht mehr hinterher und reduzieren irgendwann die Produktion *(Insulinsekretionsstörung)*.
- Der Blutzuckerspiegel steigt und Symptome treten auf.

Symptome

- Adipositas (körperstammbetont)
- Erhöhte BZ-Werte
- Erhöhtes Durstgefühl und Polyurie
- Erhöhter Blutdruck und erhöhte Blutfettwerte → erhöhte Gefahr für Herz-Kreislauf-Erkrankungen
- Allgemeine Schwäche und Leistungsknick
- Häufung von Harnwegsinfekten und Pilzinfektionen
- Juckreiz

Komplikationen

- Makroangiopathien:
  - Arteriosklerose
  - Koronare Herzerkrankungen
  - Herzinfarkt
  - pAVK
  - Arteriosklerotische Nierenschädigung
- Mikroangiopathien:
  - Diabetische Nephropathie
  - Diabetische Retinopathie
  - Katarakt, Glaukom
  - Diabetische Polyneuropathie
  - Diabetisches Fußsyndrom
- Juckreiz, Wundheilungsstörungen
- Hyper- und Hypoglykämien, die ein bewusstseinseinschränkendes Ausmaß annehmen können

TIPP

Um Frau Papenbrook und ihre Kinder fachlich zu beraten, ist es wichtig, diese darüber zu informieren und einen Termin abzusprechen, der für alle Beteiligten passend ist. In Vorbereitung auf diese Beratung sollte über einen geeigneten Raum, Atmosphäre und Zeitraum nachgedacht werden, in dem man dann nicht gestört wird. Stehen passende Informationsmaterialien wie Flyer oder Informationsbroschüren zum Thema zur Verfügung, können diese mit einbezogen werden. Während der Beratung ist sicherzustellen, dass sowohl Frau Papenbrook wie auch ihre Kinder alle Inhalte verstehen und auch Gelegenheit haben, Fragen zu stellen.

LERNTIPP

Beratung ist ein ergebnisoffener und dialogischer Prozess, in dem eine passende und individuelle Problemlösung vorbereitet wird. Die Beratung gilt als eine der Grundkompetenzen in der Pflege. Das oberste Ziel einer gelungenen Beratung ist die Zufriedenheit des Ratsuchenden.

Wichtig sind gute Rahmenbedingungen wie:

- Kein Zeitdruck

- Einhaltung von allgemeinen Kommunikationsregeln, ggf. Anpassung der Sprache
- Schutz der Privatsphäre
- Gute Vorbereitung der Beratungsperson
- Kultursensibilität

Die Beratung insbesondere mit präventivem Charakter bildet einen Schwerpunkt des zweiten Tags der schriftlichen Abschlussprüfung. Dafür ist es wichtig, die Grundlagen der Beratung zu kennen und Beratungssituationen entsprechend der Fallsituationen gestalten zu können. Dies wird vor allem im Buch „Prüfung Pflegefachperson Tag 2 – schriftlich" geübt.

2. Erklären Sie therapeutische Ansätze beim Diabetes mellitus Typ 2, wie er bei Frau Papenbrook festgestellt werden kann. 10 Punkte

Kompetenzen und Operatoren

Diese Aufgabe kann den Kompetenzschwerpunkten I.3 und III.2 (Anlage 2 PflAPrV) zugeordnet werden.
Der Operator „Erklären Sie" erfordert, die Informationen durch eigenes Wissen und eigene Einsichten in einen begründeten Zusammenhang zu stellen.

Je nach Ausprägung des Krankheitsbilds Diabetes mellitus Typ 2 sind unterschiedliche Therapieansätze sinnvoll. Dabei wird davon ausgegangen, dass sich diese Diabetesform mit der Zeit durch eine steigende Insulinresistenz und einen größeren Insulinbedarf bei Erschöpfung der insulinproduzierenden Zellen stärker ausprägt. Um diesen Verlauf bei der Therapie zu berücksichtigen, folgt sie einem **Stufenschema:**

1. Ernährungsanpassung und Bewegungsförderung (Basistherapie)
2. Basistherapie und orale Antidiabetika
3. Basistherapie und Insulintherapie und ggf. orale Antidiabetika

Stufe 1:

- Bei frühzeitig erkanntem und nicht stark ausgeprägtem Diabetes mellitus Typ 2 sind noch keine medikamentösen Interventionen notwendig. Die Ernährung wird angepasst und dabei insbesondere auf eine Reduzierung der Kohlenhydrate geachtet.
- Dabei kann neben der Zahl der täglich zugeführten Kilokalorien das Beachten des glykämischen Index (Glyx-Wertes) hilfreich sein, um zu ermitteln, welche Lebensmittel den Blutzuckerspiegel wie stark ansteigen lassen.
- Zusätzlich ist die Förderung der Bewegung wichtig, um mehr Glukose in für die Bewegung benötigte Energie umzuwandeln. Gleichzeitig steigt dabei die Chance, eventuell vorhandenes Übergewicht zu reduzieren, was sich positiv auf den Diabetes auswirkt.

Stufe 2:

- Reichen Ernährungsanpassung und Bewegungsförderung allein nicht mehr aus, um den Blutzuckerspiegel zu senken, kommen verschiedene orale Antidiabetika zum Einsatz.
- Diese haben verschiedene Wirkungsweisen, die alle zu einer Blutzuckersenkung führen.

ACHTUNG

Auf regelmäßige Einnahme achten

Orale Antidiabetika müssen immer zum gleichen angeordneten Zeitpunkt eingenommen werden. Auf keinen Fall darf eine vergessene Einnahme durch eine Verdopplung der Dosis beim nächsten Einnahmezeitpunkt korrigiert werden, da dies die Gefahr einer Unterzuckerung *(Hypoglykämie)* mit sich bringen kann. Die zu pflegenden Menschen sind daher ausführlich zur Einnahme von Antidiabetika zu beraten und über mögliche Nebenwirkungen aufzuklären.

- Neben der Medikation ist weiterhin eine Anpassung der Ernährung und vermehrte Bewegung förderlich.

Stufe 3:

- Werden die Blutzuckerwerte durch die oralen Antidiabetika nicht (mehr) ausreichend reduziert, kommen im nächsten Schritt Insuline zum Einsatz. Diese ersetzen die vom Körper produzierten Insuline und nehmen damit einen direkten Einfluss auf die Blutzuckerregulierung. Die Insuline verbessern die Aufnahme von Blutglukose in die Zellen, steigern die Umwandlung von Glukose in Glykogen als Speicherform und fördern die Umwandlung von Glukose in Fett *(Lipogenese).*
- Insuline werden in Normalinsuline (Altinsuline), Verzögerungsinsuline (Depotinsuline), Mischinsuline und Insulinanaloga unterschieden.
- Es gibt verschiedene Insulintherapieformen, die individuell angepasst den Blutzucker bestmöglich reduzieren sollen.
  - Bei der *konventionellen Insulintherapie* werden meist Misch- oder Normalinsuline mit fester Dosis vor den Mahlzeiten s. c. appliziert.
  - Bei der *intensivierten konventionellen Therapie* kommt neben entsprechend dem ermittelten Blutzucker berechneten Einheiten vor den Mahlzeiten noch ein Verzögerungsinsulin zur Nacht hinzu. Diese Therapieform wird auch als *Basis-Bolus-Prinzip* bezeichnet.
  - Bei der *basal unterstützen oralen Therapie* wird ein 1 × täglich verabreichtes Verzögerungsinsulin mit oralen Antidiabetika kombiniert.

ACHTUNG

Bei der Verabreichung von Insulinen sind die ärztlichen Anordnungen genau zu befolgen, um Nebenwirkungen wie Blutzuckerschwankungen zu vermeiden. Der Blutzucker muss regelmäßig kontrolliert werden, um auffällige Blutzuckerwerte zu erkennen und entsprechend reagieren zu können. Dazu werden mitunter vom Hausarzt oder der Diabetologin Anpassungsschemata erstellt.

TIPP

Die Auswahl des passenden oralen Antidiabetikums liegt beim Haus- oder Facharzt (Internist/Diabetologe). Dieser wählt das individuell passende Medikament für den Patienten aus, was eine vertiefende Kenntnis zur Medikamentenwirkung und ggf. Wechselwirkungen mit anderen Medikamenten voraussetzt.
Auch Pflegefachpersonen sollten die Wirkungsweisen oraler Antidiabetika kennen, um eventuell auftretende Nebenwirkungen diesen zuordnen zu können. Die folgende Tabelle listet typische Wirkstoffgruppen der oralen Antidiabetika, deren Wirkungsweise und Nebenwirkungen auf.

Wirkstoffgruppe	Wirkungsweise	Nebenwirkungen
Sulfonylharnstoffe	Verstärkung der Insulinausschüttung, längere Wirkung	• Allergische Reaktionen • Hypoglykämie bei Überdosierung
Glinide	Verstärkung der Insulinausschüttung, schnelle und kurze Wirkung	• Allergische Reaktionen • Hypoglykämie bei Überdosierung

Wirkstoffgruppe	Wirkungsweise	Nebenwirkungen
Biguanide	Hemmung der Glukoseneubildung in der Leber, Verstärkung der Insulinwirkung in peripheren Geweben	• Gastrointestinale Störungen • Allergische Reaktionen • Laktatazidose
Alpha-Glukosidasehemmer	Verminderte Glukoseresorption in der Dünndarmschleimhaut	Gastrointestinale Störungen
Insulinsensitizer	Verstärkung der Insulinwirkung in peripheren Geweben	• Gastrointestinale Störungen • Allergische Reaktionen • Ödeme
Glukose-Rückresorptionshemmer	Verstärkte Ausscheidung von Glukose über den Urin	• Harnwegsinfekte • Dehydratation
Inkretinmimetika	Agonisten am Inkretinrezeptor und dadurch bedarfsgerechte (glukoseabhängige) Insulinausschüttung	• Gastrointestinale Störungen • Anstieg der Leberenzyme • Verminderter Appetit
Gliptine	Hemmung des Inkretinabbaus	• Gastrointestinale Störungen • Anstieg der Leberenzyme

ACHTUNG

- Nicht nur erhöhte Blutzuckerwerte stellen eine Gefahr dar, auch orale Antidiabetika und Insuline haben Nebenwirkungen. Neben Arzneimittelnebenwirkungen können bei Insulinen auch lokale Komplikationen auftreten (z. B. Wundinfektion, Hämatome, Abszess).
- Auch wenn die Individualität und damit die Vorlieben von Menschen mit Diabetes mellitus beachtet werden müssen, sollte ihnen eine gesunde Lebensweise und angepasste Ernährung unbedingt nahegelegt und sie entsprechend beraten werden. Somit können im Idealfall Insulinmengen reduziert und Komplikationen vermieden werden.

3. Stellen Sie die Bedeutung der familiären Unterstützung bei Frau Papenbrook im Zusammenhang mit einer notwendigen Ernährungsumstellung dar. 15 Punkte

Kompetenzen und Operatoren

Diese Aufgabe besteht aus einem Aufgabenteil, der dem Kompetenzschwerpunkt I.3 (Anlage 2 PflAPrV) zugeordnet werden kann.
Der Operator „Stellen Sie … dar" verlangt, Strukturen und Zusammenhänge mit eigenen Worten zu beschreiben und zu verdeutlichen.

Familien sind per definitionem ein Zusammenschluss von Menschen, die in mindestens zwei Generationen durch Geburt oder Heirat verbunden sind. In Familien wird eine gegenseitige Unterstützung zur Gestaltung des Alltags großgeschrieben, und es bestehen aufgrund geteilter Erfahrungen gemeinsame Ziele.

Bei Frau Papenbrook waren die erwachsenen Kinder in der Notfallsituation zugegen und haben diese schnell und richtig erkannt. Dies weist zum einen auf ein gutes Verhältnis innerhalb der Familie und gut informierte Kinder hin. Die Kinder waren es, die dem Rettungsdienst wichtige Informationen zu bestehenden Erkrankungen und der aktuellen Medikation geben konnten. Sie sind also konkret am Gesundheitszustand der Mutter interessiert und scheinen eine enge familiäre Verbindung zu haben, wenn sie diese Informationen besitzen. Das Thema Gesundheit ist in dieser Familie ein wichtiges Thema, und es ist davon auszugehen, dass die Kinder sich weiterhin um die Gesundheit von Frau Papenbrook sorgen und sie bei einer notwendigen Änderung ihrer Lebensweise unterstützen werden. Die Kinder können in zukünftige Beratungsgespräche mit einbezogen werden, um das Verständnis für die Krankheit ihrer Mutter zu vertiefen und sie zu motivieren.

Frau Papenbrooks Angehörige können und sollen in die Anpassung der Ernährung mit einbezogen werden, indem sie Folgendes beachten:

- Keine Süßigkeiten und Lebensmittel mit hohem Zuckeranteil mitbringen
- Sich der Bedeutung der Ernährungsumstellung bewusst werden und über mögliche Komplikationen des Diabetes mellitus informiert sein
- Frau Papenbrook bei der Ernährungsumzustellung mit konkreten Maßnahmen unterstützen
- Frau Papenbrooks Vorlieben berücksichtigen und gemeinsam mit ihr gesunde Rezepte entwickeln, die Frau Papenbrook schmecken werden
- Durch gemeinsames Kochen und eventuell sogar eine gemeinsame Ernährungsumstellung Frau Papenbrooks Motivation, sich gesund zu ernähren, unterstützen und positive Veränderungen fördern

Kompetenzen und Operatoren

Diese Aufgabe besteht aus zwei Aufgabenteilen, die beide dem Kompetenzschwerpunkt I.4 (Anlage 2 PflAPrV) zugeordnet werden können. Der Operator „Begründen Sie" erfordert, komplexe Grundgedanken argumentativ schlüssig zu entwickeln und im Zusammenhang mit eigenen Worten darzustellen. Der Operator „Bewerten Sie" verlangt ein selbstständiges Urteil aufgrund von Fachwissen verbunden mit der Offenlegung begründeter eigener Wertmaßstäbe. Der Operator „Beschreiben Sie" fordert, dass wesentliche Informationen aus dem Text bzw. Ihrem Wissen zusammenhängend und schlüssig mit eigenen Worten wiedergegeben werden.

4. Der Rettungsdienst fand Frau Papenbrook mit einer Überzuckerung (Hyperglykämie) auf. Begründen Sie, warum es sich bei der Hyperglykämie um einen Notfall handelt (4 P.). Bewerten Sie die in der Notaufnahme gemessenen Vitalwerte (9 P.). Beschreiben Sie den Angehörigen die Maßnahmen, die sie ergreifen müssen, wenn es erneut zu einer solchen Situation kommen sollte (7 P.). 20 Punkte

Notfall Hyperglykämie

Die Hyperglykämie ist eine vermehrte Ansammlung von Glukose im Blut. Die Symptome (Schwächegefühl, Abgeschlagenheit, Denk- und Konzentrationsstörungen, Sehstörungen) können den Betroffenen hilflos machen und zu einer lebensbedrohlichen Situation führen. Dies ist der Grund für die Bewertung als Notfall, der ein plötzliches Ereignis ist, welches unmittelbar zu Gefahr für Gesundheit und Leben führen kann. In den meisten Fällen treten Hyperglykämien sehr spontan und nicht unbedingt erwartet auf, was ebenfalls der Definition eines Notfalls entspricht.

Bewertung der Vitalwerte

- Blutdruck: 105/65 mmHg → Der Blutdruck ist hypoton, liegt also unterhalb des Normbereichs.
- Puls: 110/Min. → Der Puls ist tachykard, also zu schnell.
- BZ: 25 mmol/l (= 450 mg/dl) → Der Blutzucker ist deutlich erhöht.
- Atemfrequenz: 26/Min. → Die Atemfrequenz ist beschleunigt.

→ Es ist insgesamt von einem hyperglykämischen Schock bzw. diabetischem Koma auszugehen. Die weiteren Symptome wie Bewusstseinseinschränkung sprechen ebenfalls für diese Einschätzung.

Maßnahmen bei Hyperglykämie

- Blutzuckermessung bei Auftreten von Symptomen einer Hyperglykämie wie Unruhe, Schweißausbruch, Denk-, Sprach- und Sehstörungen, um den Blutzucker zu bestimmen und daraus weitere Maßnahmen abzuleiten zu können. Die Angehörigen müssen daher wissen, wie der Blutzucker bestimmt wird und BZ-Norm- und -Grenzwerte kennen. Ein Blutzuckermessgerät muss immer parat liegen.

- Wird ein erhöhter Blutzuckerwert festgestellt, versuchen, über die Gabe von reichlich zuckerfreien Getränken (z. B. Wasser oder Tee) den Glukoseanteil im Blut zu reduzieren.
- Bei Insulintherapie diese daraufhin prüfen, ob es eine Anordnung zur Anpassung von Insulinwerten gibt. Die Anpassungsschemata geben ggf. einen Hinweis darauf, wie viele Einheiten Insulin bei einem entsprechend hohen Blutzuckerwert verabreicht werden können. Trauen sich die Angehörigen nicht, das Insulin zu spritzen, rufen sie den Rettungsdienst und legen das Insulin für diesen bereit.
- Wenn die Situation als Notfall erkannt wird, ist der Rettungsdienst über den Notruf zu alarmieren. Dies ist z. B. bei Bewusstseinseinschränkungen der Fall, aber auch bei Unsicherheit seitens der Angehörigen. Bis zum Eintreffen des Rettungsdienstes ist Frau Papenbrook in eine sichere aufrecht sitzende Position zu bringen (bei Bewusstlosigkeit in die stabile Seitenlage). Zudem ist ruhig mit ihr zu sprechen, um sie bei Bewusstsein zu halten, zu beruhigen und mehr über ihr Empfinden in der Situation zu erfahren.

5. Frau Papenbrook hat einen Konflikt, da sie sehr gern süße Lebensmittel isst, nun aber größtenteils darauf verzichten soll. Ordnen Sie beiden Argumenten jeweils ein ethisches Prinzip zu und beschreiben Sie dieses Prinzip kurz (6 P.). Beraten Sie Frau Papenbrook zur empfohlenen Ernährungsumstellung (4 P.). 10 Punkte

Kompetenzen und Operatoren

Diese Aufgabe besteht aus drei Aufgabenteilen. Die beiden ersten können dem Kompetenzschwerpunkt II.3, der dritte dem Kompetenzschwerpunkt I.3 (Anlage 2 PflAPrV) zugeordnet werden.
Der Operator „Ordnen Sie … zu" erfordert, Dinge in einen Zusammenhang zu setzen. Der Operator „beschreiben Sie …" verlangt, dass wesentliche Informationen aus dem Text bzw. Ihrem Wissen zusammenhängend und schlüssig mit eigenen Worten wiedergegeben werden. Der Operator „Beraten Sie" erfordert die fachliche Auseinandersetzung mit einer bestimmten Thematik, bei der Lösungsideen wertoffen vorgestellt werden.

Zuordnung und Beschreibung

Argument	Ethisches Prinzip	Kurzbeschreibung des Prinzips
Frau Papenbrook isst gern süße Lebensmittel	Autononomie-prinzip	Das Selbstbestimmungsrecht des zu pflegenden Menschen ist zu berücksichtigen. Eine individuelle Pflege bezogen auf dessen Wünsche ist umzusetzen und Handlungen gegen dessen Willen zu unterlassen
Frau Papenbrook soll auf süße Lebensmittel größtenteils verzichten	Fürsorgeprinzip	Therapeutische Maßnahmen und die Pflege an sich sind am Wohlergehen des zu pflegenden Menschen auszurichten. Eine Balance zwischen Autonomie- und Nichtschadensprinzip (Verhinderung von Leid und Gefahren) wird angestrebt

Beratung zur Ernährungsumstellung

- Wichtig ist im Zusammenhang mit dieser Beratung eine Ernährungsanamnese, um Schwachstellen der bisherigen Ernährung zu erkennen und die Anpassung möglichst individuell gestalten zu können.
- Der Einsatz von zusätzlichen Materialien wie Flyer, Broschüren und Links zu Internetinhalten erhöht das Verständnis und ermöglicht den Beratenen, im Nachgang vertiefend zu recherchieren.

- Im Wesentlichen entspricht die Ernährung bei Menschen mit Diabetes einer gesunden Vollwertkost, die gemäß dem persönlichen Bedarf und Vorlieben zusammengestellt wird. Frau Papenbrook werden die Grundlagen der gesunden Ernährung (z. B. vitaminreich, Zufuhr aller benötigten Mineralstoffe wie Kalium, ausreichend trinken) dargelegt. Wichtige Hinweise können zusätzlich aus den Ernährungsempfehlungen der DGE entnommen werden. Anhand der Ernährungspyramide kann gut erklärt werden, welche Nahrungsmittel öfter als andere gegessen werden sollten.
- Frau Papenbrook, bei der die Aufnahme von zu vielen süßen Lebensmitteln festgestellt wurde, wird verdeutlicht, wie sich zuckerhaltige Nahrung, d. h., (kurzkettige) Kohlenhydrate, auf ihren Körper auswirken: Diese gehen sehr schnell (teilweise bereits über die Mundschleimhaut) in die Blutbahn über und führen damit zu einem direkten Blutzuckeranstieg.
- Frau Papenbrook wird daher geraten, die Süßigkeitenaufnahme stark einzuschränken. Stattdessen werden gemeinsam mit ihr Alternativen zu Süßigkeiten gesucht.
- Der Hinweis auf den glykämischen Index (Glyx-Wert) der Lebensmittel kann hilfreich sein, um zu veranschaulichen, dass die Lebensmittel unterschiedlich schnell den Blutzucker ansteigen lassen.
- Da Frau Papenbrook erst 59 Jahre alt ist und wahrscheinlich mitten im Leben steht, ist es wichtig, den Kalorienbedarf und die Einnahme der Mahlzeiten auf ihren Tagesrhythmus abzustimmen.
- Zusätzlich wird Frau Papenbrook empfohlen, sich mehr zu bewegen.

Kompetenzen und Operatoren
Diese Aufgabe kann dem Kompetenzschwerpunkt III.2 (Anlage 2 PflAPrV) zugeordnet werden.
Der Operator „Erklären Sie" erfordert die Informationen durch eigenes Wissen und eigene Einsichten in einen begründeten Zusammenhang zu stellen.

6. Bei Frau Papenbrook soll ein oraler Glukosetoleranztest durchgeführt werden. Erklären Sie das Ziel und die Durchführung dieses Testverfahrens. 10 Punkte

Ziel
Nachweis eines gestörten Glukosestoffwechsel, indem untersucht wird, wie viel von einer oral aufgenommenen Glukosemenge sich nach 2 Stunden noch im Blut befindet. Damit unterstützt der orale Glukosetoleranztest (oGTT), der auch als Zuckerbelastungstest bezeichnet wird, die Diagnostik bei Verdacht auf Diabetes mellitus.

Durchführung des oralen Glukosetoleranztests
- Bereits 3 Tage vor dem Test sollen bei normaler körperlicher Aktivität möglichst nur 150–200 g Kohlenhydrate pro Tag aufgenommen werden. Ebenso werden, um Wertverfälschungen zu vermeiden, zu diesem Zeitpunkt auch bestimmte Medikamente wie Diuretika, Glukokortikoide und Kontrazeptiva bis nach Beendigung des Tests abgesetzt.
- 10–16 Stunden vor dem Test besteht Nahrungs- und Alkoholkarenz.
- Nach Bestimmung des Nüchtern-BZ wird der Patient gebeten, ein Glas mit 75 g in Wasser aufgelöster Glukose in kurzer Zeit (ca. 5 Minuten) zu trinken. Der Patient wird angewiesen, in den folgenden 2 Stunden ruhig zu sitzen oder zu liegen.
- Nach 2 Stunden wird der Blutzucker gemessen.
- Die Auswertung erfolgt über die Bewertung des Zwei-Stunden-Werts. Liegt dieser Wert unter 7,8 mmol/l (< 140 mg/dl), kann er als normal

eingeschätzt werden. Ab 11,1 mmol/l (200 mg/dl) geht man von einer Veränderung der Glukosetoleranz durch Diabetes mellitus aus. Bei Ergebnissen zwischen diesen beiden Werten ist die Glukosetoleranz bereits gestört, und der Test wird meist mit zeitlichem Abstand wiederholt. Zu beachten ist, dass auch bestimmte akute Erkrankungen und gesundheitliche Veränderungen das Ergebnis beeinflussen können.

7. Beschreiben Sie die Durchführung der kapillaren Blutzuckermessung bei Frau Papenbrook. 14 Punkte

Kompetenzen und Operatoren

Diese Aufgabe kann dem Kompetenzschwerpunkt III.3 (Anlage 2 PflAPrV) zugeordnet werden.
Der Operator „Beschreiben Sie" erfordert, dass wesentliche Informationen aus dem Text bzw. Ihrem Wissen zusammenhängend und schlüssig mit eigenen Worten wiedergegeben werden.

Vorbereitung:

- Prüfen, ob eine Indikation zur Messung des Blutzuckers (Anordnung, Notfallsituation) vorliegt.
- Die benötigten Materialien bereitlegen:
  - Blutzuckermessgerät mit passenden Teststreifen.
  - Lanzette, ggf. mit Stechhilfe.
  - Desinfektionsmittel (für Hände, Flächen und Einstichstelle) oder Alkoholtupfer.
  - Tupfer.
  - Ggf. Pflaster.
  - Blutzuckertagebuch oder Patientenkurve zum Dokumentieren der Werte.
- Frau Papenbrook über die Maßnahme informieren und ihr Einverständnis zur Durchführung der Blutzuckermessung einholen.
- Fenster schließen, für ausreichende Beleuchtung sorgen und Frau Papenbrook passend positionieren.

Durchführung:

- Gerät einschalten und Teststreifen in das Gerät einführen (Herstellerangaben beachten).
- Kapillare Entnahmestelle auswählen – besonders eignen sich hierfür Fingerkuppen und Ohrläppchen. Hierzu Frau Papenbrook fragen, welche Entnahmestelle sie bevorzugt. Wird eine Fingerkuppe gewählt, darauf achten, dass möglichst seitlich der Fingerbeere eingestochen wird. Der Zeigefinger ist auszusparen, da dieser bei vielen Tätigkeiten zum Tasten und Greifen genutzt wird. Bei schlecht durchbluteten Fingern kann die Fingerbeere genutzt werden, da dieser Hautbereich besser durchblutet ist. Die Durchblutung kann auch durch Erwärmen, z. B. durch ein warmes Handbad, angeregt werden.
- Entnahmestelle mit einem Alkoholtupfer oder Desinfektionsspray desinfizieren oder zumindest gründlich reinigen (Einrichtungsstandard beachten).
- Mit Lanzette (ggf. mit Stechhilfe) die Entnahmestelle punktieren. Den ersten austretenden Blutstropfen mit einem Tupfer aufnehmen und diesen verwerfen. (Wurde die Entnahmestelle nur mit Wasser gereinigt, kann gleich der erste Tropfen für die Messung genutzt werden.)
- Den zweiten sich bildenden Blutstropfen auf den Teststreifen aufbringen, der sich bei den meisten Geräten bereits im angeschaltenen Gerät befinden muss. Tupfer auf die Entnahmestelle drücken.

- Blutzuckerwert ablesen und Frau Papenbrook darüber informieren, ggf. Wert bewerten.
- Bei Nachbluten der Einstichstelle Pflaster aufkleben.

Nachbereitung:

- Blutzuckerwert im Blutzuckertagebuch oder in der Patientenkurve dokumentieren.
- Auffälligkeiten im Pflegebericht festhalten.

TIPP

Die kapillare Blutzuckermessung ist ein häufig genutztes Diagnoseverfahren zur Feststellung des Blutzuckerwerts bei Menschen mit Diabetes. Durch eine Entnahme eines Tropfens kapillar gewonnenen Bluts, z. B. aus dem Finger oder dem Ohrläppchen, kann mit einem Testgerät der aktuelle Blutzuckerwert festgestellt werden. Dabei ermitteln die Testgeräte, wie viel Glukose sich im gewonnenen Blut befindet. Der Blutzucker wird entweder in Millimol je Liter (mmol/l) oder Milligramm je Deziliter (mg/dl) angegeben. Die meisten Geräte geben die Werte in beiden Einheiten aus, alternativ kann bei Bedarf eine Umrechnung per Formel oder Umrechnungstabellen erfolgen.

Kompetenzen und Operatoren

Diese Aufgabe kann dem Kompetenzschwerpunkt III.3 (Anlage 2 PflAPrV) zugeordnet werden.
Der Operator „Erklären Sie" erfordert, die Informationen durch eigenes Wissen und eigene Einsichten in einen begründeten Zusammenhang zu stellen. Der Operator „listen Sie … auf" verlangt die stichpunktartige Aufzählung passender Inhalte.

8. Erklären Sie Frau Papenbrook die Bedeutung der hygienischen Arbeitsweise bei der kapillaren Blutzuckermessung (3 P.) und listen Sie drei Folgen einer unhygienischen BZ-Messung auf (3 P.). 6 Punkte

Bedeutung der hygienischen Arbeitsweise

„Frau Papenbrook, ich möchte Sie darauf hinweisen, dass eine hygienische Arbeitsweise bei der Blutzuckermessung sehr wichtig ist, da es sich dabei um einen Eingriff in den Körper handelt. Besonders wichtig ist die Keimreduzierung im Einstichgebiet bei der kapillaren Messung durch Reinigung oder noch besser Desinfektion der betroffenen Hautstelle. Zudem sollten Sie immer neue und steril verpackte Lanzetten zum Einstechen nutzen, da die Mehrfachnutzung von Lanzetten das Risiko für das Einbringen von Keimen deutlich erhöht. Nach der Messung nehmen Sie einen sterilen Tupfer zur Blutstillung, um zu verhindern, dass Keime über unreine Tücher in die Einstichstelle gelangen. Sollte die Einstichstelle noch nachbluten, empfehle ich Ihnen, ein Pflaster aufzukleben, sodass die Wunde steril abgedeckt ist."

Folgen einer unhygienischen Arbeitsweise

- Viruserreger könnten in den Körper gelangen und eine Infektion auslösen (z. B. Hepatitis oder HIV, insbesondere bei Mehrfachnutzung durch mehrere Personen)
- Infektion der Einstichstelle
- Bildung von Phlegmonen
- Abszessbildung

ACHTUNG

Die Desinfektion der Haut stellt laut Robert Koch-Institut eine wichtige Maßnahme bei der Durchführung von kapillar durchgeführten Blutzuckermessungen dar. Entgegen einzeln auftretender Meinungen hat die Nutzung von alkoholhaltigen Desinfektionsmitteln bei richtiger Verwendung und unter Beachtung der Einwirkzeit keinen Einfluss auf den Blutzuckerwert. [6]

LITERATUR

1. Bauer S. Empfehlung zur hygienischen Durchführung der Blutzuckermessung. Hygiene & Medizin. 2019; 44(6): 98–99. Aus: www.krankenhaushygiene.de/ccUpload/upload/files/hm/2019_06_01_HM_DGKH_Stellungnahme_Blutzucker.pdf (letzter Zugriff: 26.9.2023).
2. DiabSite. Macht Glyx uns glücklich? 2004. Aus: www.diabsite.de/infos/experten/lesefutter/040813-diabetes-live.html (letzter Zugriff: 2.9.2023).
3. Jelinek A. Arzneimittel im Stoffwechsel. In: Jelinek A. Aufbauwissen Pflege. Arzneimittellehre. München: Elsevier, 2022. S. 249–274.
4. Keller C, Müller A. Pflege bei endokrinologischen, stoffwechsel- und ernährungsbedingten Erkrankungen. In: Menche N, Keller C, Teigeler B (Hrsg.). PflegeHeute. 8. A. München: Elsevier, 2023. S. 671–707.
5. Kurz A. Pflege von Menschen mit endokrinologischen, stoffwechsel- und ernährungsbedingten Erkrankungen. In: Schröder S, Rey J (Hrsg.). Pflege konkret. Innere Medizin. 8. A. München: Elsevier, 2022. S. 381–436.
6. Robert Koch-Institut. Wird der Blutzuckerwert durch die alkoholische Desinfektion verfälscht? 2019. Aus: www.rki.de/DE/Content/Infekt/Krankenhaushygiene/ThemenAZ/B/Blutzuckermessung.html (letzter Zugriff: 26.9.2023).
7. Zegelin A, Quernheim G, Schieron, M. Information, Schulung, Beratung und Anleitung. In: Menche N, Keller C, Teigeler B (Hrsg.). PflegeHeute. 8. A. München: Elsevier, 2023. S. 1220–1235.

Register